EXPOSITION UNIVERSELLE DE 1851.

TRAVAUX

DE

LA COMMISSION FRANÇAISE

SUR L'INDUSTRIE DES NATIONS,

PUBLIÉS

PAR ORDRE DE L'EMPEREUR.

TOME I.

SIXIÈME PARTIE.

PARIS.

IMPRIMERIE IMPÉRIALE.

M DCCC LXIV.

EXPOSITION UNIVERSELLE DE 1851.

TRAVAUX
DE LA COMMISSION FRANÇAISE.

INTRODUCTION

PAR

M. LE BARON CHARLES DUPIN,

PRÉSIDENT DE LA COMMISSION,

SÉNATEUR ET MEMBRE DE L'INSTITUT.

FORCE PRODUCTIVE

DES NATIONS CONCURRENTES,

DEPUIS 1800 JUSQU'A 1851.

VIe PARTIE.

SUITE DE L'INDE.

AVANT-PROPOS.

En poursuivant le tableau de la force productive des nations, nous sommes arrivés à cette partie capitale qui comprend les forces déployées dans le bassin du Gange.

Aucun autre fleuve, en Afrique, en Amérique, et même en Europe, ne fait vivre un aussi grand nombre d'hommes, et d'hommes qui soient plus profondément distingués par des origines différentes.

En négligeant les fractions, pour ne présenter que des nombres simples et faciles à graver dans la mémoire, je dirai :

Le bassin du Gange comprend aujourd'hui :

60 millions d'Hindous sectateurs de Brahma ;

8 millions de mahométans asiatiques ;

80,000 chrétiens nés en Europe.

Les huit millions de musulmans ont été les conquérants des soixante millions d'aborigènes, et la conquête a demandé plus de huit siècles.

Les quatre-vingt mille chrétiens, armés ou non, sont les maîtres absolus de ces Hindous et de ces musulmans; ils les commandent en exerçant sur eux un empire irrésistible.

La civilisation supérieure, les sciences, les arts et la vaillance du dominateur européen expliquent un tel phénomène. L'effet de ces grandes causes apparaît sous des formes très-différentes dans les villes et les campagnes : suivons cette division.

Parmi les cités du premier ordre qui portent en elles des caractères nationaux, indélébiles, nous nous arrêterons aux principales.

La première qui s'offre à nous en remontant le bras occidental[1] du Gange est Calcutta, la capitale de l'empire indo-britannique; nous l'atteignons en naviguant du sud au nord. Sur la rive gauche, au commencement du siècle dernier, croupissait un village qui contiendra bientôt un demi-million d'habitants. Au sud, était un petit fortin en terre, honoré du grand nom de Guillaume III; il est remplacé par une forteresse formidable, qui, dans un cas de péril, pourrait recevoir toute la colonie de race britannique.

En avant, du côté du nord, est une immense esplanade carrée, d'un nivellement parfait, pour laisser le champ libre aux feux de cette citadelle. En face et sur la droite, on voit deux rangées de superbes édifices qui font surnommer Calcutta *la Cité des palais :* tous sont anglais. A gauche, le quatrième et dernier

[1] On l'appelle *l'Houghly.*

côté de l'esplanade, celui qui longe le fleuve, est sans cesse occupé par les Palais flottants; ce sont les murailles de bois [1], les vaisseaux de Britannia, dont la statue colossale domine, un trident à la main, la demeure du vice-roi de cent quarante millions d'hommes. Voilà la ville des vainqueurs.

Derrière la rangée septentrionale des constructions européennes est reléguée *la Cité noire*, qu'habite l'indigène au teint de bronze; il y croupit entassé dans des chaumières d'argile et de bambou, parmi lesquelles s'élèvent pourtant quelques grands hôtels asiatiques, en quelque sorte perdus dans un labyrinthe de rues étroites, tortueuses et malsaines. Voilà la ville des vaincus.

Les institutions, les mœurs, les arts des deux cités diffèrent encore plus que les habitations; cette différence est un objet de notre étude.

Partout dans le vaste pays de l'Inde, les Anglais, comme on le voit à Calcutta, se séparent des indigènes, et pour l'habitation civile, et pour les cantonnements militaires. C'est le même génie qui, dès le siècle de Virgile et d'Auguste, séparait de l'univers les habitants des îles britanniques.

Il faut remonter le fleuve à deux cents lieues, et le temps à trente siècles, pour arriver à la capitale brahmanique, à Bénarès. Qu'on imagine un arc de cercle dont l'étendue soit au moins de trois kilomètres, et qui, dans ce vaste contour, présente un amphi-

[1] « The wooden walls. »

théâtre ayant pour degrés les prodigieux escaliers par lesquels on descend de la haute ville jusque sous les eaux sacrées. Les gigantesques gradins sont entrecoupés ou dominés par des pagodes à voûtes hardies et d'une figure symbolique, par les palais des radjahs qui ménagent à leur vieillesse un dernier asile auprès du Gange, et par des monuments qui sont fondés jusque sous les eaux saintes. Chaque jour, à chaque heure, un peuple accouru de tous les côtés de l'Inde descend de l'immense amphithéâtre pour se plonger dans ce fleuve, qui procure à ses pieux adorateurs des milliers d'années de séjour céleste, avant de subir une métempsycose, et, s'il se peut, de la subir en animant une nouvelle fois un corps humain.

Bénarès a commencé par être une ville construite en or, dit la légende sacrée; elle est encore aujourd'hui la ville de marbre, car c'est d'un beau marbre blanc que sont faits les escaliers religieux, et les palais et les temples hindous; plus tard, troisième et lugubre métamorphose, Bénarès, en punition de sa foi faiblissante, ne sera plus que la ville de boue.

Il faut étudier profondément cette cité mystique afin d'apprendre ce qu'a transmis de vital au peuple de l'Inde l'inspiration de Brahma, et de saisir les conséquences personnelles qu'en ont tirées les brahmanes. Il faut s'arrêter à ce spectacle resté le même après cent générations qui n'ont pas cessé de conserver, en dépit de tous les vainqueurs et de tous les persécuteurs, des traditions demeurées, jusqu'à ce jour, indélébiles.

Au sein d'une ville où la vie entière est en apparence absorbée par un fanatisme incessant, beaucoup d'arts frivoles sont pourtant exercés. Là, l'industrie la plus somptueuse est cultivée et florissante; de toutes les villes d'Asie, Bénarès nous semble celle qu'on peut le mieux comparer à notre cité de Lyon, pour les tissus et les broderies de soie, d'argent et d'or. Il importe d'apprécier ces fabrications, que l'Angleterre n'a pas eu le talent d'écraser sous sa concurrence.

Dans la cité brahmanique, par une disposition directement opposée à celle de Calcutta, les Anglais, loin de dominer et d'éclipser tout, se sont relégués dans un faubourg isolé, presque invisible et séparé du cantonnement militaire.

Si nous continuons à remonter en naviguant jusqu'à soixante lieues, suivant une ligne de plus en plus sinueuse et difficile, nous arrivons au confluent de deux fleuves égaux en grandeur : c'est le Gange et la Jumna. La superstition en ajoute un troisième, le Sereswasti, disparu dans les sables cent lieues plus haut. Selon les Hindous, les eaux de celui-ci jaillissent sous le confluent des deux premiers, pour former une triple conjonction; les Hindous qui se baignent en ce lieu, trois fois sacré, croient par un tel acte obtenir une vie céleste trois fois aussi prolongée que s'ils adoraient le Gange en tout autre lieu de son cours.

On peut juger, d'après cela, du nombre des Indiens qui viennent pour obtenir un tel présent des dieux, et du nombre des mendiants, des fakirs, assemblés en ce lieu pour solliciter la générosité des pèlerins. Tout ce peuple habite, sur la plage, entre les deux fleuves, un amas de chaumières, que la dérision publique a surnommé *Fakirabad,* la demeure des mendiants. C'est pourtant là qu'en certains temps de l'année s'opère un riche commerce entre les marchands de l'Inde et ceux des autres peuples de l'Asie.

La ville des mendiants est dominée par un rocher dont les grands Mogols se sont emparés; Akbar, le plus éminent, le plus politique d'entre eux, a bâti sur ce rocher une forteresse longtemps imprenable, et l'a placée sous l'invocation du dieu des musulmans : c'est Allahabad, *la demeure d'Allah.*

Au commencement du siècle, elle est devenue la proie des Anglais. En 1857, quand éclata la grande rébellion, les révoltés pensèrent la surprendre; mais ils ne firent pas tous leurs efforts pour s'en rendre maîtres, et ce fut leur immense faute. Bientôt après, le comte Canning, gouverneur général, se transporta de Calcutta dans cette ville pour en faire le centre de la résistance britannique.

Je ne puis songer sans une émotion profonde à ce noble comte, qui devait survivre si peu de temps à ses plus beaux succès, à cet homme éminent qui siégeait avec nous, à Londres, et présidait les paisibles conflits de l'Exposition universelle, en 1851. Six ans plus tard, il conservait dans la ville d'Allah, au milieu d'une guerre acharnée, le même sang-froid et la même sérénité qu'il avait montrés au milieu de nous et qu'il signala dans une grave circonstance. Le célèbre provéditeur du *Times* près des armées britanniques,

M. Howard Russell, vint solliciter l'autorisation d'assister, en qualité de témoin et de narrateur, aux marches, aux combats de l'armée que commandait l'héroïque lord Clyde, dont les Français, en Crimée, avaient connu, sous un autre nom, la rare vaillance. Le gouverneur et le général n'imposèrent à sa liberté d'observer, de juger, de censurer même, en des moments si dangereux pour les Anglais, que la seule condition de garder un complet silence autour de lui, et de réserver ses communications pour la presse de l'Angleterre; l'engagement fut pris et fut tenu. On appréciera cette magnanimité tout ce qu'elle vaut, si l'on réfléchit que le même M. H. Russell, ayant voulu jouer de nouveau son noble rôle en Amérique, a reçu l'ordre soudain de quitter l'armée des fédéraux, afin d'empêcher qu'il découvrît et surtout qu'il publiât la vérité, systématiquement dissimulée.

Sur les bords de la Jumna, à soixante lieues d'Allahabad, s'élève Agra, grande ville qu'Akbar embellit par de somptueux monuments. Il espérait que la postérité continuerait de la nommer *Akbarabad,* afin d'en honorer le bienfaiteur; il s'est trompé.

Ici, comme dans la plupart des cités de l'Inde, les mosquées, les palais et les tombeaux attestent la magnificence des empereurs issus de Tamerlan; leur architecture, qui porte le cachet arabe, est reconnaissable à la grandeur, au pittoresque, à l'élégance qu'on retrouve à Téhéran, à Bagdad, à Damas, au Caire et jusqu'au sein de Grenade.

En face d'Agra, sur la rive orientale de la Jumna,

s'élève un mausolée que, d'un commun accord, les enfants de l'Islam ont mis au premier rang de leurs merveilles, pour la pureté du goût, pour la grâce, la richesse et néanmoins la sobriété des ornements. On y découvre l'art suprême des proportions, qui fait paraître encore plus grands que la réalité les grands monuments, en évitant qu'aucune partie semble démesurée et par le contraste porte atteinte au grandiose de l'ensemble. Enfin, chose plus étrange, cette création, si profondément asiatique, est cependant l'œuvre d'un Français : Augustin de Bordeux était allé porter son compas d'architecte sur les bords du Gange et de la Jumna, dans le même siècle où le Poussin portait ses pinceaux aux bords du Tibre et Puget son ciseau dans Gênes.

Les esprits réfléchis de l'Asie, comme ceux de l'Europe, quand ils admirent un chef-d'œuvre, placent encore au-dessus l'auteur de l'œuvre, par le même sentiment qui nous fait placer l'auteur de l'univers au-dessus de l'univers. Ils ont caractérisé la gloire de l'architecte auquel est dû le merveilleux mausolée, par ces simples mots : *Augustin, le chrétien, merveille de son époque.*

Je me suis efforcé de pénétrer, dans son vrai caractère, la supériorité de ce monument, qui fait naître un mélange surprenant de pensées élevées, de douces affections et d'aspirations sublimes. C'est une supériorité morale avant tout.

Un des juges les plus profonds qu'aient eus les chefs-d'œuvre de l'antiquité grecque et romaine a fait de Phidias cet éloge, que nul autre grand génie n'avait aussi bien mérité depuis Homère : « L'idée que sa statue donne de Jupiter ajoute à la religion des peuples. » Les Indiens, à leur tour, peuvent dire : Le mausolée du plus équitable des sultans et de la plus vertueuse des sultanes ajoute, par son grand caractère, à la vénération des musulmans pour la mémoire de leurs meilleurs souverains.

En parcourant l'univers, chaque fois qu'une heureuse fortune rappelle un titre de gloire conquis par des artistes, des savants ou des guerriers français, je m'arrête avec bonheur afin d'offrir à leur mémoire mon humble mais fidèle couronne. Il me semble qu'alors je touche la terre de France, et que j'y puise un courage nouveau pour continuer mon pénible voyage.

Je fatiguerais le lecteur en lui parlant plus longtemps des grands souvenirs qu'offrent les cités du bassin du Gange, fondées par les nations tour à tour dominatrices. Hâtons-nous de quitter les villes, et d'indiquer le caractère des travaux publics exécutés dans les campagnes; c'est ici que nous allons voir l'Angleterre briller d'un éclat que n'ont pas obscurci les plus lugubres circonstances.

Pour mieux sentir ce mérite, il faut porter un instant notre pensée sur des événements dont il est impossible d'écarter le souvenir et l'influence.

Lorsque nous cherchions à connaître l'action respective de trois races, de trois cultes et de trois civilisations, les Anglais, enivrés par le succès et dédaignant leur circonspection primitive, avaient accumulé sans mesure les envahissements, les annexions et les séquestrations; de son côté, l'autorité militaire, pour une misérable question de cartouches souillées, à titre de perfection, par la graisse d'un animal immonde, révoltait à la fois deux cultes asiatiques et deux cent mille Cipayes qui les professaient. De là naissait une guerre, à la fois sociale et religieuse, qui parut ébranler jusqu'en ses fondements l'empire indo-britannique. Le monde, en suspens, tournait ses regards vers cet effrayant spectacle; il semblait s'efforcer de croire au renversement des modernes dominateurs dont l'orgueil ne cessait pas d'être aussi grand que la vaillance.

D'un regard plus perspicace et plus ami, le Souverain de la France vit autrement l'avenir; il prescrivit à nos vaisseaux, sur les deux Océans, d'aider partout les Anglais, qui faisaient force de voiles pour voler au secours de leurs frères d'armes échappés aux trahisons, aux massacres, et qui luttaient avec intrépidité contre des insurgés incomparablement supérieurs en nombre.

Il y avait à cela d'autant plus de magnanimité qu'un concours si noblement offert laisse à peine subsister, peu de temps après, une ombre de reconnaissance.

Le théâtre principal du conflit sanglant qui dura deux années était la célèbre contrée du Doab, longue péninsule formée par le Gange et la Jumna. Or ce beau pays venait d'être fécondé par un travail européen, le plus grand, le plus bienfaisant qu'on ait accompli de nos jours.

A l'endroit où le Gange débouche dans les vastes plaines, en sortant des monts Himâlayas, on avait détourné les sept huitièmes des plus basses eaux fluviales pour les jeter sur la crête des plateaux de la péninsule; on les faisait couler sur un double lit artificiel et navigable, qui rejoignait, cent lieues plus bas, vers l'orient, le lit du Gange, et, vers l'occident, le lit de la Jumna. Ainsi les navires allaient voyager, non plus dans le fond des vallées, mais sur les crêtes du sol. Chemin faisant, des saignées intelligentes déversaient le superflu des eaux pour arroser les campagnes.

Par ce système ingénieux, le commerce n'avait plus à craindre, sur le Gange supérieur, le chômage alternatif des basses eaux et des inondations; dans toutes les saisons, il allait accomplir ses transports avec la même sécurité et la même facilité; en même temps, l'agriculture, par la permanence et la régularité des irrigations, n'avait plus à redouter l'inconstance du ciel et le caprice des moussons. J'ai consacré tous mes soins à décrire, en ingénieur passionné pour ces beaux résultats, une entreprise qui fait tant d'honneur au génie bienfaisant des Occidentaux.

Afin d'exécuter des travaux si multipliés et si considérables, il fallait former les Hindous à l'intelligence, à la pratique de nos entreprises et de nos industries; car les Européens étaient si peu nombreux qu'ils ne pouvaient pas tout conduire par eux-mêmes en descendant jusqu'aux détails.

En conséquence on avait créé, pour les indigènes et les enfants des Européens, une école spéciale, auprès d'un arsenal civil construit au pied des monts Himâlayas; école à la fois théorique et pratique des arts et des manufactures, munie des instruments, des mécanismes, des moteurs que l'Angleterre avait fournis et des maîtres excellents qu'elle avait formés. Cette institution, dont l'Asie n'avait jamais conçu l'espérance ni seulement la pensée, survit à l'exécution des travaux du canal du Gange; elle répand parmi les populations une instruction variée, dont toutes les parties manquaient aux naturels du pays.

Chose affligeante, mais utile à remarquer, la rébellion n'en avait pas moins assassiné les Européens dans les villes et dans les campagnes où les canaux, les embarcadères et les irrigations devaient répandre les bienfaits les plus importants.

Il ne faut pas que les amis de la civilisation soient arrêtés par de telles ingratitudes; elles sont communes à tous les peuples conquis, aussitôt qu'on les excite au soulèvement contre les dominateurs.

Nous pouvons en juger par des rébellions plus récentes, au sein des contrées où l'on a poussé jusqu'aux plus extrêmes limites la générosité française envers la race indigène. Les seuls appuis qui ne manquent jamais, ce sont, dans l'Inde, les Anglais pour sauver l'intérêt anglais, comme en Afrique les Français pour sauver l'intérêt français.

Il faut maintenant nous arrêter à la plus grande entreprise après le canal du Gange.

Afin de montrer avec quelle promptitude les découvertes modernes sont transportées sur les ailes du génie occidental, je prie le lecteur de tourner ses regards vers le rapide établissement des chemins de fer jusqu'au lointain Orient.....

En 1830 seulement, l'Angleterre avait résolu le problème d'inventer des locomotives à vapeur qui pourraient parcourir huit lieues par heure en convoyant de nombreux voyageurs; ce résultat, qu'on appelle aujourd'hui modestement *une petite vitesse*, semblait alors le *nec plus ultra* des espérances.

Entre cette innovation et l'époque où nous arrivons, c'est-à-dire en moins d'un quart de siècle, la nation britannique emprunte à sa richesse disponible dix milliards de francs; avec ce monceau d'or elle exécute, sur le petit territoire de ses trois royaumes, cinq mille lieues de chemin de fer. Loin d'être épuisée par un si grand sacrifice, elle tient en réserve des capitaux exubérants; et ces capitaux, elle brûle de les transporter par delà le cap de Bonne-Espérance, pour procurer à l'Hindoustan de nouveaux milliers de lieues ferrées, au prix de nouveaux milliards.

Aucune difficulté ne peut arrêter la force productive européenne. Il faut emprunter tout à l'Occident, ingénieurs, administrateurs, chefs d'atelier, conducteurs et jusqu'aux moindres employés; il faut apporter les rails et même leurs supports, coulés, forgés en Angleterre et dans le pays de Galles; il faut envoyer les locomotives, et les wagons qui transporteront les personnes, et jusqu'aux simples plates-formes qui porteront les marchandises. Il faut tout cela pour donner au moins voyageur des peuples asiatiques le plus précieux, il est vrai, mais le plus dispendieux des moyens de communication.

Lorsque la grande rébellion de 1857 éclata, malgré les premiers efforts appliqués aux voies entreprises à partir de Calcutta, de Madras et de Bombay, on n'avait encore dépensé que quatre-vingt-quatre millions; aussi l'on était bien éloigné d'avoir atteint, dans aucune direction, le territoire vers lequel il eût été d'un si grand intérêt qu'on portât des secours avec une extrême rapidité.

Loin que la confiance ait été ralentie par les terreurs de la guerre intestine, les efforts se sont multipliés; et, dans les deux ans de combats acharnés qu'on signale ici, quatre-vingts nouveaux millions ont doublé les travaux commencés depuis sept années.

Le retour de la paix intérieure a tout accéléré. Au moment où je parle, un milliard cent cinquante-sept millions de francs ont trouvé leur emploi pour ce même ordre de travaux; douze cent cinquante lieues de chemins de fer sont livrées à la circulation, et trois cent soixante autres, en cours d'exécution, vont incessamment être terminées.

Cette année même, sur la ligne la plus importante, un parcours de seize cents kilomètres sera complet depuis Delhi, l'ancienne capitale des grands Mogols, jusques à Calcutta, la capitale de leurs successeurs occidentaux; un embranchement se termine sur les bords du Gange, à Cawnpour, à l'endroit même où le canal aboutit; et c'est l'endroit stigmatisé par les premiers massacres de 1857!

Le lecteur fera de lui-même une observation aussi simple que naturelle : si les travaux dont nous venons de signaler l'étendue avaient été terminés huit ans plus tôt, en moins de deux jours on aurait pu transporter des secours suffisants jusqu'au foyer de l'incendie. Cet incendie, on l'aurait étouffé aussitôt qu'aurait jailli la première étincelle; tandis qu'il a fallu des mois entiers pour transporter soldats, chevaux, armes et munitions, sous le soleil dévorant des tropiques, avec des pertes infinies de temps, de personnes, d'animaux et de matériel.

Aujourd'hui, dans leurs idées d'avenir, les hommes d'État de la Grande-Bretagne étendent leurs prévisions bien au delà des moyens de parer au danger des luttes intestines. Ils vont au-devant d'un ennemi lointain, moins probable de jour en jour, mais enfin qui n'est pas impossible. Cet ennemi, des yeux de lynx aperçoivent jusqu'à ses rêves en regardant à la fois vers l'occident de l'Asie et vers le nord de l'Europe.

On vient de voir que la grande ligne stratégique des chemins de fer sera livrée tout entière à la circulation avant la fin de la présente année, entre Calcutta et Delhi; ce n'est point assez. La même ligne sera prolongée sans aucun retard, du côté de l'occident, depuis Delhi jusqu'à Lahore; enfin, j'en suis convaincu, l'Angleterre ne s'arrêtera qu'au delà de l'Indus, à Peschawer, cet avant-poste ambitieux qui fait face à la Russie.

Peschawer se trouve à quatre cents lieues, mesurées à vol d'oiseau, de la mer Caspienne, à trois cent soixante seulement de la mer d'Aral, deux mers où flotte en souverain le pavillon moscovite; tandis que la même place défensive est à huit cents lieues de Calcutta, lieu d'arrivée des secours envoyés de la Grande-Bretagne.

Mais, une fois les chemins de fer achevés, la dernière distance, malgré son étendue, sera franchie en aussi peu de jours par les Anglais, que les premières exigeraient de mois pour la marche d'une armée russe.

Cependant il se pourrait qu'en certains cas la marche des défenseurs accourant à Peschawer se trouvât arrêtée par la crue périodique du haut Indus, crue qui dépasse parfois quinze mètres de hauteur, et qui précipite ses eaux avec une vitesse prodigieuse. Il en résulte alors des difficultés extrêmes de passage.

Pour surmonter un pareil obstacle, on a résolu de creuser sous ce grand fleuve, au croisement de la voie militaire qui conduit de Calcutta, de Delhi et de Lahore à Peschawer, un chemin de fer invisible; sa voie sera comparable au célèbre souterrain, au *tunnel* construit sous la Tamise par le génie d'un illustre Français : Marc Isambart Brunel.

La navigation à vapeur rend aujourd'hui des services infinis pour communiquer entre l'Inde et l'Europe; elle sillonne déjà la mer Rouge et la mer d'Arabie; elle remonte les plus grands fleuves, le Gange, l'Indus, le Brahmapoutra. Chaque année la voit pénétrer plus loin dans l'intérieur du pays.

Les lignes télégraphiques, *chemins de fer de la pensée,* complètent les voies de terre et de mer; ces lignes, que l'imagination des Indiens, parlant ici, sans le savoir, le langage de la science, a surnommées *la poste de l'éclair,* comptent déjà dans l'Inde un parcours de vingt mille kilomètres, c'est-à-dire cinq mille lieues. Sur un pays aussi grand que six fois la France, elles forment un réseau dont les trois centres, Calcutta, Madras et Bombay, devront communiquer avec l'Angleterre au moyen de câbles sous-marins, qui déjà sont posés, les premiers jusqu'à Suez et les seconds jusqu'à Bassora; les uns en longeant la mer Rouge, les autres en longeant le golfe Persique.

Lorsqu'on aura complété tous les moyens de transmettre les signaux, une insurrection dans l'Inde, sur quelque point reculé qu'elle éclate, sera signalée en très-peu d'heures, à trois mille lieues de distance; et le cabinet britannique en pourra délibérer. Dans le même nombre d'heures, les ordres pourront être envoyés, les instructions transmises et les secours annoncés; secours qui seront transportés par toutes les voies accélérées que permet aujourd'hui la navigation la plus perfectionnée.

Tels sont les services nouveaux rendus par les sciences et les arts pour assurer le suprême empire que trente millions d'insulaires, relégués à l'extrémité la plus reculée du monde occidental, exercent aujourd'hui sur près de deux cents millions d'asiatiques, concentrés au milieu du monde oriental.

C'est trop longtemps parler de soulèvements et de guerres, même avec la pensée de les prévenir; hâtons-nous de passer aux travaux, en apparence plus paisibles, de l'agriculture, du commerce et de l'industrie.

L'Angleterre a commencé, j'ai regret à le dire, par favoriser une exploitation qui n'était pas honorable : c'était la culture du pavot et la vente frauduleuse de l'opium qu'on en retire.

Au temps où la Compagnie des Indes exerçait en souveraine le monopole de l'Asie orientale, un de ses administrateurs avait découvert que la passion naturelle aux Chinois pour un funeste narcotique pouvait être favorisée et largement développée en cultivant le pavot dans le bassin du Gange. Si merveilleuse a paru cette idée, qu'on en a fait aussitôt un privilége officiel. Il n'a plus été possible de cultiver cette plante à moins d'obtenir un permis spécial et sous la condition de céder le produit à la Compagnie. Par l'effet de pareils moyens, les bénéfices de la vente faite aux Chinois ont présenté de tels accroissements, qu'ils sont devenus un des revenus principaux de l'empire indo-britannique, même aujourd'hui que cet empire est au sommet de sa richesse [1].

Les empereurs de la Chine, défenseurs de la mo-

[1] Opium expédié de Bombay pour la Chine, en 1862-1863; valeur à Bombay : 196,039,677 francs, et probablement en Chine : 250 millions de francs!... On ne parle pas de Calcutta, qui fait en grand le même commerce.

rale et de la vie de leurs sujets, interdirent par une loi l'importation de l'opium dans leurs États. Trois guerres ont conquis, pour l'Angleterre, l'atroce liberté de ce commerce inhumain. Pour couronner la dernière, un droit modérateur, odieux au plus fort mais consenti comme impuissant, fut obtenu par le vaincu pour imposer une limite à l'effet antisanitaire. Aujourd'hui, comme au temps de la prohibition, la contrebande à main armée continue sur le littoral de la Chine. Des *clippers*, dont le nom veut dire *les tondeurs du vent,* tant ils sont rapides, continuent d'aborder les rives du grand fleuve Yang-Tse-Kiang; ils sont à l'ancre, mouillés côte à côte, avec leurs canons pointés contre la terre, pour repousser l'autorité légale. Dès que la nuit vient, leurs canots font passer en fraude les caisses d'opium, avec un bénéfice que la morale réprouve, mais qu'absout la cupidité.

O vanité des choses humaines! Lord Elgin, l'administrateur consommé, l'homme d'État accompli, le célèbre ambassadeur, après avoir fait signer aux Chinois la libre entrée du narcotique délétère, avait reçu pour récompense le gouvernement général de l'Inde; et, peu de mois après son arrivée aux bords du Gange, il périt victime d'un climat vengeur de l'extrême Asie.

Une seconde culture envahie par les colons anglais est celle de l'*indigo;* non pas qu'ils aient entrepris de cultiver en personne l'indigotier : pour eux, ce labeur aurait été mortel sous le soleil de la zone torride. Ils se contentaient de payer, à tant la gerbe, les tiges de la plante précieuse; ensuite ils appliquaient leur industrie à l'extraction du principe colorant, si célèbre dès la plus haute antiquité, et dont le nom même atteste l'origine.

En multipliant les attentions minutieuses et les soins incessants, en calculant avec sévérité l'économie dans l'emploi des matières et dans la main-d'œuvre, quoique ici les fabricants anglais n'aient rien inventé, rien innové, en peu d'années ils ont obtenu des produits tellement supérieurs par l'homogénéité, par la pureté, qu'ils ont fait disparaître des marchés de l'univers les indigos imparfaits des Indiens.

Ce premier succès, obtenu par l'intelligence et la liberté du travail, n'avait rien que de légitime et d'honorable, et le vainqueur aurait dû s'en contenter.

Mais en Europe il s'opérait une autre révolution. Une science qui partage avec la géométrie et la mécanique le domaine des arts utiles, la chimie, appliquait ses découvertes à la production, à l'épuration des matières colorantes qu'elle empruntait infatigablement aux trois règnes de la nature. Toujours elle inventait, toujours elle perfectionnait, toujours elle visait à des économies nouvelles; c'est ainsi qu'elle produisait des bleus et des verts, et tous leurs dérivés, à des conditions chaque jour plus avantageuses. Au contraire, l'indigo, qui ne pouvait plus rien gagner du côté des travaux ni du côté de la matière colorante, restait forcément stationnaire.

Pour tenir lieu de découvertes, les producteurs du Bengale imaginèrent de diminuer sans cesse, par des pratiques avouables ou non, l'humble bénéfice et la juste rétribution du cultivateur indigène; ils y parvinrent en altérant la mesure des gerbes, et par beaucoup d'autres moyens peu scrupuleux. Ces moyens, je les étudie avec fidélité et je les énumère en conscience, d'après les enquêtes anglaises.

Malgré tant d'oppressions et de déceptions, les Bengalais, peuple tristement connu pour son humble timidité, les Bengalais laissèrent passer la grande rébellion de 1857 et de 1858, sans élever la voix et sans joindre leurs bras à ceux des insurgés. Mais, lorsque tout fut apaisé sur les bords du Gange supérieur et que les Européens, au lieu d'être devenus plus modérés en souvenir du péril, eurent rendu plus misérables encore les pauvres cultivateurs confinés dans le delta du Gange, ces derniers se soulevèrent; ils se réunirent en groupes hostiles, qui, la torche à la main, brûlèrent de proche en proche les indigoteries anglaises et les maisons des planteurs, dont ils menacèrent l'existence.

L'autorité, qui jusqu'alors avait nié la réalité des griefs et fermé les yeux sur tant d'actes oppressifs, les ouvrit en face d'un si pressant péril : un peu d'allégement immédiat et quelques promesses d'un meilleur avenir ont suffi pour conjurer cet orage.

Ce qu'il y a d'important ici, c'est que nous découvrons un bon secret du cœur de l'homme : quelque faible de constitution, quelque timide par nature et quelque soumis qu'un peuple soit rendu par une longue oppression, l'oppresseur peut toujours atteindre un degré qui commande la résistance et lui fasse éprouver un juste châtiment, à moins que lui-même ne cède à la peur.

C'est ce degré dont j'ai tâché d'étudier la mesure, les excès et les effets dans le Bengale.

Je mentionne ici pour mémoire une troisième culture, celle du coton, imparfaite, arriérée jusqu'à ce jour, mais devenue d'un immense intérêt pour les manufactures de la Grande-Bretagne et des autres nations les plus industrieuses. Je montrerai, dans mon résumé définitif, les magnifiques résultats obtenus à ce sujet dans l'Hindoustan.

J'aurai de même à signaler, dans le volume subséquent, une quatrième culture toute à l'honneur de l'Angleterre; c'est celle de l'arbre dont l'écorce est appelée *quinquina*. Des soins vraiment scientifiques ont transplanté cet arbre du Pérou dans les montagnes de l'Inde et déjà l'ont acclimaté. Avec le temps, le précieux fébrifuge, multiplié dans l'Asie britannique, pourra rendre à l'humanité des services qui lui seront refusés par les forêts de l'Amérique du Sud, imprudemment dévastées.

Une cinquième culture, qui s'est développée de nos jours, n'a rien offert à notre étude qui ne soit honorable pour les colons britanniques et favorable à la prospérité du peuple indigène. Signalons ses heureux progrès.

Au milieu d'un si grand nombre de trésors naturels, que la Chine partage avec les autres contrées, on en distingue un qui, jusqu'à ces derniers temps, était resté son héritage exclusif ; c'est l'arbuste à thé, dont les feuilles, manufacturées avec un art infini, procurent les variétés si précieuses de la boisson la plus légère, la plus inoffensive, disons mieux, la plus salutaire, et qui convient également aux climats les plus opposés. Partager le commerce de cette production, commerce qui compte aujourd'hui ses valeurs par centaines de millions, tel était l'objet des ardentes convoitises de l'industrie britannique.

Dans ce dessein, la Compagnie des Indes orientales, c'est d'elle jusqu'ici que date l'origine de tous les progrès, la Compagnie avait établi des jardins modèles dans les vallons himâlayens du bassin du Gange; elle avait pris soin de choisir des régions comparables à celles des monts du Céleste Empire où sont récoltés les thés les plus exquis. Afin d'obtenir des semences et des plants, et d'y joindre des notions indispensables, sur la culture et les manipulations subséquentes, elle avait mis à l'œuvre un savant botaniste, excellent observateur; c'était M. Fortune, dont les écrits sont justement estimés.

En profitant des lumières ainsi recueillies, on faisait des essais plus ou moins heureux. Mais on opérait dans des proportions beaucoup trop restreintes, lorsqu'un de ces hasards, qui semblent n'arriver que dans l'Inde anglaise, fait tout à coup perdre la tête au faible peuple tibétain du Bhoutan; il se prend de querelle avec le colosse britannique, et perd naturellement sa belle province d'Assam.

Cette province contenait de grandes forêts séculaires, et dans ces forêts étaient cachés des arbres sauvages que les vaincus signalèrent aux vainqueurs : c'étaient des arbres à thé.

On pensa qu'il fallait suivre un si précieux indice, et les essais furent heureux. Une association, puissante par les capitaux, se forma dans Calcutta pour introduire en Assam la culture de ce végétal, à deux cents lieues de la mer, mais non loin des bords du Brahmapoutra. L'association, circonspecte et bien avisée, refusa de commencer aucune entreprise, à moins que le Gouvernement ne promît d'établir une navigation régulière à vapeur, qui remonterait au moins jusqu'à cent lieues au-dessus de l'embouchure du fleuve. Une administration éclairée fit droit à cette demande, et, bientôt après, la fortune couronna les efforts des capitalistes indo-britanniques.

Remarquons ici comment les progrès nouveaux s'enchaînent avec les découvertes antérieures ! Si le Gouvernement n'avait pas pu garantir une navigation perfectionnée, régulière et certaine, sur un fleuve ingouvernable aussi longtemps qu'on n'avait que des voiles pour le dompter, la prudente association qui devait créer une grande culture, et, par suite, un commerce important, n'aurait pas pu réaliser son entreprise.

Voici maintenant une peine du talion que les Anglais vont subir. Les bras manquaient pour exploiter sur une vaste échelle les défrichements, les plantations, les semis et la culture du thé. On aurait été charmé d'employer les naturels du pays; mais le peuple d'Assam, qui tient déjà de l'Indo-Chine, affaibli par l'usage de l'opium, dont il faisait sa boisson luxurieuse, ne pouvait pas se prêter à de rudes travaux. Ce seul fait a rendu lente et limitée la production d'un thé qu'il aurait fallu pouvoir jeter sur les marchés anglais avec une extrême abondance.

Autre sujet de remarque sur lequel je prends la liberté d'attirer l'attention des observateurs. La nature donne au thé sauvage d'Assam, même adouci par la culture, une saveur âpre, telle que les thés qui la possèdent, mis en parallèle avec les thés délicats du Céleste Empire, sont comme les vins les plus rudes d'Espagne et de Portugal mis en parallèle avec les vins exquis de Bordeaux et de Bourgogne. Ce défaut, aux yeux des nations étrangères, est un titre de faveur pour le robuste palais des consommateurs britanniques. Il en résulte qu'à Londres les thés d'Assam obtiennent un prix supérieur à celui d'autres thés plus doux et véritablement chinois.

Ainsi, voilà la physiologie qui prend une part importante aux avantages comparés d'un commerce précieux pour la Grande-Bretagne.

Ce n'est pas seulement la nature des organes, le tempérament de l'homme et la diversité de ses goûts qu'il faut prendre en considération dans la concurrence des peuples et le succès de leurs produits; il importe d'étudier, et sans cesse j'étudie l'effet des mœurs sur les arts et de l'esprit sur les habitudes. C'est la partie de mes recherches à laquelle j'attache le plus de prix; c'est elle qui les empêche de tomber dans ce qu'on ne doit pas craindre d'appeler le matérialisme de l'industrie et du commerce.

L'Inde, envisagée sous le point de vue intellectuel et moral, devient aujourd'hui plus intéressante que jamais à bien connaître. Vaincue de tous les côtés, réduite à ne plus compter dans son sein que des sujets subjugués, que des tributaires ou des confédérés sans indépendance, elle est arrivée au degré de prostration où se trouvaient les alliés et les sujets du peuple romain, à la fin des guerres civiles, sous le puissant règne d'Auguste.

Dans le pays qui subit un pareil sort, il se fait un travail mystérieux et silencieux, invisible, et pourtant immense. Essayons d'en montrer quelques symptômes.

Partout le vainqueur s'efforce d'enseigner sa langue au vaincu. J'en suis ravi; parce que l'inspiration qui, de toutes parts, jaillit des chefs-d'œuvre enfantés par cette noble langue, c'est le sentiment de la dignité humaine et la passion de la liberté personnelle. Quand ce sentiment et cette passion seront devenus universels chez deux cents millions d'asservis, j'en suis certain, le résultat de leurs rapports avec une poignée de maîtres sera l'alliance fraternelle et la fusion fortunée des deux races, ou leur complète indépendance. C'est à la perspicacité du dominateur qu'il appartient de choisir, dès à présent, entre ces deux destinées.

Il est bien d'autres enseignements minimes en apparence et pourtant dignes d'être étudiés. Partout où je vois fonder une école de hameau, de bourgade ou de ville, j'y prête une extrême attention. Dans l'humble libéralité de 120 à 150 francs accordés comme récompense à des étudiants indigènes, pour subvenir à tous leurs besoins d'une année en cultivant les lettres ou les sciences, je vois le germe d'une fortune, non-seulement matérielle, mais avant tout intellectuelle, chez les naturels du pays. Je note avec soin les concours; je cherche à constater les examens subis et les titres conférés. Si quelque indigène devient professeur en médecine, en pharmacie, en chimie, s'il devient avoué, avocat, et surtout juge, je salue son avancement et j'en épie les effets. Je tâche d'apercevoir et de mesurer les connaissances les plus simples, les plus utiles, qui, comme un mince filet, commencent à couler en fécondant la terre gangétique. Ainsi, je n'oublie pas le très-modeste enseignement spécial des Indiens qu'on forme par un peu de théorie et par la pratique, afin d'en faire des mécaniciens, des chauffeurs d'engins, qui d'abord manœuvreront en sous-ordre les mécanismes des bateaux à vapeur et des locomotives; avec le temps ils les manœuvreront en chef.

Je n'ai pas non plus négligé l'enseignement qu'on doit à la presse périodique, soit à celle qui fait usage de la langue des conquérants, soit à celle qui fait usage des langues parlées aujourd'hui chez les natifs de l'Hindoustan. Chaque année, la dernière prend un plus vaste développement. Déjà les journaux publiés en hindoustani, en ourdou, ainsi qu'en d'autres dialectes, surgissent dans les capitales, dans les villes du second rang, et même du troisième ordre. Depuis la guerre civile, leur politique n'est plus libre; j'en reconnais franchement la nécessité; mais ils ont la faculté d'exprimer leur pensée sur tous les sujets que l'esprit humain peut explorer et féconder, sans faire la guerre à l'autorité. Cela suffit à l'espérance des plus sages amis du peuple indigène.

Depuis plusieurs années, à Calcutta, à Madras, à Bombay, des revues hebdomadaires, mensuelles et même trimestrielles, sont publiées en anglais, à l'exemple des revues de Londres et d'Édimbourg; quelques-unes sont dignes d'une haute estime. Elles s'adressent aux classes les plus opulentes et les plus éclairées, non-seulement des Anglais, mais des Indiens, justement renommés pour leur facilité d'apprendre les langues étrangères.

En dehors de la presse périodique, il faut signaler des publications toujours croissantes, consacrées à développer et les connaissances usuelles et les notions de l'ordre le plus élevé, scientifiques, littéraires, morales et religieuses. Partout, disons-le, l'initiation part des esprits anglais les plus cultivés et les plus généreux; les premiers, ils ont publié, avec une admirable exactitude, les livres sacrés et les grands poëmes de l'Inde; ils s'exercent à les traduire. Ils convient les savants hindous à des études sérieuses et fécondes. Une lutte nouvelle et libre s'établit, par le travail des savants, entre trois cultes en présence : le christianisme, le brahmanisme et l'islamisme. Ce dernier n'a plus le tranchant du cimeterre pour argument irrésistible; le second ne se renferme plus derrière l'incompréhensibilité de ses imaginations, puisqu'il reçoit ses livres mystiques, édités par la science européenne, avec la pureté primitive d'un texte de trois mille ans. Le premier des cultes mis en présence traduit dans les dialectes indigènes ses deux Testaments, qu'il défend avec éloquence et qu'il fait aimer par le plus doux de tous les charmes, celui de la charité. Déjà de grands ouvrages sur le parallèle des croyances, rapprochées ainsi, sont publiés, qui le croirait? par quelques brahmanes et par quelques mahométans, excités, attirés, instruits par la plus puissante des croyances rivales. De semblables commencements promettent beaucoup pour l'avenir.

Résumons en un mot les nombreux indices de régénération que nous venons de signaler. Aujourd'hui, disons-le sans chercher une vaine métaphore, ce n'est plus l'Asie qui la première, en suivant l'ordre des temps, éclaire les peuples d'Europe, c'est l'Occident qui se lève sur l'Orient et lui porte la lumière.

Voilà les principaux points de vue sous lesquels il nous a paru nécessaire de considérer les forces passées, les forces présentes et les forces futures d'une très-nombreuse partie du genre humain, laquelle est d'un côté si loin encore de notre civilisation, de l'autre est déjà si voisine de nous, si faite pour être aimée et si près de mériter d'être estimée.

Pour rendre les mœurs des populations brahmaniques et musulmanes aussi respectables que celles des peuples chrétiens, il faut, par degrés prudents mais actifs, leur accorder le bienfait de nos lois sur la possession des biens, sur le mariage et la famille, pour les soustraire, au point de vue civil et social, d'une part, au code indien de Manou, de l'autre à la partie politique du Koran. Tout un sexe, opprimé parce qu'il est faible, et méconnu jusque dans l'égalité des âmes aux yeux du Tout-Puissant, ce sexe, n'en doutons pas, soupire après une réforme qui lui garantirait la dignité qu'il est en droit de réclamer, et le bonheur domestique, et dans beaucoup de cas la vie. Déjà, parmi les indigènes les plus savants, il en est qui ne craignent pas d'élever la voix pour invoquer de telles innovations; ils voudraient qu'à Calcutta le Conseil législatif en fît l'objet de ses études, et préparât des projets de loi d'où sortirait la régénération sociale de l'Inde.

Aujourd'hui que nous possédons en Asie, en Afrique, en Océanie, de grands territoires habités par des populations musulmanes et brahmaniques, nous avons le même intérêt aux perfectionnements que nous signalons. La France, avec la rapidité de ses conceptions et la générosité de ses instincts, devrait, à cet égard, saisir l'initiative. C'est elle qui devrait imaginer des lois où les vaincus ne seraient pas plus sacrifiés aux vainqueurs, que les vainqueurs aux vaincus : un de ces excès perdrait tout. En un mot, au lieu d'attendre d'heureux exemples qui n'ont pas encore pris naissance à l'étranger, c'est la France qui devrait en gratifier une grande et noble partie du genre humain. Ce premier rang serait digne d'elle et de son gouvernement.

Je terminerai ces indications succinctes et générales en adressant mes vœux au Souverain sous les auspices duquel sont publiés nos travaux :

« Il me semble que l'Orient doit sourire à vos plus heureux souvenirs; il vous rappelle nos armes dirigées vers l'Asie, berceau du monde, afin d'y défendre la cause immortelle de l'humanité. Vos bienfaits marchaient devant vous. A Damas, un émir africain, devenu libre, riche et puissant, par votre générosité, vous payait son tribut de reconnaissance en arrachant nos concitoyens aux poignards du fanatisme asiatique. Bientôt la flotte et l'armée de la France accouraient pour prêter leur aide aux persécutés de Syrie et commander le châtiment de leurs persécuteurs. D'autres forces nationales, au sein des mers les plus lointaines, étaient employées pour arracher au supplice et rendre à la liberté de leur mission les apôtres de l'Europe, en Indo-Chine, en Chine, au Japon. Chemin faisant, votre prévision fondait à Saïgon, sur les bords d'un grand fleuve, la *Nouvelle Inde française,* afin de remplacer celle de Colbert, si misérablement sacrifiée sous Louis XV. Vous avez fait flotter le drapeau de l'Empire sur les murs de Canton, de Tien-tsin et de Pékin. Dans cette dernière capitale, la croix latine est de nouveau plantée sur le temple érigé par Khang-hi, contemporain de Louis XIV. La chaîne des temps se renoue. Après un siècle et demi de proscriptions, un pontife français, accompagné de ses lévites, sort de ses catacombes; devancier de nos héros sur le chemin du danger et de la gloire, il les attend à la porte du temple français et bénit leur triomphe, en redisant ce même hymne d'Ambroise, ce *Te Deum* si national, que votre armée d'Europe avait entendu, devant vous, comme un dernier couronnement de ses victoires immortelles.

« Voilà, Sire, quelques-uns des souvenirs qui me semblent de nature à vous inspirer un généreux et fructueux intérêt pour le tableau des grandes expériences de l'Angleterre, au milieu de cet Orient dont elle entreprend de transformer les productions, la civilisation et peut-être les destinées.

« Quant au rôle de premier ordre que Votre Majesté peut jouer en abordant à son tour de semblables sujets, pour ajouter aux bienfaits rendus à l'humanité, je ne demande qu'une grâce : c'est que votre pensée se porte, sous ce point de vue, vers le bonheur, la paix intestine et la prospérité de nos établissements d'outre-mer. »

INTRODUCTION

FORCE PRODUCTIVE DES NATIONS CONCURRENTES,

DE 1800 A 1851.

SIXIÈME PARTIE.

SUITE DE L'INDE.

CONSIDÉRATIONS PRÉLIMINAIRES SUR LA GRANDEUR DE LA POPULATION DE L'INDE.

D'après les suppositions de l'historien Gibbon, l'empire romain, au faîte de sa puissance, comptait seulement cent vingt millions d'habitants; il était d'un tiers moins peuplé que ne l'est aujourd'hui la péninsule de l'Inde.

Les Anglais sont fiers d'avoir acquis en cent années plus de sujets que les Romains en neuf siècles consacrés à conquérir l'ancien monde. Mais les Romains ont dû combattre les nations les plus belliqueuses de la terre, les Gaulois et les Grecs, les Espagnols et les Carthaginois; il a suffi que les Anglais attaquassent des Indiens énervés et dégénérés, pour s'approprier une conquête toute préparée et des provinces en état complet de désorganisation : c'étaient les débris de l'empire du Grand Mogol.

Il ne faut pas seulement estimer les conquêtes en supputant le nombre des vaincus; reconnaissons, au contraire, que les nations les moins populeuses ont été souvent celles qui résistaient davantage à l'envahissement, à l'oppression. Ces dernières sont celles qui, par la lutte même, donnent du prix à la conquête et qui commandent, à tous les points de vue, l'estime et l'admiration.

Cependant, lorsqu'un empire contient, comme l'Inde orientale, une partie très-considérable du genre humain, par cela seul, son étude acquiert à nos yeux un immense intérêt. Même en admettant qu'à beaucoup d'égards elle ait perdu son antique héroïsme, combien n'a-t-elle pas d'autres titres à notre sollicitude, à nos sympathies, je dirais presque à nos respects! C'est pour nous un devoir autant qu'un bonheur de porter l'attention la plus profonde sur les maux à détourner et sur les biens à multiplier, dans l'espoir de rendre moins malheureux un si grand nombre de nos semblables.

L'intérêt s'accroît si l'on doit peindre des peuples depuis longtemps civilisés et déjà célèbres lorsque l'ancien monde occidental était encore dans l'enfance; des peuples ayant conservé leur religion, leurs mœurs, leur littérature et leurs arts à travers vingt-quatre siècles de révolutions et d'envahissements; des peuples qui, sous des points de vue si capitaux, n'ont pas cessé d'occuper une place importante dans l'histoire du genre humain.

Il s'en faut de beaucoup que tout soit identique chez les diverses nations de l'Inde, et l'un des principaux objets de notre étude sera de signaler les principales différences que ces nations peuvent offrir. Chaque division du territoire renferme aussi des leçons qui lui sont propres; ces leçons, nous essayerons de les apprendre et de les faire connaître.

Parallèle des territoires et des populations entre l'Inde et la partie de l'Europe la plus favorisée par le climat et la civilisation.

Pour que nous puissions nous former l'idée de la grandeur du spectacle qui se déroule devant nous, jetons un premier regard sur l'ensemble de l'Inde. Rendons notre idée sensible par une comparaison empruntée à l'Occident : si nous ajoutons ensemble les chiffres qui représentent la population de la France et des trois royaumes britanniques, de l'Italie, de l'Espagne, du Portugal, du Zollverein, de l'Autriche et de la Suisse, de la Grèce, des petits États du nord depuis la Belgique et les Pays-Bas jusqu'au Danemark, en un mot, si nous dénombrons l'Europe tout entière, excepté la Russie, la Turquie, la Norwége et la Suède, le chiffre d'ensemble sera moins considérable que celui des grandes Indes.

Dans ce dernier chiffre, il faut distinguer les sujets directs et ceux des États alliés ou vassaux dépendants de l'empire britannique.

Tableau comparé du territoire et de la population dans l'Inde et dans la partie la plus avancée de l'Europe, vers 1851.

	Hectares de terre.	Habitants.
L'Europe, moins la Russie, la Suède, la Norwége et la Turquie	305,289,211	178,800,000
L'Inde britannique[1] et ses dépendances.	374,503,000	180,367,148
L'Inde britannique seule...........	217,139,300	131,990,901

[1] Les publications officielles les plus récentes portent à 187 millions le nombre total des habitants de l'Inde britannique et de ses dépendances plus ou moins directes, et les possessions anglaises à 138 millions.

Nombre comparé d'habitants que nourrissent mille hectares de terre dans l'Inde et dans la partie la plus avancée de l'Europe.

Aux yeux d'un grand nombre de lecteurs, les chiffres précédents sont trop compliqués pour présenter à l'esprit des rapports facilement comparables. Le tableau suivant aura ce dernier avantage. Il existe par mille hectares :

Dans l'Inde entière.................. 481 habitants;
Dans la partie de l'Inde possédée par la Grande-Bretagne.................. 608
Dans la partie avancée de l'Europe..... 586

Ce simple rapprochement suffit pour nous démontrer combien la multiplication de l'espèce humaine a fait de progrès dans l'Inde, et surtout dans la partie que la Grande-Bretagne, avec l'instinct supérieur de l'oiseau de proie, s'est réservée pour sa part.

Investigation des peuples et des territoires de l'Inde.

Nous avons expliqué successivement la conquête militaire, commerciale et politique de l'Inde opérée par les marchands, les armées et les hommes d'État de la Grande-Bretagne; nous n'avons point perdu de vue la religion, les mœurs et les lettres des peuples rassemblés dans cette partie du monde. Nous avons vu les produits de leurs arts présentés en Europe à l'Exposition universelle de 1851 et représentés presque identiquement en 1862. De ce spectacle instructif, nous avons essayé de faire ressortir les caractères principaux des industries pour lesquelles depuis des siècles ils ont mérité l'admiration du reste de la terre. A présent, il faut considérer les populations groupées dans les cités ou disséminées dans les campagnes.

Nous nous plaçons au moment où l'Angleterre a mis le comble à ses entreprises, à ses agrandissements, par l'annexion faite en pleine paix du riche et populeux royaume d'Oude; au moment où cette puissance est agréablement surprise que la paix la plus profonde n'ait pas été troublée sur-le-champ par un si grand attentat. C'est l'intervalle même de cette paix merveilleuse que nous choisissons pour parcourir avec ordre les États de l'Inde; nous en profitons afin de signaler tant de cités, de palais, de temples, de forteresses, que fera disparaître l'incendie d'une immense guerre civile. On s'efforce, aujourd'hui, de réparer les principaux désastres.

Dès 1836, dans le Congrès scientifique de Bristol, j'avais demandé qu'on invitât le Gouvernement britannique à faire exécuter un recensement complet de ses possessions dans l'Inde. Si l'on avait accueilli ma proposition, nous aurions un quart de siècle fructueusement écoulé; nous pourrions comparer les résultats de 1837 à ceux de 1862. Alors on verrait si le nombre des hommes s'est accru, s'il a diminué, ou s'il est resté stationnaire; et nous pourrions en déduire les conséquences les plus précieuses sur le sort actuel des peuples de l'Hindoustan.

Malheureusement un serviteur de la Compagnie des Indes s'est épouvanté d'une proposition qu'il croyait le comble de la témérité. Il a fait partager sa frayeur à ses collègues; et l'on s'est privé de cette lumière sur l'un des éléments les plus propres à révéler le bon ou le mauvais gouvernement d'un grand ensemble de nations.

Parallèle du nombre des conquis et du nombre des conquérants.

Nous éprouvons un étrange étonnement lorsque nous comparons le nombre énorme des hommes conquis à celui des conquérants : l'histoire n'offre pas d'autre exemple d'une aussi grande disproportion. On en jugera par le tableau suivant, dont les appréciations, quoique approximatives, n'ont rien d'incertain quant au fait principal qu'elles ont pour objet de mettre en relief :

Indigènes, ou conquis, ou dépendants...........		140,000,000
Militaires de toutes armes tirés de la Grande-Bretagne (1856)..................	46,000	
Citoyens des trois royaumes répandus dans l'Inde britannique, par aperçu, comme maximum........................	100,000	
TOTAL de la race conquérante...	146,000	

C'est, à très-peu plus, un conquérant par 1,000 conquis; c'est un Anglais armé par 3,043 conquis, armés ou non.

Lorsque Guillaume le Conquérant envahit l'Angleterre il y maintint soixante mille Franco-Normands : un homme armé pour cinquante habitants ! Mais ces derniers étaient des Anglo-Saxons, qui n'endurèrent le joug qu'en s'égalant aux vainqueurs, au lieu d'en rester les esclaves.

Contraste des dépenses publiques avec le petit nombre des Anglais.

En réduisant au delà de toute idée le nombre des serviteurs tirés de la nation envahissante, la Compagnie des Indes a trouvé le moyen d'augmenter toujours ses revenus par l'envahissement de nouveaux États, et d'augmenter encore plus sa dépense et sa dette.

Le secret de ce contraste tient à l'énormité des traitements soldés aux fonctionnaires conquérants, pour leur donner un puissant prestige aux yeux des peuples conquis.

Depuis la grande rébellion et, comme conséquence, la suppression de la Compagnie dominatrice, le Gouvernement a fait des efforts infinis pour rétablir l'équilibre des finances. Par la création de graves impôts et la sévérité de leur perception, il paraît toucher presque au succès. Tout fait supposer qu'il finira par réussir. Plus d'une fois on a publié comme acquis un résultat si désiré; mais toujours des accroissements imprévus dans la dépense, et des diminutions non moins imprévues dans la recette, ont ajourné l'heureuse époque d'une balance qui ne soit pas illusoire.

CONTINUATION DU PARCOURS DES CÔTES DU BENGALE.

Remettons-nous à parcourir la côte océanique, à l'orient du golfe du Bengale, en partant du point où nous étions arrivés dans le volume précédent. Nous allons visiter d'abord une contrée conquise, en 1825, sur l'empire des Birmans.

PRÉSIDENCE DE CALCUTTA; SOUS-GOUVERNEMENT DU BENGALE.

I. *Province d'Arracan.*

La Compagnie des Indes orientales s'est empressée d'*annexer* cette province à son empire. D'un commun accord avec le ministre du Contrôle, elle a décidé depuis quarante ans que toutes les conquêtes qui seraient faites pour reculer les frontières du côté de l'orient et du nord feraient partie de la Présidence la plus orientale : celle que le gouverneur général dirige en personne à Calcutta.

L'acquisition du pays d'Arracan a paru peu considérable à l'égard du nombre des habitants; mais elle est importante au point de vue de la grandeur du territoire. Le lecteur en jugera par les résultats suivants, recueillis un quart de siècle après la conquête :

Territoire et population.

Superficie	8,352,400 hectares.
Population....................	540,180 habitants.
Habitants par mille hectares.....	65.

Pour un aussi vaste territoire, cette population semble peu de chose; néanmoins, telle qu'elle est, son accroissement paraît être prodigieux. En 1825, à l'époque où les Anglais ont soumis cette province à leur puissance, ils supposaient n'avoir acquis que *cent mille âmes*. Les contrées les plus favorisées par la nature et par les circonstances ont jusqu'à ce jour mis vingt-cinq ans à doubler leur population, à moins d'immigrations extraordinaires; or celles-ci n'ont pas eu lieu dans l'Inde depuis un temps immémorial. Évidemment il est impossible que, dans un si court laps de temps, le peuple d'Arracan, presque réduit à lui-même, ait pu quintupler. Faisons observer ici qu'on ne saurait accorder une confiance entière à des évaluations qui ne sont pas fondées sur des dénombrements positifs et soigneusement accomplis.

Jusqu'à ce jour la province d'Arracan n'a pas été comprise parmi celles que régissent les règles générales, *les regulations*, votées à titre de lois par le Conseil législatif de l'Inde; elle fait partie des pays encore arriérés et le plus récemment soumis, que les Anglais, dans leur langue concise, appellent *non-regulation Provinces*.

La population est un mélange d'Hindous et de mahométans venus du Bengale à diverses époques et d'aborigènes qui sont distingués sous le nom de *Mughs*. Ces derniers parlent une langue analogue à celle des Birmans. Ils étaient autrefois bouddhistes; Brahma les a soumis à son culte.

Les Mughs sont de taille moyenne. Pour la force corporelle et les traits de la figure, on peut les comparer aux Chinois; ils n'ont pas, comme les Hindous, d'aversion ni de préjugés contre la nourriture animale.

Topographie et culture de la province.

En partant de la mer, le pays d'Arracan présente, à certaine distance, une longue chaîne de montagnes parallèle à la côte et couverte de forêts; cette chaîne sert de limite à la province du côté de l'empire Birman.

Au pied des montagnes, on trouve un vaste terrain qu'ont rendu très-fertile les terres végétales qui peu à peu sont descendues des hauteurs par l'effet des eaux pluviales. Lorsqu'on avance vers la mer, le sol s'abaisse par degrés; comme celui de la Hollande, il descend au-dessous du niveau de l'Océan. Du côté de la mer, une digue naturelle, un *lido*, borde ces bas-fonds, qui présentent une suite presque continue de lacs, de lagunes et de marais.

L'Arracan est une des contrées du globe où les pluies ont le plus d'abondance; la couche des eaux tombées du ciel n'a pas moins, par année, de cinq mètres de hauteur. Ces pluies, vraiment diluviennes, durent presque sans suspension depuis le commencement de juin jusqu'à la fin de septembre; alors le bas pays tout entier est inondé.

Quelles riches cultures ne peut-on pas obtenir dans une région si largement arrosée, favorisée par toute la puissance du soleil, entre le 18e et le 21e degré de la zone torride? L'imagination aime à se figurer aussi les magnifiques chutes d'eau cachées dans la chaîne élevée des montagnes qui limitent la province du côté de l'empire des Birmans. Un jour les Orientaux qui peuplent le riche pays d'Arracan, éclairés par les Occidentaux, appliqueront à l'industrie cette grande force de la nature avec autant de succès que les colons européens l'ont appliquée dans les monts Alleghanies de la Nouvelle-Angleterre. Mais l'époque de ces emprunts est encore très-éloignée.

Dans l'état actuel des choses, l'activité britannique accroît par degrés l'exploitation des forêts. Chaque année, elle sait mieux en apprécier l'importance : aussi voyait-on avec intérêt les variétés les plus remarquables des bois de cette contrée réunies en collection à la dernière Exposition universelle de Londres.

Dans les terrains arrosés naturellement, les Anglais excitent l'indigène à cultiver le riz, non-seulement pour suffire à leur nourriture, mais pour accroître le commerce extérieur.

A l'Exposition que nous venons de citer, la province d'Arracan était représentée par une riche collection de diverses espèces de riz. Autrefois, les meilleures étaient envoyées à la Chine; l'Europe, aujourd'hui, les dispute au Céleste Empire.

Tandis que les plaines d'Arracan produisent l'indigotier à l'état sauvage, les Anglais, dans le Bengale, se plaignent de ne pouvoir obtenir que difficilement des terrains favorables à la culture de cette plante; pourquoi n'essayent-ils pas de transporter en Arracan cette riche culture? Avec des capitaux, et des travailleurs qu'ils attireraient par l'appât du gain, ils surmonteraient tous les obstacles.

Sous le nom de *pâte de poisson*, les habitants savent préparer une espèce de *conserve* dont ils font un grand usage, et qu'ils vendent à l'étranger. Dans l'année 1861, on n'a pas exporté pour moins de 3,500,000 francs de cette pâte; transportée à travers le Pégu, elle trouve chez les Birmans sa consommation.

Le pays n'offre guère d'exploitations industrielles. Citons cependant les nombreux marais salants de la côte, qui sont la propriété du Gouvernement; la vente du sel est une des ressources du commerce extérieur.

Les ports de la province.

Arracan est à la fois le nom de la province et de son fleuve principal; c'est encore celui de la capitale, ville qui tend à s'accroître malgré les inconvénients de sa position. Elle est, pour ainsi dire, suspendue au-dessus d'un marais qui borde le fleuve que nous venons d'indiquer. Suivant l'usage des Birmans et des Malais, les maisons, ou plutôt les huttes de bambou dont l'ensemble forme la cité, sont érigées sur des pilotis qui s'élèvent assez haut pour que le plancher inférieur soit au-dessus des eaux, même lors des plus grandes marées et des inondations.

Une ville bâtie en de telles conditions a peu d'importance pour le commerce, pour la navigation; et le nombre des habitants est fort limité.

Port Amherst.

Lorsqu'on eut fait la conquête d'Arracan, le gouverneur général, c'était lord Amherst, fit appeler de son nom le havre qui se trouve situé entre la terre ferme et l'île de Ramrie, vers l'extrémité méridionale de l'île. Quand les navires sont poussés par les vents impétueux du midi, cette position présente *un port de refuge*, et peut prévenir beaucoup de naufrages.

Port d'Akyab.

Akyab est à la fois le meilleur port marchand et la station militaire la plus importante qu'offre la province d'Arracan. Dans l'Exposé publié par le Gouvernement sur la situation morale et matérielle de l'Inde, année financière 1859-1860, nous avons trouvé l'indication précieuse des mouvements maritimes d'Akyab pour trois années consécutives. Nous en avons déduit le tableau suivant :

MARINE MARCHANDE DU PORT D'AKYAB.

ANNÉES FINANCIÈRES.	ARRIVAGES.		DÉPARTS.	
	NAVIRES.	TONNAGE.	NAVIRES.	TONNAGE.
1857-58..........	370	164,191	350	147,275
1858-59..........	339	111,587	351	120,177
1859-60..........	219	79,247	233	85,355

Au lieu de considérer comme une décadence la décroissance considérable du tonnage entre 1857 et 1860, il faut l'attribuer seulement à la diminution des besoins extraordinaires qu'éprouvait le Gouvernement pour entretenir l'armée après la guerre civile. Ces besoins, très-grands en 1857 et 1858, n'existaient plus au même degré de 1859 à 1860. Mais, à partir de cette dernière époque, des progrès modérés et sûrs reprennent leur cours.

Les Anglais ont construit dans Akyab *un grand hôpital* pour recevoir les marins qui fréquentent ce port et qui sont atteints de maladies graves; l'établissement est nécessité par l'insalubrité de la côte et des lagunes qui bordent la province d'Arracan.

II. *Province de Chittagong.*

En traversant la rivière Nauf, qui descend de l'est à l'ouest vers la mer, on passe de la province d'Arracan dans celle de Chittagong; depuis très-longtemps celle-ci fait partie du Bengale proprement dit.

Territoire et population.

Superficie....................	703,680 hectares.
Population....................	1,000,000 habitants.
Habitants par mille hectares.....	1,421

Nous ferons remarquer que le nombre rond d'un million d'habitants est évidemment hypothétique, et nous le croyons sensiblement exagéré. L'exagération était plus forte encore au commencement du siècle, puisqu'alors on portait la population totale à douze cent mille âmes; cependant, loin d'avoir diminué, cette population s'est incontestablement accrue depuis soixante ans.

Il est à désirer que des opérations cadastrales et des recensements faits avec soin répandent un nouveau jour sur la topographie et le nombre des habitants de cette contrée, qui certainement est très-habitée; tout démontre qu'elle est en voie de prospérité et qu'elle peut recevoir encore de grandes améliorations.

Pendant longtemps le pays de Chittagong, environné de peuplades barbares, avait été le séjour des troupes bengalaises destinées à défendre une partie des frontières. Suivant les usages orientaux, les chefs de ces troupes devenaient seigneurs féodaux des districts ou *jaghires* sur lesquels ils faisaient subsister leur milice.

Quand leur service guerrier n'a plus été nécessaire, ils

sont restés les fermiers publics, les *zémindars* des mêmes districts. Ils ont divisé ce pays en quatorze cents zémindaries, qui sont devenues *héréditaires*.

La sécurité personnelle que la domination britannique assure à ses habitants procure aux Anglais un grand avantage sur les états limitrophes et qui sont à moitié barbares. Dès le XVIIIe siècle, les tribus des Mughs, opprimées et persécutées par les Birmans, passaient en grand nombre dans la province de Chittagong; les Birmans les réclamaient comme fugitifs du pays d'Arracan. Ils se plaignaient que les émigrés fussent des maraudeurs hostiles à leur ancienne patrie, ce qui finit par amener la guerre dans cette dernière contrée, conquise enfin par les Anglais, comme nous l'avons indiqué.

Une rivière, la Chingrie, coule du nord au midi dans la plus grande partie de sa longueur; puis elle se détourne vers l'occident pour déboucher dans la baie du Bengale.

Ville de Chittagong : Islamabad.

A très-peu de distance de l'embouchure de la Chingrie s'élève la ville de *Chittagong*, laquelle a donné son nom à la province. Dès l'année 1582, le célèbre Aboul-Fazl décrivait cette ville comme un marché considérable, fréquenté par les chrétiens et par d'autres commerçants.

Un siècle plus tard, sous le règne de l'empereur mogol Chah-Jéhan, le pays de Chittagong devint une province de l'empire; c'est en 1666 qu'une flotte musulmane partie de Dacca vint assiéger Chittagong, qui ne résista pas à cette attaque. Avides de propagande, les vainqueurs, en signe d'espoir, imposèrent à leur conquête le nom d'*Islamabad*, « l'habitation de l'Islam. »

Vingt ans après cette époque, en 1686, lorsque Calcutta n'était pas encore fondée, les Anglais eurent la pensée de transporter la factorerie qu'ils possédaient au Bengale de la ville d'Houghly dans celle de Chittagong, dont ils méditaient la conquête. Heureusement pour leur avenir, ils ne réalisèrent pas un projet qui transférait leur établissement principal à l'extrémité la moins florissante du Bengale, au lieu de le conserver au centre et sur le bras du Gange le plus favorable à la grande navigation.

Ce qui sans doute attirait les Anglais, c'est que la ville de Chittagong était renommée pour l'activité d'un commerce dont elle était le centre maritime et pour les nombreux navires qu'on y construisait.

On va voir pourquoi ces navires ne pouvaient avoir qu'une médiocre importance.

Une espèce de lagune assez profonde procure à cette ville un port dont l'étendue semble suffisante; mais l'inconvénient capital de la situation, c'est qu'une barre à l'entrée du fleuve et de nombreux bancs de sable empêchent l'entrée comme la sortie des navires d'un tonnage considérable. Le tableau suivant démontre que la capacité moyenne de ces bâtiments est d'environ *cent tonneaux*, capacité qui n'appartient qu'à des navigations de cabotage.

MARINE MARCHANDE DU PORT DE CHITTAGONG.

ANNÉES.	ARRIVAGES.		DÉPARTS.	
	NAVIRES.	TONNAGE.	NAVIRES.	TONNAGE.
1857-58..........	253	29,234	303	34,194
1858-59..........	304	29,413	340	31,634
1859-60..........	351	37,964	426	42,337
TOTAUX.......	908	96,611	1,069	108,165

Sans nous arrêter au faible tonnage actuel, nous sommes persuadé qu'on verra, dans un prochain avenir, les importations et les exportations de Chittagong présenter, *pour le cabotage,* des accroissements sensibles.

Bains de mer récemment mis en usage. Parmi les Européens qui résident au Bengale, beaucoup de personnes opulentes, lors de la saison des eaux, vont prendre des bains de mer sur la côte de Chittagong. Elles y jouissent à la fois d'un beau climat et d'un air précieux pour sa pureté ; ce qui forme un heureux contraste avec les rivages si malsains de la province d'Arracan. Aujourd'hui que des navires à vapeur établissent des communications promptes et faciles entre le Chittagong et les chefs-lieux de Présidence Calcutta et Madras, il est plus aisé que jamais de jouir d'un pareil avantage.

Produits des forêts et des jongles.

La propagation des éléphants à l'état domestique étant impossible, comme nous l'avons expliqué, tome précédent, page 483, il faut y suppléer, pour le Gouvernement et les particuliers, en poursuivant au sein des forêts ces grands animaux qui s'y perpétuent à l'état sauvage. Dans le pays de Chittagong, cette chasse, objet d'un monopole public, est pour l'État une source importante de revenus. L'espèce que la nature y produit est particulièrement estimée pour les services de la chasse et de la guerre.

Un entrepreneur spécial livre ces animaux à des prix régulièrement fixés d'après leur taille. Les plus grands et les plus robustes sont réservés de droit pour le Gouvernement britannique ; le reste est vendu dans tout l'Hindoustan, soit à des radjahs, soit à des particuliers.

Les éléphants destinés au service de l'État doivent avoir

au moins $2^{m},74$ de hauteur, et ceux de belle taille ont jusqu'à 3 mètres; quelques-uns, mais très-rares, surpassent cette limite.

Salines. Sur la côte de Chittagong, le Gouvernement se procure un autre genre de revenus par le monopole du produit de ses vastes salines; il les établit aisément dans les marais qu'offrent les lagunes du littoral.

Tanins. Les jongles situés au voisinage de la mer abondent en chênes dont l'écorce est enlevée pour servir à la tannerie et dont le bois est employé comme combustible dans le raffinage du sel.

Les habitants du Chittagong tirent leurs tanins de plusieurs autres origines. Celui qu'ils appellent *tari* est fourni par les cosses d'une plante légumineuse qui croît abondamment sur les montagnes. Une espèce de palmier, l'*oom*, fournit aussi le même principe astringent. On le tire enfin d'un arbrisseau buissonnier qui pousse au bord des ruisseaux et dans les bas terrains qu'inondent les grandes marées; l'écorce que cet arbrisseau fournit est employée par les pêcheurs pour en tirer un principe tannant qui préserve leurs filets d'une trop prompte pourriture opérée par l'action de l'eau.

Amidon tiré des racines de gingembre sauvage.

Une espèce d'amidon est tirée de la plante sauvage qui produit le gingembre. La tige est annuelle et meurt au mois de décembre; mais ce végétal repousse de lui-même avec une grande facilité. L'amidon qu'on tire de ses racines équivaut à peu près au douzième de leur poids; on pourrait en extraire davantage si l'on procédait avec plus de soin. En même temps, il serait très-facile d'obtenir d'abondantes récoltes, sans autre peine que d'arracher les racines de l'espèce de gingembre que nous citons ici, de les bien macérer dans l'eau et de recueillir le dépôt qui se forme ensuite par la dessiccation.

Le produit qu'on obtient par le procédé qui vient d'être indiqué peut servir avec avantage ou comme aliment, à la manière de l'*arrow-root*, ou comme amidon; c'est ainsi qu'on emploie une partie notable du riz d'Arracan pour l'apprêt des tissus.

Huiles médicinales précieuses.

En 1861, la province de Chittagong a fait parvenir à Londres, pour l'Exposition universelle britannique, six espèces d'huiles extraites d'arbres et d'arbustes et diversement remarquables pour leurs propriétés médicinales. Il nous suffira d'en citer deux.

L'*huile de gorjan* est tirée par incision d'un grand arbre jadis très-commun sur les montagnes du pays; c'est un médicament balsamique très-employé pour tenir lieu du copahiba. Il serait facile de l'appliquer avec succès comme un vernis, qui, sans beaucoup de travail, donnerait un brillant aspect aux surfaces des meubles; ajoutons qu'on peut s'en procurer des quantités considérables, au prix modéré de 65 francs le quintal métrique.

Une autre huile est fournie par les amandes d'un arbre désigné sous le nom de *chalmougrie,* ou *ginoo cardia odorata;* elle fournit un remède capital pour traiter l'éléphantiasis, ainsi que la lèpre, et pour guérir les ulcères les plus invétérés.

Le *caféier* et l'*arbuste à thé* croissent naturellement dans la province de Chittagong. On ne les cultive encore, à titre seulement de curiosité, que dans quelques jardins. Un jour, qui ne saurait être éloigné, verra leur culture prendre l'essor et procurer des résultats importants pour le commerce britannique.

Cotons. Dans les études récentes qu'on a faites sur les facilités que les diverses contrées de l'Inde peuvent offrir pour la culture du coton, la province de Chittagong est citée comme une des plus favorables. Elle fournissait autrefois ce filament aux fabrications célèbres de Dacca; elle en pourrait fournir beaucoup plus à l'Angleterre, si d'intelligents capitaux prenaient cette direction.

Voilà quelques-uns des produits très-variés qui méritent l'attention dans le beau pays de Chittagong; sa partie septentrionale se termine au point le plus enfoncé vers le nord-est de la baie du Bengale. En franchissant la frontière, nous entrons dans les pays qu'arrose le Brahmapoutra, l'un des trois grands fleuves de l'Inde.

Bassin du Brahmapoutra.

La plus belle partie du grand fleuve Brahmapoutra appartient à l'empire britannique; c'est aussi la seule qui, dans presque tout son parcours, soit facilement navigable par le moyen de la vapeur.

Districts de Bulloah et de Tipperah.

Le district de Bulloah est situé sur le bord de la mer, à l'orient et vers l'embouchure du Brahmapoutra. Trois îles considérables sont situées au voisinage de ce district, à gauche des eaux que ce grand fleuve précipite dans l'Océan.

Le district de Tipperah s'étend au nord de celui que nous venons d'indiquer, ainsi qu'au nord du pays de Chittagong; il s'avance vers l'orient jusqu'à la frontière de l'empire Birman. Du côté de l'occident, le district de Tipperah est limité par la rive gauche du Brahmapoutra.

Territoire et population du Bulloah et du Tipperah réunis.

Superficie	997,750 hectares.
Population	1,406,950 habitants.
Habitants par mille hectares	1,410

Cultures des deux districts.

Ces deux districts, pour la densité de la population, pour le climat et le genre des cultures, sont comparables à la province de Chittagong. Ils abondent en rizières, et c'est la culture du riz qui nous explique une population aussi multipliée que celle de la Lombardie, proportion gardée avec l'étendue du territoire.

Les deux districts ne présentent ni villes considérables, ni ports de mer qu'on puisse citer ; celui du nord est traversé par la Mégna, l'un des plus grands affluents du Brahmapoutra. C'est sur la rive orientale de la Mégna que s'élève *Daoudcaundy*, cité dont le nom nous rappelle la domination musulmane des empereurs de Delhy.

A partir de 1765, les radjahs de Tipperah sont devenus les vassaux de la Compagnie des Indes, vassale elle-même de ces empereurs à l'époque dont nous parlons.

La noix d'aréca ou de bétel. Dans les plaines que traverse la Mégna on cultive le magnifique palmier qui donne pour fruit cette noix, extrêmement estimée par les Indiens, les Birmans et les Mughs. Les amateurs recherchent ce produit avec tant de soin, que, moyennant des avances pécuniaires, ils s'assurent la possession de la récolte qui doit avoir lieu chaque année.

Partout où les Indiens cultivent le palmier à noix

d'aréca, ils cultivent en même temps le bétel, plante dont les larges feuilles, appelées *pawns*, semblent particulièrement propres à conserver dans sa fraîcheur et son arôme la pâte qu'on destine à la mastication.

On cultive les pawns en planches régulières, comme nos pois grimpants; seulement, au lieu d'enfoncer au pied de la plante les tiges qui servent à ramer notre légume, on fiche en terre des deux côtés de la planche des rameaux de bambou comme pour les couvrir d'une voûte protectrice. Les feuilles de bétel sont vendues au cent, qui coûte 25 centimes.

Coton. Dans les deux districts, on cultive fort en grand le cotonnier; les habitants fabriquent avec ce filament des tissus communs recherchés dans l'Inde, où ils sont connus sous les noms de *bataes* et de *cossaes*.

Les forêts du Tipperah, comme celles du Chittagong, abondent en éléphants; mais ils sont moins estimés. La chasse n'en est pas moins fort active.

District de Silhet.

En continuant à remonter le bassin du fleuve Brahmapoutra, nous passons du Tipperah dans le district de Silhet, qui fait partie du grand collectorat financier dont le centre est à Dacca.

Tristes rapports entre le radjah de Tipperah et la police britannique.

L'ancien radjah de Tipperah conserve un pouvoir indépendant sur les tribus des montagnes qui confinent au Silhet. Il a pendant plusieurs années eu pour gérant de ses domaines un riche Anglais, M. Wyse, possesseur lui-même de terres fort étendues et de plantations importantes situées dans l'est du Bengale. Cet homme considérable a fait devant le Comité d'enquête parlementaire concernant la colonisation (11 mai 1858) une déposition qui jette le plus grand jour sur de monstrueux abus administratifs, et qui peint aussi les mœurs. L'intérêt qu'elle présente me détermine à la reproduire.

La portion indépendante du territoire de Tipperah est contiguë à la partie du Silhet que les Anglais ont envahie. Dans ce voisinage, les montagnards du radjah récoltent du coton et d'autres produits qu'ils viennent échanger avec les habitants de la plaine en des places établies pour lieux de marché. Très-souvent des différends s'élèvent entre les deux peuples. Les gens des montagnes sont sincères, droits et résolus. On les trouve honnêtes, mais pleins de ressentiment quand ils sont trompés; et ce cas arrive fréquemment lorsqu'ils trafiquent avec les Bengalais des basses terres. Bientôt des injures ils passent aux coups; des blessures s'ensuivent, et trop souvent des meurtres. Parfois des rapports infidèles sur ces rixes sont faits à l'autorité britannique par la police locale et portent atteinte au crédit du radjah près de cette autorité.

Dans une pareille occurrence, un *darogah*, commissaire indigène de police, fit le rapport au magistrat anglais du Silhet qu'un des sujets de la Compagnie des Indes avait été tué par le peuple du radjah. On somma sur-le-champ ce prince de livrer les auteurs de l'assassinat; on mit en jeu le surintendant de la police, lequel en informa le gouvernement de Calcutta. Le radjah, de son côté, fit des recherches; il découvrit que, loin d'avoir à subir un reproche pour les siens, c'était lui qui pouvait à bon droit récriminer : en effet, la victime était un de ses sujets, et le lieu de l'assassinat se trouvait sur son territoire indépendant. Il certifia le fait au magistrat, et fit plus :

il demanda d'aller lui-même, ou par son agent, présenter un rapport authentique et fidèle. Le magistrat se contenta d'envoyer son chérif (*nazir*) pour informer sur les lieux; c'était un *natif effronté*, qui demanda que le radjah lui payât 12,500 francs (de bribe) pour faire le juste et vrai rapport que l'assassinat avait été commis sur le territoire du prince. «Le radjah, dit M. Wyse, me demanda ce qu'il devait faire. — Ne rien payer,» répondis-je. Le prince, une nouvelle fois, rendit compte au gouverneur général, comme d'un fait qu'il avait parfaitement vérifié, que le meurtre avait été commis dans ses montagnes et que la victime était un de ses cultivateurs. Le gouverneur enjoignit au magistrat d'aller en personne sur le lieu du crime. Celui-ci partit, mais n'alla pas jusqu'en ce lieu: dupé de nouveau par son nazir, il revint et certifia que l'assassinat avait été commis sur le territoire de la Compagnie. Alors le Gouvernement manifesta son profond mécontentement contre le radjah, qui continuait à nier malgré le rapport d'un magistrat anglais! Il prescrivit au colonel Lyster, qui commandait sur la frontière, d'aller sur le lieu du meurtre avec cent ou deux cents hommes; de juger par lui-même; puis, s'il reconnaissait que le magistrat avait dit vrai, d'entrer en armes dans le palais du prince, et d'attendre là, de nouveaux ordres. On pouvait craindre que la Compagnie ne confisquât les États de l'opprimé; mais le colonel, en arrivant sur le territoire qu'il importait si fort de visiter, se convainquit *que le magistrat ne s'en était jamais approché*, et que le radjah persécuté n'avait dit que l'exacte vérité. Il en eut la preuve, et rendit de ces faits un compte aussi ferme que loyal. «Le magistrat, dit M. Wyse, fut, *je crois*, réprimandé, et son nazir fut simplement renvoyé. Quant à celui-ci, que son chef était contraint d'expulser du service judiciaire, le collecteur financier de la province le fit entrer immédiatement, avec le même emploi de *nazir*, dans son propre tribunal. Cela se passait vers 1847.

En voyant cette odieuse impunité, faut-il s'étonner si, chez les peuples de l'Inde, c'est une conviction profonde qu'ils ne peuvent pas espérer de justice franche et complète auprès de leurs maîtres, les dominateurs européens?

Occupons-nous de la partie du territoire de Silhet, qui maintenant appartient à l'empire britannique.

Territoire et population.

Superficie..................	2,181,730 hectares.
Population..................	380,000 habitants.
Habitants par mille hectares.....	174

Voilà donc le district de Silhet presque égal en étendue aux deux tiers de notre province de Bretagne, et qui compte à peine un neuvième des habitants de ce dernier pays.

Ville de Silhet. Position géographique : latitude, 24° 55'; longitude, 89° 20' E. de Paris.

C'est presque à la limite septentrionale du pays qu'est situé ce chef-lieu; il est voisin de la haute chaîne de montagnes qui sépare le district du même nom et la province d'Assam, infiniment plus importante. Ces montagnes sont habitées par des tribus presque barbares.

Ligne intérieure de commerce avec la Chine.

Entre la ville de Silhet et la Chine, il faut parcourir seulement 425 lieues pour arriver à l'Yun-nan, c'est-à-dire à la province la plus occidentale de l'empire du Milieu. On a pensé que des caravanes pourraient parcourir avec avantage une pareille distance, peu considérable en comparaison de la route maritime qui conduit de Calcutta et de Madras aux lieux les plus rapprochés qu'offre le midi du Céleste Empire. Un tel espoir nous paraît dénué de fondement. Comment, en effet, préférer un commerce par terre, à travers des pays qui sont à moitié sauvages, lorsque la mer facilite des voyages, plus longs, il est vrai, mais à la fois si sûrs, si peu dispendieux et si rapides?

Dans la saison des pluies, la plaine du Silhet est complétement inondée; les villages, érigés sur des monticules, soit naturels, soit artificiels, sont alors comme autant d'îlots, et les communications ne se font plus qu'avec des barques. Le commerce lointain est desservi par des bateaux qui semblent naviguer comme sur un lac sans limites.

Production de riz d'un bas prix extraordinaire.

Lorsque les eaux se retirent, elles laissent à découvert des terrains admirablement propres à la culture du riz, laquelle semble réussir avec les moindres soins que puisse donner l'apathie de l'indigène. Au commencement du siècle cette céréale se vendait à raison de 15 roupies par cent maunds, c'est-à-dire 1 fr. 18 cent. les 100 kilogrammes.

Pour faire comprendre un si bas prix, ajoutons qu'à la même époque la journée d'un simple laboureur se payait seulement de 2 fr. 50 à 3 fr. 75 cent. par mois. Le cultivateur, si mal payé, était sans art, sans soins et paresseux. On doit supposer qu'un demi-siècle a sensiblement amélioré ce triste état de choses; mais il reste encore infiniment à faire pour élever le Silhet au niveau des parties les plus avancées du Bengale.

Une récolte qui se fait à peu près sans travail est celle des oranges, produites par des plantations si vastes qu'on peut vraiment les appeler des forêts. Le fruit ne coûte guère que la peine de le cueillir. Dans les années d'abondance, il se vend, sur place, 2 fr. 50 cent. par mille : quatre oranges pour un centime ! Ce fruit excellent, et si peu cher, s'expédie en grandes quantités pour Calcutta.

On a remarqué qu'il existe seulement trois contrées, dans le vaste pays de l'Inde, où les oranges soient d'excellente qualité : 1° le pays de Silhet; 2° Chandpour, sur les bords de la grande Mégna, dans le district de Dacca; 3° Saughur, au bas des Ghâts orientaux, qu'il faut franchir pour aller de Madras à Bangalore.

Le Silhet exporte le bois odorant d'aloès qu'on appelle *agourou*. Dans ce pays on récolte une soie produite par des vers sauvages; les tissus qu'on en fait sont connus sous le nom de *muggadoulies*.

Un Anglais industrieux, M. Patterson, a créé dans ce district une plantation de thé dont il a présenté quatre spécimens à Londres, en 1862; ils y figuraient sous les noms de *souchong*, *congou*, *pékou* et *pékou fleuri*. Cette heureuse entreprise aura de nombreux imitateurs.

Le Silhet fournit au commerce beaucoup de glu, qu'on recueille dans la partie montueuse et qu'on transporte par eau, durant les pluies, dans tout le Bengale.

Depuis longtemps, les habitants excellent à couvrir d'un beau vernis noir, aussi durable que brillant, *des boucliers* solides et légers, qui sont recherchés dans toutes les parties de l'Hindoustan où les guerriers n'ont pas encore abandonné cette arme défensive. Ce vernis est extrait du fruit du *semi-carpus anacardium* ou de la *holigarnia longifolia.*

Dans les beaux temps de leur puissance, les empereurs de Delhy possédaient à Dacca une flotte dont les navires étaient construits avec des bois qui provenaient des forêts du Silhet.

En 1814, on a découvert dans ce pays des mines de

houille; les premiers échantillons qu'on a recueillis étaient d'une espèce extrêmement médiocre. On en a trouvé plus tard d'une assez bonne qualité pour qu'on l'ait employée avec succès dans l'arsenal de Calcutta. On conçoit de quel secours ce combustible peut être pour naviguer à la vapeur sur le Brahmapoutra et sur le Gange oriental.

On compte ici, comme dans les forêts d'Arracan et de Chittagong, les éléphants pris à la chasse comme procurant un revenu public. Ils sont nombreux, mais moins grands et moins estimés que ceux de pays plus méridionaux et moins élevés au-dessus de la mer : dédaignés du Gouvernement, la plupart sont vendus à l'industrie privée.

Commerce des enfants.

Signalons un autre genre de commerce moins innocent, supprimé seulement depuis peu d'années : c'est la vente des enfants. Sous les empereurs musulmans, les parents dénaturés du Silhet les cédaient à des prix vraiment misérables, pour être revendus soit à Dacca, soit sur d'autres marchés de race humaine; un tel commerce était odieux et déshonorant. Il est pourtant juste de dire que, dans les Indes orientales, l'esclavage des blancs n'a rien de comparable avec l'avilissement des nègres tenus en servitude aux Indes occidentales ainsi qu'aux États-Unis. Ici l'esclave est de même race que le maître et souvent élevé dans une domesticité familière et bienveillante. Son asservissement devient la voie qui le conduit à tous les honneurs, ainsi qu'à toutes les richesses, lorsqu'il sait plaire à ses maîtres.

On ne vendait pas seulement des adolescents, mais des adultes et des eunuques pour les sérails ou zénanas de l'empereur et des grands seigneurs musulmans. Longtemps après que la Compagnie des Indes eut interdit ce trafic odieux, il a continué par des voies secrètes, et comme une contrebande : il s'appuyait sur les mœurs.

District de Cachar ou de Hazaimbo.

Ce district a pour frontière méridionale le pays de Silhet, qu'il sépare de l'importante contrée d'Assam. C'est un pays extrêmement montagneux du côté oriental, et marécageux dans l'autre partie. Il est resté jusqu'à ce jour très-peu populeux et sa culture laisse encore beaucoup à désirer.

Territoire et population.

Superficie	1,036,000	hectares.
Population, par aperçu	60,000	habitants.
Habitants par mille hectares	58	

Évidemment le Cachar n'est pas encore assez avancé, assez peuplé, assez civilisé, pour être régi par les mêmes lois que le Bengale : il fait partie des *non-regulation provinces.*

On doit au judicieux capitaine Stassart un rapport intéressant sur l'état actuel de ce pays et de ses cultures; je me suis empressé de chercher dans son travail les données les plus positives et les plus intéressantes.

Les grandes plaines du Cachar sont, de trois côtés, entourées par des montagnes d'où les pluies font descendre de riches alluvions qui se répandent des deux côtés de la rivière Barrak, laquelle traverse tout le pays dans la direction de l'est à l'ouest.

Chose remarquable et dont le Pô nous offre un exemple en Italie, avec le secours des siècles, les alluvions ont élevé le lit du fleuve Barrak au-dessus des plaines qu'il traverse : ces plaines s'abaissent de deux côtés, d'abord à partir du fleuve, en formant des bas-fonds marécageux;

puis elles se relèvent graduellement jusqu'au pied des montagnes. La hauteur moyenne de la plaine au-dessus de la mer surpasse 60 mètres.

Dans la froide saison, les eaux sont basses et le niveau des eaux du fleuve descend à 9 mètres au-dessous de la crête de ses bords. Quand les pluies arrivent, non-seulement la rivière monte à cette hauteur; mais elle déborde et propage au loin l'inondation.

Des rangées de collines se détachent des grandes lignes de montagnes perpendiculairement à la direction du fleuve; c'est sur la pente de ces collines que s'opère surtout la culture du coton.

Au mois de mai les grandes pluies commencent, mais ne deviennent continues que vers le mois suivant. La hauteur totale des eaux qui tombent par année atteint à peine 2 mètres 50 centimètres.

A l'ombre, dans la plus chaude saison, le thermomètre ne dépasse pas le 34e degré centigrade (94 de Fahrenheit).

Les pluies cessent en novembre. Le froid et l'extrême sécheresse arrivent ensemble; sécheresse qui continue jusqu'en avril et qu'interrompent seulement quelques légères ondées vers la fin de décembre, en arrosant les pentes méridionales des montagnes appelées Burails. Sur ces pentes, le terrain a le double avantage de présenter une argile abondante en détritus végétaux et fort mêlée de sable; quoiqu'à l'abri des inondations, elle conserve étonnamment l'humidité dont elle est imprégnée.

Les natifs sèment dans les mêmes champs, sans aucun ordre régulier, le coton et les plantes alimentaires, riz, maïs et légumineuses.

Ce même sol, favorable à tant de cultures, est aujourd'hui fort recherché pour y planter l'*arbuste à thé*, qui s'y plaît à merveille.

Jamais on n'a besoin d'arroser artificiellement pour faire croître le coton. S'agit-il de le cultiver : les montagnards presque sauvages, les Koukies et les Nagahs, nettoient les jongles et même les portions de forêt qu'on leur désigne. On ne coupe les tiges de bambous et les divers taillis qu'à 50 centimètres du sol; les plus gros arbres sont seulement élagués et laissés sur pied.

Au mois d'avril, la chaleur a déjà desséché les tiges de bambou qui sont étêtées. On y met le feu, qui se propage sur les monts avec une extrême rapidité. L'incendie laisse sur la terre une couche de cendres d'environ 3, 4 ou 5 centimètres, qui sert de stimulant à la végétation. Le cultivateur, avec une pioche, mêle la cendre et la terre entre les racines des arbres coupés ou laissés encore sur pied, et les branches de bambou qu'on laisse encombrer le sol servent pour empêcher que les pluies n'entraînent la terre; quand on aura fini de cultiver, les racines conservées serviront à repeupler le jongle avec une extrême rapidité. La terre ainsi préparée, on y fait des trous à distances convenables; on y plante pêle-mêle les jeunes pousses de riz, de canne à sucre, de tabac, de concombre et de coton.

Quand on cesse la culture d'un ancien jongle, sept ans de jachère suffisent à tout réparer. Alors on peut recommencer; mais il faut vingt ans après l'abatage d'une partie de forêt pour qu'elle ait convenablement repoussé.

Quand on cultive une deuxième, une troisième année, les chaumes de cotonnier sont brûlés en hiver; il n'est pas besoin d'autre engrais ni d'autre excitant.

Compagnie des thés de Cachar.

Pour profiter de l'excellente nature du sol et du climat, une Compagnie s'est formée, avec les capitaux de Calcutta, dans le dessein de cultiver le thé.

Après les brillants exemples présentés par la province d'Assam, que nous allons décrire, tous les pays dont la situation était à peu près pareille se sont mis à suivre son exemple en cultivant le thé. On remarquait avec intérêt en 1862, à Londres, les spécimens des thés récoltés dans le pays de Cachar et produits : 1° par la plantation Victoria ; 2° par la plantation de Goongour-Cachar. Les planteurs avaient fabriqué le pékou orange, le pékou fleuri, le congou et du souchong de première classe : ce dernier était fait avec des feuilles dont les plants étaient originaires de la Chine. De pareils exemples ne resteront pas stériles, et de nombreuses plantations se fonderont par degrés rapides dans le district de Cachar.

District de Mymunsing.

A l'ouest des pays de Silhet et de Cachar se trouve le district de Mymunsing, traversé du nord au sud par le fleuve Brahmapoutra.

Territoire et population.

Superficie	1,220,360	hectares.
Population	1,487,000	habitants.
Habitants par mille hectares	1,218	

Nous pénétrons dans une partie du Bengale plus productive, plus généralement cultivée, et, comme on le voit, incomparablement plus peuplée que les districts de Silhet et de Cachar.

Culture de la jute : progrès remarquables.

La plante textile appelée *jute*, qui rend à l'industrie les mêmes services que le chanvre, est un des principaux produits du Mymunsing. Sur les terres affectées à cette culture, les ryots ne payaient qu'une rente assez faible aux zémindars pour un produit peu demandé; lorsque arriva la dernière guerre soutenue par la Russie contre la France et l'Angleterre, les Anglais s'empressèrent d'encourager la culture de la jute par des achats de plus en plus actifs.

Aussitôt les propriétaires indigènes, les zémindars, s'aperçurent du nouveau besoin de leurs supérieurs européens; ils poussèrent la rapacité jusqu'à demander aux ryots une rente de 25 francs au lieu de 2 fr. 50 cent. qu'ils percevaient auparavant par unité de superficie (le bigah).

Il faut convenir, pour expliquer cette avidité, que les Anglais, par leur empressement, avaient en peu de temps élevé le prix de la jute, dans l'Inde, au delà de toute croyance.

Le prix ancien de ce filament, en 1848, ne s'élevait pas au-dessus de 2 francs les 100 kilogrammes; mais, par le seul effet de la guerre avec la Russie, les prix, en trois années, ont *vingtuplé*.

Prix de l'Inde, en 1848... 2 fr. pour 100 kilogrammes.
Prix de Londres, en 1858. 41 fr.

La jute a des propriétés textiles qui l'ont fait rechercher de plus en plus, même après que la paix avec la Russie eut fourni de nouveau le chanvre de ce pays en abondance à l'Angleterre. On a vu des fabricants de Dundee, ville écossaise, et d'autres cités manufacturières modifier ingénieusement leurs mécaniques, afin de filer avec plus d'économie et de perfection la fibre produite par l'Inde.

Effroi causé par la simple annonce d'une statistique des produits commerciaux.

J'ai trouvé dans l'Enquête sur la colonisation de l'Inde un fait digne d'être rapporté. En 1857, après certaines discussions dans la Chambre des Communes, le Gouvernement ordonna qu'on dresserait la statistique des grands produits commerciaux du Bengale, l'indigo, le sucre, la jute, etc. Cette seule enquête fit cesser les deux tiers des cultures de la jute, nouvelles encore pour le district de Mymunsing; les indigènes, saisis d'un stupide effroi, s'étaient imaginé que le Gouvernement avait conçu quelque dessein sinistre en ordonnant des recherches de ce genre.

La terreur éprouvée par les zémindars montre quel sentiment de défiance a fait naître la fiscalité d'une administration qui lève sur la terre un énorme tribut. Ce sentiment, ou plutôt la source dont il dérive, diminue considérablement la valeur de la propriété territoriale.

Nous ne présenterons pas de plus amples observations sur le pays de Mymunsing, et nous passerons à la province d'Assam, beaucoup plus importante pour l'histoire des progrès de l'Inde moderne.

III. *Province d'Assam.*

Dans une étendue d'environ cent quarante lieues, la province d'Assam est traversée par le Brahmapoutra, qui descend d'abord vers le sud-ouest, puis directement vers le sud.

Ce fleuve et le pays d'Assam sont enclavés : du côté du sud, par la chaîne des monts Cossya; du côté du nord, par la chaîne des monts Himâlayas.

Au double point de vue administratif et géographique, on divise la province en deux parties principales, qui sont l'Assam inférieur et l'Assam supérieur.

Territoire et population.

	Assam supérieur.	Assam inférieur.	
Superficie.	3,293,570	3,059,700	hectares.
Population.	260,000	489,835	habitants.
Habitants par mille hectares.	79	160	

Ici nous sommes frappé de l'extrême insuffisance d'une population perdue, pour ainsi dire, au milieu d'un immense territoire. Cela nous fait voir que nous cessons d'être dans le Bengale proprement dit.

Le tableau précédent, par la seule inégalité numérique des populations, nous révèle la supériorité du sol et des cultures pratiquées dans le pays bas; cependant c'est surtout le haut pays qui nous présentera la nouvelle culture du thé, laquelle aujourd'hui produit l'importance commerciale de la province d'Assam.

Étude remarquable du pays d'Assam par le colonel Hamilton Vetch.

Il y a trente ans, M. Hamilton Vetch servait dans l'armée des Indes en qualité de simple capitaine d'infanterie. Cet officier fut bientôt distingué par le Gouvernement indo-britannique, attentif à chercher dans tous les rangs des hommes capables de régir les nombreux peuples conquis. En même temps qu'on l'élevait successivement à des grades supérieurs, on lui confiait des missions civiles de plus en plus importantes; il finit par devenir un des principaux administrateurs de la province d'Assam.

Le colonel Hamilton Vetch suivit avec attention les nouvelles cultures que développèrent tour à tour en cette contrée le Gouvernement et les particuliers. Sa position officielle ne lui permettait pas d'être lui-même un planteur; mais il en eut bientôt acquis toute l'expérience. L'altération de sa santé l'ayant obligé de revenir à Londres en 1858, il fut interrogé par la grande Commission d'enquête, que présidait M. Ewart; il répondit habilement à six cent trente questions qui lui furent adressées, et jeta de vives lumières sur les progrès du pays qu'il avait si bien étudié. J'ai tâché de m'approprier la substance de ces réponses, pour enrichir le tableau que je vais présenter.

État social du pays d'Assam avant et depuis la conquête britannique.

L'Angleterre, en 1825, a conquis le pays d'Assam, en chassant les Birmans, qui le possédaient et le dévastaient depuis 1818. Le peuple de cette province est d'origine hindoue et brahmanique; le nombre des musulmans qu'il renferme est fort peu considérable.

Pour se faire une idée de la prospérité primitive de cette contrée, il faut remonter à des temps antérieurs à 1790. On découvre encore aujourd'hui dans les bois et dans les jongles inhabités les ruines de nombreux villages qui sont depuis longtemps déserts; parmi les arbres sauvages des forêts, on trouve aussi des arbres fruitiers, de plantation domestique, en des lieux qui jadis ont été des jardins et des vergers. D'espace en espace on aperçoit les débris de routes qui devaient être éminemment favorables au commerce. Enfin, dans les lieux où s'élevaient des cités et des fortifications subsistent encore les restes de monuments dont l'architecture conserve un caractère de grandeur; on découvre çà et là des sculptures faites sur le granit avec autant d'habileté que de bon goût. De tels vestiges suffiraient pour indiquer un état avancé des arts dans ce pays si bien situé, sous un climat très-méridional, mais rendu tempéré par son élévation au-dessus de la mer et par l'abondance des eaux.

Pendant un demi-siècle, l'anarchie, la discorde, les guerres civiles, et finalement l'invasion des Birmans, ont produit les dévastations qui viennent d'être signalées; ces catastrophes ont réduit la contrée au misérable état où les Anglais l'ont trouvée quand ils en ont fait la conquête.

En Assam, il n'existait pas de zémindars, grands propriétaires ou simples fermiers de vastes domaines. Ce n'était pas la terre, c'était l'homme que le Gouvernement, représenté par l'aristocratie, possédait en réalité. Là subsistait un ordre de choses, appelé *khel-warie,* dont il faut donner l'idée.

Le peuple était divisé par groupes de familles, lesquels devaient à l'État un service personnel et continu à raison d'un individu par trois ou quatre adultes mâles. Cet individu, l'autorité pouvait le mettre en réquisition comme soldat, comme laboureur, comme bâtisseur de maisons; et son travail était, pour ainsi dire, tout le revenu de l'État et de ses représentants. On accordait par trois adultes mâles un lot de terre équivalant à $2 \frac{4}{10}$ hectares de terre, pour eux et pour leurs familles. Deux adultes, avec les femmes et les enfants, restaient employés à cultiver ce terrain quand le troisième allait servir ou travailler pour le compte de l'État, c'est-à-dire de l'aristocratie. A tour de rôle, chaque homme du peuple accomplissait cette corvée pendant trois ou quatre mois.

L'anarchie dont nous avons fait mention avait par degrés porté de graves atteintes à ce système, qui fut en grande partie désorganisé par les dominateurs birmans; presque partout était altéré le groupement trois à trois des adultes et des familles pour faire un service successif et régulier.

Imposition de la terre par la fiscalité britannique.

Lors de la conquête, les Anglais ont respecté la possession des lots de terre qui, depuis un temps immémorial, se trouvaient distribués par portions à peu près égales entre les mains des simples cultivateurs; mais ils n'ont voulu conserver la redevance du travail ni pour le pouvoir conquérant ni pour l'aristocratie indigène. Suivant leur système général, ils ont remplacé toute espèce de redevance par un impôt en argent, qu'ils ont fixé sur le taux d'environ 4 francs par hectare en rizière, et seulement de 1 fr. 55 cent. par hectare en jardin. Cela nous fait voir dans quel état d'infériorité se trouvait le jardinage en Assam, puisqu'on le traitait comme infiniment moins productif qu'une culture de labour, elle-même fort imparfaite.

Établir dans tout un pays la contribution foncière, en exigeant le même impôt, sans distinguer la qualité si diverse des terrains et leur situation, c'est ne tenir aucun compte de la fécondité plus ou moins grande ou de la stérilité du sol; c'est pareillement compter pour rien l'éloignement des centres de commerce et de population, sans daigner prendre en considération le voisinage avantageux des villes, des bourgs, des rivières et des routes.

Afin d'opérer avec régularité, les Anglais ont cadastré les terres en culture; puis, ils les ont immatriculées par lots, en inscrivant le nom des possesseurs et la redevance qu'on leur imposait. L'extrait certifié des contenances cadastrées et de l'immatriculation est devenu le titre authentique de chaque propriété; ce titre continue d'être valide aussi longtemps que le possesseur de la terre solde avec ponctualité sa redevance ou contribution. Un tel établissement n'est pas immuable comme celui du Bengale depuis le grand acte de lord Cornwallis; l'autorité fiscale, en Assam, s'est réservé le droit d'élever arbitrairement la rente à l'expiration de certaines époques, lesquelles varient de trois à dix ans.

Pour encourager l'extension des cultures, le fisc affranchit de redevance toute terre défrichée pendant la première et quelquefois aussi la seconde année; un encouragement de si courte durée est bien médiocre.

A tout prendre, et les difficultés de transition une fois surmontées, la condition des simples laboureurs est devenue plus indépendante et mieux assurée. Mais il ne pouvait pas en être ainsi de l'ancienne aristocratie, qui représentait toute l'autorité publique et la force de l'État.

Chute et misère de l'ancienne aristocratie féodale.

Presque toutes les familles de l'aristocratie d'Assam étaient employées par le gouvernement du pays dont elles composaient la féodalité, maintenant anéantie. Quelques-unes ont encore pour végéter de très-petites pensions. Tout le reste est tombé dans une misère profonde, et voici de quelle manière : quand les Anglais ont supprimé la redevance en nature, c'est-à-dire la corvée du peuple, revenu réel de cette aristocratie, et qu'ils s'en sont approprié l'équivalent en valeur monétaire, ils ont dépossédé complétement les familles qui commandaient, *sans daigner leur réserver aucune indemnité.*

La classe supérieure a donc été dépouillée à la fois de son rang, de son autorité, de ses honneurs et du travail par corvée qui lui donnait des moyens d'existence. Elle est tombée d'un seul coup, et tombée pour ne plus se relever. Ses membres épars existent encore, mais complétement appauvris et descendus dans l'abjection.

A côté de ce mal, les Anglais ont voulu produire quelque bien. Ils ont porté leur attention sur l'enseignement du peuple; ils ont établi des écoles élémentaires un peu plus fréquentées que celles des missionnaires, soit anglais, soit *américains*. Ces derniers ont un journal qu'ils impriment dans leur principal établissement.

Cultures d'Assam: création de la culture du thé.

Je n'aurai pas de grands développements à présenter sur les cultures anciennes du pays d'Assam. Les parties habitées offrent le même climat et, presque en tout, le même genre de productions que le Bengale. Le riz est la nourriture principale, et la multiplicité des affluents du Brahmapoutra favorise éminemment les rizières.

Ce qui doit attirer notre principale attention, c'est une création récente où nous allons voir se développer tout le génie de la race britannique. Le pays d'Assam, à raison même de sa vaste étendue comparée avec sa rare population, ce pays ne semblait présenter qu'une perspective médiocre au conquérant. Les jongles et les forêts qui couvraient la très-grande partie du territoire ne promettaient guère une exploitation profitable, vu les difficultés qu'offraient des communications très-imparfaites et d'énormes distances à parcourir. Mais une culture imprévue, inespérée, devait, avec l'aide du temps, transformer de vives espérances en merveilleuse réalité.

Dès les premiers jours de la conquête, quelques chefs des tribus appelées Sang-fo, voisines du pays d'Assam, montrèrent aux Anglais l'*arbuste à thé*, qui croissait naturellement dans les forêts de ces contrées. On s'empressa d'envoyer à Calcutta, comme un spécimen, les feuilles de ces arbustes. M. Bruce, auquel on dut cet envoi, devint dans la suite surintendant des jardins à thé : précieuses pépinières que la grande Compagnie des Indes orientales se résolut, mais tardivement, à créer; il s'écoula neuf années avant que M. Bruce obtînt cet emploi. En 1837, il put expédier à Calcutta quelques caisses de thé d'Assam; alors, une commission savante fut envoyée afin d'étudier sur les lieux les espérances qu'il était possible de réaliser. Son rapport fut favorable. L'imagination des capitalistes de Calcutta, rassurée par ce témoignage authentique et désintéressé, se mit aussitôt à l'œuvre pour former une association qui fût aussi sage qu'entreprenante, et dont un grand succès récompensa les efforts.

Institution de la Compagnie des thés d'Assam.

Avant d'expliquer les travaux de la Compagnie d'Assam, il faut dire quelques mots sur la nature même des arbustes à thé qu'elle entreprenait de propager.

Dans les premiers temps, toute l'ambition, tout l'espoir des Anglais se bornait à naturaliser cet arbuste dans les Indes orientales, soit avec des plants, soit avec des semences tirés de la Chine. Ce fut sous le gouvernement de lord William Bentinck que M. Fortune, dont nous avons expliqué les savants voyages dans le Céleste Empire, en rapporta ces graines et ces plants, pour les faire cultiver par les pépiniéristes de la Compagnie des Indes.

Le premier besoin qu'on éprouva fut celui de comparer la qualité des feuilles provenant de cette origine avec celles qu'offrait l'espèce indigène du pays d'Assam.

Quand on a présenté le thé d'Assam aux consommateurs d'Angleterre, sa force, et non sa délicatesse, est devenue la cause de son succès. On s'en est servi pour donner du ton, *du montant*, aux espèces de thé chinois auxquelles on reprochait de la faiblesse. Indépendamment de ce mélange, lorsque les Anglais ont acquis l'habitude de boire le pur thé d'Assam, ils en ont préféré l'usage : guidés ici par la même rudesse de palais qui leur fait préférer les vins corsés de l'Espagne et du Portugal aux vins délicats de la France.

Pour ces motifs, à Londres, le thé d'Assam se vend aujourd'hui plus cher que le prix moyen des thés chinois, même en comprenant dans cette valeur moyenne les thés les plus précieux [1].

Recherche et choix des semences.

La Compagnie d'Assam, qui manquait de semences indigènes, a commencé nécessairement par emprunter beaucoup de graines à la Chine; mais en propageant les arbustes indigènes, en recueillant avec soin toute la semence qu'ils pouvaient donner, on a bientôt pu cesser de recourir aux graines chinoises. On a préféré la graine du thé d'Assam, quoiqu'elle fût de beaucoup la plus difficile à se procurer et la plus coûteuse.

Pour ne pas laisser voir qu'un seul côté de la question, faisons remarquer que le thé d'Assam ne doit point être gardé trop longtemps : il finirait par contracter un goût d'amertume presque médicinal. Mais le commerce se garde bien d'en retarder la vente; et, jusqu'à ce jour, les quantités récoltées ne sont pas devenues assez considérables pour qu'on eût à craindre un long encombrement.

A l'égard de la culture, l'arbuste d'origine chinoise présente un grave inconvénient. Il monte beaucoup en

[1] 1860. Prix calculés d'après les états officiels, par kilogramme de thés : 1° de Chine, 4 fr. 27 cent.; 2° d'Assam, 4 fr. 85 cent.

graine, et ses feuilles n'ont pas la même abondance que l'arbuste d'Assam; or, c'est la feuille qui procure le revenu principal.

Lorsque la Compagnie se forma pour développer dans le pays la culture du thé, le Gouvernement indo-britannique avait déjà recueilli beaucoup de lumières et sur les moyens de culture et sur la qualité des produits indigènes. Dans la partie supérieure de la province, il avait créé des pépinières-modèles dont l'état était florissant.

En 1839, cette Compagnie était constituée; dès l'année suivante, elle obtenait que le Gouvernement lui concédât les deux tiers des pépinières officielles établies en Assam, avec le personnel indispensable pour ce genre de culture. La concession lui donna, dans l'année même, 5,000 kilogrammes de thé.

Produits obtenus successivement par la compagnie des thés d'Assam.

Année 1840..........	5,000	kilogrammes de thé.
Année 1841..........	14,000	
Année 1850..........	114,000	
Année 1858..........	349,263	

Voilà certainement de magnifiques progrès, et depuis quatre ans ils se sont encore agrandis : on en jugera par le tableau suivant pour les trois dernières années.

Importation des thés de l'Inde dans la Grande-Bretagne.

Années.	Kilogrammes.	Compagnie d'Assam.	Autres producteurs.
1858.	412,544	349,263	62,281
1859.	591,902	On n'a pas la division.	
1860.	1,189,143		

On concevra la rapidité de ces progrès par le bénéfice qui finalement a récompensé les efforts de la Compagnie d'Assam. En effet, cette Compagnie a retiré *neuf pour cent* de ses avances, lorsque ses plantations sont arrivées à leur plein rapport : une si brillante fortune n'est pas près de se ralentir.

Malgré le prompt accroissement des thés fournis par l'Inde britannique à l'Angleterre, les 1,200,000 kilogrammes envoyés en 1860 ne sont pourtant qu'une faible partie de l'approvisionnement nécessaire à la Grande-Bretagne. En effet, dans l'année qu'on vient de citer, la consommation des trois royaumes s'est presque élevée à 35 millions de kilogrammes, et l'importation des thés pour le commerce général a surpassé 40 millions de kilogrammes, c'est-à-dire en tout près de quarante fois la quantité des thés d'Assam apportés en Angleterre. Nous offrons ce rapprochement afin de montrer quels progrès sont encore à produire dans les plantations indo-britanniques, avant que leurs récoltes atteignent la meilleure proportion qu'elles puissent garder avec les thés de la Chine.

Travailleurs de la Compagnie d'Assam.

Une des plus grandes difficultés qu'on ait rencontrées était d'amener et de conserver au pied des Himâlayas un nombre suffisant de travailleurs exercés dans une culture étrangère toute spéciale, et dans l'art délicat de manipuler, de transformer les feuilles de thé. On éprouvait la pénurie des bras pour les plus simples opérations manuelles : aussi la Compagnie a-t-elle cherché, partout où cela pouvait se pratiquer, les moyens de substituer des procédés mécaniques à la main-d'œuvre de l'homme. C'est ce qu'elle a fait, par exemple, en établissant à portée de ses plantations une scierie mue par la vapeur et servant à débiter les bois avec lesquels sont confectionnées les caisses dans lesquelles on conserve si soigneusement le thé qu'on veut exporter. Chaque caisse contient un peu moins de 40 kilogrammes de feuilles : un *maund*.

L'apathie des ouvriers du pays d'Assam présentait un obstacle dont la Compagnie n'a pu triompher que très-imparfaitement : nous en expliquerons la cause.

Culture de l'arbuste à thé par des planteurs individuels.

Malgré les efforts puissants de la compagnie d'Assam et ses succès incontestables, le développement de sa production ne représente pas même la dixième partie de l'accroissement des consommations métropolitaines. Cette seule considération suffirait pour justifier la faveur avec laquelle l'autorité publique a tendu la main aux efforts des planteurs particuliers qui n'ont pas craint de rivaliser avec la riche et puissante association.

Le spectacle attrayant des profits superbes obtenus par une Compagnie si fortunée devait exciter l'ambition d'une foule de concurrents. De simples particuliers, livrés à leurs seules forces et beaucoup moins opulents, mais pleins de courage et d'activité, confiants dans leur intelligence, ont créé par degrés des cultures qui méritent à la fois l'attention et l'intérêt des observateurs.

C'est seulement à partir de 1851 qu'ils obtinrent des résultats dignes d'être remarqués; en 1854, ils firent de nouvelles et vastes plantations. En résumé, cinq ans après, on comptait *plus de quatre-vingts factoreries privées* qui s'étaient établies pour la culture du thé. Une de ces plantations, commencée en 1853-54, produisait, quatre ans plus tard, huit cents caisses de thé, contenant chacune au moins 36 kilogrammes.

Un jeune homme doué de courage et d'intelligence, pourvu qu'il ait un capital de 50,000 francs, peut établir en Assam une plantation de thé qui lui procurera sous peu de temps une existence indépendante. Il devra, la première année, se procurer assez de graines de thé pour ensemencer 20 hectares, puis augmenter sa culture, dans la deuxième, la troisième et la quatrième année, de la même superficie; alors viendront les produits vraiment rémunérateurs. On peut en citer un heureux exemple.

Exemple remarquable donné par un Anglais sans fortune.

Un jeune Anglais était venu comme aide-directeur des cultures pour la Compagnie d'Assam ; unissant au zèle, à l'activité, l'intelligence et l'application, il avait bientôt acquis de l'expérience. Mais, ne trouvant pas que la Compagnie appréciât ses services à leur juste valeur, il résolut hardiment de travailler pour lui-même. Il emprunta, sur la confiance que son caractère inspirait, le capital dont il avait besoin pour commencer, et reçut de l'État la concession d'un espace suffisant de jongles fertiles. Il eut à vaincre beaucoup d'obstacles, du côté des hommes, qu'il fallait instruire et stimuler, et du côté du climat, qu'il fallait braver. Il affronta des fièvres dangereuses qui, deux ou trois fois, le conduisirent aux portes de la mort; mais rien ne put lasser sa persévérance. En 1855 il possédait, dit le colonel Vetch, à qui j'emprunte ces détails, quarante hectares de terre couverts d'arbustes à thé, sans avoir encore obtenu de feuilles à vendre; dès 1858, il a récolté 18,000 kilogrammes de thé, qui, transportés en Angleterre, ont valu 68,400 francs.

On peut calculer qu'il aura retiré d'une telle récolte plus de la moitié pour bénéfice. Ambitieux avec méthode, notre intelligent cultivateur plantait vingt nouveaux hectares chaque année; dès qu'il eut atteint sa première et bonne production, son revenu ne cessa plus de s'accroître avec une régularité mathématique.

Le jeune homme entreprenant auquel Assam dut une plantation de thé si prospère, moyennant un capital emprunté pendant les cinq premières années, avait eu la prudence, en faveur de ses créanciers, de prendre dès le principe *une assurance sur sa vie.* Une règle à peu près sans exception pour les personnes qui se procurent des avances dans l'Inde est de contracter une pareille assurance; la précaution est d'ordinaire exigée par les bailleurs de capitaux. *C'est une assurance contre le climat!*

Conditions générales et difficultés à vaincre.

Pour ne pas parler seulement de cas particuliers très-favorables, on peut dire qu'en Assam un jardin parfaitement cultivé peut rendre par hectare, quand la plantation est en plein rapport, 566 kilogrammes de thé.

Comme nous l'avons fait observer, dès la cinquième année, l'arbuste à thé donne un produit largement rémunérateur; mais ce produit n'atteindra son maximum que deux ou trois années plus tard. Le judicieux observateur que je me plais à consulter a calculé qu'en atteignant ce premier terme de cinq ans, les capitaux dont il aura fallu faire l'avance commenceront à rapporter *dix pour cent.*

Avant qu'aucun de ces résultats fût obtenu, en 1840, le colonel Vetch, inspecteur des plantations, avait établi sa résidence à *Debroughur,* dans un endroit du haut Assam entouré de jongles et de bois infestés par des éléphants et d'autres animaux sauvages. Seize ans plus tard, le même district ne comptait pas moins de dix plantations en voie de prospérité. Dans le pays intermédiaire et dans l'Assam inférieur, on a propagé de semblables entreprises, et toutes avec un juste espoir de succès.

Il est remarquable que la zone de l'Inde où la culture du thé réussit est comprise entre les parallèles du 25e et du 28e degré en latitude; c'est la même zone qui comprend les parties de la Chine où sont récoltés les thés les meilleurs.

Croissance, entretien et durée des plantations.

Quant à l'extrême durée d'une plantation, nul ne peut l'assigner exactement. En Assam, au milieu de quelques plantations nouvelles, il existait d'anciens arbustes à thé âgés de vingt à trente ans et devenus presque des arbres. On les a coupés par le pied ; ils ont repoussé vigoureusement et n'ont pas donné moins de feuilles qu'on n'en obtient dans le meilleur temps des jeunes plantations : il a suffi pour cela qu'on accordât à leurs rejetons les mêmes soins qu'aux nouvelles pépinières.

Néanmoins, comme règle générale, on pense qu'il convient de renouveler les plants, sinon tous les dix ans, au moins tous les douze ans.

Disons quelques mots sur l'opération très-importante de la taille des arbustes à thé. Il faut sur-le-champ les étêter lorsqu'on les rencontre à l'état sauvage ou naturel et qu'on veut les mettre en rapport.

On voit des arbustes à thé qui dépassent quatre mètres de hauteur; mais d'ordinaire on les empêche d'atteindre cette limite, pour les maintenir dans des proportions qui facilitent la cueillette.

C'est ce qu'on fait en étêtant avec régularité les arbustes quand ils ont au delà d'un mètre de hauteur :

on multiplie par là leurs branches et leur feuillage[1]; en effet, lorsqu'on les étête à cette élévation, les feuilles repoussent avec une grande abondance. Mais, dans les nouvelles plantations, la cueillette des feuilles produit presque autant que l'étêtage. On dépouille avec les doigts l'extrémité de chaque pousse qu'offrent les arbustes jeunes qui sont venus de semence.

On trouve naturellement que les feuilles les plus voisines du bout de chaque branche sont les plus petites et les plus tendres; car leur grandeur comme leur dureté s'accroît quand on remonte vers la naissance de la branche. Pour faire des thés plus ou moins fins, on trie les feuilles d'après ces différences de délicatesse et de grandeur.

Les beaux jardins de la Compagnie des thés d'Assam offrent presque l'apparence d'un boulingrin régulier lorsqu'on les tond à plat avec de grands ciseaux. L'année suivante, les arbrisseaux lancent de nouvelles pousses : précisément comme le sommet d'une large haie tondue avec soin dans sa partie supérieure.

Observations sur la nature du sol et son exploitation.

Les jongles et les forêts qu'on défriche sont les lieux les plus favorables à la culture du thé. Cette plante préfère un sol poreux et léger; elle réussit beaucoup moins en des terrains argileux et compactes. A l'état sauvage, on voit des arbustes à thé qui s'élèvent jusqu'à certaine hauteur et qui ne la dépassent plus. Ils s'attachent et se bornent à certains genres de terroir. Ils en réclament un

[1] Au bout de cinq ans, la hauteur moyenne d'une plantation de thé est de 1m,20; on étête entre 1 mètre et 1m,20. Après cette opération, l'arbrisseau s'élève avec rapidité jusqu'à 1m,20 et 1m,50; ce qui permet encore une facile cueillette.

plutôt pauvre que riche, qui soit franc et naturellement humide, ayant de l'eau non pas à la surface, mais en dessous. Si vous creusez dans le sol qui convient le mieux, au lieu d'atteindre une couche sèche, vous trouvez d'abord un sable humecté; bientôt après vous rencontrez l'eau.

Les racines de l'arbuste à thé sont très-fibreuses; elles peuvent aisément être blessées : aussi doit-on les ménager avec un soin extrême. Il faut les laisser percer droit et profondément dans le sol.

On n'a, pour ainsi dire, aucun besoin d'activer la culture par des engrais; le plus rude labeur est d'abord de combattre la reproduction du taillis qu'on a défriché. Mais, au bout de quatre à cinq ans, les arbustes à thé couvrent le sol de leur ombre, et cette ombre met un terme à la renaissance des buissons parasites.

Dangers courus par la santé des colons.

En signalant les beaux succès qui sont dus à la persévérance britannique, il faut, pour en montrer tout le mérite, faire voir à quel prix on les obtient. Quand des planteurs viennent s'établir au milieu des jongles et des bois, en des lieux sans culture, ils ne peuvent pas éviter d'être atteints par les maladies compagnes des défrichements; le danger est peut-être encore plus grand si l'on remue quelque terre vierge au voisinage des rivières.

Lorsque la Compagnie d'Assam commença ses travaux, il y eut d'abord de nombreuses et graves maladies chez les agents de ses cultures. On perdit un nombre énorme de personnes, soit par l'effet de leur intempérance, soit par leur séjour au milieu des bois qu'on entreprenait d'extirper. A des époques plus récentes, lorsqu'on a bien choisi les lieux et que les défrichements ont été conduits à leur terme, la mortalité, loin de rester considérable, est plutôt devenue moindre qu'en d'autres parties de l'Inde affectées aux travaux agricoles ordinaires.

Les dangers du premier établissement une fois surmontés, pour un ami de la vie des champs il n'existe pas de culture plus paisible et plus agréable que celle de l'arbuste à thé. Aussitôt qu'on a fini les grandes opérations qu'exige la plantation, le reste de la culture convient particulièrement au colon anglais dans l'Inde; il peut, dans un loisir actif et doux, surveiller ses propres jardins et porter en même temps son intérêt sur le peuple qu'il occupe.

Difficultés de la main-d'œuvre en Assam.

On doit sans cesse le redire, ce qui manque en Assam, ce sont les bras disponibles. Il faudrait que le planteur anglais pût obtenir plus de travail des ouvriers du pays, lesquels pèchent surtout par défaut d'énergie et d'activité. Grâce aux lots de terre qui sont divisés sans exception entre les familles, tous les cultivateurs ont en partage une modeste aisance; tous ont entre leurs mains les objets nécessaires à leurs besoins. Chaque maître de maison est son propre fermier et son propre jardinier; ses vêtements, ses filets même, sont filés, sont tissés dans sa demeure; et presque rien ne l'exciterait à travailler au dehors, sans la faible somme qu'il doit au fisc britannique. Aussi la Compagnie des thés d'Assam, l'argent à la main, peut bien obtenir de l'indigène un peu de labeur; mais il ne faut guère compter sur une ressource aussi faible que précaire.

Les langues d'Assam et du Bengale étant dérivées du sanscrit, les habitants des deux contrées se comprennent bientôt avec facilité. Cela fit espérer aux planteurs de thé qu'ils attireraient aisément dans leur colonie les travailleurs du Bengale; mais ceux-ci n'aiment pas à quitter leur pays natal pour affronter des maladies, souvent mortelles, dans une contrée lointaine et beaucoup moins civilisée que leur patrie. Il faut recourir aux robustes coulies fournis par les tribus des montagnes.

La Compagnie avait fait venir des travailleurs chinois; jamais on n'a vu de population plus ingouvernable et plus prompte à la rébellion que ces cultivateurs empruntés au Céleste Empire. Quant aux manipulateurs des feuilles de thé, ainsi qu'aux ouvriers en bois qui préparent les caisses, et les instruments de travail, à ceux en petit nombre que M. Fortune a fait passer de la Chine dans l'Inde, c'étaient des serviteurs aussi bons qu'industrieux; seulement leur main-d'œuvre était trop chère.

Funestes effets de l'opium sur les travailleurs et sur leurs familles.

Si, comme nous l'avons affirmé, les habitants d'Assam manquent d'action et sont plongés dans l'apathie, on doit l'attribuer surtout à la consommation excessive de l'opium. Par un usage singulier, ils ne fument pas ce narcotique enivrant; ils le boivent. Ils cultivent le pavot pour leur seul usage et n'en cultivent jamais assez. Aussitôt qu'ils ont consommé leur récolte, ils vont acheter l'opium officiel, et les administrateurs du fisc ont grand soin qu'il ne manque jamais. On le tire des provinces dans lesquelles règne un détestable monopole de culture. Le but est d'en vendre le plus possible dans le pays d'Assam, pays non sujet, nous l'avons dit, aux *régulations* communes.

Dans cette dernière contrée, voici comment le cultivateur fait sa récolte : il scarifie les têtes des pavots; puis, avec d'étroites bandes d'un tissu grossier, il absorbe le jus qui découle. Quand ces bandes sont complétement imprégnées, on les enroule sous forme de boules, qu'on a soin de faire sécher; alors la substance qu'elles recèlent, l'opium, est prêt pour la consommation. Lorsque l'habitant veut en faire usage, il déroule et découpe un petit morceau de la bandelette saturée qui forme boule; il le plonge dans une eau pure, qui s'empare de l'opium, et que le consommateur boit avec délices.

Pour récompenser les femmes et les enfants d'avoir pris part à la récolte, on les admet à savourer aussi la boisson chérie par les deux sexes et par tous les âges.

L'opium du fisc ne se vend guère pendant les six premiers mois qui suivent la récolte; mais dans les six derniers, les habitants, ayant consommé leur approvisionnement, vont aux débits publics autorisés et préparés par le fisc. Ils éprouvent ainsi deux attractions successives.

La liqueur opiacée que nous venons de décrire, prise avec modération, ne produit pas d'effets très-délétères; malheureusement les modérés sont ceux qui n'ont pas assez d'argent pour boire avec excès.

Le colonel Vetch donne au Comité de l'Enquête sur la colonisation une idée de l'abus qui subsiste à cet égard dans la province d'Assam. « Le système adopté, dit-il, a les conséquences qui seraient éprouvées en accordant à nos buveurs écossais de récolter autant d'orge qu'il leur plairait d'en cultiver, si chacun pouvait posséder *un alambic* gratuit pour distiller son propre *wiskey*, si tous pouvaient boire sans relâche cette eau-de-vie jusqu'à la fin de leur provision domestique, et si, pour couronner l'œuvre, on leur offrait pendant le reste de l'année l'inépuisable eau-de-vie des débits publics autorisés par le Gouvernement. »

Ne serait-il pas important de porter remède à ce triste état de choses? et peut-on espérer d'y parvenir?

Il faudrait supprimer l'opium du Gouvernement, ou

du moins le renchérir, afin que, l'usage en étant modéré, l'on évitât d'amollir et d'énerver une population trop facilement excitable.

Quand les Anglais s'emparèrent du pays d'Assam, le peuple entier se montrait suffisamment laborieux; mais c'est qu'alors le travail était obligatoire, tandis qu'à présent il est libre. Chaque famille possède un terrain qui suffit à la simplicité de ses besoins. Parmi le peu d'objets qui s'ajoutent au nécessaire et qui favorisent le goût passionné des Assamites, l'opium figure au premier rang; c'est pour cela qu'après le riz, indispensable pour vivre, le pavot est la plante qu'ils cultivent avec le plus de plaisir.

On devrait taxer fortement cette culture en Assam, pour restreindre une grande et funeste consommation; cela vaudrait mieux que de chercher une ressource fiscale dans la multiplication des débits délétères.

Terminons par un résultat d'observation : quand le choléra frappe un buveur d'opium, sa guérison est regardée comme un miracle et sa mort comme certaine.

Soumettons au lecteur une réflexion morale. Trois fois les Anglais ont fait une guerre injuste pour forcer les Chinois à consommer l'opium de l'Inde. Par la contrebande et par les armes, ils ont brisé les lois et sapé les mœurs du pays de Confucius, eux, chrétiens! et voici que la même soif d'argent fait qu'ils abrutissent avec le même narcotique leurs propres sujets. Ils commettaient le premier méfait pour payer le thé du Céleste Empire; et voici que le même produit délétère agit à son tour contre les planteurs de thé britannique; et voici qu'il empêche le progrès de cette production, et le rapide amas d'or que le commerce obtiendrait si les travailleurs d'Assam n'étaient pas énervés à leur tour comme des Chinois!... La Providence a le secret de ces châtiments imprévus.

Exploitation du caoutchouc dans les forêts d'Assam.

Dans un district central, on a tenté la culture du *ficus elastica;* la tentative a réussi. Cet arbre, qui donne la gomme élastique par excellence, est un des plus considérables qu'offre le règne végétal; il faut cent ans pour qu'il arrive à son entier développement. Il croît d'abord avec rapidité; mais il donne peu de jus avant qu'il atteigne un certain âge. On le trouve dans les forêts, surtout dans celles de Chardwar et de Nordwar en Assam. C'est de là qu'on tire en presque totalité la gomme élastique, *India rubber,* importée dans le Bengale et dans l'Europe.

Le botaniste Griffith a visité la première forêt que nous venons de citer. Il a cru calculer qu'elle contenait environ 42,000 de ces grands arbres; il exagérait de moitié. Ces arbres atteignent jusqu'à 30 mètres de hauteur et couvrent un espace immense. On obtient le jus laiteux par des incisions faites dans l'écorce du tronc; plus souvent encore on l'extrait des racines qui courent sur le terrain, et dont plusieurs sont à découvert comme des branchages. Une incision est faite transversalement aux fibres de la racine ainsi saillante. On pose de chaque côté, le soir, une feuille large et concave pour recevoir le jus qui va transsuder; le lendemain matin, on verse dans un baquet ce jus tombé goutte à goutte sur les feuilles ainsi placées. Les indigènes ont très-bien observé que la nuit est le temps où la transsudation s'opère avec le plus d'abondance.

C'est l'hiver, dans la saison sèche, que cette opération procure les plus grandes quantités de caoutchouc; pendant la saison des pluies le jus serait trop mêlé d'eau.

Quand les saignées sont faites avec modération, elles n'épuisent pas le figuier; et pourtant chacune procure de

18 à 20 kilogrammes d'un jus laiteux qui, coagulé, constitue la gomme élastique.

La forêt de Chardwar, exploitée par les Anglais, leur fournit le caoutchouc qu'ils envoient à Calcutta; elle est située à trente lieues du Brahmapoutra, et l'on peut aisément y parvenir avec des canots par les affluents de ce fleuve.

Les soies et les soieries d'Assam.

Une des cultures principales, et jusqu'à ce jour entièrement indigène, est celle du ver à soie; on en distingue trois espèces.

La *première espèce* est la soie ordinaire donnée par le ver à mûrier; ce n'est pas la plus abondante.

La *seconde espèce* est la soie dite *érie*, qui provient d'un plus gros insecte et donne *un plus gros cocon* que notre insecte sétifère; ce ver est nourri par la feuille de l'arbre qui produit une huile analogue à celle de castor, beaucoup plus que par la feuille du mûrier. La culture de la soie érie est très-étendue; c'est l'espèce que sir William Reid s'est efforcé de naturaliser à Malte et dans l'Italie. Elle est douce au toucher et ce que les Anglais appellent *flossy;* son défaut est d'être difficile à mouliner. Les tissus qu'on en fait sont très-demandés par les tribus voisines d'Assam; ils constituent le principal objet d'exportation dans le Bhoutan et dans les montagnes qui dominent au nord la vallée du Brahmapoutra. La soie érie, plus grossière que la soie ordinaire, a pourtant des qualités qui lui sont propres. Ses tissus joignent la force à la durée; ils sont d'un usage universel comme *thibaude* ou *plaid* que portent les Assamites.

La *troisième espèce* de soie s'appelle *mongah;* le ver qui la produit est élevé complétement en plein air. On se contente de poser l'insecte sur son arbre nourricier. Quand il est prêt à filer, il descend de lui-même au bas de l'arbre sur lequel on l'a posé. Les insectes qui parviennent à cette phase de leur existence sont recueillis dans des paniers; ils font leurs cocons sur des étagères préparées pour cet objet.

Il faudrait qu'on enseignât aux Assamites à mieux soigner le dévidage de cette soie. Même à des époques reculées, on en récoltait assez pour habiller la population, et le surplus permettait encore de faire au dehors une vente qui méritait d'être remarquée.

La soie mongah, quand la récolte est abondante, coûte en Assam 10 à 11 francs le kilogramme; elle est payée jusqu'à 14 francs quand la récolte est médiocre. La partie qu'on exporte est dirigée un peu sur Dacca et beaucoup sur Calcutta; ce qui n'est pas consommé par cette capitale est réexpédié sur Madras et jusqu'en Arabie. Elle est la seule soie d'Assam qu'on exporte toute dévidée; les tissus qu'en font les Assamites, et qui ne sont pas consommés sur les lieux, sont vendus aux tribus voisines ou transportés vers le nord-est de l'Inde et jusque dans le Pendjâb.

Fibre végétale appelée Réah.

C'est la plus estimée des fibres textiles végétales; c'est celle qu'emploient les Chinois pour faire la toile que les Anglais appellent *grass-cloth*, toile d'herbe. Cette fibre sert de préférence aux Assamites pour confectionner leurs filets de pêche, parce qu'elle résiste à l'action dissolvante ou corruptrice de l'eau douce et de l'eau salée. Elle n'est guère cultivée que par les pêcheurs, lesquels ont chacun près de leur cabane un petit champ réservé pour cette plante. Si dans le pays d'Assam on la cultivait en grand, on la vendrait en Angleterre 2 francs le kilogramme.

Une difficulté très-grande chez les indolents Assamites, c'est le travail considérable exigé par le teillage. Il faudrait teiller avec des mécaniques.

On cultive aussi la jute en Assam, mais jusqu'à ce jour en faible quantité. Au contraire, la culture des plantes oléagineuses permet aux habitants d'exporter beaucoup d'une huile de moutarde appelée *sirson.*

Enfin l'on a commencé d'exploiter la production de la laque propre aux teintures.

Je note avec soin ces essais divers, afin de montrer quels progrès variés on obtiendra dans la province d'Assam dès que le peuple y deviendra plus laborieux.

Facilités et conditions d'établissement des Anglais en Assam.

Dans un pays où les indigènes, trop peu nombreux, ne peuvent cultiver qu'une portion minime de la terre, on a senti le besoin d'attirer des colons propres à créer des cultures nouvelles. Le Gouvernement leur prodigue toute espèce d'avantages; il leur accorde à très-bas prix des terres en friche. La concession s'en fait à perpétuité, avec assignation d'un quart de la surface *affranchi d'impôt;* mais ce quart ne peut pas être séparé de la totalité. Si, par exemple, une personne reçoit la concession de 200 hectares, elle en obtient 50 exemptés de contribution; mais elle ne peut pas vendre les 150 qui sont imposables, et garder pour elle les 50 autres hectares, *comme un franc-alleu.*

Le quart ainsi libéré représentera perpétuellement les dépenses générales de voie publique et d'aménagement des eaux, dépenses laissées aux concessionnaires.

Par une réserve pleine de sagesse, si, dans un laps de temps qui varie de cinq à dix ans, un cinquième de la concession n'a pas été mis en valeur, elle est annulée.

C'était le moyen de mettre un terme à l'avidité des spéculateurs insatiables, jaloux de s'approprier beaucoup plus de terrain qu'ils n'en peuvent cultiver.

Possibilité d'un établissement sanitaire (sanatarium) *dans l'Assàm supérieur.*

Quand on part de Gowahatty, station principale d'Assam, pour pénétrer dans les monts Cossya, on arrive sur le plateau de Nuglow, élevé d'environ 1,320 mètres au-dessus de la mer; la situation est superbe et le climat délicieux. Cependant à cette hauteur on n'est pas complétement affranchi de la *fièvre*. Mais si l'on s'avance quatre lieues plus loin, jusqu'à Mirong, *on s'élève alors à 300 mètres plus haut*, la fièvre disparaît et le pays est complétement sain. Il serait possible de fonder à Mirong un établissement où les Anglais trouveraient les conditions les plus désirables pour le rétablissement d'une santé délabrée par le climat énervant de l'Inde. En cet endroit on est seulement à douze lieues de la plantation de thé la plus voisine des montagnes; mais la grande masse de ces plantations est à 110 lieues plus près de Calcutta.

Dans cette position, le colonel Vetch a remarqué plusieurs arbustes à thé comparables aux plus beaux des régions moins élevées. On ne les trouve qu'en des lieux rares et favorisés; car, en général, les monts Cossya n'ont que peu de terre végétale. La position de Mirong offre pourtant une plante herbagère dont on peut tirer parti.

La salubrité de l'habitation sur les montagnes est d'autant plus remarquable que la quantité des eaux pluviales est énorme : la hauteur de ces eaux, année moyenne, surpasse 12 mètres 6/10. Le pays, pour cela, n'est pas plus malsain, parce que, grâce aux pentes, les écoulements sont rapides. Quand les pluies cessent, les rivières rentrent bientôt dans leur lit; et le temps, qui se rassérène, devient très-tolérable du milieu d'octobre au commencement de mai, pendant près de sept mois.

Communications du pays d'Assam avec le Bhoutan, le Tibet et la Chine.

A l'est d'Assam, des forêts presque impénétrables sont habitées par des tribus appelées Sang-fo, qui sont des hordes de voleurs. Ils infestent les chemins par lesquels il faut passer pour pénétrer du pays d'Assam dans l'empire des Birmans.

La Commission parlementaire de colonisation s'est informée soigneusement des routes possibles pour aller d'Assam en Chine, à travers le pays birman.

Un premier chemin qu'on pourrait suivre traverserait l'Irawaddy supérieur, en atteignant *Bor-Kampli;* mais il faudrait franchir des pays accidentés d'un très-difficile accès, et des chaînes de montagnes dont les plus hautes sont toujours couvertes de neige. Le colonel Vetch avait déterminé une caravane à suivre cette route jusqu'à Bor-Kampli; les individus qui la composaient furent arrêtés par les neiges, puis par la crue d'une rivière, et moururent de faim. Un seul marchand put échapper à ce désastre, et réussit à revenir en Assam.

Le second chemin, passant à Bhamo et traversant l'Irawaddy, est très-fréquenté par les Chinois qui commercent avec les Birmans.

Les habitants du Bhoutan, et ceux du Tibet jusqu'à Lhassa, descendent en grand nombre dans le pays d'Assam.

Lorsque dans ce pays on aura fabriqué des *briques à thé,* comme les aiment les Tartares et les Tibétains, ils s'empresseront de les acheter. Mais, jusqu'à ce jour, les Anglais ont trouvé plus simple et plus profitable de laisser le thé dans sa forme naturelle et de l'envoyer sans réserve à Calcutta pour l'Angleterre.

Moyens de communication de la province d'Assam avec le Bengale.

La nature a présenté la grande voie du Brahmapoutra pour communiquer avec la mer, et par conséquent avec Calcutta, le vrai centre commercial de cette province.

Jusqu'à ce jour l'art n'a pas amélioré l'aménagement de ce fleuve; il n'a ni dragué les bas-fonds, ni fait sauter les rochers cachés sous les eaux, ni même enlevé les arbres dangereux, les *snaks* des Américains, qui, cachés sous les eaux comme des éperons inclinés, percent la carène des bateaux qui les heurtent en direction perpendiculaire.

Depuis la plus haute antiquité, comme on n'avait pas d'autre secours que la voile ou les rames et le halage, on naviguait lentement et difficilement sur le Brahmapoutra, surtout avec de grosses barques. Un vent qui d'habitude souffle dans le sens de la descente s'oppose, pour la remonte, à l'emploi de la voile; et quand les eaux sont élevées, haleurs et rameurs deviennent impuissants.

Emploi de la vapeur. — Quoique les Anglais possédassent le pays d'Assam depuis 1825, c'est seulement un quart de siècle plus tard qu'ils ont commencé de naviguer à la vapeur sur le Brahmapoutra. Ils l'ont fait pour aider aux communications de la Compagnie des thés d'Assam, qui réclamait ce progrès comme étant pour elle une condition d'existence. En 1850, un premier vapeur, parti de Calcutta, a remonté le Brahmapoutra jusqu'à la station de Debroughur; il a parcouru de la sorte à peu près trois cent vingt lieues, en contournant par mer le grand delta du Gange. Ce genre de navigation, malgré son extrême utilité, n'a point paru jusqu'à ce jour assez profitable pour qu'une association particulière ait osé l'exploiter à ses frais. La navigation ne s'opère qu'avec des bateaux à vapeur armés ou frétés par l'État.

A tout prendre, le Brahmapoutra est d'une assez bonne navigation jusqu'à Debroughur. Cette ville est la plus haute station du service civil ; en même temps elle est le centre le plus élevé des cultures du thé.

Les routes d'Assam.

Le pays ne présente que des routes fort imparfaites; mais il est sillonné par de nombreux cours d'eau, et pendant les pluies on communique en bateau dans toutes les parties de la province.

Le commerce n'emploie pas la voie du roulage; les transports se font avec des bêtes de somme empruntées à l'espèce bovine, et souvent *avec des éléphants.*

Descendons maintenant au-dessous des pays précédemment décrits de Silhet, d'Assam et de Mymunsing. En face du district de Tipperah, qui borde la rive gauche du fleuve Brahmapoutra, nous trouvons le territoire qui contient la célèbre ville de Dacca.

District ou zillah de Dacca.

Quoique ce district soit, par son étendue, la subdivision la moins considérable de la province financière à laquelle il donne son nom, sa capitale, autrefois si fameuse en Asie, lui procure une grande importance. Il est véritablement incroyable que l'administration de l'Inde ne fasse figurer dans ses états officiels la population de ce district que par un chiffre grossièrement approximatif, et sans qu'on soupçonne à quel degré.

Territoire et population du district de Dacca.

Superficie....................	492,100 hectares.
Population approximative........	600,000 habitants.
Habitants par mille hectares......	1,219

La subdivision territoriale ou *zillah* qui porte le nom de Dacca n'a pas même la superficie moyenne de nos départements français; mais ce beau pays, placé par la nature entre les deux plus grands fleuves de l'Inde, qui le contournent, l'un à l'est, l'autre à l'ouest, et sillonné par sept rivières, est un des mieux arrosés. Il est riche surtout par ses rizières, et leur culture justifie sa population assez considérable, de 1,219 habitants par mille hectares. Le grand intérêt qu'offre ce pays appartient à sa capitale.

La ville de Dacca.

Cette ville, renommée longtemps pour le produit de ses arts textiles, s'élève à l'orient de la Grande-Mégna, rivière dont le parcours a plus de cent lieues, et qu'une dérivation fait communiquer avec le Gange, tandis qu'elle se jette directement dans le Brahmapoutra.

Cette position est, comme on le voit, infiniment favorable à la navigation; elle explique le choix que, il y a deux siècles et demi, on avait fait de cette cité pour être le chef-lieu de tout le Bengale. C'était sous le règne de Jéhanghire, et la flatterie d'un gouverneur de cette ville voulut remplacer le nom de Dacca par celui de *Jehanghire Nüggur;* mais la postérité n'a pas accepté cette substitution servile.

La latitude[1] *et ses conséquences.* — A quelques minutes près, Dacca se trouve située sur le parallèle appelé Tropique du Cancer. Elle appartient presque à la zone torride; mais l'abondance de ses eaux courantes et rapides rend moins brûlant le climat, sans qu'il cesse d'être favorable à des produits méridionaux très-précieux. Le pays est plus estimé pour ses abondantes récoltes d'un produit commun, qui le faisaient appeler le *grenier à riz du Bengale.*

Une porte monumentale érigée dans Dacca pour honorer le bas prix du riz qui nourrit le peuple.

Parmi les constructions dont la pensée ne doit pas périr, citons une *porte monumentale* érigée pour conserver la mémoire du plus bas prix auquel le riz ait pu descendre dans une année d'abondance; c'était seulement 86 centimes les 100 kilogrammes. Le vizir qui la fit construire et fermer ordonna qu'on la rouvrirait seulement lorsque le riz redescendrait à ce bon marché sans exemple; elle fut rouverte une seule fois, cinquante ans plus tard.

Sans aucun doute, le bas prix des subsistances est pour le peuple une condition capitale de bien-être et de prospérité; mais quand le renchérissement, au lieu d'être occasionné par la rareté des produits, est le résultat d'un commerce opulent, le peuple alors voit accroître son aisance par une augmentation proportionnelle éprouvée dans l'échelle des salaires.

Telle est l'amélioration générale qui s'est produite dans la province de Dacca depuis la guerre des Anglais contre les Russes; elle s'accroîtra par les nouveaux efforts aujourd'hui tentés pour demander à l'Inde les matières pre-

[1] Situation de Dacca : latitude, 23° 42′ N.; longitude, 87° 57′ Est de Paris.

mières fournies jusqu'à ces derniers temps en si grande quantité par les États-Unis d'Amérique.

C'est sous le règne d'Aureng-Zeb que Dacca s'était élevée au comble de la grandeur et de la richesse. Alors ses monuments étaient nombreux et magnifiques. On avait construit ses quais et ses ponts en briques comme ceux de Babylone et pour le même motif; ses palais splendides et ses beaux jardins, ses temples hindous restés debout malgré la conquête, et ses mosquées bâties par les vainqueurs musulmans, tout attestait l'opulence de la province et l'heureuse industrie du peuple.

Après la mort d'Aureng-Zeb, l'empire tomba dans les convulsions. Dacca cessa d'être la capitale d'un immense et florissant viziriat. En même temps la cour du souverain déchu perdit la splendeur d'un luxe qui commandait à profusion dans cette ville les admirables tissus qu'elle seule savait produire, et que nous avons fait apprécier[1].

Quand, au milieu du siècle dernier, les Anglais devinrent maîtres du Bengale, la principale industrie de Dacca ne fut plus qu'une rivale importune, contre laquelle Manchester et d'autres cités britanniques entrèrent en lutte avec opiniâtreté. L'aristocratie de l'Hindoustan, dont le luxe faisait fleurir la grande cité que nous décrivons, appauvrie, abattue par les conquêtes de la Compagnie, a cessé par degrés ses somptueuses commandes.

Quelques cours de l'Europe, et surtout la cour de France avant 1789, demandaient à Dacca les mousselines exquises que l'Angleterre importait à Londres pour les revendre à l'étranger. La Révolution française fit sentir le contre-coup de nos splendeurs détruites jusqu'à la cité qui, comme Lyon, travaillait surtout pour les souverains et pour les classes opulentes.

[1] Voy. le volume précédent, p. 458 à 466, 472 et 473.

Les vizirs éloignés, les grands abaissés et l'industrie affamée, les monuments sont tombés avec rapidité dans un déplorable état de ruine; car la destruction marche vite sous un climat dévorant où la racine des arbres parasites profite des moindres fissures, et pénètre même dans les joints les plus parfaits des constructions architecturales.

Une faible partie de la ville marchande est restée debout, mais avec des demeures sans grandeur et sans goût.

Malgré cette décadence, Dacca continue de fabriquer des tissus de coton; elle tisse aujourd'hui des mousselines de moyenne finesse, que la main délicate de ses ouvrières embellit encore de broderies estimées dans l'Orient. Mais la plupart de ces mousselines et de ces broderies sont faites *avec des fils empruntés à Manchester;* la filature au fuseau, si célèbre autrefois dans la cité que nous décrivons, a presque disparu. Quant aux mousselines merveilleuses appelées *malmal khass*, c'est à peine si, chaque année, l'on en fabrique une pièce de 10 mètres de longueur qui rappelle quelque chose de l'antique perfection.

Une industrie ne s'élève jamais seule au plus haut degré dans une ville opulente et populeuse. Sous les premiers empereurs musulmans, l'art de travailler les métaux devait être à Dacca dans un assez grand état d'avancement, pour que ses artisans aient su confectionner un canon de fer ayant le poids énorme de 29,400 kilogrammes et pouvant résister au tir d'un boulet de 200 kilogrammes; longtemps après cette époque, l'art de la guerre fit adopter des bouches à feu beaucoup plus rapprochées des forces de l'homme, et pouvant être manœuvrées avec autant de sûreté que de précision.

Il y a seulement deux siècles, la ville comptait parmi les places fortes importantes Sur la rive droite de la Grande-Mégna, qui baigne ses murs, on avait élevé des remparts destinés à garantir la cité contre les invasions des Mughs, tribus birmanes que nous avons signalées en décrivant les provinces d'Arracan et de Chittagong.

Sur les bords de la rivière, le Gouvernement impérial possédait un arsenal de constructions navales; il entretenait des bâtiments de guerre pour protéger le commerce aux bouches du Gange et du Brahmapoutra. Aujourd'hui tout l'établissement naval est à Calcutta.

Malgré tant d'éléments soustraits à la prospérité de Dacca, l'on estimait, au commencement du XIXe siècle, que cette cité possédait encore 200,000 habitants; on n'en compte guère aujourd'hui que 50,000. Voilà donc une décadence qui, jusqu'à nos jours, n'a pas cessé de faire sentir sa triste progression.

Au milieu des misères que la main du temps a fait peser sur Dacca, citons avec un juste éloge la noble donation qu'on doit à M. Milford, d'un capital applicable, soit à des travaux publics, soit à des établissements charitables exclusivement réservés pour les natifs de cette cité. Dans la seule année financière 1859-60, le nombre des malades secourus ou traités gratuitement par l'hôpital qu'a fondé M. Milford n'a pas été moindre de 13,013 personnes.

Après la cruelle famine de 1789, le district de Dacca se trouvait en grande partie dépeuplé; de vastes jongles, des forêts mêmes, couvrirent des terrains d'où l'agriculteur avait disparu. Les éléphants sauvages descendirent des Himâlayas pour s'emparer de ces nouvelles solitudes; en sûreté dans leurs nouveaux repaires, ils en sortaient pour dévaster la récolte des terres encore cultivées. Mais, par degrés, l'homme a reconquis l'empire; il a repoussé ou capturé les animaux destructeurs, défriché de nouveau les jongles; et le peuple des champs a recommencé de s'accroître. Cependant il ne faut pas croire qu'on ait obtenu des succès complets et qu'on ait fait cesser toutes les dévastations dont nous venons d'offrir l'idée. Lorsqu'en 1824 lord Héber visita Dacca, le descendant des Nawabs de la contrée lui parla d'un audacieux éléphant sauvage que ses chasseurs poursuivaient à quelques kilomètres de la cité; seulement, ajouta-t-il, rarement ils viennent *aussi près*. Le prince musulman avertit l'évêque de ne pas visiter *les ruines* de la ville, à moins d'être lui-même monté sur un éléphant, attendu qu'elles sont fréquentées par des tigres *de temps en temps*, et par de grands serpents, *toujours*.

A côté de l'extermination des animaux dévastateurs, citons la poursuite des hommes qui se font ennemis de la société par leurs déprédations. La police inexorable et salutaire des Anglais a poursuivi les bandes armées qui désolaient le pays, et qu'on nomme les Dacoïts.

Du crime et de l'innocence dans les campagnes de Dacca : témoignage du juge Werner.

Ecoutons un magistrat anglais, M. Werner, juge à Furriedpour, ville voisine de Dacca : l'époque remonte à quarante ans. Suivant ce qu'il nous fait connaître, il existe dans le pays beaucoup de bandes de voleurs. Trop souvent il arrive que six, huit ou dix paysans s'assemblent quand la nuit est profonde et qu'ils veulent attaquer l'habitation de quelque voisin inoffensif. Ce n'est pas seulement pour le piller, mais pour le torturer, lui, sa femme et ses enfants, avec une horrible cruauté, dans l'espoir de découvrir en quel endroit est caché l'argent de la maison. Pendant la journée, ces spoliateurs exercent effrontément des occupations tranquilles; quelques-uns jouissent d'une prospérité qui ne laisse pas même l'excuse du besoin. Souvent aussi la coalition de malfaiteurs agit sous la protection d'un zémindar qui perçoit sa part du butin. Celui-ci fait servir son astuce et son crédit à tirer d'affaire les associés que la justice pourra finir par atteindre; il vient à leur aide, tantôt en subornant de faux témoins afin d'établir un alibi, tantôt en corrompant les bas agents de la police, et, quand il le faut, en intimidant les témoins appelés pour établir la preuve des crimes commis.

Le bon magistrat dont je cite le témoignage est d'opinion que le mal *s'est accru* depuis la multiplication si rapide et si funeste des *débits de spiritueux*. A présent, dit le juge ami des mœurs, ces lieux de consommation, qui donnent au Gouvernement *un revenu très-considérable*, sont fréquentés par des foules d'Hindous et de musulmans. C'est surtout pendant la nuit qu'ils s'y rendent; la débauche alors et les passions haineuses ou féroces que l'ivresse enflamme excitent naturellement aux plus détestables entreprises. Ajoutons que les mêmes lieux, ouverts à l'intempérance, sont les rendez-vous les moins suspects et les plus commodes pour les malfaiteurs qui veulent comploter avec impunité des crimes nocturnes.

Il ne faut pas croire, pourtant, que cette perversité soit universelle. Dans la partie du Bengale que nous visitons, la population est d'un caractère à la fois doux, jovial et gracieux; elle réunit l'activité à l'industrie. Le juge a connu beaucoup mieux que d'autres Européens l'économie intérieure des plus humbles familles hindoues; il s'est formé l'opinion la plus favorable de leurs habitudes domestiques et de leur bonheur. La famille entière passe la soirée autour de la lumière commune; on charme les heures par d'agréables entretiens, en filant, en tissant, en brodant, et parfois en jouant un jeu comparable à notre domino. Quand florissait la brillante industrie du pays de Dacca, les femmes ne préparaient pas seulement au fuseau les fils d'une finesse incomparable dont était composé l'*air tissé*, la mousseline des sultanes; elles décoraient à l'aiguille de beaux voiles très-renommés. Cependant le travail de leurs doigts, les plus délicats de l'Hindoustan, n'est pas en entier disparu.

Le moraliste lord Héber, en écoutant de tels récits, disait : « Voilà, certes, un enchaînement étrange de mal et de bien; triste bizarrerie de nos destinées! Qui pourrait contempler, sans ressentir la plus vive douleur, cette joie des soirées innocentes d'une famille unissant le bonheur à la vertu, sans être frappé de la sombre pensée que la plus heureuse chaumière peut devenir, dans la nuit qui succède à cette innocente gaîté, un théâtre de sang versé, de tortures et de massacres? Mais, nous-mêmes, pouvons-nous oublier que, sous ces aspects lamentables, l'Irlande, hélas! n'est que trop l'image de l'Inde?... »

Défaut de sécurité dans la protection des personnes.

Nous venons de parler des dangers auxquels sont exposées les familles des indigènes. La vie des Européens est sujette à d'autres périls, dans l'ardeur des conflits entre les Orientaux et les Occidentaux. Un planteur d'indigo, que nous citerons bientôt plus amplement, a résidé dans le pays de Dacca pendant douze ans. Cet homme grave a pu faire la déposition qui suit, devant le Comité d'enquête du Parlement pour la colonisation de l'Inde, en 1859 :

Demande du Président : Les conflits dont vous parlez n'ont-ils pas quelquefois entraîné mort d'homme? — Oui. — Les coupables sont-ils toujours punis? — Non. — Pourquoi donc, en pareil cas, justice n'est-elle pas faite? — C'est parce que, au Bengale, vous pouvez tuer un homme quelconque (*any man*) pour à peu près 7,500 francs (3,000 roupies). — Voulez-vous expliquer comment cela se fait? — Je vais le dire : Quand un zémindar désire la mort d'un homme, il doit dépenser environ cette somme en corruptions de police (*bribes*). — Est-ce que la somme est fixée? — Pas précisément, mais à peu près. — Comment donc imaginez-vous que des événements pareils puissent arriver sous un bon gouvernement? — *Il n'y a pas de gouvernement dans l'Inde;* nous nous gouvernons nous-mêmes et combattons pour nous-mêmes (*for ourselves*). — Vous parlez sans doute du bas Bengale? — Oui. J'ai toujours justifié ma résolution de prendre en mes mains la loi (l'autorité, la force), en me fondant sur ce motif que le magistrat, c'est-à-dire le Gouvernement, refusait de me protéger. — Vous ne considérez donc pas la constatation présentée devant le Parlement, sur la triste condition du Bengale, comme étant exagérée? — Je ne pense pas même qu'elle approchât de la vérité...

État imparfait des voies de communication.

Une autre partie des intérêts publics très-arriérée dans la province de Dacca, comme en beaucoup de provinces bengalaises, est celle qui concerne les voies de communication. Le besoin s'en fait peu sentir dans la saison périodique des pluies et des inondations; les plaines, alors, sont couvertes d'eau, et les habitants des campagnes vivent retirés comme des insulaires sur des monticules érigés le plus souvent par leur prévoyante industrie.

On a fait, avec de grandes dépenses, une route depuis Dacca jusqu'à Mymunsing; mais cette route n'étant pas empierrée, elle est chaque année couverte par la végétation incroyable des jongles. Douze mois suffisent pour que les pousses nouvelles s'élèvent, dans le chemin, à 4 mètres 1/2 de hauteur : aussi ne fait-on point usage d'une route si constamment et si puissamment envahie.

Il n'existe pas de route par terre entre Dacca et Calcutta; il faut ou descendre à la mer par le Brahmapoutra, ce qui demande neuf jours, ou naviguer par des canaux intérieurs. Les chemins de fer, que l'on exécute avec activité, comprennent une voie spéciale qui viendra d'abord de Calcutta jusqu'à la rive droite du grand Gange, en face de Pubna, puis de Pubna jusqu'à Dacca : une compagnie en poursuit aujourd'hui l'exécution. Cette entreprise aura deux avantages : elle rendra le commerce plus constant, plus rapide et plus sûr, de l'ouest à l'est du Bengale; elle attirera plus rapidement chez les habitants de Dacca les arts et l'opulence de Calcutta. Néanmoins, il paraît presque impossible qu'un chemin de fer entre ces deux cités soit habituellement préféré, pour les objets encombrants et lourds, aux transports opérés par les canaux, par les fleuves et la mer; ces dernières voies, malgré leur imperfection, resteront évidemment les plus économiques.

Influence exemplaire d'un colon, M. Alexandre Forbes, sur la ville et le pays de Dacca.

Je suis heureux chaque fois que je rencontre sur ma route un homme qui fait servir de grandes facultés à la prospérité de ses semblables; or j'en trouve un des plus remarquables, en parcourant le district de Dacca.

L'Écossais Alexandre Forbes, dont j'ai parlé dans le volume précédent, est un de ces hommes à qui la nature a donné l'activité, l'énergie, l'intelligence et l'esprit d'entreprise au degré le plus élevé. Il a fait lui-même sa fortune. Il a d'abord été secrétaire et facteur de Dwarkanath-Tagor, zémindar opulent et fondateur généreux d'un hospice à Calcutta, puis il est devenu surintendant des propriétés et des cultures d'autres riches propriétaires. Il a créé des factoreries d'indigo. Il a le premier introduit la culture du thé dans les districts de Cachar et du Silhet; pour cet objet, il s'est fait accorder des concessions de quatre-vingt-dix-neuf années, avec quinze ans d'exemption d'impôt territorial.

M. Alexandre Forbes a rendu des services essentiels à Dacca, ville dans laquelle il a longtemps résidé. Arrêtons-nous à cette phase de sa vie; elle va nous révéler des faits intéressants sur l'administration des grandes cités de l'Inde.

Bienfaits relatifs à l'administration municipale.

Dès le moment où les colons de Dacca l'ont choisi pour membre de leur Conseil municipal, il en est devenu l'âme et la lumière. Animé par l'activité d'un tel homme, ce Conseil a fait beaucoup de bien; mais, dans les dernières années, on a paralysé la bienfaisante administration. Un nouveau magistrat anglais, devenu chef de la province, sous le titre considérable de commissaire supérieur, *Chief Commissionner*, a refusé de continuer aucune subvention provinciale à la municipalité de Dacca; en même temps, il l'a aussi privée de la faculté de lever les moindres droits urbains pour subvenir aux besoins de la cité.

Avant cette incroyable tyrannie domestique, le Conseil avait pourtant, avec le plus grand succès, conduit les affaires municipales. Depuis l'année 1840, il avait beaucoup amélioré la voie publique; il avait, chose si rare dans l'Inde, introduit *la propreté* dans la ville, fait de bons chemins alentour, et produit des résultats excellents avec des ressources très-limitées.

Ce n'étaient pas seulement des Européens qui composaient le Conseil; les dominateurs avaient le bon esprit d'admettre au milieu d'eux *des indigènes capables, instruits, et qui parlaient avec facilité la langue anglaise.*

« Avant la conquête, dit M. Forbes, dans les provinces du nord-ouest, et dans les Présidences de Madras et de Bombay, chaque village avait son pouvoir municipal; ce qui produisait des biens infinis. »

Projet de nommer des indigènes magistrats honoraires, et ce qu'on entend par ces mots.

Animé d'un excellent esprit, M. Forbes cherchait les moyens d'introduire les indigènes dans l'administration locale, pour les campagnes ainsi que pour la ville. Vers 1854, il proposa d'établir un système qu'on a bientôt adopté dans tout le reste du Bengale : c'était de transformer en magistrats, dits *honoraires*[1], les zémindars qui maintenant décident en fait les neuf dixièmes des différends de ryot à ryot; on leur donna des pouvoirs contrôlés, et par là modérés. M. Forbes demandait que ces magistrats eussent le pouvoir de se réunir d'abord une fois par mois, dans chaque canton ou *thannah*, pour tenir de petites sessions judiciaires; puis une fois par trimestre, dans chaque district ou *zillah*, pour tenir des sessions d'un ordre supérieur.

Il demandait, en outre, que les mêmes magistrats *honoraires* (entendez *honorés d'un traitement*) fussent chargés de l'administration, de l'entretien et du perfectionnement des routes.

M. Forbes était d'avis que le meilleur moyen d'assurer les progrès politiques de l'Inde était de rétablir partout des institutions municipales, et d'adopter des moyens grâce

[1] *Honorary-magistrates* veut dire ici des magistrats *rétribués* : aux yeux des Anglais, peuple positif, *ils sont honorés par leurs appointements.*

auxquels les natifs administreront eux-mêmes tous leurs intérêts locaux.

Aujourd'hui les indigènes opulents n'ont aucun objet qui puisse exciter et satisfaire leur ambition; ils prodiguent leur argent, tantôt en débauches avilissantes, tantôt en cérémonies insensées ou puériles, et trop souvent en déplorables luttes avec leurs voisins. Présentez-leur des moyens, honorables et graves, d'acquérir de l'influence par un emploi de leur fortune dirigé noblement vers l'intérêt du pays; outre l'utilité publique, cet emploi fera d'eux des hommes qui se formeront dans l'art, si précieux, de bien administrer les affaires de leurs localités respectives.

Influence délétère de la fiscalité britannique au sujet des spiritueux et de l'opium : taxe dite Akbarie.

Le même M. Forbes, qui devient presque un homme d'État par la supériorité et la générosité de ses vues pour le bonheur des populations indiennes, se montre vraiment moraliste dans les censures méritées qu'il prononce au sujet du système suivi par ses compatriotes dans la perception des revenus publics.

Il fortifie l'opinion émise par le colonel Vetch et le juge Werner; il révèle des faits vraiment dignes d'attention. Il explique au Comité d'enquête sur la colonisation les tristes moyens dont on s'est servi pour étendre la taxe dite *akbarie* sur les spiritueux et sur l'opium dans le pays de Dacca, sans parler des autres provinces.

L'administration fiscale a pris le plus grand soin d'accroître ce genre de revenus; elle a créé des bureaux de débit pour ces substances délétères dans une foule d'endroits nouveaux, au grand détriment des planteurs européens et de la morale.

Un débit akbari fut établi près d'une factorerie appartenant à M. Forbes; et il le fut malgré ses objections sérieuses, malgré les remontrances des cultivateurs, les ryots, et celles des simples manouvriers, les *coulies*. Ces derniers, qui sentaient leur faiblesse, se plaignirent avec douleur qu'on allait introduire au milieu d'eux le penchant à l'ivrognerie : leur prédiction s'est tristement réalisée.

Jusqu'en 1846, les débits de liqueurs et d'opium n'avaient pas été très-multipliés dans la province de Dacca. A cette époque, un *surintendant de l'akbarie* fut envoyé pour féconder cette source déplorable de revenus publics; il choisit pour percepteurs les meilleurs sujets du collége de Dacca. Les instructions qu'ils reçurent étaient de faire naître partout et partout d'accroître cette espèce d'impôt; ils y procédèrent en introduisant une multitude de bureaux ou débits des produits pernicieux en des lieux où jamais on n'en avait établi. Le surintendant leur écrivait qu'ils seraient envoyés en des localités *moins importantes* s'ils ne faisaient pas produire davantage à leur district. Alors beaucoup de moyens condamnables furent mis en œuvre pour atteindre un but si désiré. Quand on créa les débits, ajoute M. Alexandre Forbes, dans une localité que je connais, on ne put d'abord obtenir aucun consommateur; voyant cela, le député-collecteur de l'akbarie *fit venir À SES FRAIS des prostituées* et les établit à côté du débit : il introduisit à la fois l'ivrognerie et la prostitution.

Rapport du Comité spécial sur la colonisation de l'Inde, année 1859, pages 162 et 163 : Question 2234 : Quel était le député-collecteur? — R. *Un indigène* agissant en conséquence *des ordres et des menaces* du surintendant européen. — Et quelle était la situation du surintendant? — C'était un très-haut fonctionnaire britannique de l'ordre civil, un covenanté.

Ces funestes moyens employés dans le pays de Dacca ont été plus ou moins imités dans beaucoup d'autres parties de l'Inde.

Journal des Nouvelles publiques à Dacca.

Pour propager les idées et développer la civilisation du pays, M. Forbes se fit l'éditeur et le principal rédacteur du journal qui parut sous ce titre, *les Nouvelles de Dacca;* il fut publié de 1856 à 1858, dans les temps les plus difficiles. Ce journal obtint une grande publicité, non-seulement dans le Bengale, mais dans les provinces du nord-ouest, dans le Pendjab et dans la présidence de Madras. Il ne défendait pas uniquement les intérêts des conquérants; il prenait à cœur, avec un même zèle, les intérêts des indigènes, et ceux-ci le lisaient plus volontiers qu'aucun autre papier public.

L'éditeur des *Nouvelles de Dacca* ne craignait pas d'attaquer les actes arbitraires, et l'incurie, et les erreurs de l'Administration. Celle-ci s'empressa de lui témoigner, en retour, la plus cordiale aversion; elle ne tarda pas à lui déclarer qu'il n'existerait désormais entre lui et le corps des fonctionnaires aucune espèce de communications personnelles; il fut banni de leur société comme un véridique.

Le courageux éditeur a fait connaître un des premiers les cruels moyens *de torture* employés par les indigènes, agents de police, pour arracher aux prévenus l'aveu des délits dont ils sont accusés : il a par là servi l'humanité.

Influence commerciale de Dacca sur le sud-est de l'Inde.

Malgré les malheurs de Dacca, malgré la ruine de ses monuments et de ses palais, sa position admirable a conservé son influence à l'égard des affaires commerciales. Cette cité n'a pas cessé d'être le centre d'un vaste commerce, auquel peuvent participer, à côté des riches indigènes, les négociants anglais, arméniens et grecs. M. Forbes, entreprenant, hardi, judicieux, a pris sa large part dans cette action des capitaux qui, de Dacca, font rayonner les commandes sur toutes les contrées orientales du Bengale et jusque dans les vallons des Himâlayas; c'est ce qu'il a fait en devenant le directeur d'une banque. Alors il a vu combien les fonctionnaires britanniques étaient étrangers aux plus simples notions du mouvement des capitaux et de leurs signes représentatifs.

Les receveurs et les trésoriers du Gouvernement, dit-il avec raison, devraient avoir la faculté de transmettre leurs fonds par la voie de traites commerciales; ce moyen serait économique et rendrait au négoce les plus grands services.

Avant la rébellion de 1857 et de 1858, quand les autorités anglaises avaient à transmettre 250,000 francs (un lac de roupies) appartenant au Trésor, ils le faisaient accompagner par une garde de *cent soldats.* En pleine paix, ils croyaient indispensable d'employer une escorte si nombreuse pour transporter avec sûreté cette somme à travers un pays tranquille.

A la même époque il existait à Sérajgunge, riche place de commerce dans la zillah de Rungpour, une maison marchande qui faisait un grand négoce des fruits de la terre; quand elle avait besoin d'expédier des fonds à Dacca, elle faisait passer un lac de roupies sur un petit bateau mû par des pagayes, avec une garde composée *d'un Européen et de quatre indigènes;* or il y a quatre-vingts milles (trente-deux lieues) de Sérajgunge à Dacca. Telle est l'économie de l'industrie privée.

Le transport de l'argent, soit en lingots, soit en argent,

est trop dispendieux; s'il existait une monnaie d'or assez abondante, le transport des fonds serait plus facile et beaucoup plus économique.

Juste éloge des commerçants et des banquiers indigènes.

Le banquier Forbes, supérieur aux rivalités de race et même de profession, rend une parfaite justice aux financiers, aux commerçants indigènes. « Je place, dit-il, au plus haut degré d'estime le caractère commercial et l'intégrité des grands marchands du pays. En traitant avec eux, presque tous nos engagements étaient contractés de vive voix, fût-ce pour des sommes de 250,000 francs, de 500,000 fr. ou d'un million; et les lettres de change étaient écrites *sur papier non timbré*. Je n'ai jamais eu lieu de me plaindre des banquiers indiens; j'ai trouvé qu'il était extrêmement facile de traiter avec eux. On nomme ces financiers *podars* dans le Bengale et *schroffs* dans les provinces du nord-ouest. »

Renseignements curieux sur les bravi du pays, nommés lathials.

Interrogé par le Comité parlementaire de colonisation en sa qualité de planteur d'indigo, M. Forbes ne dissimule pas l'emploi de ces bravi, nommés *lathials*, qui sont armés de bâtons, de gourdins, et qui sont soldés, soit par des Européens, soit par des zémindars, tantôt pour l'attaque et tantôt pour la défense. « Une fois, dit-il, j'eus querelle avec un zémindar; en moins de vingt-quatre heures, *quatre cents* de ces hommes, toujours prêts au combat, vinrent m'offrir leurs services. »

Ce n'était pas seulement pour un cas extraordinaire que le planteur s'assurait le secours de pareils bâtonnistes; il les entretenait *au mois*, comme toute autre classe d'employés. Il payait *par mois :* 22 fr. 50 cent. au lathial en chef, 15 francs au lieutenant et 12 fr. 50 cent. au sous-lieutenant. A l'égard des simples bravi, moins payés encore, leur solde était proportionnée à leur force corporelle.

Quand les lathials ne sont pas à la solde de quelqu'un, ils vivent simplement comme cultivateurs. Quand vient la bonne occasion, ils se font voleurs de grand chemin, ou Dacoïts ; alors on les appelle des *budmaches*.

Le Gouvernement n'ignore pas les batailles de lathials ; mais un seul magistrat, chargé d'administrer un pays ayant une immense étendue, ne peut pas se trouver d'avance en tous lieux pour prévenir de tels conflits ; presque toujours la rixe est finie quand il arrive.

Observations de M. Forbes sur le coton superfin des environs de Dacca.

Suivant M. Forbes, le coton qui sert à fabriquer les tissus de Dacca les plus délicats croît dans ce pays même, auquel il est particulier.

Le coton indigène, avec lequel sont faites les plus belles mousselines de cette ville, offre des fibres très-longues et très-fines. On ne le produit qu'en fort petites quantités, parce qu'aujourd'hui ce genre de fabrication est extrêmement réduit. L'admirable genre de tissu qu'on appelle *malmal khass* n'est guère confectionné que pour des têtes couronnées ; or celles-ci disparaissent de l'Inde. A présent peu d'entre elles en font usage.

Les campagnes de Dacca présentent beaucoup de terres qui pourraient produire le coton superfin dont nous venons de parler. Il était cultivé surtout dans le grand district appelé *Capassia*, district aujourd'hui presque dépeuplé. La terre de ce pays est particulièrement humide ; on la dit argileuse et très-rouge.

Il y a des observations à présenter plus importantes que ces indications, qui me semblent en partie contestées; celles dont je veux parler sont relatives aux tissus de coton.

Ce n'était pas assez que le vainqueur eût porté les coups les plus graves aux magnifiques tissus fabriqués à Dacca par le bon marché de ses produits très-communs; il a frappé ceux des vaincus d'un droit de fabrication de 5 p. o/o. Il s'est conduit ainsi dans l'Inde, tandis qu'il professait en Europe, comme un principe sacré, de ne pas taxer ses propres industries.

Après la rébellion, l'Angleterre, en supprimant la Compagnie des Indes orientales, a pris à sa charge le gouvernement et la dette effrayante de ce pays. Pour rétablir l'équilibre des finances, on s'est servi de tous les moyens, jusqu'à taxer transitoirement les tissus anglais envoyés dans l'Hindoustan : c'était les traiter, quoiqu'un peu tard, sans aucune préférence sur les produits du pays. En bonne justice, les manufacturiers anglais n'auraient pas dû récriminer; ils n'en ont pas moins jeté les hauts cris contre la barbarie, l'iniquité, la stupidité d'une mesure qui leur paraissait excellente et politique alors que, tournée contre leurs rivaux, elle avait eu pour effet d'écraser la production des pauvres Indiens sans défense.

Province de Cuttack.

Du fond oriental de la baie du Bengale, c'est-à-dire de l'embouchure du Brahmapoutra, transportons-nous sans intermédiaire à la côte occidentale de la même baie. Notre nouveau point de départ sera l'endroit du littoral qui, vers le sud-ouest, sert de limite à la Présidence du Bengale.

Ici, nous sommes au 20° 30′ de latitude septentrionale, au 80° 30′ de longitude orientale.

Nous nous trouvons à l'extrémité de la division financière de Cuttack, qui borde la baie du Bengale jusqu'à l'embouchure occidentale du Gange, dans un développement de littoral au moins égal à cent trente lieues.

TERRITOIRE ET POPULATION DE LA PROVINCE.

DISTRICTS OU ZILLAHS.	TERRITOIRE.	POPULATION.	HABITANTS par MILLE HECTARES.
	hectares.	habitants.	habitants.
I. Kourdah et Poorie	240,860	571,160	2,377
II. Cuttack	1,250,730	1,000,000	800
III. Balasore	485,362	556,395	1,152
IV. Midnapour et Hidgellie	1,302,460	636,328	485
TOUTE LA PROVINCE	3,279,412	2,763,883	843

Dans la description qui va suivre, on trouvera l'explication des différences très-considérables que présente ce tableau relativement à la densité des populations.

I. District ou zillah de Kourdah : temple de Jaggernauth et ville sainte de Poorie.

Ce district, le moins étendu des quatre, et qui renferme une population plus condensée qu'aucune autre partie de la province, est à l'extrémité sud-ouest du Bengale. Il est confiné de ce côté par la Présidence de Madras et s'étend au moins à trente lieues dans l'intérieur des terres.

Le radjah qui, de père en fils, commande ce district a longtemps combattu pour conserver l'indépendance et la souveraineté; il a fini par se soumettre à la puissante Compagnie des Indes britanniques.

La ville de *Kourdah*, chef-lieu, dans laquelle le radjah réside, a peu d'importance; mais il n'en est pas ainsi de la ville sainte appelée *Poorie* et du temple qu'elle dessert, temple célèbre en tous lieux et connu sous le nom de *Jaggernauth*. Un modèle en relief de ce monument figurait aux Expositions européennes, parmi les merveilles de l'Inde.

Sur les confins de la Présidence de Madras, on voit un grand lac abrité du côté de la mer par deux langues de terre étroites et longues; celle du nord, territoire sacré dans la croyance des Hindous, est terminée du côté de l'orient par la ville et le temple que nous venons de nommer. Le temple s'élève au point culminant d'une longue dune de sables, plus immuable que bien des côtes bordées de terres compactes et de rochers enracinés dans la mer.

Tous les écrivains qui parlent de l'Inde mettent leurs soins à décrire d'antiques constructions, défigurées plutôt qu'ornées par la prodigalité, par l'étrangeté des ornements et des sculptures, mais caractérisées par la grandeur sinon par la beauté de l'architecture.

Dans le temple de Jaggernauth sont accomplies des cérémonies bizarres et pourtant imposantes; là règnent des superstitions poussées jusqu'au dernier degré du fanatisme et des dissolutions mystérieuses faites pour révolter les hommes étrangers à toute cette idolâtrie.

C'est peut-être depuis trois mille ans que le même culte est exercé dans le même lieu. Cependant le monument religieux qu'admirent aujourd'hui les sectateurs de Brahma date seulement de sept siècles; sa construction fut terminée en 1198, par les soins d'un roi d'Orissa. Il est entouré d'une forte muraille qui forme une enceinte carrée de huit cents mètres de circuit. Du côté de l'orient, qui fait face à la baie du Bengale, se trouve placée l'entrée principale; on y parvient en montant un escalier d'une immense largeur et qui n'a pas moins de vingt-deux degrés. Au sommet, se développe un large terre-plein que circonscrit un second carré de murailles ayant cinq cent vingt mètres de tour : telle est l'enceinte intérieure. Au centre on admire une longue nef et la grande tour ou pagode, qui le cède en hauteur de quatre coudées seulement aux célèbres tours de Notre-Dame de Paris.

Cette pagode, qui s'élève incomparablement au-dessus de tous les autres édifices sur le littoral d'un pays aussi bas que la Hollande, sert de phare aux navigateurs. Sa position géographique est importante; la voici :

Latitude septentrionale.......... 19° 49'
Longitude orientale............ 83° 34' E. de Paris.

Outre le temple majestueux où l'on révère Krishna, le dieu suprême, qui porte aussi le nom de *Jaggernauth*, de plus modestes sanctuaires sont érigés sur les terre-pleins pour honorer des dieux inférieurs.

Une gigantesque statue de Krishna, principal objet des adorations, est déposée dans la grande pagode; auprès d'elle sont placées deux statues moins colossales, consacrées à deux divinités du second ordre.

Deux fois par an, on sort de son temple la statue du dieu des dieux; elle est posée sur un immense char supporté par seize roues, et tiré des deux côtés par de longs cordages sur lesquels font effort d'innombrables adorateurs. Les deux autres divinités sont aussi placées sur des chars traînés par des fidèles; mais ces chars sont moins somptueux et moins élevés que celui de Krishna.

Pour plus beau droit de souveraineté, le radjah de Kourdah, illustre rejeton de la caste des guerriers, préside à la procession religieuse. Comme premier serviteur des divinités, il marche en avant du cortége, muni *d'un balai sacré.* Rangés sous ses ordres, les francs-tenanciers des *pergunnahs*, des communes circonvoisines, sont seuls admis à l'honneur de traîner les chars; ils les conduisent en triomphe dans un palais qui s'élève au milieu des champs, pour les ramener avec la même pompe au temple de Jaggernauth. Les rogations de nos campagnes, avec leurs processions, donnent une faible idée de cette solennité.

Un cortége immense est formé par le peuple entier des pays circonvoisins, et souvent par plus de cent mille pèlerins, tous pénétrés d'un même sentiment. Le fanatisme, comme une étincelle électrique, jaillit de la foule; et l'on conçoit ces Hindous qui se précipitent sous les roues, en croyant gagner par leur mort volontaire, qui dure un moment, des millions d'années de félicité : ces peuples croient qu'on peut les gagner *autrement que par la vertu.*

Lorsqu'en 1803 le marquis Wellesley triompha des Mahrattes en les chassant des territoires de Kourdah et de Cuttack, il s'empara du temple opulent. La Compagnie des Indes, fiscale avant tout, s'en appropria *le revenu net*, auparavant prélevé par le gouvernement vaincu.

	1806.	1813.	1815.
Droits prélevés sur les pèlerins ...	293,500f	174,755f	215,068f
Dépenses pour le temple et les chars.	140,000	78,543	187,200

Un document plus important est celui d'après lequel on peut juger du nombre des pèlerins, riches ou pauvres, accourus de tous les points de l'Hindoustan pour assister aux grandes cérémonies brahmaniques.

Années financières.	Pèlerins taxés.	Non taxés.	Totaux.
1817-18	35,941	39,720	75,661
1819-20	92,874	39,000	131,874
1821-22	35,160	17,000	52,160

La ville de *Poorie*, bâtie près du temple, est habitée par les nombreux brahmanes qui desservent les divinités et par les bayadères consacrées aux solennités religieuses ainsi qu'aux plaisirs des ministres d'un culte sensuel et sans pudeur. Cette ville, il y a quarante ans, contenait plus de cinq mille sept cents maisons et ne devait pas compter moins de trente mille habitants.

Lorsque les navigateurs, pour communiquer entre Calcutta et les pays de l'Occident, longent la côte orientale de l'Hindoustan et qu'ils voient sur le rivage un peuple immense, assemblé pour prendre part aux solennités imposantes qui viennent d'être signalées, ils ont sous les yeux un spectacle sans exemple dans le monde : c'est un culte de trois mille ans, réglé par des livres sacrés que la mémoire des peuples a conservés, depuis cette haute antiquité, complets et sans altération d'une syllabe; un culte professé par la même nation, sous la loi religieuse et sociale de la seule caste dont le sang se soit conservé pur de tout mélange à travers cent cinquante générations; un temple debout sur des dunes dont les sables sont restés immobiles à travers les âges; c'est enfin cent cinquante millions d'Orientaux restés dans le vaste Hindoustan, ayant conservé leur religion, premier des liens nationaux, et chaque année envoyant leurs pèlerins au temple toujours révéré de Krishna! Pour plus étrange contraste, au milieu de ces pèlerins du grand peuple conquis, le plus orgueilleux des modernes conquérants, l'Anglais, afin de prélever sur le culte de Brahma sa taxe de dominateur, descend au rôle de décorateur, de comparse et d'employé de la police pour honorer, dans un but cupide, le même culte qu'il déteste et qu'il méprise.

Une culture consacrée par la superstition des brahmanes aux environs de Jaggernauth.

Nous devons rapporter une observation qui peint les mœurs, et qu'on doit à la Commission chargée, en 1861, de recueillir les productions principales de la province de Cuttack pour les envoyer comme spécimens à Londres. « L'aréca-catéchu, ce palmier à l'aspect élégant et gracieux dont le fruit donne une huile très-recherchée des Hindous, est très-cultivé dans le territoire de Poorie, la cité sainte. Il croît dans les mêmes localités que le palmier à noix de coco; les siennes sont employées avec un peu de chaux et la feuille du poivre bétel pour en composer la boule à mastiquer très-connue et très-consommée dans l'Orient. Jusqu'à ces dernières années, les deux arbres qui viennent d'être cités étaient, autour de Poorie, la possession presque exclusive d'une classe de brahmanes; les saints personnages s'étaient assuré ce privilége en conservant la superstition qu'un sort funeste pèserait sur quiconque oserait planter ces arbres révérés, s'il n'appartenait pas à la plus sacrée de toutes les castes. »

Faisons remarquer en même temps, comme effet du contact avec les Européens, que, par degrés, ces grossières superstitions perdent leur empire. Il se produit ainsi des changements insensibles chaque jour, et dont les effets accumulés finiront par être d'une conséquence infinie.

II. District ou zillah de Cuttack.

Immédiatement au nord du district de Kourdah se trouve celui de Cuttack, qui donne son nom à la province. Du côté de l'orient, il comprend le vaste delta d'un fleuve à juste titre nommé le *Maha-Naddy*, le grand fleuve. Le pays est extrêmement marécageux; il est bas et couvert de forêts qui propagent leurs racines jusque dans la mer. Aussi, lors des hautes marées, l'Océan circule entre les arbres et couvre le littoral dans une assez grande largeur.

Deux rivières qui viennent du nord, en inclinant vers l'est, pour déboucher dans la baie du Bengale, la *Bonnie* et la *Bitarnie*, se rapprochent du Maha-Naddy pour se jeter ensuite dans la mer à quelques kilomètres l'une de l'autre; elles débouchent non loin d'un cap très-avancé dans la mer et qu'on appelle la *pointe Palmyras*.

Le pays bas, submergé lors des grandes pluies, présente une zone large d'environ huit lieues. Une autre zone de même largeur offre une plaine sèche, et naturellement assez peu fertile, mais cultivée avec beaucoup de soin et d'intelligence. Les deux zones portent le nom de *Mogul-bundy*, pays des *chaussées mogoles*. Plus haut encore, l'intérieur du pays appartient à la région des montagnes; c'est le *Radjahwara*, région peuplée de tribus encore peu civilisées.

Les forêts voisines de la mer sont infestées de léopards et d'autres animaux féroces qui, dans la guerre entreprise contre les Mahrattes vers le commencement du siècle, ont dévoré maintes fois les sentinelles avancées des régiments britanniques. Il est incroyable que le Gouvernement européen ne fasse pas servir le progrès de nos armes à feu pour délivrer l'Hindoustan des animaux destructeurs, qui partout doivent reculer et disparaître devant les pas de la civilisation.

Les nombreuses rivières, qui dans la saison des pluies deviennent des torrents énormes, ne présentent pour la plupart que d'assez maigres filets d'eau lors des sécheresses; l'industrie des habitants les a bordées d'épaisses digues en terre, qui sont appelées *bands* par les Indiens : on a soin que les deux talus de chaque digue soient revêtus d'un gazon qui sert à la conserver.

Le riz n'est cultivé que dans la plaine et les terrains bas; le maïs et le froment appartiennent à la région montueuse. Dans la région inférieure on cultive aussi la canne à sucre et diverses plantes tropicales.

Tableau des produits obtenus dans les jongles.

Ce qui m'a frappé dans la collection des produits naturels du pays de Cuttack jugés dignes d'être présentés à l'Europe en 1862 comme en 1851, c'est le grand nombre de ceux que l'industrie des indigènes sait obtenir dans les jongles qui couvrent une si vaste partie de cette contrée.

En certaines régions, ces jongles offrent des arbres extrêmement variés et d'une importante exploitation. Quand ils ne sont pas séparés des grands cours d'eau par des distances trop longues et trop difficiles à franchir, on les amène au bord des rivières; puis, dans la saison des grandes crues, on les descend jusqu'à la mer par le flottage, afin de les transporter soit à Madras, soit à Calcutta. Pour accomplir les travaux de ce genre, les Indiens sont de beaucoup inférieurs aux incomparables *flotteurs canadiens*, cette race hardie dont nous avons fait apprécier la force, l'intelligence et le courage dans l'exploitation des grandes forêts américaines.

Les indigènes savent tirer un utile parti des arbres des jongles et des forêts jusqu'au moment de l'abatage.

Le miel et la cire. — Ils recueillent sur ces arbres une quantité considérable de cire et de miel produits par des abeilles sauvages. On voit des nids de ces insectes où sont accumulés jusqu'à sept rayons; ceux-là peuvent, dans une année, donner près de 3 kilogrammes d'un miel qui, lorsqu'on le recueille avec soin, est pur et délicat.

On trouve dans les jongles des arbres dont les fruits et les écorces fournissent un principe tannant : fruits du *terminalia chabula*, écorces de la *cassia fistula*. On recueille aussi, sur l'arbre nommé par les savants *bombax pentandrum*, des filaments soyeux et blancs qu'on appelle *coton-soie;* les indigènes s'en servent pour rembourrer des coussins et des oreillers.

Laque obtenue dans les jongles.

L'insecte qui donne la laque écarlate s'attache aux minces branches des arbres appelés *asan* ou *burkober*, très-multipliés dans les jongles du pays de Cuttack; il s'entoure d'une espèce d'alvéole en cire. Pour obtenir la matière colorante, on plonge l'insecte et son alvéole dans une eau bouillante qui fait fondre la cire et qui s'empare de la laque. Par le refroidissement, la cire se coagule; on l'enlève. L'évaporation fait ensuite disparaître l'excès de l'eau qui tient la laque en suspension. Afin de conserver ce précieux produit, avant de l'employer ou de le vendre, des tampons de coton sont plongés dans le liquide et puis séchés, puis plongés de nouveau, puis séchés de nouveau, jusqu'à ce qu'on obtienne une intense concentration. C'est dans cet état que les Indiens portent au marché leur magnifique produit : entre autres usages, ils le font servir à teindre leurs cuirs en rouge.

Le procédé que nous venons de rapporter est employé par les indigènes pour extraire et conserver un grand nombre de leurs couleurs végétales.

D'autres fois, lorsqu'on a recueilli la laque enlevée de l'arbre sur lequel l'insecte se nourrit, et qu'elle est absorbée par l'eau bouillante, un chausson de laine ou de coton est plongé dans cette dissolution, dont il se remplit. Lorsqu'il est plein et qu'on l'a retiré, on comprime le liquide qu'il contient, et l'eau s'en échappe comme d'un filtre. La matière colorante restant déposée dans l'intérieur du chausson, il n'y a plus qu'à la faire sécher.

Dans plusieurs localités de la province de Cuttack, on ne se contente pas du produit sauvage des jongles; on cultive avec soin l'arbre qui nourrit le précieux insecte, afin d'obtenir des récoltes plus abondantes.

Des résines et des huiles obtenues dans les jongles.

De l'un des arbres forestiers les plus communs dans les jongles, le *shorea robusta*, les Indiens font découler, par voie d'incision, une résine souvent employée; ils la distillent et la vendent de 20 à 22 centimes le kilogramme.

Les jongles du pays de Cuttack contiennent en abondance l'arbre *khair* ou *mimosa catechu*, qui produit le *cachou*, appelé *kat* dans le commerce. Pour obtenir le jus visqueux contenu dans les vaisseaux ligneux de l'arbre, on l'abat, on l'ébranche, on le coupe en courtes bûches, qui sont refendues, puis jetées dans de larges marmites en terre qu'on remplit d'eau et qu'on fait fortement bouillir. L'eau s'étant emparée du suc résineux, elle est versée dans de moindres pots, afin qu'on la mette en ébullition jusqu'à ce qu'elle soit évaporée; le résidu, c'est le *cachou*. Lorsque cette résine est encore à demi liquide, on l'enveloppe dans des feuilles d'arbre; elle achève de sécher en se durcissant.

Une autre huile, celle qu'on nomme *guba*, est extraite d'une plante commune, et par un procédé fort imparfait. Si les habitants employaient des presses européennes et des moyens de clarification plus intelligents, ce produit deviendrait l'objet d'un commerce important.

Culture des plantes oléagineuses opérée dans les jongles.

Dans le pays de Cuttack on cultive beaucoup le *sésame*, et l'on est loin du terme qu'on pourrait atteindre. On sème à la volée des graines de sésame et de *castor*, sur une terre à peine remuée, dans les parties de jongle dont on a coupé les arbrisseaux; on les sème aussi dans des terrains pierreux qui ne conviendraient pas à d'autres cultures. Pour extraire l'huile du sésame, l'agriculteur forme avec ce genre de graines une espèce de pâte qu'il fait ensuite bouillir. On peut obtenir une huile meilleure par le procédé de la compression à froid.

Le lin et la moutarde, *sinapis dichotima*, sont cultivés pour tirer l'huile de leurs graines. Celle de moutarde sert aux indigènes pour assaisonner un grand nombre d'aliments. Toutes les espèces d'huile que nous venons de mentionner sont ordinairement mêlées ensemble et vendues sous le nom d'*huiles épaisses*. Dans le pays de Cuttack, leurs prix actuels vont de 45 à 50 centimes le kilogramme; transportées à Calcutta, le prix a déjà doublé. L'huile la meilleure est celle de sésame; par conséquent, il ne faudrait pas la mêler avec les autres.

Il est temps de passer à la ville remarquable où l'on centralise la plupart des produits commerciaux dont nous venons d'offrir l'idée.

Ville marchande de Cuttack.

Cette ville, qu'on suppose contenir quarante mille habitants, est remarquable pour sa position, qu'on peut comparer à celle du Caire. Elle s'élève au sommet du delta du grand fleuve ou Maha-Naddy, delta qui couvre un espace de trois cent cinquante lieues carrées. Le seul entretien des chaussées, dont la partie la plus dispendieuse appartient au Maha-Naddy, surpasse un million de francs par année.

Le nom de Cuttack est d'origine sanscrite, et désignait une cité royale. La ville conserve encore le double nom de *Cuttack-Bénarès*, la royale Bénarès, nom dont elle est honorée dans les écrits de Feristha et d'Aboul-Fazl.

La ville se fait remarquer par sa rue principale, ornée d'édifices publics et de vastes maisons à plusieurs étages. On cite la grande mosquée, Jama-Masjid, et le sanctuaire de Cuddam-Resoul, dans lequel on conserve une pierre envoyée de la Mecque; cette pierre est censée porter l'empreinte d'un pied du prophète Mahomet.

Les hôtels du Gouvernement anglais et les demeures des marchands européens forment un faubourg à part; le cantonnement militaire, suivant l'usage britannique, est à quelque distance de la ville; enfin, du côté du nord-ouest, le fort Barabutti tient le pays en échec.

Position de Cuttack : latitude septentrionale, 20° 27′; longitude orientale, 83° 45′ E. de Paris.

Orfévrerie. — On cite avec beaucoup d'estime l'art de travailler l'argent et l'or dans les ateliers de Cuttack. Les orfévres de cette ville sont depuis longtemps renommés pour la finesse et la légèreté de leurs filigranes d'argent. Ils préfèrent les doigts les plus agiles et les yeux les plus perçants, ceux de jeunes ouvriers à peine adolescents, qui sont employés pour former et pour assembler les éléments délicats de ce travail; ils les préfèrent encore parce que leur main-d'œuvre est moins dispendieuse. Malgré cette économie, le prix du travail est égal à la valeur de l'argent pour les ouvrages les plus parfaits, et l'argent dont on fait usage doit être extrêmement pur.

Les filigranes d'or fabriqués à Cuttack sont jugés égaux, pour l'excellence du travail, à ceux qu'on apprécie le plus dans les ateliers de Delhy.

Un des revenus principaux, non-seulement du district de Cuttack, mais de toute la province, est fourni par les salines que les Anglais ont établies sur une côte éminemment favorable à ce genre d'exploitation. Il y a quarante ans, cette industrie officielle rendait déjà plus de 4,500,000 francs; le sel du pays de Cuttack est recherché pour sa blancheur.

III. District de Balasore.

Partons de la pointe Palmyras pour parcourir le grand arc rentrant que forme le littoral maritime lorsqu'on s'avance vers le nord. Après avoir parcouru soixante lieues, nous arrivons à la hauteur de *Balasore.*

Cette ville, chef-lieu d'un district ou zillah, s'élève à quelques kilomètres de la mer, sur la rive méridionale de la rivière Bourie-Balang. Autrefois les Portugais, les Français, les Anglais, y possédaient de riches comptoirs, qui sont depuis longtemps fermés et dont les constructions sont à peine rappelées par quelques ruines. Les habitations des indigènes couvrent encore un assez grand espace; mais elles sont misérables et tellement disséminées qu'elles ne renferment guère plus de 10,000 habitants. Le transport du sel et du riz pour Calcutta forme aujourd'hui la principale partie de son commerce maritime.

Position de Balasore : longitude septentrionale, 20° 32′; longitude orientale. 84° 36′ E. de Paris.

IV et V. Districts de Midnapour et de Hidgellie.

Le district de Hidgellie est de beaucoup moins étendu que celui de Midnapour; il est maritime depuis le pays de Balasore jusqu'à l'embouchure occidentale du Gange.

La ville de *Hidgellie*, chef-lieu du district, ne peut guère être remarquée que pour sa position. Latitude septentrionale, 21° 50′; longitude orientale, 85° 50′ E. de Paris.

Si nous partons du littoral, nous trouvons que la première zone des terres est au-dessous du niveau moyen de la mer; on a formé dans cette zone des compartiments rectangulaires pour retenir les eaux marines, dont on retire le sel par une évaporation très-rapide au soleil dans un climat torride. Plus loin de la mer, les terres sont défendues par de fortes levées contre les grandes marées et les inondations fluviales. Ces travaux sont nécessaires pour protéger les cultures qui font la richesse de cette partie de l'Inde : le riz, la canne à sucre, l'indigo, le coton, le sésame et les autres plantes oléagineuses, etc. Les mêmes cultures sont aussi celles du district de Midnapour.

Midnapour, la ville principale de ce dernier district, a peu d'importance pour le chiffre total de la population. Mais le pays est industrieux; il s'adonne avec succès au tissage des soieries, et conserve encore celui du coton, quoique ce dernier genre de produits ait beaucoup perdu par la redoutable concurrence britannique.

Maintenant il faut remonter l'Houghly pour arriver à cette ville de Calcutta dont le nom a frappé si souvent notre attention dans le mouvement des produits particuliers exportés par les contrées que nous venons de parcourir.

Remonte de l'Houghly, branche occidentale du Gange.

Pour commercer avec le Bengale et pour le conquérir, les Anglais ont préféré naviguer sur la branche du Gange la plus occidentale. Cette branche, dirigée presque en droite ligne *du nord au sud*, est, pour ce motif astronomique, réputée la plus sainte par les Hindous sectateurs de Brahma.

C'est sur la rive gauche de l'Houghly que les Anglais ont fondé la capitale de leur grand empire de l'Inde. Remonter le fleuve depuis la mer jusqu'à cette cité n'est pas toujours une entreprise facile et sans dangers. En venant du large, on est averti par un phare flottant, lequel indique des bancs qu'il faut éviter. On franchit une passe peu large, et longue de plusieurs lieues, qui n'offre à marée basse qu'une profondeur de cinq mètres deux dixièmes. Cette passe franchie, on trouve, abritée par l'île de *Sangor*, limite du Sunderbund, la bonne et vaste *rade du Diamant*. Plus haut, on atteint un autre mouillage, celui de *Faltic;* un autre encore à *Kudgerie*. En ce point, on n'est plus qu'à trente lieues de Calcutta.

Au delà des forêts propres au Sunderbund, les rives basses du fleuve présentent de vastes rizières où s'évertue le labeur des paysans, des *ryots* du Bengale.

Description des villages agricoles du Bengale inférieur, au bord de l'Houghly.

Je veux rappeler ici la description pleine de charme donnée par l'évêque Heber lorsqu'il a remonté le Gange pour prendre possession de son immense diocèse; tandis que son navire était forcé de jeter l'ancre, il visitait avec ses amis une terre où, pour lui, tout était nouveau.

« Assez près des bords de l'Houghly, nous visitâmes, dit-il, un premier village de médiocre grandeur. A notre approche, vinrent au-devant de nous des hommes et des enfants tout nus, excepté leur chef. Leur tournure était gracieuse et leur aspect caractérisé par une contenance dont la douceur était presque celle du sexe féminin. Ils nous regardaient d'un air curieux, et les enfants s'approchaient de nous avec une aimable familiarité. Les objets qui nous environnaient étaient à la fois d'une beauté et d'un intérêt peu communs. Le village se composait de modestes chaumières construites en terre et couvertes de paille; mais leurs murs étaient tapissés par la plante grimpante, à belles et larges feuilles, qui donne pour fruit la gourde des pèlerins. Ces habitations étaient éparses au milieu d'un superbe bosquet de palmiers-cocos, qui fleurissent deux fois dans l'année, et d'autres grands arbres fruitiers; au milieu de ceux-ci, le *banyan*, figuier religieux, prédominait par ses proportions et par son magnifique ombrage. »

On avait averti les voyageurs de ne pas pénétrer dans les maisons, parce que les habitants en seraient très-offensés : chose étrange, eux, qui n'ont pas la pudeur des vêtements, ont au plus haut degré celle de l'habitation !

Caractères physiques des paysans ou ryots du Bengale.

Si lord Heber avait eu le génie du mépris comme un trop grand nombre de ses compatriotes, il aurait flétri d'un mot ces êtres doux et gracieux qui s'offraient à lui dans un si beau cadre, en les appelant *damned niggers*, NÉGRILLONS DAMNÉS. Le bon goût et l'humanité l'élèvent à d'autres idées.

Par sa couleur, la peau des Indiens méridionaux imite

le bronze antique par la teinte brune la plus vigoureuse, et cette teinte est appliquée à des formes, à des traits qui rappellent la beauté statuaire de la Grèce. Lorsque les Européens voient pour la première fois cette couleur, animée et pour ainsi dire embrasée par la vie, elle est pour eux d'un attrait plus puissant que la carnation délicate et rosée des blancs ne l'est aux yeux des peuples nègres ou noirâtres; ceux-ci n'aperçoivent dans notre blancheur qu'un symptôme de maladie ou de faible constitution.

L'Indien ne diffère pas seulement du nègre par la distinction de sa figure, la finesse de ses traits et la grâce de ses formes; les proportions et la délicatesse de ses pieds et de ses mains sont vraiment aristocratiques. Sa chevelure, au lieu d'être crépue, rude et courte, est lisse, longue et soyeuse, comme celle de nos peuples occidentaux.

La classe inférieure des Indiens n'a guère d'autre vêtement qu'une assez étroite ceinture, qui sert à cacher ce qu'aucun peuple n'oserait montrer au grand jour : par là les beautés du corps humain frappent sans cesse les regards. Si la religion de Brahma n'avait pas en quelque sorte consacré la monstruosité, la difformité systématique de ses dieux et de ses héros, la contemplation de ces beautés aurait conduit les Hindous, comme autrefois le peuple grec, à la perfection de la statuaire.

Chose remarquable, l'idée d'indécence, qu'une trop grande nudité fait naître chez nous à la vue d'un blanc, disparaît complétement lorsqu'on regarde des individus d'une couleur très-différente de la nôtre. Par un même effet d'imagination, cette impression révoltante s'efface également à la vue des sauvages tatoués de la tête aux pieds et privés à très-peu près de tout vêtement; on dirait qu'une étoffe historiée et collante est devenue leur costume pudique. Nous en jugeons ainsi, même à l'Opéra, lorsqu'un maillot noir ou bronzé déguise un peu, dans certains rôles, la nudité des acteurs.

La pagode et le padre du village.

« Pour revenir au village qui faisait naître des réflexions de cet ordre, quelques habitants offrirent de nous montrer le chemin de leur pagode. Ils nous conduisirent par un sentier délicieux, lequel serpentait sous les grands ombrages qui couvraient aussi leurs maisons. Nous arrivâmes devant un petit édifice dont la façade avait trois ouvertures, avec des arceaux aigus qui rappelaient l'époque du roi d'Angleterre Henri II. A l'entrée, nous trouvâmes un brahmane prêt à nous recevoir; c'était un vieillard, presque aussi nu que son troupeau. On le distinguait seulement par une torsade en coton passée deux ou trois fois devant sa poitrine, sous son bras gauche et sur son épaule droite, à la manière d'une écharpe : marque de distinction portée, je le crois, par tous les brahmanes. Un bel enfant, avec un ornement pareil, était debout auprès du pontife, qui, d'un air bienveillant, doux et paternel, s'annonça comme étant le *padre* du village. Ce mot, introduit il y a quatre siècles par les prêtres portugais, sert aujourd'hui, d'un bout à l'autre de l'Inde, pour désigner les ministres de tous les cultes. » M. Mill, compagnon du prélat et directeur du collége principal de Calcutta, voulut parler sanscrit avec le brahmane; mais celui-ci ne comprenait pas la langue sacrée et lui répondait pour toute excuse : « Nous sommes un peuple si pauvre! »

Un enthousiasme de poëte, éprouvé par lord Heber, se porte tout entier vers les attraits de la nature. « J'eus grand regret, s'écrie-t-il, de ne pouvoir dessiner un paysage si charmant et si plein d'intérêt! Je ne me souviens pas d'avoir jamais senti plus puissamment la beauté d'un ensemble pareil : une odeur comparable à celle d'une serre où des fleurs sans nombre embaument l'atmosphère, l'aspect étranger et gracieux des plantes et du peuple, la riche verdure des champs, l'épais ombrage des arbres, l'air exubérant et la vigueur négligée d'une terre qui prodigue la vie et les aliments de la vie, malgré l'indolence du cultivateur..... Dans tous les lieux, dans tous les temps, un semblable spectacle aurait été séduisant pour un voyageur européen; il l'était bien plus pour nous qui venions de passer trois mois, emprisonnés sur un vaisseau, dans les déserts de l'Océan. Quant à moi, qui songeais à l'objet sacré de ma mission dans l'Hindoustan, la contenance et les douces manières de ces indigènes, rapprochées de leur idolâtrie folle et corrompue, ce contraste m'inspirait un désir solennel et passionné de pouvoir, à quelque degré que ce fût et selon mes faibles moyens, procurer un avantage spirituel à ces créatures de Dieu, si bienveillantes et si charmantes, aveuglées, égarées maintenant, et vivant loin des sentiers de la vérité; à des êtres humains qui seraient des anges s'ils étaient chrétiens : *Angeli forent si essent christiani!* »

Ami lecteur, dites-le-moi, Fénelon, visitant son beau diocèse de Cambrai, eut-il jamais des joies plus aimables et des sentiments plus généreux?

« En continuant à remonter le Gange, le pays riverain montre encore plus de fertilité. Nous trouvons un second village semblable au premier, mais plus richement encadré. Il est pour ainsi dire plongé dans un fourré d'arbres à fruits et de beaux arbres *plantains*, au milieu de bosquets couverts de fleurs. Sur les réservoirs d'eau, qui serviront contre les sécheresses, flottaient de larges nénuphars; enfin les rizières adjacentes étaient limitées par un bois de majestueux palmiers, dont les deux sexes et l'aspect différent variaient le paysage. »

Description d'une ferme de ryots.

« Un peu plus loin que les chaumières s'élevaient les bâtiments d'une ferme. En avant et faisant face au village, un petit cottage avait son porche aérien, son vérandah, modestement couvert avec des feuilles de bambou; en arrière s'étendait une cour remplie de noix de coco et d'un peu de paille de riz. Au centre, on voyait un assez grand bâtiment érigé sur des pilotis, à la hauteur d'un tiers de mètre au-dessus du sol : c'était la grange, le grenier, garanti par ce moyen contre les insectes et l'humidité de la terre. A ce grenier étaient adossées de petites chaumières où logeaient les ménages des serviteurs de la ferme; notre œil plongeait furtivement à travers les portes, que le natif ne fermait pas. A l'intérieur, une argile battue servait de parquet; point d'ameublement, et pas d'autre lumière que les rayons du soleil qui pénétraient par l'unique ouverture, comme nos regards.

« Les jardins, les vergers du village et ses alentours semblaient ne devoir leur grande fertilité qu'à l'excessive humidité d'une terre fécondée par une chaleur toute-puissante.

« La plupart des habitations étaient entourées d'une eau stagnante dont la fétidité malsaine viciait l'air que le peuple respirait. Dans le voisinage, on nous fit remarquer un tertre assez élevé, qui semblait un monument funéraire; c'est là que les paysans désolés se réfugient quand l'inondation du grand fleuve, qui porte avec lui la fécondité, s'élève à son dernier terme. Quelle connexion mystérieuse entre les instruments de la production et ceux de la destruction; entre l'abondance des biens nourriciers et l'empoisonnement de l'air, et le méphitisme des eaux stagnantes! partout ici la vie et la mort marchent sur les pas l'une de l'autre! »

Il est temps de quitter les scènes champêtres et d'arriver à la principale cité de l'Inde britannique.

CALCUTTA.

Pour faire apprécier la capitale du plus prodigieux empire, pour donner une juste idée de ses monuments, de ses institutions et de ses mœurs, nous ne craindrons pas de présenter un développement étendu; nous avons fait tous nos efforts afin qu'il ne fût pas trop incomplet et qu'il donnât une juste idée des hommes et des choses. Sur ce théâtre concentré, les représentants de tous les peuples des deux hémisphères sont en présence; ils luttent à la fois d'intelligence, d'industrie, d'opulence et d'ambition : aucune autre cité de l'Asie ne présente un si grand spectacle.

Avant de décrire une ville encore plus importante par son rôle politique et commercial qu'elle ne l'est par sa magnificence et toutes ses attractions, indiquons sa position géographique :

Situation de Calcutta.				
	Latitude	22°	33′	11″
	Longitude E. de Paris	86°	0′	3″

On le voit, par sa latitude Calcutta fait partie de la zone torride; elle se trouve à près d'un degré du côté méridional, par rapport au tropique du Cancer. Un tel fait dit assez à quel point la chaleur fait souffrir les habitants pendant une longue partie de l'année. On doit excepter seulement trois mois, décembre, janvier et février, qui tiennent lieu d'hiver; ces trois mois produisent, sous le ciel de Calcutta, un printemps délicieux.

Après la situation tropicale, ce qu'il y a de plus important, c'est la position de cette capitale par rapport à la métropole commerciale et politique.

Sa distance directe de Londres, s'il était possible de la suivre à vol d'oiseau, serait seulement de 8,344 kilomètres ou de 2,086 lieues.

La distance par le cap de Bonne-Espérance, en raison des déviations commandées par les courants de l'Atlantique, est au moins de..	5,000 lieues.
La distance par Suez est au plus de........	2,600

Il ne faut jamais oublier la proportion de ces distances dans les rapports de la métropole avec la capitale de l'Inde britannique.

Le fort William, qui domine Calcutta.

Calcutta n'est pas une ville antique; vers la fin du XVIIe siècle elle n'était encore qu'un village.

Ce village n'avait pas d'autre importance que celle du *fort William*, érigé pour enceindre et protéger une factorerie modeste fondée sur les bords de l'Houghly; c'était, nous l'avons déjà dit, la seule branche du Gange où pouvaient remonter si haut, et plus haut encore, les navires marchands des plus grandes dimensions.

Le nom même du fort William rappelle l'époque de sa fondation, sous le règne de Guillaume III; il n'offrait d'abord qu'un réduit en terre, armé de faibles canons.

En 1757, lorsque la fortune des Anglais eut été changée dans les Indes par la victoire si facile de Plassy, la forteresse fut reconstruite avec une grandeur appropriée à l'importance de la nouvelle conquête; ce fut l'œuvre de Clive, devenu l'arbitre du Bengale. La figure de cette imposante citadelle est celle d'un heptagone régulier. On porte à 50 millions de francs, qui vaudraient aujourd'hui plus de 100 millions, les dépenses occasionnées pour fortifier cette clef de l'empire anglais dans l'Inde. Elle pourrait recevoir au besoin tous les Anglais habitant Calcutta et quinze mille défenseurs; elle présente six cent vingt canons, soit en batterie, soit déposés derrière les remparts pour être promptement montés sur leurs affûts. Parmi ses constructions intérieures, il faut citer une salle où l'on tient en réserve de quatre-vingt à cent mille armes portatives, sans compter un riche dépôt d'artillerie de place, une très-nombreuse artillerie de campagne, et l'amas énorme de projectiles empilés en ordre dans le parc.

Le port et les quais de Calcutta protégés par la forteresse.

Des sept fronts de la forteresse, trois dominent par leurs feux le vaste port de Calcutta; c'est là qu'après avoir remonté le Gange en parcourant quarante lieues, les plus grands vaisseaux trouvent un ancrage aussi commode que s'ils arrivaient sur la Tamise au-dessous du pont de Londres. Mais tandis que la ville centrale et Westminster ne voient que des bateaux sans importance accoster leurs quais informes, les superbes quais de Calcutta peuvent être abordés par les navires des deux mondes dans l'espace d'une lieue au-dessus de la citadelle; au-dessous, la grandeur illimitée du mouillage ne laisse rien à désirer.

Dans les premiers temps, les indigènes appelaient cette position magnifique, dédiée à la déesse Kali, les « quais à escaliers ou débarcadères de Kali, » *Kali-Ghâts*, d'où les Anglais, grands corrupteurs de mots, ont tiré le nom de *Calcutta*.

Au pied de la forteresse, la largeur du fleuve n'est pas

moindre de six cents mètres; elle est le double un peu plus bas. Vis-à-vis du centre de la ville, elle a seulement quatre cent cinquante mètres ; mais dans la partie supérieure elle reprend des proportions plus considérables.

On trouve en aval du fort Williams le *dock-yard* de Kidderpour, nécessaire à la construction, au radoub des navires. On a formé des plans pour agrandir beaucoup cet arsenal et le perfectionner; on y construit un nouveau bassin très-spacieux, capable de recevoir les plus grands navires à vapeur.

Faubourg maritime de Howrah.

Sur la rive droite, en face de Calcutta, s'élève un faubourg populeux qu'on appelle *Howrah*. Il est surtout habité par des maîtres constructeurs et des ouvriers de navires, qui vivent auprès des chantiers du commerce : c'est le *Brooklyn* de la New-York asiatique.

Le faubourg de Howrah prend une importance nouvelle aujourd'hui qu'il est devenu le point d'aboutissement de la grande voie ferrée qui porte le nom de Chemin de l'Inde orientale, *East-India Railway*. Là sont établis les vastes magasins et les ateliers nécessaires à cette voie, qui remonte la vallée du Gange et passera par les grandes cités de Patna, de Bénarès, d'Allahabad, d'Agrah et de Delhy. Nous porterons une étude attentive aux travaux de cette ligne, qui doit, dans un très-prochain avenir, exercer tant d'influence sur la plus riche partie de l'Hindoustan.

En aval du faubourg se trouve établi le *Jardin botanique*. Son étendue est considérable et ses plantations sont importantes; ses cultures sont en partie dirigées dans le dessein d'acclimater des végétaux exotiques de grande espérance pour l'Inde. Le voyageur français Victor Jacquemont a fait d'abord une revue préliminaire des plantes de l'Inde rapprochées par l'horticulture, avant de se livrer à l'étude bien plus étendue des mêmes produits tels que les présente leur végétation naturelle dans les régions qu'il se proposait de parcourir. Hâtons-nous de revenir à la rive gauche du fleuve.

L'esplanade qui sépare le fort William et la ville de Calcutta.

C'est du fort William qu'il faut partir pour prendre une juste idée de la situation d'une ville aujourd'hui la plus puissante et la plus riche entre toutes les cités de l'Asie orientale, celles de la Chine exceptées.

Le glacis septentrional de ce fort.

En tournant nos regards du côté du nord, nous voyons se développer devant nous une vaste esplanade à forme quadrangulaire et d'un parfait niveau; des tapis de verdure, de larges allées et des avenues de beaux arbres en sont la décoration. Au milieu de cette grande place, quatre pentes gazonnées descendent jusqu'à fleur d'un bassin dont l'eau pure, amenée par un conduit souterrain, sert à la consommation des habitants.

La limite occidentale de l'esplanade est formée par le fleuve; une forêt de mâts et les pavillons de tous les peuples des deux mondes sont l'utile ornement de cette partie.

A treize mètres au-dessus de la ligne des basses eaux s'élève un large quai revêtu de maçonnerie, avec des débarcadères ou ghauts, qu'on descend par de larges degrés; cette construction monumentale n'a pas moins de trois kilomètres de longueur. Le quai dont elle est le revêtement porte le nom saxon de *Strand*, parce qu'il comprend l'espace *sableux* que les eaux soulevées ou déprimées marqueraient naturellement sur le rivage.

A Londres, le Strand est bordé des deux côtés par des maisons qui cachent le fleuve; à Calcutta, le fleuve est partout à découvert.

Sur le quai du Strand s'élèvent l'édifice important de la douane et les bureaux maritimes, d'où l'autorité surveille un immense commerce fluvial et la navigation.

Dans ces derniers temps les Anglais ont construit, à proximité de la douane, des magasins ou caveaux (godowns) assez vastes pour contenir *trente mille caisses d'opium*, destinées surtout au commerce avec la Chine, à ce commerce délétère qui doit prendre une extension nouvelle par les impunités déplorables stipulées dans le dernier traité de l'Angleterre avec le Céleste Empire.

Revenons à l'esplanade, dont le Strand est, en quelque sorte, un prolongement. Devant nous se présente, dans sa plus grande splendeur, ce que l'orgueil britannique a nommé...

La Cité des palais.

Tel est le nom que mérite à juste titre la belle partie de Calcutta. Ses principaux monuments et ses constructions privées les plus remarquables bordent deux côtés de la grande esplanade, l'un au septentrion et l'autre à l'orient de la citadelle.

Les architectes qu'on chargea d'ériger des monuments pour la capitale du puissant et nouvel empire d'Orient n'ont eu garde d'emprunter à l'Asie les constructions orientales, si grandioses et pourtant si gracieuses, qui caractérisaient les époques des Akbar, des Chah Jéhan et des Aureng-Zeb; ils ont préféré le style des Romains et des Grecs, qui ne rappelle rien à l'Inde. Sauf un petit nombre d'exceptions, ils ont copié ce style avec moins de goût encore que les constructeurs de Pétersbourg. Leurs plans n'ont eu qu'un mérite, dont ils ne pouvaient pas les priver : c'est celui que procurent l'étendue des dimensions et la régularité des longs alignements. Mais, en général, leurs œuvres sont dépourvues de cet art exquis des proportions qui supplée par le génie et par le goût à la grandeur matérielle, et qui rend immortels les monuments de la belle antiquité.

Le somptueux quartier européen, qu'on pourrait appeler la *façade de Calcutta,* et l'informe agglomération que les Hindous ont bâtie en arrière avec de l'argile et du bambou s'élèvent sur des lieux que recouvrait autrefois un immense marais aux abords d'un grand fleuve; ces conditions nous rappellent la cité presque contemporaine de Pierre le Grand. Si l'on contemple la ville asiatique du point de vue de l'esplanade, elle présente un spectacle dont la similitude est frappante avec celui des beaux quartiers de Pétersbourg, auprès de la Néva.

Les principaux édifices de la Cité des palais.

Donnons une idée des édifices les plus considérables, à commencer par la ligne du nord, en partant du rivage de l'Houghly.

L'*hôtel des monnaies* se fait d'abord remarquer par son développement et son importance.

Cet hôtel, reconstruit sur de nouveaux plans il y a peu d'années, est peut-être le plus bel édifice et l'un des plus grands de la Cité des palais. Nous aimons à dire que son architecture, imitée des monuments de la Grèce, l'est sans excentricité : chose rare à Calcutta. M. Forbes, habile ingénieur civil et militaire de la Présidence, en a composé les plans; il en a dirigé la construction, puis il a pris la direction des fabrications monétaires. En Orient, le talent des hommes supérieurs est si précieux qu'il faut tour à tour l'affecter à des emplois qu'on séparerait avec soin chez les peuples de l'Occident.

On avait commencé, dans le siècle dernier, par frapper en quantité médiocre des pièces qui portaient l'effigie de ces empereurs de Delhy dont les Anglais n'étaient que des *sous-fermiers* relégués au fond d'un marais dans la province du Bengale. Aujourd'hui, d'autres monnaies, frappées sans relâche par trois cents ouvriers aidés de puissantes machines à vapeur, ne présentent plus que l'emblème de la souveraineté britannique.

Nous pouvons donner une idée de l'importance des travaux qu'exécute l'hôtel des monnaies de Calcutta. Pendant l'année financière écoulée du 1er mai 1860 au 30 avril 1861, cet hôtel a frappé des pièces d'or, d'argent et d'alliage pour plus de 300 millions de nos francs. C'est ce qu'on verra par le tableau suivant :

Valeurs monnayées :	roupies.	fr.	cent.
Or.	42,871	107,177	50
Argent.	75,002,577	187,506,442	50
Cuivre ou billon. .	49,118,317	122,795,792	50
	124,163,765	310,409,412	50

Il est remarquable qu'à l'époque où l'Australie et la Californie font surabonder l'or dans les hôtels des monnaies de l'Occident, les habitudes de l'Inde réduisent presque à rien ce métal frappé dans l'hôtel de Calcutta.

L'*hôtel de ville* s'élève à côté du grand édifice où l'on accomplit de telles opérations. Sa construction, qui date de la fin du XVIIIe siècle, ne peut guère être louée que pour ses grandes dimensions et pour la somptuosité des intérieurs. La reconnaissance publique s'est fait honneur en y plaçant la statue de lord Cornwallis, l'un des gouverneurs généraux les plus sages, et le premier vraiment honnête que les Indes aient possédé.

Le *palais du Gouvernement*, par sa grandeur, efface tous les autres; c'est là que réside le *gouverneur général*, qui depuis 1860 est appelé *vice-roi*. Ces titres plus ou moins modestes désignent un monarque, temporaire il est vrai, mais qui n'en est pas moins le plus puissant de toute l'Asie. Son palais est d'une figure extraordinaire. Au centre, une vaste rotonde est surmontée par une coupole qui domine la ville entière. A partir de ce dôme, deux colonnades semi-circulaires sont adossées l'une à l'autre comme les deux branches d'un X, et quatre grands pavillons s'élèvent aux quatre angles de cet X. Au sommet du dôme on a posé la statue colossale de la Grande-Bretagne; la déesse Britannia porte le casque de Bellone; elle tient la lance d'une main et de l'autre une couronne de laurier. Cette construction fastueuse fut commencée par le marquis Wellesley dans l'année 1799.

On admire avec raison, pour son étendue, la cour d'honneur du palais, séparée de l'esplanade par une grille magnifique et communiquant par quatre portes grandioses sur autant de voies publiques.

A côté du palais du Gouvernement, on a construit des hôtels d'architecture européenne, presque tous érigés depuis l'origine du siècle; ils ne sont pas sans élégance et surtout sans richesse. La décoration qui résulte de leur ensemble se continue, avec le même aspect d'opulence et de régularité, sur la ligne orientale, qui borde la grande voie publique appelée la *route de Chowringhie*.

On appelle *route de Chitpore* le prolongement septentrional de cette voie à travers Calcutta, et dans la plus grande étendue de la cité. Ces deux lignes réunies n'ont pas moins de cinq kilomètres de longueur.

Le *quartier de Chowringhie* est à la fois le Westminster et le Belgrave square de Calcutta; c'est le séjour élégant par excellence. Le théâtre moderne et la nouvelle cathédrale appartiennent à ce quartier. Quand nous voudrons trouver les résidences du commerce et de l'industrie, il faudra nous avancer vers le nord, par delà le palais du vice-roi.

C'est dans la partie la plus somptueuse de la cité qu'on trouve un autre palais où siége la suprême cour de justice. Ce grand pouvoir, qui sous Warren Hastings voulait s'emparer du gouvernement, réduit à sa sphère légitime, reste aujourd'hui dans les bornes salutaires d'une parfaite indépendance.

Aspect exclusif offert par la puissance anglaise entre la citadelle et la ville indienne.

Je suis frappé d'un aspect vraiment fait pour rappeler et caractériser l'esprit des Anglais, qui ne sont pas seulement au fond de leur pensée un peuple à part et qui réclame en tout la supériorité. Il faut que la disposition même de leurs cités mixtes rende sensibles à tous les yeux cette absolue suprématie et cet isolement superbe.

Si nous plaçons un spectateur au centre de l'immense place entourée par les constructions que nous venons d'énumérer, il ne verra que l'Angleterre. Il n'apercevra pas une habitation privée, pas un temple, pas un monument qui puisse, même pour la forme et le style, rappeler l'Hindoustan. On remarquait encore, il y a trente années, un spacieux et vieux bazar asiatique à l'angle nord-est de l'esplanade; il n'existe plus. Il est remplacé par des hôtels britanniques.

Sur cette esplanade magnifique, les Anglais ont érigé des monuments qui rappellent leur gloire, comme avaient fait les Romains dans leur forum. Au midi flottent les drapeaux de la citadelle; à l'occident flottent les pavillons de la marine marchande, anglais pour les neuf dixièmes, et ceux de la marine militaire; au nord, à l'orient, les palais, les hôtels britanniques, décorent ce grand espace. On aime à voir s'élever en avant des plus somptueux édifices la colonne érigée par la reconnaissance publique à la mémoire d'un héroïque général, sir David Ochterlony, vainqueur des Gourkhas et du royaume de Népaul. Entre la citadelle et le fleuve, lord Ellenborough, lorsqu'il était gouverneur général, a fait construire un monument pour rappeler la victoire remportée pendant sa courte administration sur les forces du maharadjah de Goualior.

Arrêtons-nous avec prédilection devant une autre statue érigée pour rappeler le souvenir de lord William Bentinck, le plus bienfaisant et le plus humain de tous les gouverneurs britanniques. Nous avons partout, dans notre ouvrage, eu soin de rappeler les titres nombreux qui recommandent sa mémoire auprès des amis de l'humanité : le bronze sera moins durable !

Il y a peu de temps on a fait couler à Londres, pour orner l'esplanade de Calcutta, la statue équestre de lord Hardinge : le chef militaire qui triompha des Sikhs enrégimentés et disciplinés sous Runjet-Sing, roi de Lahore.

Ostracisme des éléphants.

Le cachet de la conquête est empreint jusque sur le choix des animaux auxquels est permis la circulation dans la Cité des palais. Un singulier signe de puissance des vainqueurs est de réserver par privilége et par prudence à leurs coursiers la circulation sur les places et dans les rues de Calcutta. Pas un éléphant, ce roi des animaux de la nation subjuguée, ne peut entrer dans la ville; défense est faite à ce banni, trop imposant, de s'en approcher dans un rayon moindre de huit kilomètres. L'éléphant des conquis effrayerait les chevaux des conquérants!

Boulevard appelé Route circulaire et canal, ancien fossé des Mahrattes.

Des deux côtés de l'est et du sud, la ville est entourée par une large route ou boulevard complaisamment appelée la *route circulaire*, et qu'il faudrait plutôt nommer la *route angulaire*, car elle fait un retour d'équerre, en se déviant tout à coup du sud à l'ouest, pour envelopper l'extrémité du quartier de Chowringhie et servir de limite méridionale à l'esplanade, en aval de la citadelle.

La route appelée *circulaire* est remarquable à deux points de vue · elle marque *la limite des libertés de la cité.* Là s'arrêtent l'administration urbaine et la justice administrée par des juges anglais, suivant la loi d'Angleterre, non-seulement aux Anglais, mais aux indigènes.

La route circulaire est comparable aux boulevards de Paris, dont les modernes ombrages ont remplacé les fortifications du temps de Henri IV. Elle occupe la position du retranchement appelé *le fossé des Mahrattes;* défense préparée à l'époque où ces hardis conquérants avaient poussé leurs envahissements et leurs déprédations jusqu'à l'orient de l'Houghly, dans le delta du Gange.

Un *canal de ceinture* représente, à proprement parler, cet ancien fossé des Mahrattes; on l'a rendu navigable et récemment on l'a complété en l'approfondissant. Par de très-utiles remblais, on a comblé des marais voisins; et l'assèchement de ces terrains a diminué, dans un certain degré, l'insalubrité des faubourgs et de la ville.

Le champ de courses, la prison, le cachot noir ou Black-hole.

D'après un plan de Calcutta que j'ai sous les yeux, entre la citadelle et la partie méridionale du boulevard qui s'appelle la route circulaire, on voit un grand espace vraiment britannique : c'est le *turf*, le boulingrin réservé, dit le plan, pour les courses de chevaux.

Entre ce champ de courses et l'extrémité méridionale de la ville se trouve la prison civile, qui longtemps est restée dans un horrible état de barbarie. Avant que l'on eût construit cette geôle, le fort William en renfermait une autre devenue tristement célèbre par son réduit principal appelé *le cachot noir*, THE BLACK-HOLE ; nous en avons donné la hideuse histoire dans le volume précédent.

La ville mixte ou marchande; les industries de Calcutta.

Immédiatement en arrière des façades grandioses qui limitent l'esplanade, et dont l'étendue surpasse une demi-lieue, nous remarquons, du côté du nord, de plus modestes quartiers, soit européens, soit mixtes; ils partent du Gange et s'avancent vers l'orient.

Dans cette partie de la ville et sur le beau quai de l'Houghly se trouvent les splendides magasins où les Anglais et d'autres Européens s'empressent de réunir les tributs demandés aux deux mondes.

Industries des Occidentaux. On voit de riches boutiques où sont mis en vente beaucoup de produits d'industrie fabriqués par des artisans et des artistes venus d'Occident; ils ont introduit dans Calcutta la confection d'un grand nombre d'objets de luxe. Ces habiles Européens pratiquent avec succès la menuiserie, l'ébénisterie, l'horlogerie, l'orfévrerie, la joaillerie, l'art de dorer et d'argenter, l'imprimerie, la reliure, et tous les arts vestiaires qui conviennent à l'opulence britannique. Ajoutons-y les préparations culinaires adaptées aux goûts raffinés des conquérants : c'est la seule industrie française qui ne soulève contre elle aucune jalousie chez les maîtres de l'Inde.

Un genre de travaux considérable, et propre aux Européens, est la construction des voitures de luxe, variées pour tous les besoins, avec des modifications commandées par le climat. On trouve dans Calcutta des ateliers et des magasins de voitures qu'on pourrait comparer à ceux qu'on admire à Paris, à Londres, à Bruxelles.

Industries des Orientaux. Les Indiens s'évertuent à fabriquer beaucoup d'objets où les Européens excellent; ce n'est ni l'esprit d'imitation, ni le goût, ni la dextérité qui leur manquent. Cependant, pour un grand nombre de confections, l'ouvrier indien reste inférieur aux Européens, excepté dans les ateliers où ces derniers le font travailler sous leurs yeux, le dirigent et réparent les défauts de son ouvrage. Il manque aux Orientaux le degré soutenu d'attention et les soins de chaque moment qui, seuls, peuvent conduire à la perfection de la main-d'œuvre.

La construction des palanquins pour les deux sexes mérite aussi d'être signalée, sous le triple point de vue du goût, du luxe et du confortable. On est surpris des arrangements ingénieux et mystérieux de leur intérieur et de leur aération si bien ménagée; on dirait les gondoles portatives d'une Venise orientale. Cette charmante industrie est particulière aux indigènes.

La ville vraiment asiatique; imperfection de son édilité.

Tout à fait au nord, avons-nous déjà dit, s'élève ou plutôt croupit la capitale vraiment asiatique, avec ses rues étroites, tortueuses, et d'une saleté plus puissante que la police européenne. Dans ces ruelles immondes se cachent pourtant, comme il en existait dans le Paris du moyen âge, un certain nombre de vastes constructions : ce sont les habitations des riches *babous*.

Les Indiens excellent dans la direction du grand commerce et de la banque. Lorsque l'heureux Clive envahit le Bengale, les Hindous comptaient des maisons comparables, pour l'étendue des affaires et pour la grande opulence, à celles des Jacques Cœur en France et des Médicis en Italie. Les modernes maisons commerciales fondées par le même génie, quoiqu'elles soient moins considérables, ont pourtant beaucoup de richesse et d'importance.

Afin de répondre aux besoins du faste oriental, les palais des babous doivent être assez spacieux pour loger un clan complet de parents, de commis et de serviteurs. Nous en décrirons un des plus remarquables.

L'édilité de Calcutta, dans la partie asiatique, est encore à l'état d'enfance : nettoyer la voie publique avec le secours journalier de l'homme est un progrès dont les Indiens n'ont pas même l'idée. Le soin de dévorer les débris dégoûtants de matière animale gisants au milieu des rues semble dévolu à des nuées de corbeaux et surtout à l'appétit d'un oiseau qui n'appartient pas à notre climat. On l'appelle indifféremment l'*argirlah*, l'*oiseau du boucher* et LE PHILOSOPHE. Il a l'aile noire, le jabot rouge, le crâne pelé, le bec allongé; il est de haute stature; il se promène impunément et d'un pas grave sur la voie publique la plus fréquentée, au milieu des piétons, des chevaux et des voitures. Quiconque frapperait ou blesserait un argirlah payerait 125 francs d'amende. Ces espèces de vautours dévorent même les cadavres; vers les bords du Gange, leur horrible festin tient lieu de sépulture aux corps morts qui sont jetés dans le fleuve par les natifs, et que le cours des eaux fait échouer sur le rivage.

Le commun peuple indigène a pour habitations des cabanes, pétries et non bâties en terre glaise, couvertes avec du branchage et des feuilles de bambous : aussi les incendies sont-ils très-fréquents dans cette partie de la ville. Les moyens d'extinction, tels que savent les employer nos cités d'Occident, suffisent pour empêcher le feu d'envahir les quartiers réservés aux solides édifices des Européens; mais là s'arrête leur puissance.

Un autre danger atteint les hôtels et les palais : c'est l'incessante action des insectes rongeurs, qui détruisent avec une effrayante rapidité les plus fortes charpentes. On portera remède à ce mal en substituant le fer au bois pour les planchers et pour les toits des édifices importants, comme on le pratique à Paris depuis peu d'années.

La fureur d'imiter les modes européennes gagne les riches natifs. Elle donne aux *babous* opulents, aux radjahs dépossédés, aux zémindars qui désertent leurs propriétés pour vivre dans la capitale, le goût ruineux des chevaux anglais, des voitures, des jockeys, des grooms et des splendides équipages : luxe vraiment britannique.

Par opposition, les classes inférieures n'adoptent rien des coutumes anglaises, ni des vêtements ni des mœurs de l'Occident. Elles restent dans la barbarie, à l'égard surtout des moyens de transport. Leurs charrettes grossières, traînées par des bœufs, ont des essieux en bois sur lesquels crient d'informes moyeux, en bois aussi; c'est un retentissement qui réveille les riches habitants au fond de leurs chambres les mieux renfermées. Sur ces véhicules barbares les Hindous apportent tous les objets nécessaires à la vie de l'immense capitale.

Les édifices religieux et les escaliers consacrés : les Ghauts.

Dans une cité qui n'était qu'un village au commencement du siècle dernier, et dans laquelle n'ont jamais dominé les brahmanes, ni les bouddhistes, ni les mahométans, on chercherait en vain des monuments séculaires consacrés aux cultes des races conquises ou conquérantes. Le gouvernement de la Compagnie des Indes ne s'est jamais préoccupé des pagodes ou des mosquées que pouvaient désirer ses sujets de l'Hindoustan.

A Calcutta, les pagodes brahmaniques sont petites, pauvres et sans aucun goût dans leur architecture. Le vrai temple des Hindous, c'est le Gange; c'est ce fleuve dont les eaux mêmes sont sacrées. Or, nous l'avons déjà dit, la branche occidentale, l'Houghly, qui passe à Calcutta, est la partie que les sectateurs de Brahma honorent de leur dévotion la plus superstitieuse. Ils y descendent par les larges escaliers appelés *ghauts* ou *ghâts*, quand ils vont y faire leurs ablutions; les natifs viennent y chercher l'eau nécessaire aux besoins de leurs ménages. Rien n'est plus élégant que les filles des Hindous, drapées avec leurs voiles blancs et diaphanes, lorsqu'elles portent sur leur tête le vase de cuivre qui leur sert à puiser l'eau du fleuve : on dirait les jeunes et gracieuses canéphores si hardiment dessinées sur les beaux vases de la Grèce.

D'autres nations que les Hindous ont bâti des temples dans Calcutta.

Les temples mahométans. Les musulmans, malgré leur

zèle religieux, n'ont pas érigé de vastes et belles mosquées dans la ville, qui n'était qu'un simple hameau quand ils y commandaient en maîtres. De pareils monuments sont remplacés par de modestes oratoires; et les muezzins, au lieu de faire entendre leurs voix du sommet de hauts minarets, se placent à la porte du temple ou sur quelque tertre contigu. Ces mosquées, sans aspect imposant et sans élévation, sont cachées dans des rues étroites et sombres; mais il en est qui sont de vraies miniatures et dont le style unit la grâce à la délicatesse orientale. Croira-t-on que la plupart de ces temples n'ont pas plus de douze mètres de longueur sur quatre de largeur? Ils n'en sont pas moins surmontés de trois petits dômes hiératiques, chacun desquels a son sommet décoré par une énorme fleur sculptée. Les murs sont ornés d'arabesques élégantes; la porte ogivale s'ouvre au milieu d'un des longs côtés, celui de l'orient, et le jour est donné par un arceau du même style. Contre le milieu du mur qui fait face au portail, le Koran repose dans une châsse; il est *à l'occident* de cette entrée, pour indiquer aux vrais croyants, dès leur premier pas, la direction qui conduit de l'Inde à la Mecque. Dans leur ensemble, ces oratoires sont charmants.

Les Chinois, qui pénètrent partout en Orient, ont construit à leurs frais un temple dans la ville de Calcutta.

Si les Portugais avaient pu fonder un empire d'Asie comparable à celui des Anglais, ils auraient prodigué dans leur capitale des monuments religieux d'une richesse incomparable et d'une grandeur nécessitée par le nombre immense de natifs qu'ils eussent convertis de force ou de gré. Pauvres et peu nombreux dans Calcutta, ils sont obligés de se contenter de quelques humbles chapelles.

La Compagnie des Indes britanniques, satisfaite de commercer avec les indigènes, ne s'est aucunement préoccupée de frapper leur imagination par la vue de temples chrétiens dont la hauteur dominât dans les cieux comme un symbole de la foi des dominateurs. Jamais elle n'a senti le besoin de faire des sacrifices d'argent aussi ruineux, afin d'honorer une croyance *qui ne rapportait rien pour cent.*

Ainsi disposés, les conquérants, ou pour mieux dire les marchands de la Compagnie, avaient été bien lents à demander une organisation qui convînt à l'Église anglicane des Indes orientales. C'est seulement en 1814 qu'un évêque fut institué par Acte du Parlement; un seul! pour un empire qui surpasse six fois la France en étendue. Calcutta, maintenant, est le siége d'un archevêché.

Lorsqu'en 1823 Réginald Heber, successeur du premier évêque anglican, fit son entrée dans la principale église d'une circonscription qui comprenait l'Inde entière, il ne put employer qu'un mot qui convînt à l'exiguïté de son humble cathédrale : il trouva que c'était un édifice *joliet*, A PRETTY ONE. Tout exiguë qu'elle pût paraître, elle était encore assez spacieuse pour le zèle des anglicans, qui composaient à peine la moitié des dominateurs; l'autre moitié se composait de presbytériens écossais et de catholiques irlandais ou britanniques, sans compter les dissidents des Trois Royaumes.

Il est juste de dire qu'aujourd'hui les souscriptions particulières d'une société devenue nombreuse, et très-enrichie, ont permis de construire avec plus de grandeur la *cathédrale nouvelle.*

On l'a placée sous l'invocation de saint Paul, sans doute pour rappeler le principal temple anglican de la métropole britannique; mais on s'est bien gardé d'imiter le beau style classique de la cathédrale de Londres. Comme la plupart des édifices religieux qu'érigent les Anglais, le nouveau temple est composé dans un style gothique.

Un évêque anglican moraliste, orateur et poëte : Réginald Heber.

Un choix qui fait honneur à l'Angleterre est celui de cet évêque, nommé sous le premier ministère de Georges Canning, en 1822. Lord Heber, que j'ai déjà cité plus d'une fois, et que je citerai toujours comme une autorité respectable, chérie par toutes les classes comme par toutes les croyances, n'a pas été seulement remarquable pour la pureté de ses mœurs, mais aussi pour l'étendue de ses lumières et pour la vivacité de sa brillante imagination. Son âme était à la fois généreuse, libérale et bienveillante. Il sut rendre justice même aux sentiments des idolâtres; loin de les maltraiter et de les humilier, à titre de mécréants, il aima mieux s'en faire aimer et révérer.

Lord Heber entreprit une visite pastorale qui devint un grand voyage, et qui devait embrasser les trois présidences de Calcutta, de Bombay et de Madras; il parcourut ces contrées en observateur plein de sagacité. Sa gracieuse et digne veuve a publié les résultats de ce voyage, dont le terme trop court fut celui de son existence.

J'ai consulté souvent cet ouvrage précieux; j'en ai profité surtout pour reproduire sur les indigènes des jugements désintéressés et véridiques. Rendons un hommage respectueux à la mémoire de l'orateur, du poëte et pardessus tout du moraliste : il fait honneur à l'Angleterre.

Jacquemont, tranchant, frondeur et sceptique, ne juge qu'avec dédain les nobles et charmants récits du sage Heber : il y trouve partout, dit-il sèchement, *la fadeur du sucre et du miel;* aurait-il mieux aimé *l'aigreur de l'absinthe et du fiel?* Dans les écrits de lord Heber je trouve réunies la bienveillance et la tolérance, deux qualités plus favorables qu'on ne croit à l'équité des jugements, sans rien ôter à leur profondeur, et, quand il le faut, à leur énergie. J'en offrirai plus d'un exemple.

Établissements des dissidents; leurs missions.

Ce qu'il faut mentionner, non pour les édifices, mais pour l'esprit des établissements, c'est, d'une part, l'institution appelée l'*Assemblée générale de l'Église établie d'Écosse;* c'est, de l'autre, une institution rivale, représentant l'*Église libre d'Écosse.* Sous ces deux formes, le presbytérianisme a dirigé son zèle vers l'instruction de l'enfance. De nombreuses sociétés de missionnaires protestants sont soutenues par les souscriptions de *Londres et même des États-Unis.*

Le culte et le trafic des Arméniens et des Grecs.

Depuis longtemps les Arméniens occupent un rang considérable parmi les chrétiens d'Asie adonnés au commerce oriental. Dès l'année 1689, un gouverneur général de la Compagnie des Indes les appelait à trafiquer dans les comptoirs de l'Angleterre en Orient; ils obtinrent alors des avantages et des priviléges. En 1784, ils bâtirent dans Calcutta une église de leur croyance; ajoutons qu'ils ont fondé dans cette ville *une société philanthropique.*

Trois ans plus tôt que les Arméniens, les Grecs érigeaient une autre église dans la même cité. Les ministres de leur culte sont tirés de l'Asie Mineure, avec l'autorisation du patriarche de Constantinople.

A Calcutta, les Grecs se font remarquer par leur habileté commerciale, leur intelligence et leur activité. Lorsqu'on aura terminé le canal de Suez, les marchands de ce peuple entreprenant et navigateur afflueront dans les ports de l'Inde en bien plus grand nombre qu'aujourd'hui.

Établissements du culte catholique.

Le Gouvernement anglican ne s'est pas mis en frais pour le culte des Irlandais qui résident dans l'Inde; il s'est bien gardé de leur accorder un évêque. Mais le Saint-Père y supplée par ses vicaires apostoliques, *qui sont au nombre de vingt!*..... Il a fondé deux évêchés dans le Deccan.

Les catholiques de toutes les nations possèdent à Calcutta trois chapelles considérables, érigées à leurs frais. Parmi les établissements dus à leur zèle, à leur générosité, il faut remarquer le collége de Saint-François-Xavier, fondé, vivifié par les Jésuites. Des sœurs Ursulines y dirigent, sous l'invocation de Notre-Dame de Lorette, une maison d'éducation pour les jeunes filles catholiques. Ces deux institutions empiètent déjà sur une catégorie qui va fixer toute notre attention.

Institutions littéraires et d'enseignement public.

Ne craignons pas de présenter avec quelque étendue le tableau des établissements qui, sous ces deux titres, sont des éléments si puissants de civilisation: l'avenir de l'Inde peut dépendre de leur développement.

Quelque nombreuses que soient de telles institutions, et sans nier les services qu'elles ont déjà rendus, il nous semble qu'elles sont destinées à produire des résultats beaucoup plus considérables. Cet effet se fera sentir lorsque le Gouvernement aura placé ses finances dans un état d'équilibre plus prospère; alors il pourra tourner ses libéralités vers le progrès des intelligences. Déjà son enseignement public est un peu mieux doté; mais, si l'on doit en croire des critiques désintéressés, il a donné des traitements énormes à quelques chefs européens plutôt qu'ajouté réellement aux moyens d'instruire les natifs.

Nous parlerons en premier lieu des établissements formés par les lumières et le zèle des particuliers. Avant tout, il faut signaler, chose étonnante aux bords du Gange, une fondation que nous devons revendiquer pour l'honneur de la France.

Collége européen fondé par le général français Claude Martin.

Parmi les établissements civils destinés à l'instruction publique, c'est avec plaisir que nous citons, au premier rang, la noble fondation du général français Claude Martin. Ce général a successivement servi le roi d'Oude et la Compagnie britannique des Indes orientales. En 1830, la somme qu'il avait léguée en faveur de Calcutta, accrue par les intérêts, s'élevait à 2,400,000 fr. La seule construction de l'édifice a coûté 600,000 francs. L'institution fondée en conséquence de ce legs procure la nourriture et l'instruction aux enfants des deux sexes dont la fortune est médiocre; ils sont admis sans préférence de nationalité, *pourvu qu'ils soient chrétiens*. On y accueille à titre d'externes les enfants des riches; en payant une équitable rétribution, ils reçoivent une instruction supérieure.

Lorsque nous décrirons Lucknow, capitale du pays d'Oude, nous aurons à signaler une autre création généreuse du même Français, qui s'est aussi souvenu de sa patrie. Dans la dernière partie de notre ouvrage, nous retrouverons avec bonheur une troisième fondation que le général Martin a créée dans Lyon, sa ville natale : c'est l'école excellente et vraiment populaire que la reconnaissance publique a nommée *la Martinière*, afin de faire aimer et de perpétuer le nom du bienfaiteur.

Société asiatique.

Nous plaçons dans un rang très-élevé la Société asiatique, qui tient aujourd'hui ses séances dans un hôtel élégant du beau quartier de Chowringhie. Loin d'être une école, elle ne compte pour adeptes que des hommes qui sont dignes de donner des leçons au lieu d'en recevoir; ses grandes succursales sont Londres et Paris.

En trois quarts de siècle, la Société asiatique de Calcutta a fait connaître aux Européens les livres sacrés des Hindous, le code des lois de Manou et d'autres trésors littéraires; elle a répandu la lumière sur des antiquités dont la plupart des brahmanes avaient perdu la mémoire ou qu'ils ne connaissaient plus qu'imparfaitement; elle a provoqué des publications considérables, en caractères sanscrits, pour l'usage des savants de toutes les nations et des plus habiles indigènes. Le recueil périodique de ses travaux, publié sous le titre de Recherches asiatiques, *Asiatic Researches*, est au nombre des publications érudites les plus estimées et les plus importantes.

La création de la Société asiatique remonte au gouvernement de Warren Hastings. Son véritable fondateur est l'illustre William Jones, qui fut juge suprême à Calcutta. Les travaux philologiques de cet homme si éminent, accomplis pendant les heures de loisir que lui laissait la direction de la justice, auraient suffi pour occuper la vie entière de l'érudit le plus laborieux.

Un autre magistrat supérieur, Colebrooke, devint ensuite la gloire de la Société asiatique. Dès 1797, il fit imprimer à Calcutta la traduction anglaise du *Digeste des lois indiennes*, que son devancier avait fait compiler par des *pandits*, des lettrés hindous, intelligents autant qu'érudits.

On lui doit aussi d'avoir édité l'incomparable *Grammaire sanscrite de Pânini*, la plus ancienne et la plus profonde qu'on ait composée dans aucune langue. Ajoutons que Colebrooke a montré son propre mérite par la nouveauté, la profondeur et l'originalité des mémoires qu'il a publiés dans les Recherches asiatiques, dont elles sont le principal ornement : on lui doit l'histoire très-estimée de la *Philosophie des Hindous*, qu'a traduite en français mon savant ami M. Pauthier.

Aucun sacrifice ne coûtait à Colebrooke pour acquérir, dans toutes les parties de l'Inde, les manuscrits les plus précieux et les plus rares; et ceux qu'il ne pouvait pas obtenir à prix d'argent, il les faisait copier avec un soin extrême. Son incomparable collection, dont il a fait présent à la Compagnie des Indes, ne vaut pas moins de 200,000 francs. On éprouve un noble plaisir à rapporter les plus beaux traits de la vie si laborieuse et si fructueuse des W. Jones et des Colebrooke. Ces savants magistrats ont bien mérité de l'Inde et de leur patrie; ils font honneur à l'esprit et surtout au cœur humain.

Nous signalons avec bonheur une heureuse métamorphose. Nous venons de montrer les travaux illustres des vertueux successeurs de cet Empey, de ce juge infâme, qui tyrannisait le Bengale en abusant de la justice pervertie; de cette âme sordide et vénale, qui, pour renoncer à cet excès de pouvoir, se laissait gorger d'or par Warren Hastings, puis revenait dans sa patrie, impudent, ignare et corrompu, et faisait subir à Burke l'outrage immérité d'une censure dans la Chambre des Communes, parce que le vertueux orateur avait, au nom de la vindicte publique, stigmatisé le méprisable Jeffreys des Indes orientales.

Écoles consacrées à la littérature orientale.

C'est au marquis Wellesley qu'appartient la fondation du *collége de Fort-William*, collége qu'il institua pour donner un enseignement spécial aux jeunes Anglais employés dans le service civil de l'Inde britannique. Nous en avons indiqué l'objet lorsque nous avons fait connaître l'administration de ce gouverneur général.

Collége sanscrit. On doit accorder beaucoup d'estime à cette institution, destinée, comme son nom l'indique, à l'instruction littéraire et sacrée des Hindous. Elle est défrayée par des fondations pieuses; très-suivie et très-vénérée par les natifs, elle ne compte pas moins de trois cents élèves.

L'enseignement du Collége sanscrit a pour première utilité d'expliquer le code de Manou, qui régit encore les intérêts civils des Hindous. Il tend à rendre moins rare dans l'Inde, et surtout chez les brahmanes, l'intelligence complète de leurs livres sacrés. Ces livres sont aujourd'hui répandus dans le pays par les savantes éditions européennes où le texte est reproduit avec une admirable exactitude. On doit désirer que des extraits de ces collections dispendieuses soient publiés à des prix assez modiques pour être à la portée d'un grand nombre de lecteurs indigènes; alors on ne verra plus les brahmanes, les *padres* hindous des villages bengalais, excuser leur ignorance en disant : « Nous sommes si pauvres ! »

Afin de faire comprendre tout l'avantage que de jeunes Européens épris des études philologiques peuvent trouver à suivre les leçons du Collége sanscrit, nous croyons devoir citer un beau passage du savant M. Barthélemy Saint-Hilaire (*Journal des Savants*, mois de février 1862):

Il est une partie où l'Inde a surpassé le monde entier, une science où personne ne l'a égalée : c'est la grammaire. Naturellement l'Inde a dû se borner à l'étude de sa propre langue, et pas une de ces comparaisons qui nous sont aujourd'hui si faciles n'était à sa portée. Mais dans les limites de la langue qu'elle parlait, et qu'elle-même a proclamée *parfaite* (sanskritum), qui pourrait rivaliser avec elle pour l'étendue, la délicatesse, la profondeur et l'exactitude des analyses ? Quel peuple en a jamais su autant que celui-là sur l'idiome dont il faisait usage ? Quel peuple a compté un Pânini, avec cent autres grammairiens, trois ou quatre siècles avant l'ère chrétienne ? La grammaire indienne est sortie tout entière de la religion et de l'exégèse sacrée, la plus belle des origines. On peut ajouter que la perfection même du sanscrit aura sans doute aidé beaucoup à ces prodigieux travaux. Mais d'autres peuples ont eu des livres saints, sans jamais en tirer d'aussi fortes études ; et ces peuples ont parlé des langues presque aussi belles sans jamais les avoir approfondies. Ainsi, c'est le privilége exclusif de l'Inde, et il lui appartient ; c'est pourquoi notre philologie comparée, dont nous sommes fiers à si juste titre, n'hésite pas à se mettre à son école et à écouter encore ses leçons. La science grammaticale convenait mieux que toute autre au génie indien ; la psychologie, la logique, la philosophie, y concourent en une certaine mesure qui était en rapport avec ses forces. Sous ces points de vue, les Hindous ont réussi de manière à défier toute rivalité.

Le *collége* ou *Madrissa des mahométans*. Les colléges de ce genre, défrayés par la générosité des zélés disciples du prophète, sont consacrés à l'explication des livres musulmans, ainsi qu'à l'enseignement de la langue et de la littérature persane ; parce que, dans une grande portion de l'Asie, le persan est la langue à la fois élégante et savante de la religion, de la poésie, de l'histoire et des relations ou politiques ou commerciales.

Le *madrissa* mahométan le plus important du Bengale est celui de Calcutta ; au second rang est celui que l'on a fondé dans la ville d'Houghly. Dans ce genre d'établissements, on explique avec soin les lois musulmanes que contient, en presque totalité, le Koran, le livre de Mahomet.

Depuis l'année 1855, le Gouvernement a réalisé l'heureuse idée d'adjoindre à chaque *madrissa* l'enseignement de la langue et de la littérature anglaises; dans Calcutta cette innovation réussit au delà de toute espérance. Les zélés mahométans répugnaient bien plus que les Hindous à permettre que leurs enfants reçussent une instruction européenne qui bornât ses leçons aux lettres occidentales; mais l'enseignement simultané de la littérature anglaise et de celle qui comprend leurs livres sacrés ne leur fait éprouver ni crainte ni répulsion. Dès 1859, on ne comptait pas moins de 140 jeunes gens appartenant aux familles des musulmans les plus considérables, et tous envoyés volontairement, pour se livrer au nouvel ensemble d'études dans le *madrissa* perfectionné de Calcutta.

Enseignement des femmes indigènes.

Jusqu'à ce jour, chez les peuples de l'Inde, l'instruction *publique* offerte aux jeunes personnes du sexe féminin n'a guère produit de fruits étendus et dignes d'estime; elle soulève des préjugés, presque insurmontables, chez les indigènes de la classe supérieure et de la classe moyenne.

Trop souvent cette instruction a pour effet de procurer un attrait de plus à ces Nautches, à ces femmes célèbres en Asie pour leur chant et pour leur danse. La pensée d'accepter une telle éducation en vue d'un pareil avenir est peut-être le honteux et secret mobile des pauvres familles indigènes, qui semblent s'élever au-dessus des préjugés de l'Orient sur l'éducation du sexe féminin!

« Dans un pays, dit avec raison le Rapport officiel publié sur l'état moral de l'Inde en 1860, dans un pays où les filles sont mariées dès l'âge de quatre à cinq ans et deviennent mères à treize ou quatorze, ce n'est guère au sein des écoles qu'il est raisonnable d'espérer de grands succès pour leur amélioration intellectuelle. C'est dans l'impénétrable foyer domestique des Hindous qu'une instruction fructueuse peut être donnée aux jeunes filles, sous la tutelle de leurs mères. On a déjà des raisons positives de croire qu'elle y pénètre; elle prend la forme d'un enseignement secret introduit dans les zénanas. »

Un tel enseignement n'appartient qu'aux riches. Il n'en faut pas moins accorder des éloges à la générosité des Européens qui s'efforcent d'offrir une instruction très-désirable chez les natives ayant fort peu de fortune.

Dans ces derniers temps, un membre du conseil législatif de Calcutta, j'aime à citer son nom, M. Béthune, a fait les frais d'une école particulière pour l'enseignement des jeunes filles bengalaises.

Il y a des écoles où les enfants des Indiens apprennent l'anglais, et d'autres où les Anglais apprennent les langues vulgaires de l'Inde.

Enfin, bon nombre d'écoles religieuses, destinées à la jeunesse indigène, sont défrayées et dirigées par le clergé, soit protestant, soit catholique; celles-là rassurent les mœurs.

Université de Calcutta.

Depuis peu d'années, en faveur de l'immense population, soit native, soit britannique, disséminée dans le bassin du Gange, le Gouvernement a constitué l'Université dont le siége est à Calcutta. Les professeurs sont des hommes recommandables par la supériorité de leurs lumières.

Cette Université jouit des mêmes priviléges que les grandes universités de la métropole. Elle peut conférer des grades de bachelier, de licencié et de docteur ès lettres, ès arts, ès sciences; elle peut les conférer spécialement pour les professions judiciaires, les travaux publics et l'art médical.

Écoles publiques provinciales : boursiers de l'État.

Dans chaque district appelé *zillah*, le Gouvernement du Bengale entretient une école publique dont les élèves sont tirés, moyennant examen, des écoles privées. Les sujets préférés par voie de concours sont de véritables *boursiers ;* et, chaque année, le Gouvernement distribue *cent soixante bourses* aux plus méritants. Les jeunes gens ainsi secourus sont admis à suivre gratis les cours du Collége de zillah ; ils reçoivent 4 roupies, c'est-à-dire 10 francs par mois, somme qui suffit aux besoins de leur existence. Certainement des secours si modestes sont peu ruineux pour l'État et produiront, avec le temps, des bienfaits infinis chez le peuple du Bengale.

Les vingt-quatre cantons dits *pergunnahs*, dont le centre est à Calcutta, doivent posséder leur école universitaire de zillah, suivie par de nombreux boursiers.

Grâce aux moyens que nous venons d'indiquer, un jeune indigène, si la nature l'a doué d'heureuses dispositions et d'un amour ardent pour le travail, n'eût-il pas d'autre appui que son industrie et sa persévérance, peut s'élever aux différents grades conférés par l'Université et s'avancer dans les carrières libérales les plus distinguées.

Avec de tels avantages, les bourses attribuées aux écoles provinciales sont naturellement appréciées très-haut et chaudement disputées. Même chez les concurrents qui n'obtiennent point la préférence, il n'en résulte pas moins des études infiniment précieuses pour les natifs, au milieu d'une ignorance encore si générale aux bords du Gange.

Du 30 avril 1858 au 30 avril 1860, le sous-gouvernement du Bengale comptait quarante-quatre écoles de zillah, dans lesquelles se trouvaient :

En 1858	6,191	élèves.
1859	6,351	
1860	6,628	

Pour quarante millions d'habitants, c'est seulement un élève par *six mille* âmes; mais ce nombre, quelque petit qu'il paraisse, est pourtant un progrès considérable.

Établissements d'instruction médicale et de bienfaisance.

Le Collége médical. — A côté de l'Université et des institutions dont nous venons d'indiquer la nature, il faut signaler cette école spéciale comme étant la plus précieuse qui puisse venir au secours de l'humanité souffrante. Remarquons surtout l'enseignement de l'*anatomie*, enseignement qu'on donne aux natifs en triomphant du préjugé brahmanique qui leur faisait repousser avec horreur le contact d'un cadavre. Un des plus grands services qu'on puisse rendre au peuple de l'Inde, c'est de créer un corps nombreux de chirurgiens indigènes qui soient praticiens habiles, et qui possèdent aussi l'instruction la plus étendue sur l'hygiène et la médecine.

Les dispensaires. — On doit à lord William Bentinck, outre la fondation du Collége médical à Calcutta, le commencement des *dispensaires*, qui sont établis aujourd'hui dans toutes les villes importantes de l'Hindoustan. Les Indiens instruits dans le Collége médical sont attachés à ces établissements charitables; ils président, en faveur des pauvres, à la prescription, à la distribution des remèdes.

Dans quarante-huit cités pourvues de dispensaires, en 1860, *on a traité* ou secouru *gratuitement* 187,525 personnes, *presque toutes indigènes.*

Médecins et chirurgiens natifs formés par les Européens.

Je me suis fait un devoir de rechercher dans tous les genres et de mettre en lumière l'aptitude des indigènes pour acquérir les connaissances et pour professer les arts où les Européens excellent. Je suis heureux de citer ici l'autorité d'un membre éminent du Collége des chirurgiens de Londres, M. Ralph Moore, lequel a suivi les examens pour recevoir médecins et chirurgiens les *natifs* instruits dans le Collége de Calcutta. Ce docteur, interrogé par le Comité de colonisation : « J'ai pris part, dit-il, à ces examens des indigènes; je sais ce dont ceux-ci sont capables. J'ai lu les rapports annuels *qu'ils rédigent en anglais*, pour rendre compte des *dispensaires* auxquels ils sont attachés; ces rapports démontrent une excellente instruction, et m'ont étonné par l'étendue des connaissances dont ils sont la preuve. Je voudrais pouvoir conduire à Londres quelques-uns de *ces praticiens de race indienne,* afin qu'ils opèrent dans nos propres hôpitaux et montrent à nos concitoyens ce qu'ils sont capables de faire. »

Exposition faite à Londres de matières premières et pharmaceutiques envoyées par d'anciens élèves du Collége médical de Calcutta.

Nous citerons d'abord l'envoi de vingt-trois médicaments recueillis ou préparés par le babou Kheltur Mohun Goptu, membre gradué du Collége et chirurgien pratiquant à Calcutta. Nous citerons ensuite, avec un plus grand intérêt, une collection complète de substances médicinales formée par le babou Kani Loll Dey, *aide-professeur de chimie au Collége de Calcutta.*

Nous voyons ici les Hindous s'élevant par degrés vers le professorat des sciences européennes; les explications, quoique concises, dont les divers spécimens sont accompagnés, ont une véritable importance pour l'histoire de l'art et pour le commerce.

Services rendus par les médecins et les chirurgiens dans l'Inde.

Le savant docteur dont j'ai cité l'intéressante déposition devant le Comité d'enquête sur la colonisation porte un juste témoignage des services rendus dans l'Inde par les hommes éminents de sa profession. Le terrain même sur lequel on a bâti Calcutta fut donné comme un feude au docteur Hamilton pour les services médicaux qu'il avait rendus à l'empereur Aureng-Zeb; Brougton, pour avoir restauré la santé d'une princesse de l'Inde, obtint que ses compatriotes jouiraient, à Surate, des plus grands priviléges commerciaux; le médecin Royle, plusieurs fois cité dans notre ouvrage, a répandu dans l'Inde les bienfaits des sciences naturelles; un autre médecin, M. O'Schaughnessy, a dirigé dans toute la Péninsule l'établissement des télégraphes électriques, etc.

Dans l'exercice de leur profession, les docteurs européens ont vaincu les préjugés des Hindous. « Les brahmanes les plus puritains ont permis à ma main, dit M. Ralph Moore, d'introduire dans leur bouche des médicaments *et même de l'eau*, la dernière chose à l'usage de leur caste qu'ils nous permettent de toucher. Ils m'ont appelé dans leurs zénanas pour traiter leurs femmes et leurs enfants. En un mot, leur confiance dans les bienfaits de notre profession ne connaît pas de bornes.

Services médicaux des missionnaires. — Les missionnaires américains doivent à leurs connaissances médicales une grande partie de leurs succès à la Chine et dans l'Inde. Les missionnaires anglais et surtout les français devraient à cet égard les imiter.

Hôpitaux, hospices; fondation d'un indigène à Calcutta.

Calcutta contient des hôpitaux pour le traitement général ou spécial des Européens et des natifs.

Hôpital ophthalmique du Collége médical. — C'est un des établissements les plus précieux pour la population : il se rattache au Collége médical. Dans cet hôpital, la cataracte est opérée gratuitement; les autres maladies des yeux y sont également traitées. Une grave difficulté s'est présentée; c'est que les Hindous des hautes castes ne veulent pas habiter l'hôpital pour y recevoir un traitement continu : suivant leurs idées, la résidence et la nourriture dans un établissement européen équivalent à la perte de leur caste. Malgré les préjugés superstitieux, le nombre des malades externes qui viennent pour se faire opérer à l'hôpital ophthalmique est vraiment considérable [1].

Un abus effrayant de l'Inde se trouve consigné dans le compte officiel sur les progrès moraux et matériels du Bengale pour l'année 1859-60, au sujet de l'hôpital du Collége médical. Je traduis en toutes lettres : « Les dépenses de l'établissement, pendant l'année, montent à 42,142 francs, *dont presque les* TROIS QUARTS ont passé (wènt) en salaires et allocations du *surintendant ;* le reste

[1] Dans une année : nombre des malades internes, 558 ; externes, 58,597.

de la dépense appartient aux médecines, à la nourriture, etc. etc. » J'aimerais infiniment mieux un hôpital où moins du quart de la dépense serait pour M. le docteur surintendant, et tout le reste pour le traitement des malades.

Hospice des aveugles. — Immédiatement après l'hôpital établi pour traiter les ophthalmies, qui fait honneur aux Anglais, citons l'hospice des aveugles, qui fait honneur aux natifs. Cet hospice est la fondation d'un généreux Hindou que nous avons déjà cité : c'est Dwarkanath-Tagor, le zémindar progressif, qui, voulant propager dans ses domaines les progrès européens, avait choisi pour gérant M. Alexandre Forbes, un des bienfaiteurs de Dacca.

Pourquoi le Gouvernement indo-britannique n'a-t-il pas récompensé par quelque beau titre d'honneur le noble indigène auquel appartient une fondation digne d'une âme chrétienne? Soyons sûrs qu'une telle bienfaisance, noblement honorée, aurait eu de nombreux imitateurs.

Hospice des lépreux. — Cet utile établissement est rendu nécessaire aux indigènes par un fléau de leur climat.

Hôpital des gens de mer. — Il est fondé sur la rive droite de l'Houghly, dans le faubourg de Howrah; situation parfaitement appropriée.

Muséum géologique de Calcutta.

Après les écoles publiques ou privées, signalons un établissement scientifique et gouvernemental digne d'attirer nos regards : son objet est de réunir les spécimens des richesses minérales de l'Inde. On l'a constitué d'après le même plan que le Musée géologique de Londres.

C'est le point central qui réunit et d'où partent les ingénieurs des mines chargés d'explorer une contrée aussi grande que sept fois la France, pour en étudier la géologie et pour découvrir des ressources nouvelles où puiseront l'agriculture et l'industrie, ainsi que le commerce.

Un laboratoire de chimie sert à faire l'analyse des minéraux apportés à Calcutta après chaque exploration. Les plus beaux échantillons recueillis par cette voie, ou qui sont dus à des dons volontaires, sont classés d'après un ordre scientifique; ils forment une collection déjà très-remarquable.

On a soin de mettre en réserve les échantillons multiples des différents minéraux, afin d'enrichir les Musées de même genre fondés à Bombay, à Madras, et dernièrement à Kourrachie, près des bouches de l'Indus.

Les ingénieurs géologues de l'Inde ont commencé d'éditer leurs mémoires descriptifs; il en a paru déjà deux volumes in-4° : avec le temps, cette publication deviendra d'un extrême intérêt pour la science. Ils ont aussi publié dans un volume spécial la *paléontologie de l'Inde.*

Le Musée de Calcutta n'est pas situé dans un quartier rapproché des habitations européennes, et par conséquent des personnes qui naturellement sont appelées à fréquenter cet établissement. On se plaint que l'édifice ne soit pas approprié parfaitement à sa destination, que la lumière y soit insuffisante, et les collections mal disposées pour la vue des objets intéressants. Lorsque le Gouvernement aura triomphé des graves difficultés financières contre lesquelles sont dirigés tous ses efforts, il se fera sans doute un devoir d'ériger, dans la position la plus convenable, un Musée géologique dont la grandeur et le caractère ajouteront à l'aspect monumental de la Cité des Palais; en même temps il accroîtra la dotation trop bornée de la *bibliothèque*, où doivent trouver leur place les livres les plus importants sur les sciences naturelles. A l'égard des dépenses que nous préconisons ici, tout est productif et pour la force et pour la richesse de l'empire.

Dans l'Inde, il est souvent très-périlleux de poursuivre l'exploration géologique de certaines régions, où la nature du sol, un air méphitique et l'excessive chaleur réunissent leurs influences funestes. Dans la seule année 1858-59, *près du tiers des géologues attachés à ces opérations ont payé de leur vie l'accomplissement de leurs missions*. Ce grand péril ajoute beaucoup à l'honneur de leur carrière.

Mais, si les dangers sont nombreux et fort graves, les résultats sont d'un avantage incomparable. Quelle magnifique contrée pour recueillir les spécimens les plus variés et les plus remarquables tirés du règne minéral, non pas seulement parmi les fossiles sans mélange de débris animaux, mais parmi ceux qui contiennent des débris paléontologiques : débris qui révèlent l'existence et l'organisation des êtres animés dont les familles ont presque toutes disparu de cette partie de la terre!

Comme un heureux symptôme du progrès des études sérieuses à Calcutta, nous remarquons avec grand plaisir le rapide accroissement des visiteurs du Musée et celui des lecteurs de sa bibliothèque : de 1859 à 1860, l'augmentation n'a pas été dans un moindre rapport que celui de cent à cent soixante personnes. Il ne s'agit pas ici de ces oisifs qu'amène une vaine curiosité ou qui cherchent un passe-temps agréable, comme il arrive trop souvent aux désœuvrés qui visitent des collections de tableaux ou des panoramas récréatifs. Arrêter ses yeux et sa pensée sur un ensemble de fossiles antédiluviens et d'ossatures pétrifiées, y rechercher les preuves et les monuments des grandes révolutions que la terre a subies, ce ne peut être qu'un sujet de méditation profonde. Le désir de s'instruire porte seul à contempler de si graves spectacles.

Cartes géodésiques, topographiques et géologiques de l'Inde, exécutées à Calcutta.

Le bureau central et les ateliers où sont dessinées, gravées et lithographiées les cartes de l'Inde ont pour directeur M. le lieutenant-colonel Thuillier. Les cartes sont exécutées sur une échelle qui peut paraître énormément réduite : elle est seulement d'un quart de pouce anglais par soixantième de degré du méridien, c'est-à-dire un 291.636e de la grandeur naturelle. La superficie totale occupée sur cette carte par les territoires couvrira cependant 41 mètres carrés.

Pour servir de base à cette entreprise colossale, il a fallu déterminer astronomiquement et géodésiquement un des arcs méridiens les plus considérables que les hommes aient encore mesurés. Il part des environs du cap Comorin et se prolonge jusqu'aux monts Himâlayas, dans le bassin de l'Indus. La précision mathématique du travail répond à la grandeur de l'entreprise.

M. le colonel sir A. Waugh dirige spécialement la topographie de la chaîne immense des monts Himâlayas, les plus hautes montagnes et peut-être les plus accidentées de la terre. Il a fait exécuter un *atlas lithochromique* envoyé récemment à Londres comme un spécimen de cette entreprise. Cet atlas présente, outre la forme des montagnes, la figure coloriée des diverses couches qui constituent leur géologie; les couleurs qui les indiquent sont appliquées successivement avec des pierres différentes. Ce travail, accompli sous l'intendance de M. H. M. Smith, rappelle la grande géologie de la France composée par MM. Élie de Beaumont et Dufresnoy; on y retrouve presque la merveilleuse précision des couleurs appliquées sur les cartes suivant l'ingénieux système de M. Derenémesnil, aujourd'hui chef des travaux à l'Imprimerie impériale de Paris.

Des cartes géologiques des autres parties de l'Inde ont été dressées par des ingénieurs spéciaux, lesquels ont déjà exploré et représenté une étendue de territoire égale à 24,345,000 hectares, c'est-à-dire un territoire presque égal à la moitié de la France.

Société d'agriculture et d'horticulture de Calcutta.

La Société d'agriculture et d'horticulture de Calcutta est composée d'un certain nombre de savants, naturalistes, chimistes, physiciens, médecins, ingénieurs, etc. Il faut y joindre d'habiles agronomes, horticulteurs ou planteurs européens, puis un certain nombre d'opulents *zémindars et même de radjahs.* Ces indigènes sont choisis parmi les plus éclairés, parmi ceux qui comprennent l'extrême utilité d'imprimer aux cultures de l'Inde une impulsion nouvelle et d'enseigner aux cultivateurs des procédés moins imparfaits que les routines de l'Asie orientale.

En parlant du genre de vie des Européens à Calcutta, nous signalerons la consommation, devenue commune et facile, des légumes les plus agréables et les plus sains qui soient cultivés en Europe. La Société *d'agriculture et d'horticulture* de Calcutta compte pour beaucoup parmi les propagateurs et les naturalisateurs de ces précieux végétaux sur les bords du Gange.

Depuis un petit nombre d'années, cette Société savante et pratique est devenue beaucoup plus importante par le besoin qu'éprouve la métropole de développer *la culture du coton* dans toutes les parties de la péninsule hindoustane; la force des événements a fait d'elle le précepteur et le promoteur spécial de cette culture dans toutes les Présidences.

A partir du moment où la lutte entre les États du Sud et ceux du Nord de l'Union américaine a pris un caractère impitoyable d'extermination et de blocus, en opérant la destruction des produits du sol, avec une opiniâtreté qui ne laisse pas entrevoir de solution prochaine, l'Angleterre a désespéré de voir avant longtemps les ci-devant États-Unis lui livrer sans obstacle assez de coton pour suffire à ses immenses besoins. Alors son espoir s'est tourné vers l'Hindoustan ; elle a pensé qu'il fallait faire en ce pays même un appel au savoir qui vient en aide à l'expérience. Aussitôt ses regards se sont tournés vers la plus éminente des sociétés d'agriculture instituées par des Européens dans l'Orient. C'est elle que la métropole a chargée de découvrir et d'indiquer les provinces, et, dans chaque province, les terrains et les positions qui sont préférables pour obtenir soit la qualité, soit l'abondance des produits.

La Société de Calcutta a conçu le besoin d'exciter l'émulation des cultivateurs indigènes, pour les engager à perfectionner, à multiplier les plantations qui doivent produire le filament si désiré. Il faut mentionner, à ce sujet, sa proposition d'une médaille d'or accompagnée d'un prix généreux offert par l'Association de Manchester, laquelle est instituée pour approvisionner la Grande-Bretagne avec des cotons demandés à toutes les parties du monde (*Manchester Association for the supply of cotons, etc.*).

Les rapports de l'Association marchande avec la Société d'agriculture de Calcutta sont incessants et d'une extrême utilité. La Société s'efforce de bien connaître les besoins et de satisfaire aux vœux de l'Association. Elle s'est chargée de distribuer, dans les localités les plus appropriées, les semences qui lui sont envoyées d'Angleterre et qui proviennent des sources les plus diverses : des États-Unis, du Brésil, de l'Égypte, de Maurice et de Bourbon.

J'ai fait avec attention l'analyse d'un certain nombre de *comptes mensuels* qui décrivent les travaux de la Société d'agriculture de Calcutta; ils sont très-instructifs. J'aurai soin d'en signaler les principaux résultats en parcourant les régions auxquelles se rapportent des faits importants.

En étudiant la liste des membres de la Société, j'ai remarqué avec un vif intérêt qu'au nombre des vice-présidents se trouvent *deux opulents Hindous*. Les Anglais ne peuvent pas trop honorer les indigènes, à la fois intelligents et riches, qui reconnaissent le besoin d'améliorer l'agriculture de leur pays natal; parce que ceux-ci, dans leurs rapports avec les paysans ou ryots, sont les mieux placés de tous pour faire adopter soit de nouvelles cultures, soit de nouveaux procédés agricoles.

On doit à la Société un petit livre élémentaire en langue bengalaise; on l'a rédigé pour répandre les meilleurs moyens de cultiver le coton. Il faudrait multiplier infatigablement les instructions de ce genre appliquées à toutes les cultures susceptibles de progrès.

Collége central institué pour l'enseignement des ingénieurs civils.

Ce collége est comparable, quant au but, à l'École centrale des arts et manufactures de Paris. Il peut rendre des services signalés dans l'Inde, où tant de travaux entrepris pour les rivières, les canaux, les routes et les chemins de fer sont loin de recevoir d'Europe un nombre suffisant d'ingénieurs et de sous-ordres instruits et capables. L'institution en est encore à ses premières tentatives; cependant, à la date du dernier rapport sur l'état matériel et moral du Bengale, nous voyons avec plaisir que, parmi 65 élèves, 13, après examen, ont obtenu des certificats de capacité pour servir comme ingénieurs dans les diverses branches des travaux publics.

Écoles d'arts et métiers; école de mécaniciens pour la navigation par la vapeur.

On a formé dans Calcutta, mais peut-être avec moins de succès qu'à Madras, une école de dessin appliquée aux arts; le génie des Indiens et la délicatesse de leur goût naturel les rendent très-propres à profiter de ce genre d'instruction.

Lorsque nous décrirons les grands travaux exécutés pour canaliser entre le Gange supérieur et la Jumna, nous ferons connaître une école pratique d'arts et métiers d'un grand intérêt; elle a pour but de former d'excellents ouvriers hindous dans le travail du fer et du bois. Elle est, sous ce point de vue, comparable à nos écoles d'application de Châlons, d'Aix et d'Angers.

Les besoins de la navigation à vapeur sur les bras nombreux du Gange et sur les canaux intermédiaires ont fait créer dans Calcutta une école pratique de mécaniciens à vapeur. Des institutions de ce genre ouvertes aux indigènes, sur des travaux très-différents et nouveaux dans l'Inde, auront une double utilité pour les Anglais et pour les natifs, qui sont leurs instruments indispensables.

Influence des capitaux sur les associations publiques à Calcutta.

Les banquiers anglais et natifs. — On trouve à Calcutta d'opulentes maisons de banque, les unes exploitées par des Européens, les autres *par des Indiens*, qui sont de *très-habiles financiers;* ceux-ci, dans le genre des plus grandes spéculations, se font distinguer par une conduite parfaitement honorable. Tandis que, pour l'intérêt le plus misérable, le bas peuple bengalais ne rougit pas d'être menteur, faux témoin et même parjure, le riche banquier, le babou, lorsqu'il traite les plus importantes affaires, n'a pas besoin de fournir sa signature, et moins encore de s'engager par un serment: sa parole est inviolable.

Les capitalistes de Calcutta fournissent aux Européens intelligents les moyens d'entreprendre les grandes fabrications d'indigo qui, depuis un tiers de siècle, ont pris un si vaste développement dans le bassin du Gange.

Les *planteurs* européens, pour soutenir et promouvoir leurs intérêts collectifs, ont fondé l'association dont l'avocat Théobald fut longtemps l'actif et zélé secrétaire. Nous en avons parlé déjà dans notre précédent volume; nous la verrons bientôt en action.

Nous avons cité la *Compagnie des thés d'Assam*, compagnie puissante et prudente dont les capitaux et la direction motrice ont leur centre à Calcutta.

Pour rendre plus commode à la navigation le grand port de cette capitale, la *Compagnie des docks de Calcutta* s'est constituée en imitant le même genre d'associations formées à Londres pour les docks des Indes orientales et pour ceux des Indes occidentales.

Une société d'un grand intérêt et d'une haute utilité est celle *des remorqueurs à vapeur*, très-précieuse sur un fleuve aussi difficile que le Gange.

D'autres sociétés sont formées pour naviguer à la vapeur entre ce fleuve et l'Océan.

Il existe de riches *compagnies d'assurances maritimes*, *d'assurances contre les incendies*, *d'assurances sur la vie*, *etc.*

Ajoutons la *Caisse d'épargne* pour le peuple ; c'est surtout à l'Indien qu'il faut apprendre ce placement.

Telle est l'indication, que j'aurais voulu rendre plus lumineuse et plus complète, des établissements si divers au moyen desquels la cité de Calcutta devient le centre d'un progrès qui rayonne en tous sens au milieu de cent quatre-vingts millions d'âmes ; progrès qui s'appuie sur la double influence des sciences et des arts employés pour accroître à la fois la richesse des plus habiles, le bien-être de tous et la puissance nationale.

Les lettres à leur tour ont fait sentir dans Calcutta leur action vivifiante ; et notre tableau resterait incomplet si nous ne faisions pas connaître l'influence progressive exercée par la presse sur les institutions et sur les hommes dans l'empire indo-britannique.

Influence progressive de la presse à Calcutta.
1° La presse anglaise.

Partout où s'établissent les enfants de la nation britannique, l'imprimerie est un des arts qu'ils s'empressent de mettre à contribution, dans l'espoir de favoriser leur liberté, leur industrie et leur puissance.

Il faut nous arrêter avec une attention particulière sur les résultats qu'ont obtenus dans Calcutta, depuis bientôt un demi-siècle, les moyens de publicité qui sont dus à la presse et surtout à l'action des journaux.

Lord Metcalfe, un moment gouverneur de l'Inde, a signalé son passage par une mesure dont les conséquences se feront sentir dans tous les temps ; en 1836, sans consulter la métropole, il osa prendre sur lui d'émanciper la presse périodique et pour les conquérants et pour les conquis.

A cette audacieuse tentative l'Orient a dû beaucoup de bien et beaucoup de mal : de mal, en excitant des passions immodérées; de bien, en livrant à la publicité les excès de pouvoir et les méfaits des oppresseurs de tous les étages. C'était le seul frein vraiment efficace pour contenir, par une crainte salutaire de l'opinion, des fonctionnaires tout-puissants, auxquels un redoutable esprit de corporation assurait, à peu près dans tous les cas, l'impunité officielle.

Souvent les journaux, animés par le patriotisme le plus digne d'éloge, ont fait appel au sentiment public, afin qu'on entreprît de grands travaux d'utilité générale, et qu'on essayât de vaincre une apathie, pour ainsi dire, insurmontable aussi longtemps qu'a subsisté l'administration de la Compagnie des Indes orientales.

2° La presse indigène.

Signalons avec une attention particulière le progrès des publications faites dans la langue bengalaise et, par degrés, dans les autres langues de l'Inde. N'imitons pas, à ce sujet, la superbe incurie et l'aveuglement de la plupart des Anglais; montrons-nous en cela leurs vrais amis. Aujourd'hui plus que jamais, dans l'intérêt des vainqueurs autant que des vaincus, il importe d'apprécier l'influence de pareils moyens sur le sort présent et sur l'avenir de cette grande contrée.

Avant tout, disons un mot à l'éloge des missionnaires protestants établis à Sérampour. Repoussés de Calcutta par l'esprit ombrageux de la Compagnie des Indes, ils avaient trouvé la liberté dans cet ancien comptoir danois, sur les bords de l'Houghly; là, les premiers, dès l'année 1819, ils ont fait paraître un journal périodique écrit en langue bengalaise. Le grand objet de ce journal était de propager les croyances chrétiennes et d'exposer au grand jour les erreurs des superstitions hindoues.

Bientôt les plus savants brahmanes, les *Pandits*, comme on les appelle, ont eu recours à la même publicité pour repousser ces redoutables attaques.

Une pareille controverse aiguise les esprits et les fortifie. Aussi longtemps qu'elle n'enflamme pas trop vivement les passions, elle est utile au progrès des intelligences et de la vérité.

Par degrés, la presse hindoue s'est étendue sur d'autres matières que sur les sujets de polémique religieuse. Elle embrasse aujourd'hui le même cercle de discussions que les journaux européens; elle aborde comme ceux-ci la politique, les intérêts civils, les sciences, les arts, les lettres, le commerce et l'industrie. Ces publications ont lieu non-seulement à Calcutta, à Madras, à Bombay, mais dans la plupart des grandes villes secondaires. Nous allons offrir à ce sujet de plus amples développements.

Une éducation plus ou moins britannique, heureusement obtenue par certains natifs, leur a transmis, avec l'idiome des vainqueurs, le germe de leurs sentiments sur la liberté, le droit et la justice; elle a fait naître dans leurs âmes le besoin de résister aux oppressions de toute nature. La nouvelle instruction, puisée aux sources européennes et par les voies que nous avons indiquées, cette instruction transporte les indigènes dans un même cercle d'idées et d'aspirations : elle les rapproche; elle tend à produire entre les plus intelligents et les plus généreux une agglomération patriotique, cimentée par l'identité des affections et par le noble désir de défendre en commun les vrais intérêts de leur race et de leur pays.

Il y a déjà quelques années que la presse périodique indigène est réellement sortie de l'enfance. Depuis ce moment, grâce aux généreux sacrifices d'un illustre et savant natif, *Ram Mohun Roy,* que je suis heureux de nommer ici, elle s'est élevée comme un pouvoir social, au centre même de l'empire indien. On l'a vue conquérir un degré de force que l'autorité gouvernementale ne semble pas avoir soupçonné, du moins dans le principe.

Aujourd'hui, les idées vraiment nationales, c'est-à-dire les idées utiles à tous les naturels du pays, peuvent facilement être transmises d'un bout à l'autre de l'Inde. Dans les chefs-lieux des trois Présidences et dans les cités principales on imprime des journaux rédigés *en hindoustani* par des Indiens, et même des journaux anglais *rédigés par des natifs;* ces feuilles propagent les sentiments les plus fiers et les notions les plus avancées.

Influence obtenue par la presse indigène.

L'influence exercée par de telles publications s'est étendue, de proche en proche, aux classes inférieures. On trouve en tous lieux des vulgarisateurs intermédiaires, qui communiquent les faits, de vive voix, aux gens du peuple; ils propagent les pensées, les raisonnements jetés en avant par les feuilles publiques et par les pamphlets [1], même écrits en anglais. On cite, comme exemple remarquable, une brochure publiée dans cette langue par un natif de Calcutta; bientôt après, réimprimée à Madras, elle est répandue, expliquée et vulgarisée par l'interprétation orale chez le peuple de cette Présidence.

Dans la capitale de l'Inde, on peut juger des progrès

[1] Ici j'emploie ce mot dans le sens anglais, qui n'implique aucune défaveur; tandis qu'en France, grâce à l'abus qu'en a fait l'effervescence des passions, on entend par ce mot des écrits tout brûlants et tout incendiaires, d'après l'étymologie grecque fournie par les mots πᾶν et φλέγω.

de la presse indigène par le nombre d'exemplaires de journaux rédigés *en langue bengalaise*. Ce nombre s'élevait : en 1836, à *huit mille seulement;* en 1853, à *trois cent mille;* en 1858, à *six cent mille*. Il approche peut-être aujourd'hui d'*un million d'exemplaires*.

Voilà certes, en bien peu d'années, un développement qui manifeste une révolution dans les esprits.

Les journaux rédigés en langue bengalaise ont des correspondants disséminés dans les provinces, correspondants qui leur envoient des informations locales; ils ont de plus un traducteur qui sait l'anglais et qui puise aux sources occidentales. Par la réunion de ces moyens, les natifs sont beaucoup mieux instruits des mouvements politiques, et de l'Inde et de l'Europe, que ne l'imaginent les Européens disséminés dans les diverses Présidences.

Indépendamment des journaux, les nouvelles parviennent aux indigènes en suivant des voies peu connues des conquérants. Souvent, à Calcutta, lors de la dernière rébellion, le récit des événements circulait à demi-voix dans le Bazar avant que la relation officielle arrivât au Gouvernement par sa poste et ses courriers.

Chaque journal écrit en bengali, distribué dans la campagne, va passer entre les mains d'un grand nombre de lecteurs, et ce qu'il contient vole de bouche en bouche. Depuis ces dernières années, les Indiens employés dans les usines des Européens planteurs d'indigo chargeaient un des leurs de lire le journal bengali, que tous les autres écoutaient en travaillant; au milieu des ateliers de Londres et de Paris, les ouvriers les plus affamés de politique ne procèdent pas autrement. Outre ces moyens de propagation, il faut compter des milliers de colporteurs indigènes qui gagnent leur vie, dans les campagnes, à répandre des livres, des brochures et des almanachs.

Jusqu'au fond de l'Hindoustan, les sentiments, les idées des Bengalais se transmettent facilement, par leurs feuilles périodiques, aux peuples qui parlent les idiomes *hindi* et *mahratte*, tous deux très-rapprochés du bengali.

Les écrits et les journaux imprimés dans les nombreuses langues du pays acquièrent chaque jour une plus grande publicité; ce développement est un véritable indice du progrès de l'opinion chez le peuple indien. En 1860, un intelligent missionnaire, M. Long, exprimait avec raison le regret qu'un pareil indice, qui n'est point particulier à la capitale, attirât si peu l'attention britannique. « Dans l'année 1853, dit-il, j'ai visité les grandes villes de Delhy, d'Agra et de Lucknow ; dans chacune d'elles, j'ai mis mes soins à scruter l'esprit des indigènes. Je n'ai pu revenir de mon étonnement quand j'ai vu combien peu les Anglais établis en de pareilles cités étaient avertis par la prodigieuse activité de la presse native. La vive et profonde influence exercée sur les naturels du pays m'était démontrée par l'empressement avec lequel ils achetaient les publications consacrées à des sujets qui concernaient l'Inde en particulier ou la politique générale. »

Influence des nouveaux moralistes indiens au moyen de la presse.

Dans ces dernières années, un natif ingénieux s'est fait connaître en écrivant le bengali avec la verve d'un Dickens et la moralité fervente d'un Mathews; il a signalé le danger des boissons spiritueuses, les maux produits par l'ignorance des femmes et par l'esprit si peu national du *jeune et méprisable bengalisme* [1]. De telles publications se sont vendues en nombre prodigieux parmi les indigènes.

[1] C'est un *jeune dandysme* qui court après l'anglomanie des modes et des ridicules.

Propagation des idées par la poésie et par le chant.

Chez le bas peuple bengalais, où trop peu d'hommes savent lire, les idées et les sentiments sont propagés avec le plus de charme et d'efficacité par des poésies faciles à graver dans la mémoire. Très-souvent aussi on les met en musique, afin d'en augmenter la puissance; alors le peuple les répète avec un plaisir extrême dans ses fêtes et ses travaux, comme les gondoliers vénitiens quand ils entremêlent à leurs barcaroles les chants mélodieux du Tasse.

Nous verrons à regret ce moyen mis en usage pour exciter chez le cultivateur indigène les sentiments les plus haineux contre le planteur britannique.

Propagation des idées par les moyens oratoires.

«J'ai été, dit M. Long, le missionnaire à qui je dois beaucoup de faits relatifs aux moyens de propager les sentiments et les idées entre indigènes, j'ai été témoin d'une assemblée où l'on comptait trois cents hommes et plus de cent femmes, celles-ci cachées derrière des jalousies; tous écoutaient avec transport un éloquent discours en bengali. L'orateur a parlé pendant une heure et demie; loin de lasser son auditoire, l'attention générale et continue qu'il excitait était si profonde, que pendant tout ce temps on aurait entendu tomber à terre la moindre pièce de monnaie. Dans ces assemblées, après le discours principal, on répète aussi des chants qui n'ont pas seulement pour sujet l'amour de la religion, mais la politique du jour et les passions des masses.»

Influence du théâtre indigène.

Ce n'est pas assez de l'art oratoire et du chant populaire employés à susciter la haine ou le mépris. Les Hindous sont passionnés pour le théâtre; leurs drames ont une verve comique à laquelle n'échappent pas plus les ridicules et les vices des conquérants que ceux du peuple conquis. Dans une pièce représentée en 1858, lors de la rébellion, l'auteur avait pris pour sujet de ses attaques l'usage affecté par certains Anglais, outrageux et grossiers, qui ne rougissent pas d'appeler l'Indien *négrillon stupide et damné nègre :* CURSED NIGGER, AND STUPID!

Parmi les sujets les plus irritants, les dramaturges hindous ou musulmans n'oublient pas ce qu'ils appellent tyrannie chez le planteur britannique; l'instinct théâtral les avertit qu'il faut caresser un pareil sujet comme un de ceux qui flattent le plus les sentiments haineux de l'indigène, dans les campagnes et même dans les villes.

Chose incroyable! au milieu de tous ces moyens de publicité, les conquérants, enivrés de leur puissance, infatués par le sentiment de leur supériorité, ne daignaient pas abaisser leur attention sur ce réveil, ni sur l'embrasement moral qui croissait toujours chez un peuple immense, intelligent et passionné. Longtemps avant la rébellion, la presse anglaise, qu'aveuglait une orgueilleuse et fausse politique, gardait un silence affecté sur des faits monstrueux révélés par les publications indigènes. Parce qu'elle méprisait les auteurs et les objets de semblables doléances, elle se taisait à dessein sur les griefs les plus fondés : griefs dont elle dissimulait l'importance et la source.

Voilà comment, jusqu'à l'explosion d'une immense révolte, il a pu se faire que la presse anglaise n'ait rien aperçu, n'ait rien prophétisé. Elle n'a pas même eu la prévision des oiseaux du Capitole! Pas un cri d'alarme et de salut n'a précédé d'une minute le plus terrible des assauts; elle dormait sur des triomphes, et déjà les triomphateurs assoupis tombaient dans le précipice. Alors seulement, elle s'est éveillée en proférant des clameurs furibondes, qui ne portaient aucun remède au mal accompli... Une pareille expérience devrait rendre aujourd'hui la presse britannique plus attentive, plus prévoyante et plus raisonnable dans l'Inde.

Population de Calcutta considérée dans ses diverses classes.

Après avoir énuméré tous les établissements et toutes les influences qui font tant d'honneur à la ville de Calcutta, jetons un coup d'œil d'ensemble sur les habitants de cette capitale.

Il est d'un grand intérêt d'étudier une telle population dans les éléments dont elle est composée. Le recensement le moins éloigné que je puisse offrir remonte déjà à l'année 1837; quoiqu'il soit d'une époque assez peu récente, il n'en est pas moins propre à nous donner les enseignements les plus précieux.

	Habitants.
Race britannique pure	3,188
Chrétiens non britanniques, d'origine occidentale : Français, Portugais, etc. y compris les métis britanniques	4,746
Hindous de la Présidence	137,651
Musulmans de la Présidence	58,744
Asiatiques étrangers : Parsis, Hébreux, Chinois, Arabes, Mogols, etc.	25,385
A reporter	229,714

Report........	229,714
Population flottante qui, chaque jour, vient des faubourgs et de la banlieue afin de gagner sa vie dans Calcutta : approximativement..	117,000
	346,714

On peut être certain que, depuis 1837, tous les nombres de ce tableau se sont accrus sensiblement. Mais les proportions, qui tiennent à des causes constantes et de longue date, ont dû peu changer dans ce laps de temps; or, ce sont elles que j'ai surtout pour objet d'étudier.

Prédominance numérique des Asiatiques.

Fait capital : à Calcutta, les habitants d'origine asiatique sont quarante fois plus nombreux que les Européens et leurs descendants.

Un autre fait doit nous frapper : parmi les natifs la proportion des musulmans, comparée aux Hindous, est bien plus considérable qu'au sein des campagnes.

Dans la péninsule de l'Inde, on ne compte pas vingt millions de musulmans contre cent soixante millions d'Hindous : c'est à peine *un sur huit.*

Suivant le dénombrement de Calcutta que nous venons de rapporter, nous trouvons cinquante-huit mille sept cent quarante-quatre musulmans sur cent trente-sept mille six cent cinquante et un Hindous, c'est-à-dire presque *un sur deux.*

Ainsi, comparativement à la population générale, dans la capitale de l'Inde les musulmans sont quatre fois plus agglomérés que les Hindous.

Le tableau que nous venons de présenter mérite, à d'autres égards, d'arrêter notre attention.

Ce qui dès le premier abord a dû saisir le lecteur, c'est le petit nombre du peuple dominateur, comparativement au peuple dominé qui résidait à Calcutta en 1837.

Population totale...............	229,714 habitants.
Race britannique pure..........	3,188

Le nombre des indigènes a peut-être doublé depuis l'époque pour laquelle nous offrons nos rapprochements; je ne crois pas qu'on puisse admettre le même progrès chez la population européenne établie dans Calcutta. Ainsi la disproportion s'est accrue.

A défaut d'un recensement actuel, à la fois si désirable et si difficile à bien faire, voici du moins un document qui peut nous éclairer sur ce dernier point, et qui, sous ce rapport, est précieux.

Décès d'une année (1853) à Calcutta.

Total des décès........................	14,900
Décès des Européens....................	168

Si dans la ville peu salubre de Calcutta nous évaluons la population à trente fois le chiffre des décès annuels[1], nous trouverons pour les deux populations, au commencement de l'année 1853 :

Population totale...............	447,000 habitants.
Population européenne..........	5,040

Ici les indigènes sont *quatre-vingt-dix fois plus nombreux* que les Européens.

Nous prenons soin d'avertir le lecteur que de semblables appréciations sont une simple approximation; dans

[1] A Bombay, la population européenne ne présente que vingt-six personnes vivantes pour chaque décès annuel.

tous les cas, elles démontrent que la population européenne, à Calcutta, est toujours très-peu nombreuse.

Cette conséquence rend d'autant plus remarquables tant d'institutions dont les Européens sont l'âme, et fait admirer le grand rôle joué par un si petit nombre d'individus d'une race supérieure.

En définitive, il y avait, en 1837, un citoyen des Trois Royaumes par 72 habitants de Calcutta, c'est-à-dire *quatorze* seulement par *mille*. Actuellement la disproportion paraît devenue encore plus considérable.

Mais les dominateurs, en si petit nombre qu'ils soient, n'en exercent pas moins une immense influence. Ils ont dans leurs mains toute l'autorité politique, administrative et judiciaire; ils sont possesseurs de tous les emplois d'ordre supérieur, de tous les grands traitements, de tous les honneurs et de tous les respects. Ce sont eux qui donnent l'impulsion à toutes les entreprises d'agriculture et d'industrie; les trois quarts du commerce maritime sont mis en mouvement par leurs capitaux, et la marine de *long cours* appartient toute à leurs navires.

Après nous être occupé du nombre des habitants, poussons plus loin notre étude; essayons de montrer comment vivent, dans la capitale de l'Inde, les Européens et les indigènes.

Existence des Anglais à Calcutta : la vie en commun.

L'Orient ignore ces hôtelleries si fameuses de Paris, de Londres et de New-York, hôtelleries dont chacune peut contenir plus d'un millier de voyageurs et procurer à ceux-ci tous les agréments, tous les conforts d'une existence recherchée. Cependant on trouve à Calcutta un club, *un cercle* qui réunit, par l'économie de la vie en commun, des jouissances recherchées et des soins précieux pour les hommes bien élevés et dont la dépense a besoin de n'être pas excessive. C'est dans la belle rangée des hôtels de Chowringhie qu'est situé ce cercle remarquable. De ses fenêtres, le spectateur aperçoit : à gauche, le fort William; en face, les mâts des navires qui portent à Calcutta les produits des deux mondes; à droite, les plus somptueux monuments de la Cité des Palais.

L'établissement offre tous les jours à ses partenaires une table splendide, couverte de cristaux, de porcelaines et d'argenterie. Dans ce club, ceux des membres qui n'ont pas d'habitation particulière trouvent des appartements d'un grand confort et le service le plus attentif, sans être préoccupés par aucun souci de ménage ni par les tribulations que fait éprouver un nombreux domestique.

La vie des hôtels privés et les recherches de la table.

Tout Anglais opulent qui réside à Calcutta possède un de ces hôtels dont l'ensemble caractérise la Cité des Palais. L'édifice est précédé d'une cour d'honneur ou d'un jardin qu'un mur de clôture environne. Au rez-de-chaussée se trouvent la salle à manger et les cabinets de bains; le premier étage est entouré d'un balcon couvert, pour être à l'abri du soleil. Le balcon, supporté, comme son toit, par de minces colonnes qui permettent à l'air la plus libre circulation, est ce qu'on appelle *un vérandah.* Au premier sont établis les appartements de réception; le second est réservé pour les chambres à coucher.

Depuis plus d'un demi-siècle, les Européens, qu'accable le climat brûlant de l'Inde, ont imaginé de rendre moins intolérable la température de leurs salons et de leurs chambres à coucher par le jeu régulier d'un immense éventail appelé *pankah*. Sa surface est rectangulaire; il oscille autour de son côté supérieur pour faire entrer et sortir l'air de la salle qu'on désire ventiler et rafraîchir. On fait jouer cet éventail par une grande ouverture; son mouvement alternatif est produit, sans aucun bruit, avec une corde de soie qu'un serviteur indigène manœuvre en dehors de l'appartement. Des gens de service, qui se relayent sans intervalle, maintiennent de la sorte, même la nuit, une température beaucoup moins élevée que celle de l'air extérieur. C'est là un luxe que n'avaient pas imaginé les satrapes les plus puissants et les plus voluptueux qui gouvernaient l'antique Asie.

Il est un autre moyen d'obtenir de la fraîcheur. Lorsque le vent se fait sentir, on lance de l'eau contre des nattes appendues comme des stores aux fenêtres qui sont ouvertes; l'agitation de l'air extérieur fait évaporer cette eau, et l'évaporation diminue avec rapidité la chaleur de l'appartement.

Tant que dure le jour, on tient hermétiquement closes toutes les ouvertures. C'est le moyen de conserver, avec le moins de perte possible, un abaissement de température; abaissement dont la jouissance est un bien-être incomparable sous un climat de zone torride.

Afin de profiter de la fraîcheur, aussitôt que vient l'aurore, les riches Anglais et les dames anglaises montent leurs coursiers et gagnent les champs; pour employer une expression orientale, *ils vont boire l'air* en prenant ce exercice nécessaire à la conservation de leur santé.

A l'approche du soir, lorsque le soleil touche à l'horizon, les chevaux de luxe et les brillants équipages sortent des palais. Le monde élégant, partout fidèle au rendez-vous de la mode, va se promener, *passeggiare*, sur le beau *quai du Strand* ou sur l'esplanade : comme les Italiens vont *au Corso*, dans leurs cités méridionales. On circule ainsi jusqu'au terme du crépuscule. Enfin, quand la nuit complète arrive, chacun retourne à son hôtel pour faire une toilette somptueuse et prendre part au grand repas de la journée, à huit heures du soir.

Les repas des Européens; effets combinés de l'hygiène et du climat dans l'Inde.

Les recherches de la table sont un des principaux besoins du luxe, et ce besoin prédomine surtout dans la Cité des Palais.

Commençons par signaler une amélioration. Il n'y a pas un quart de siècle, on aurait en vain cherché dans l'Inde ces végétaux destinés à la table, si perfectionnés, si délicieux et si sains, qu'en Europe un savant jardinage a multipliés et souvent métamorphosés; ils sont actuellement naturalisés aux bords du Gange. Aujourd'hui, pour l'abondance et la variété, les marchés de Calcutta peuvent soutenir le parallèle avec les marchés de Covent-Garden à Londres et de la Halle à Paris. Voilà peut-être la seule partie des consommations qui, dans l'Hindoustan, plaise aux Européens, et qui ne puisse pas, à la longue, altérer leur tempérament.

Depuis le golfe du Bengale jusqu'aux versants des monts Himâlayas, les riches Anglais continuent de faire à l'Occident des emprunts dispendieux. Les viandes les plus succulentes, condensées à force d'art ou cachées sous des murs de pâtisseries, les pâtés, puisqu'il faut les nommer par leur nom, les pâtés de Strasbourg et de Nérac, tous les autres produits excitants et dispendieux qu'invente l'art culinaire, parfois aussi quelques végétaux délicats conservés dans leur saveur la plus exquise par les procédés d'Appert, tout est apporté sur des navires. Résumons-nous en peu de mots : rien ne manque aux Lucullus et surtout aux Apicius de Calcutta pour jouir de la vie avec excès, et l'abréger en détruisant leur santé.

Il est juste de faire observer qu'aujourd'hui l'amour de la table est devenu moins extravagant. On consulte un peu mieux les lois de l'hygiène, même à l'égard des boissons fermentées, dont il nous reste à parler; l'abus de leur usage est devenu moins excessif et moins général chez les riches Européens qui vivent aux bords du Gange et de l'Indus.

L'Europe entière est mise à contribution pour ses vins de Xérès et de Porto, de Champagne et des bords du Rhin; les vins de Bordeaux ont cet avantage que, pendant la traversée, le mouvement de la navigation ajoute à leur qualité. Aussi n'est-il pas rare, en France même, qu'on profite d'un voyage d'aller et de retour entre la Gironde et le Gange afin de procurer aux jeunes vins du Médoc une supériorité plus hâtive que s'ils étaient restés immobiles à s'améliorer par l'effet des ans au fond des celliers.

Pour revenir aux tables de Calcutta, l'eau-de-vie française est au premier rang des liqueurs de choix demandées aux deux mondes. En même temps, les Anglais, patriotes surtout dans leurs consommations d'ordre vulgaire, veulent ajouter aux nectars les plus délicats leurs bières épaisses et capiteuses : le *porter* et l'*ale*.

La dépense et la recherche ne s'épuisent pas seulement à savourer ce qu'il y a de plus spiritueux et trop souvent de plus dangereux dans les boissons.

Dans les festins des peuples du Nord, la sensualité connaît l'art de raffiner par les contrastes; elle ajoute au feu de nos vins les plus généreux en les *frappant*, c'est le mot, par le contact d'une glace dont l'unique défaut est qu'en hiver nous l'avons à notre portée. A Calcutta, ce réfrigérant des boissons les plus capiteuses a deux grands mérites de plus qu'en nos climats tempérés; il est apporté pour en jouir sous la zone torride, et vient de quatre mille lieues. On trouverait trop difficile d'aller chercher de la glace naturelle sur les monts Himâlayas, dont le nom signifie les glaces ou neiges éternelles; on a jugé plus commode et suffisamment dispendieux de franchir deux Océans et de s'adresser à l'Amérique occidentale. Les habitants du nord des États-Unis, en faisant agir leurs fortes scies circulaires, taillent la glace de leurs lacs par énormes blocs équarris; ils transportent ces blocs à peu de frais au bord de la mer, pour les arrimer avec soin dans la cale de leurs navires. Quoiqu'il faille faire un circuit énorme lorsqu'on double soit le cap Horn soit le cap de Bonne-Espérance, les Américains peuvent apporter cette glace, faire un juste bénéfice, et la vendre à des prix que le luxe de Calcutta ne trouve pas immodérés.

Inégalité des dangers pour la vie des Européens dans l'Inde.

On a remarqué que les professions les plus actives et les moins sédentaires sont celles qui conservent le mieux l'équilibre des bons tempéraments, ou qui, du moins, en retardent davantage la détérioration. C'est au sommet de la société, c'est au milieu du luxe d'un palais qu'il faut se placer pour découvrir les profonds ravages du climat.

Examinons ce qui s'est passé depuis soixante ans parmi le grand nombre de gouverneurs généraux appelés à savourer, dans un séjour vraiment royal, tous les conforts de la vie la plus conservatrice. Entre tous ceux qui sont revenus dans leur patrie après un séjour de *huit ans au plus* sur les bord du Gange, un seul n'a pas péri d'une mort anticipée : un seul! mais celui-là n'était pas resté dix-huit mois dans l'Inde. Les épouses mêmes de ces heureux de la terre n'ont pas été plus épargnées par le climat. La dernière de toutes, la vice-reine, comtesse Canning, celle qu'en 1851 les Français avaient vue dans le Palais de cristal jeune et blanche et rose, comme une beauté d'Angleterre en son printemps, elle a payé le dernier tribut à la terre impitoyable envers ses conquérants européens. Elle s'est éteinte avant de mettre à la voile pour retourner dans sa patrie; et lord Canning, emportant dans son sein *les arrhes de la mort,* n'a pu jouir que peu de mois, et seul! du séjour si doux de sa terre natale.

Conditions et durée du séjour des Anglais dans l'Inde.

Au milieu d'un pays dont le ciel est si beau, mais dont le climat est dévorant, la vitalité britannique ne transmet pas sans affaiblissement de père en fils la force physique et surtout l'énergie morale. De graves observateurs, des fonctionnaires éclairés par un long séjour, des médecins, des chirurgiens, affirment qu'au Bengale la race anglaise, énervée de la sorte, ne se perpétue pas au delà de la troisième génération. Mais combien peu d'Anglais persistent à rester dans l'Inde jusqu'à la troisième génération!

On accourt dans l'Orient afin d'y tenter une fortune rapide, soit au service du Gouvernement, soit dans les entreprises du commerce, de l'industrie, du barreau ou de la banque. Rester peu d'années dans l'Inde, et, s'il se peut, en rapporter des trésors, tel est l'objet de tous les vœux. Par bonheur, les indigènes ont cessé d'être un sujet de pillage entre les mains de gouvernants déterminés à s'enrichir par les voies les moins honorables, pourvu qu'elles fussent impunies. L'État assure à ses fonctionnaires de somptueux moyens d'existence pendant leur service actif et des pensions magnifiques au moment de leur retraite. En faveur des administrateurs et des juges, à d'énormes appointements sont ajoutées, quand vient l'heure de la retraite, des pensions de 25, de 30 et de 50 mille francs; cela les dispense, lorsqu'ils sont en activité, de faire aucune économie sordide. La pensée des exactions incessantes ne leur est plus un besoin pour s'assurer la perpétuité d'une grande aisance. Cette sécurité, qui donne la paix aux imaginations, dispose les hommes à plus de sagesse et de modération dans les jouissances, qui, grâce à Dieu, ne dégénèrent en coupables excès qu'aux dépens du vrai bonheur et de l'existence.

Pour les simples citoyens venus de la métropole, c'est l'intelligence et l'industrie, c'est l'économie et le travail qui seuls, aujourd'hui, peuvent créer en Orient les grandes fortunes. Là, sans doute, cette création est plus prompte; mais elle est sujette aux mêmes conditions d'ordre, d'intelligence et de labeur que dans les cités d'Occident les plus actives et les plus rémunératrices.

Existence des natifs : différents degrés de leur fortune.

La population des natifs présente, à Calcutta, les deux extrêmes de l'opulence et de l'indigence. Du côté de la richesse, il faut compter au premier rang un certain nombre de radjahs privés de la souveraineté, mais devenus, triste compensation, les pensionnaires les mieux dotés par le pouvoir envahisseur. Au second rang on trouve des zémindars, qui représentent les anciens fermiers des souverains mahométans, et qui sont aujourd'hui propriétaires de domaines dont quelques-uns ont une immense étendue. Joignons-y les banquiers et les riches marchands, soit hindous, soit mahométans, sans oublier les parsis, les grecs, les arméniens et les juifs : rivaux qui disputent aux Anglais une large part du commerce et de l'usure honorée du doux nom d'intérêt[1]. Telle est la partie qui comprend tous les millionnaires parmi les fortunes qui ne sont pas britanniques.

La partie du peuple indigène composée des petits marchands et des artisans occupe les magasins, les boutiques ou bazars et les ateliers.

Enfin les natifs vraiment pauvres, livrés aux plus viles occupations, et trop souvent à l'absolue fainéantise, vivent dans les rues et dorment à la belle étoile; ils ne sont pas même à demi vêtus, et beaucoup d'entre eux se montrent en plein jour dans un état de complète nudité. Ce dénûment de la foule est encore rendu plus hideux par le contraste avec la splendeur de la classe opulente ou simplement à son aise; dans celle-ci les deux sexes déploient les costumes élégants, harmonieux pour les formes et les couleurs, du peuple d'Asie qui possède au plus haut degré le sentiment de la grâce et le charme de quelques arts.

Faste comparé des Occidentaux et des Orientaux, à Calcutta.

Si je voulais mettre en relief un grand contraste, je décrirais d'abord le faste de la cour du vice-roi, je peindrais dans un palais vraiment royal les réceptions et les fêtes gouvernementales : là sont étalés les uniformes dorés de tous les états-majors civils et militaires, et le luxe éblouissant des beautés européennes, faisant contraste avec les costumes orientaux des babous et des nababs admis aux réunions solennelles.

[1] A Calcutta, l'intérêt ordinaire varie de 10 à 12 pour cent dans les prêts faits au commerce ainsi qu'aux personnes aisées. Dans les prêts faits au peuple des champs, aux ryots, il s'élève parfois à 50 *pour cent par semestre.*

Je me contenterai d'expliquer la composition fastueuse des maisons commerciales européennes : composition que les principaux fonctionnaires de l'Inde ne manquent pas d'établir à l'imitation des grandes familles indigènes.

Luxe de la domesticité chez les blancs; l'intendant et le grand nombre des serviteurs en sous-ordre.

Le *sarcar* est l'intendant chargé par le maître et la maîtresse, par le *sahib* et la *sahiba*, de présider à la discipline domestique, aux dépenses de la maison. Il achète tout sans exception; et, sans exception, il prélève sur tout sa part cupide. C'est le grand-vizir de la vie domestique.

En Angleterre, les mêmes fonctions sont remplies par un blanc, vêtu de noir depuis les pieds jusqu'à la tête; dans l'Inde, l'intendant est noir, sans être nègre, et complétement vêtu de blanc.

Le sarcar fait honneur aux innombrables profits de sa profession par l'élégance et le luxe de son costume. On dirait qu'il porte réunies dans un seul vêtement la chlamyde grecque et la toge romaine; l'une et l'autre sont figurées par une longue mousseline, légère quoique compacte, et d'une blancheur éclatante. Cette draperie moelleuse monte, pour ainsi dire, par un mouvement sinueux, en caressant le corps humain, dont elle fait trois fois le tour, et se drape en longs plis d'une singulière harmonie. Ce vêtement si léger, et si bien excusé par un climat de zone torride, paraît moins celui d'un homme que d'un être féminin. L'illusion s'accroît encore par l'élégance d'un turban dont la mousseline aux mille plis est presque aussi fine que la gaze : turban drapé, posé, porté avec un art vraiment coquet et naturel en Orient, même chez un sexe qui devrait être plus viril.

Domesticité secondaire.

Au premier coup d'œil, on croirait être fort économe si l'on supprimait un intendant si coûteux, qui semble moins un serviteur qu'un maître plein de recherche et de mollesse. Mais si le somptueux sarcar perçoit inévitablement sur tous les achats un bénéfice peu licite, il veut du moins être seul à remplir ses fonctions déprédatrices. Dans sa pensée, tout serviteur qui voudrait suivre son exemple le volerait lui-même encore plus que son maître, et sa clairvoyance à cet égard est inexorable.

Il y a peu de siècles encore, nos ministres du moyen âge, ceux qu'on appelait *surintendants des finances,* ces grands *sarcars occidentaux,* ne servaient pas autrement leur souverain; la fortune publique était heureuse quand ils daignaient être les seuls à s'en adjuger les larges prémices.

Dans l'Hindoustan, l'innombrable domesticité des opulents Européens rend à peu près indispensable cette probité de la tourbe des domestiques, exigée par *un voleur suprême,* autorisé, privilégié, ou tout au moins toléré.

L'auteur d'un livre charmant sur l'Inde, madame Parke[1], la *sahiba* d'un des principaux magistrats covenantés, sans tenir un état de maison extraordinaire, ne comptait pas moins de *cinquante-sept domestiques des deux sexes* attachés à son service : valets et femmes de chambre, cuisiniers, portiers, cochers, écuyers, grooms et coupeurs de foin, courriers et porteurs de palanquin, etc. etc.

A Calcutta, presque aucun des serviteurs ne comprend l'anglais; ils parlent le bengali et quelques-uns savent

[1] Wanderings of a Pilgrim in search of the Picturesque, during 24 years in the East. London, 1850 2 vol. grand in-8°.

l'hindoustani. Ils ne mangent pas chez leur maître, afin d'éviter toute souillure de leurs aliments par le contact avec d'impurs Occidentaux. Ils cachent au sahib européen leur foyer domestique et leur vie intime, parce que tout indigène fidèle à sa caste doit les soustraire aux regards des profanes qui sont étrangers à la race de Brahma.

Telle est l'innombrable et mystérieuse domesticité que l'Européen subit et qu'il montre à tous les yeux quand il veut représenter dans ses fêtes d'apparat; elle explique par quels moyens, dans un pays où le service personnel descend à des salaires infimes[1], le nombre incalculable des dépenses, petites en elles-mêmes, absorbe des traitements qui seraient énormes en Europe; où tout cependant coûte si cher. Trop heureux, dans l'Inde, les hauts fonctionnaires qui comptent avec eux-mêmes : c'est le seul moyen de ne contracter aucune dette avec des prêteurs indigènes; autrement, l'énormité des intérêts et leur rapide accumulation ruineraient à jamais l'imprudent débiteur. Il deviendrait en réalité l'esclave de ses impitoyables créanciers, et ne pourrait plus quitter l'Inde.

Voilà quelle est l'adresse avec laquelle le vaincu reprend au vainqueur, sous mille formes diverses, le plus clair des impôts que l'Européen perçoit par centaines de millions en se déclarant, comme avant lui le Musulman, souverain maître et possesseur féodal de la terre envahie.

Laissons de côté le faste des Anglais et leur genre de vie, qui se rapproche, autant que le climat le leur permet, de celui de la métropole. Les mœurs et les fêtes des indigènes, par ce qu'elles ont conservé de national, sont pour nous plus neuves et plus instructives.

[1] Le salaire descend jusqu'à deux roupies (5 francs) par mois, c'est-à-dire 16 centimes $\frac{2}{3}$ par jour, *sans nourrir un serviteur si mal payé.*

Le luxe, le palais et les fêtes d'un riche indigène, à Calcutta.

La domesticité des riches natifs a servi de modèle aux Européens; ainsi nous n'avons pas à la décrire. Les natifs, à leur tour, s'efforcent d'imiter les Européens; ils s'approprient nos meubles les plus somptueux, nos superfluités les plus apparentes et nos moyens d'éclairage, afin d'embellir les appartements destinés à leurs réunions solennelles. Malgré les emprunts faits des deux côtés, les différences sont profondes.

Transportons-nous dans le vaste hôtel d'un opulent indigène, hôtel dont aujourd'hui les dehors, et je le regrette, n'ont plus, comme à Bénarès, un aspect oriental.

L'amour du beau dans les arts et des oppositions dans le type des monuments aurait été plus satisfait si dans Calcutta, sur le vaste quai du Strand, de grands hôtels et des temples d'un caractère hindou, arabe ou persan avaient fait contraste avec les palais européens de Chowringhie. Voyez, à Venise, combien les basiliques byzantines et les palais d'un style mauresque ajoutent à l'effet produit par les chefs-d'œuvre d'Italie dus au génie des Palladio !

Le palais, je dirais mieux, en m'arrêtant à l'aspect extérieur, le *palazzo* d'un babou, d'un turcaret de Calcutta, devenu riche en disputant les millions de l'Orient aux turcarets britanniques, ce palais est d'une étendue considérable; il s'annonce au dehors par une imposante façade, mélange imparfait des styles de la Grèce et de l'Italie. Un portique à grandes dimensions conduit dans une immense salle, presque toujours circulaire et formant le centre de l'édifice; elle est entourée d'un double étage de galeries, que supportent des piliers richement décorés. En arrière des galeries, on aperçoit des portes nombreuses qui communiquent à des appartements accessibles; ceux de l'étage supérieur, véritables cloîtres, sont réservés par le sultan domestique pour les femmes de la famille. Dans les jours de gala, lorsque le public inondera la grande rotonde, ces femmes resteront cachées à tous les yeux par des abat-jour placés en avant des ouvertures qui donnent sur la salle des fêtes; inaperçues des visiteurs, elles pourront néanmoins entrevoir à la dérobée un spectacle où leur présence est interdite autant que leur image. Les Vénitiens ont emprunté de l'Orient ces planchettes légères que nous avons rendues mobiles, que les Anglais nomment des *aveugles* et que nous avons nommées des *jalousies;* mais en Asie de si légers obstacles ne doivent pas permettre que la beauté se rende à son gré visible ou cachée, en les inclinant sous un angle tantôt ouvert et tantôt fermé par la discrétion ou la coquetterie : les jalousies des vrais jaloux sont immobiles.

Avant la conquête de l'Inde par les musulmans, les femmes des grands n'étaient pas séquestrées ainsi. Un misérable désir d'imiter les coutumes du vainqueur a fait retirer aux femmes hindoues d'un rang élevé la noble liberté dont elles jouissaient. Il faudra peut-être des siècles pour revenir aux mœurs primitives dont le vainqueur occidental leur présente aujourd'hui le spectacle envié.

A la manière des cirques et des théâtres antiques, la grande salle circulaire est à ciel découvert. Par une autre imitation, lorsque ont lieu les fêtes ou de jour ou de nuit, cette salle est abritée par un velarium de couleur écarlate : couleur également adoptée pour le tapis sur lequel marcheront les spectateurs.

Dans la capitale de l'Inde britannique, les grandes demeures des indigènes opulents sont toutes construites et distribuées sur le plan que nous venons de décrire; grâce à leurs vastes dépendances, elles contiennent sous le même toit le père, les fils, les petits-fils et leurs familles. C'est ainsi qu'autrefois la maison romaine abritait la parenté complète, sous l'autorité suprême du *pater familias*.

La salle grandiose où viendront se réunir les invités est ornée par de nombreuses glaces empruntées à l'industrie européenne, ainsi que par des candélabres et des lustres en cristal qui portent une infinité de bougies; on se croirait, un jour de fête, dans la galerie ou le théâtre de Versailles. La soirée s'annonce au dehors par une brillante illumination, qui fait valoir la façade de l'hôtel. Dans la Cité des Palais, comme dans nos cités d'Occident, le commun peuple, curieux, envieux et stupéfié, se presse à l'entrée de l'hôtel pour voir arriver les invités qui sortent de leurs palanquins et de leurs voitures ou qui descendent de cheval. Mais ici les yeux cherchent en vain la partie la plus imposante des cortéges asiatiques.

Dans Calcutta, célèbre pour le luxe des équipages et des chevaux, afin que les coursiers anglais ne soient pas saisis d'épouvante à l'aspect des éléphants, nous avons dit qu'on ne permet pas de circuler dans la capitale *européanisée* à ces animaux imposants, si propres à rehausser l'éclat et la grandeur des fêtes orientales.

Les bayadères ou nautches.

Le somptueux babou qui donne la fête réunit l'élite de la société des Européens et des natifs, pour la faire jouir d'un concert où quelque chanteuse renommée dans tout l'Hindoustan doit faire entendre sa douce voix, sans la déparer par des cris; mais cette voix sera peu secondée par des accompagnateurs munis d'aigres et bizarres instruments. Après la célèbre cantatrice viendront les filles de l'Inde joyeuse, mieux vaudrait dire les filles du sérieux et morose Hindoustan, les *nautches* ou, comme nous les appelons vulgairement, les *bayadères*. Elles feront admirer une danse orientale pleine de mystères, et qui rappelle des idées, des jouissances inconnues aux spectateurs européens. Leurs mouvements, leurs gestes, l'expression même de leur physionomie, tout en elles est symbolique, et presque religieux. Leur danse est complétement opposée aux excentricités, aux saturnales qu'expriment les danses de nos ballets; à ces élans prodigieux qui mesurent l'extrême limite de la force musculaire; à ces pirouettes où la jambe d'une femme censée décente, tendue à la hauteur de l'œil, mesure en quelque sorte par un tel écart l'audace effrontée des baladines d'Occident. Le costume imposant et grave des bayadères hindoues ne rappelle pas davantage l'étalage sensuel de ces parures d'opéra dont les gazes superposées se soulèvent au vent des pirouettes, et qui sont avant tout destinées à ne rien gazer. Les nautches, au contraire, sont à la lettre ensevelies sous un luxe de draperies qui fait disparaître en même temps la légèreté, l'élégance et la perfection des formes.

Si, pour parer plus richement la Cérès antique, on l'étouffait sous le fardeau dix fois répété de cette robe aux longs et doux plis dont la majesté pleine de grâce fut consacrée aux impératrices romaines, alors on aurait l'idée des tissus accumulés sur les danseuses de l'Inde [1]. C'est un vêtement dont l'ampleur, sans art et sans transparence, ne laisse deviner aucun attrait; un tel déguisement ne permet qu'on aperçoive, de la danseuse elle-

[1] L'élégante madame Parke, et l'on peut s'en rapporter à son sexe, madame Parke porte *à cent mètres de longueur* les tissus qui couvrent et nous pourrions ajouter *qui cachent* une danseuse, disons mieux, *une marcheuse* de l'Hindoustan.

même, que la tête, les mains et par moments le bout des pieds.

La danse n'est pas, à nos yeux européens, moins étonnante que l'austérité du costume; elle se compose de mouvements graves, étranges et presque pénibles, offrant une pantomime accompagnée de sons inarticulés, faibles, et qui nous semblent plaintifs. Nous apercevons des agitations opérées sur place qui, dans leur ensemble, n'ont pour nous aucune harmonie, et dont nous cherchons, sans y réussir, à comprendre les motifs. Ce jeu scénique a ses clartés, sans doute, pour les imaginations, les intelligences et les traditions de l'Orient; mais, comme il ne dit rien aux sens, les spectateurs occidentaux ne le peuvent pas même interpréter à ce dernier point de vue, que comprendraient tous les pays.

Chose surprenante ! aux yeux des femmes bien élevées de la société brahmanique ou musulmane, la présence en public de ces bayadères, si réservées, si voilées, et qui semblent repousser jusqu'à l'idée d'un appel aux plaisirs des sens, cette seule présence en fait des êtres dégradés et coupables d'une dignité déchue. On dirait que le simple contact de leurs regards avec les regards d'un autre sexe est suffisant pour qu'elles perdent leur rang, leur caste de femmes pudiques et considérées. Des beautés si sévères dans leur costume sont pourtant les danseuses des étranges pays, esclaves des sens, où le soleil embrase tout pendant le jour et ne disparaît que pour laisser la place aux rêves, aux plaisirs des Mille et une nuits. C'est, au contraire, le voluptueux Orient dont la pudeur effarouchée s'étonne, je dirais presque se révolte, en voyant parmi les spectatrices d'une fête publique des dames anglaises, des ladies, des sahiba d'outre-mer qui, sans la moindre hésitation, offrent une si grande partie de leurs attraits à la profanation, par les regards, d'un nabab asiatique! Même à Calcutta, les belles moitiés de la race dominatrice veulent rester fidèles à l'étiquette anglaise de la cour, du bal et de l'opéra; elles se font un devoir de se montrer sous tous les climats, et sans compter pour rien les saisons, avec le visage, les bras, le sépaules, le cou et le sein découverts.

Une autre lady Montaigue, peintre de la fête.

Pour compléter ce tableau, c'est à la jeune et belle *épouse d'un évêque anglican* de l'Inde britannique, c'est à lady Heber, spectatrice elle-même et portant, comme dirait un géomètre, la parure en partie *positive*, en partie *négative*, d'une toilette européenne, c'est à cette jeune et vertueuse observatrice que nous empruntons le côté oriental de notre double peinture.

Cependant, afin que l'Asie n'ait pas ici trop de supériorité, la nouvelle et spirituelle lady Montaigue, qui sait si bien observer une scène des bords du Gange, est avant tout passionnée pour le confort et l'exquise propreté qui caractérisent le luxe de son pays; elle fait remarquer avec horreur une saleté profondément révoltante[1], une absence de tout soin délicat, qui soulèvent le cœur de la femme européenne, en parcourant les escaliers, les corridors, les galeries, les portiques et les abords du palais où nous venons d'étudier l'opulence des indigènes.

J'ai voulu montrer comment, pour les plaisirs aussi bien que pour les affaires sérieuses, les deux civilisations de l'Occident et de l'Orient se rapprochent, entrent en contact, par vanité, par intérêt ou par politique, mais sans pouvoir s'aimer, ni s'estimer, *ni se comprendre.*

[1] *Very shocking.*

LE PEUPLE-ROI DANS CALCUTTA ET DANS LES PROVINCES DU BENGALE.

Oublions les jouissances et les divertissements, qui sont trop souvent les aberrations de la vie; élevons-nous à de plus hautes pensées en essayant de caractériser, dans sa grandeur, le rôle des conquérants, soit dans leurs rapports nationaux, soit vis-à-vis des nations asservies.

Tout est surprenant pour l'observateur qui veut apprécier le pouvoir exercé par les Anglais dans l'Inde. Ce qui, plus qu'aucune autre chose, frappe à chaque instant notre attention, c'est la simplicité, l'efficacité des rouages gouvernementaux. Pour tenir sous le joug des populations immenses, le conquérant, si peu nombreux, fait preuve d'une énergie digne de la grandeur de son empire. C'est à juste titre que nous l'appellerons ici, comme autrefois les nations appelaient les Romains, *le Peuple-roi.*

Gouvernement général et Conseil législatif.

Depuis 1860, le gouverneur général, au lieu d'obéir tantôt à la Compagnie des Indes orientales, tantôt au Bureau de contrôle, n'a plus à demander des ordres qu'au ministre des Indes résidant à Londres. La *reine* aujourd'hui, le *roi* demain, sont et seront ses uniques maîtres; et, pour en mieux informer le peuple, il a reçu le titre parlant de *vice-roi.* Dans le principe, outre la conduite suprême des affaires, dans toute l'étendue d'un immense empire, il exerçait en personne le gouvernement de la Présidence de Calcutta : Présidence qui n'avait pas moins de six cents lieues d'étendue.

Afin de le soustraire à l'accablement des intérêts locaux et des affaires personnelles, on a divisé cette Présidence en trois sous-gouvernements, qui sont le Bengale, les provinces du Nord-Ouest ou du Gange supérieur, et les pays que baigne le haut Indus. Tel de ces gouverneurs en sous-ordre a dans ses mains le destin de quarante millions d'hommes.

Le Lieutenant-gouverneur du Bengale et de ses annexes réside dans la même capitale que le chef suprême.

A Calcutta réside aussi le Commandeur des forces d'une armée permanente; armée qui même aujourd'hui, quand l'Inde paraît complétement pacifiée, ne compte pas moins de 70,000 Européens et de 240,000 indigènes.

Jusqu'à ces derniers temps, sous les ordres immédiats du vice-roi, quatre ministres seulement dirigeaient : 1° la justice et la police; 2° les finances et l'administration civile; 3° l'administration des forces de terre et de mer; 4° les affaires étrangères. Depuis trois années, un cinquième et nouveau ministre est chargé de tous les travaux publics affectés aux besoins civils.

Un gouvernement si simple suffit pour administrer avec énergie des États dont la population s'élève aux deux tiers de tout ce qu'enferme aujourd'hui l'Europe.

Conseil législatif. Chose encore plus étonnante que ce petit nombre d'organes primordiaux de la puissance exécutive, c'est un *Corps législatif* qui naguère ne comptait que quatre membres et qui décrétait des lois, appelées *regulations,* pour cinquante nations différentes par les mœurs, la religion, la langue et l'état social, par les besoins et les ressources de la civilisation. Aucun de ces législateurs n'était et n'est encore ni l'élu des colons, ni celui des indigènes, qu'il est censé représenter. Les Indiens surtout étaient affligés et blessés de ne voir que des étrangers au rang de leurs donneurs de lois. On a fait cependant quelque droit à ce grief en adjoignant à l'assemblée législative un ou deux Hindous considérables; mais ils sont choisis par le vice-roi.

On serait fort tenté de croire qu'avec ces proportions lilliputiennes un corps législatif qui formerait à peine le *Conseil privé* le plus restreint doit être tout à fait insuffisant pour embrasser la connaissance des intérêts généraux d'un vaste empire, et pour les défendre avec cette éloquente ardeur que peut seule inspirer une grande assemblée délibérante. Cependant la cause des colons, comme celle des indigènes, quand il a fallu la protéger contre les prétentions exagérées du pouvoir exécutif et de ses privilégiés, a trouvé quelquefois dans cet embryon d'assemblée des défenseurs dignes d'un plus nombreux tribunal.

Tôt ou tard la force des choses contraindra l'autorité dominatrice à rapprocher le Conseil législatif de la constitution et de l'ampleur que doit avoir un Parlement chargé de faire des lois pour un si grand nombre d'hommes, et pour tant de nations dont il est tenu de connaître les besoins infinis et de partager tous les intérêts.

Pouvoir judiciaire. Nous serons moins étonnés du petit nombre des juges, parce qu'ici le vainqueur a transporté l'organisation particulière à ses tribunaux de la métropole européenne aux Indes orientales.

A l'égard de la justice et de l'administration, nous nous sommes efforcé de faire connaître les progrès qu'a faits la moralité du gouvernement introduit par l'Angleterre sur les bords du Gange et de l'Indus. Ce gouvernement présentait, il n'y a pas plus de quatre-vingts ans, le hideux spectacle d'une rapacité sans bornes, palliée, mitigée quelque peu dans Londres chez la Compagnie régnante, mais excessive, effrontée, impunie, chez les gouverneurs et les administrateurs envoyés dans l'Inde, et qui dévoraient comme une proie cette grande partie de l'Asie.

Disons, à l'honneur de la Compagnie et des ministres d'Angleterre, qu'ils ont cherché depuis deux tiers de siècle et qu'ils ont trouvé le moyen de faire régner la probité chez les administrateurs d'un pays conquis et sans défense. Le Conseil des Directeurs leur avait interdit dès le principe d'y posséder aucun immeuble, et, plus tard, d'y faire aucun trafic; il a fini par leur défendre de s'approprier même des présents commandés par les mœurs de tous les gouvernements asiatiques. A l'égard des dons d'honneur, des *khilats*, que l'étiquette leur enjoint de recevoir, quand ils sont offerts par des souverains et des princes, les fonctionnaires ont ordre de les remettre au trésor indo-britannique. On les a si bien placés au-dessus de tous les besoins possibles en Orient, qu'ils ont fini par devenir supérieurs à toutes les tentations, et qu'aujourd'hui l'intégrité est devenue la vertu générale, depuis le vice-roi jusqu'au moindre officier covenanté.

Quand nous parlerons de la Russie et de quelques autres États plus ou moins civilisés, on verra combien il est laborieux et rare d'opérer sur le personnel de tout un gouvernement une métamorphose que la difficulté vaincue a rendue si glorieuse; ce n'est pourtant que la simple suppression d'un opprobre public et d'un prodigieux ensemble d'infamies.

L'aristocratie gouvernementale des administrateurs covenantés ou non covenantés.

Au petit nombre, à la simplicité des moteurs primordiaux, correspondent le petit nombre et la simplicité de tous les rouages qui transmettent le mouvement. Jamais moins de vainqueurs n'ont gouverné dans les provinces un si grand nombre de vaincus.

Entre tous les fonctionnaires publics empruntés à la race conquérante, moins de la moitié sont *covenantés*, c'est-à-dire ont pris engagement, par *convention* écrite et sous serment, de servir toujours et de bien servir dans le gouvernement de l'Inde. Cette aristocratie administrative, composée de peu de membres, mais indissoluble et suprême, est organisée pour présider à toutes les affaires des peuples indiens. Ses fonctionnaires ne sont pas, comme en Europe, divisés et subdivisés en corps ou plutôt en *corporations* étrangères les unes aux autres. Un même administrateur passera tour à tour de la position de juge à celle de contrôleur et de receveur des finances, ou de la position d'administrateur civil à celle de diplomate; enfin, parmi les non-covenantés empruntés à l'armée règne la même succession des fonctions les plus disparates. Un pareil système, incontestablement favorable au développement des grandes intelligences et des expériences universalisées, se rapproche à beaucoup d'égards de celui dont jadis les Romains ont su tirer un si grand parti dans leur administration des peuples conquis.

Situation respective des administrateurs covenantés et des simples colons anglais.

L'oligarchie gouvernementale, qui ne connaît aucun obstacle pour gouverner des populations presque innombrables, éprouve des difficultés infinies pour tenir sous le frein des lois dix à douze mille individus, représentants désarmés du peuple conquérant. Ceux-ci, banquiers ou commerçants, chefs d'atelier ou de boutique, fabricants, planteurs ou simples artisans, avocats, avoués, facteurs ou commis subalternes, restent Anglais et superbes au fond de l'âme; ils se montrent tels qu'était autrefois le citoyen romain, le *civis romanus*, au milieu des conquis. Ces dominateurs sont tout devant l'immensité des Asiatiques; mais chacun d'eux, pris à part, n'est rien ou presque rien devant la suprématie du gouverneur général et devant la hiérarchie des administrateurs de sang britannique.

Depuis un certain nombre d'années ils luttent néanmoins, animés qu'ils sont par l'esprit invincible qu'inspirent à l'Anglo-Saxon le sentiment de ses droits et son amour *sans bornes* pour la liberté personnelle. Par ce sentiment, pour ainsi dire inné chez lui, il fait face en tous lieux, à tout instant, contre toute espèce d'arbitraire; il lutte aussi trop souvent contre l'autorité légale et raisonnable. A plus forte raison, résiste-t-il contre ce que l'Italien nomme si bien la *prepotenza* du Gouvernement : ce superlatif d'un pouvoir qui passe avec volupté par-dessus les droits de tous, afin de se donner à soi-même la démonstration la plus enivrante et la plus irrécusable de sa suprématie et de sa superbe! Arrêtons-nous à ce grand spectacle, qu'aucune autre race moderne ne présente avec autant d'énergie.

Comment les colons anglais ont passé par degrés de la sujétion absolue à la liberté.

La Compagnie, qui connaissait bien le caractère indomptable de ses concitoyens anglo-saxons, les avait tenus deux cents ans expulsés en principe, en droit, de son négoce et de sa conquête aux Grandes-Indes. Appuyée sur des Actes réitérés du Parlement, elle n'admettait dans ses possessions aucun Anglais indépendant; nul n'était reçu qu'à titre d'exception et de faveur. Elle condamnait à l'ostracisme quiconque se permettait la moindre résistancé à ses intérêts, à ses profits, à son pouvoir, ainsi qu'à l'autorité de ses représentants.

Dans ce siècle même, il n'y a guère plus de trente ans, la Compagnie dominatrice avait conservé tout son esprit d'exclusion et d'arbitraire. En voici peut-être l'exemple le plus saillant, que j'ai découvert dans l'Enquête sur la colonisation de l'Inde. La Cour des Directeurs n'avait pas rougi de refuser à l'un des principaux ornements du barreau britannique l'autorisation d'habiter l'Inde afin d'exercer sa profession d'avocat. Sans s'arrêter à ce refus, M. Théodore Dickens part pour Calcutta. « *Le Président du Comité d'enquête :* Mais ne pouvait-on pas le renvoyer immédiatement? — Sans aucun doute; il aurait suffi d'un avertissement et d'un délai de vingt-quatre heures. — Comment donc a-t-il eu la permission de résider dans la capitale de l'Inde? — Il découvrit qu'aux bords du Gange les grands fonctionnaires étaient incomparablement plus libéraux qu'aux bords de la Tamise. Comme ils trouvèrent en lui un homme instruit, capable, et qui plus est un *gentleman*, qui venait exercer honorablement la profession la plus honorable, ils se gardèrent de l'inquiéter; et la colonie britannique recueillit le fruit de ses talents [1]. »

La Compagnie se montrait bien plus sage et bien plus humaine en refusant aux Anglais, et surtout à ses fonctionnaires, une autre faculté très-dangereuse entre les mains du conquérant : celle d'acquérir des propriétés et d'usurper une part dans les cultures des populations conquises.

Cependant, vers l'année 1825, la force croissante des idées modernes et des intérêts métropolitains obligea la Compagnie à permettre que quelques planteurs anglais

[1] Déposition du docteur Ralph Moore, témoin oculaire.

vinssent au Bengale, afin d'entreprendre la culture ou plutôt la fabrication de l'indigo.

En 1833, les nouveaux venus en étaient encore à de simples essais, lorsqu'en vertu d'une Charte nouvelle tous les citoyens de la mère patrie eurent la liberté de résider dans l'Inde, d'y posséder, d'y planter, d'y fabriquer et surtout d'y commercer.

Grande association défensive des colons anglais au Bengale.

Nous examinerons à part la lutte qui s'établit entre les planteurs anglais et les Indiens cultivateurs traditionnels de l'indigo. Les indigènes, qui cependant ont fini par être surpassés dans leur propre pays, l'emportaient à tel point pour cette production sur le reste de la terre, qu'ils en vendaient à la Grande-Bretagne *quarante fois* plus que les autres nations prises ensemble et *cent vingt fois* plus que les colons anglais des Indes occidentales. Ce grand commerce, envahi bientôt par l'industrie britannique, pour conquérir son dernier degré d'importance, s'est appuyé sur l'esprit d'association. Les planteurs anglais, quoique ayant chacun son intérêt financier à part, unis par le sang, par le caractère et par des besoins communs, se sont constitués en corps. Ce corps a dans Calcutta son centre et ses organes actifs, audacieux, intrépides.

La Commission d'enquête que nous avons si souvent mentionnée, et que le Parlement avait chargée d'étudier les moyens d'étendre l'établissement personnel et le travail des Anglais dans l'Inde, cette Commission n'a pas manqué d'interroger les planteurs qui se trouvaient à Londres en 1858, en 1859, et l'actif représentant de leur association. J'ai tiré de leurs interrogatoires des lumières précieuses, non pas seulement sur leurs travaux, mais sur l'esprit de la résistance, tantôt bonne, tantôt mauvaise, et toujours remarquable, qu'ils ont déployée dans l'Inde. Je vais en donner une idée.

Les colons du Bengale en présence d'une Commission d'enquête; leur avocat, leur tribun, M. William Théobald.

M. W. Théobald est un avocat, un *barrister;* il a plaidé pendant quatre ans à la *barre,* au *barreau* des tribunaux de l'Inde. Son caractère vigoureux, joint à la faculté de rendre chaudement, inépuisablement et rapidement ses pensées, l'a fait choisir pour organe, en réalité *pour tribun,* dans une élection que lui-même appelle *populaire.* On l'a nommé le *Secrétaire* et l'*Avocat* des commerçants et des planteurs habitant le Bengale et le Béhar : deux pays, dont la capitale est Calcutta. Cette association, qui par des liens nombreux, tient au commerce entier de l'Inde, se rattache à six cents millions de francs d'affaires annuelles et de plus à six cent mille tonneaux de navigation océanique. Elle s'est formée pour la défense et même pour l'attaque, afin de lutter avec les deux gouvernements des bords du Gange et de la Tamise, tout absolus qu'ils sont à l'égard du grand empire oriental.

Réclamations, dans Londres même, contre des projets de lois et de code relatifs à l'Inde.

Quelque temps avant la grande rébellion, M. W. Théobald se rendait à Londres, envoyé par les Européens du Bengale et par leurs descendants nés dans l'Inde, lesquels sont désignés sous les noms d'*Est-Indiens* ou d'*Eurasiens*[1]. Ses commettants coloniaux, qui n'ont rien oublié de

[1] En abusant du droit de défigurer les mots par leur alliage, des deux

la mère patrie et des libertés qu'elle assure à ses enfants, étaient à la fois alarmés et révoltés d'une résolution qui semblait imminente et qui les eût soumis aux mêmes lois que des mahométans, des Hindous, des parias, des vaincus! On devait proclamer pour cela certains Actes législatifs depuis longtemps en préparation, et que les Anglais établis au Bengale ont toujours appelés *les Actes noirs*, THE BLACK ACTS; de même qu'ils appelaient à Calcutta *le Cachot noir*, THE BLACK HOLE, la plus infâme et la plus abhorrée des prisons, dont le séjour donnait la mort.

M. Théobald faisait aussi le voyage afin de repousser certaines dispositions qu'on redoutait dans *un projet de code pénal* qu'avait préparé le célèbre Macaulay, lorsqu'il était membre du Conseil législatif à Calcutta. Ce nouveau Code aurait rendu, sans aucune réserve, justiciables des mêmes tribunaux indo-britanniques tous les Anglais habitants de l'Inde et l'universalité des indigènes. Pour ajouter à l'exaspération des colons anglais, menacés de perdre un privilége inappréciable à leurs yeux, le même code exceptait de la loi commune tous les administrateurs civils, covenantés ou non covenantés, tous les officiers de la guerre, tous les officiers de la marine : en un mot tout ceux qui, dans les différents degrés du pouvoir exécutif, composent l'aristocratie des serviteurs de l'État.

Le mandataire des colons allait donc à Londres pour repousser ces innovations, dont l'effet détestable, à ce que prétendaient ses commettants, aurait été de transformer la grande Cité des Palais, protégée jusqu'à ce jour par la loi judiciaire de la métropole, en bailliage conquis, en *zillah* de la toute-puissante Compagnie des Indes orientales. L'homme du barreau consacra les années 1857

termes *européens* et *asiatiques*, on a fait *Eurasiens* : ce qui signifie les rejetons des deux races d'Europe et d'Asie.

et 1858, d'une part, à remplir ces mandats défensifs, de l'autre, à promouvoir énergiquement auprès des autorités centrales les réformes depuis longtemps réclamées à grands cris et du ton le plus agressif par les Anglais des bords du Gange. Une si vaste mission, pour combattre tant de mesures, nous rappelle involontairement ces athlètes universels, ces *Pancratiastes*, que les cités de la Grèce envoyaient pour soutenir à la fois tous les genres de lutte, dans les jeux nationaux dont ils étaient idolâtres.

Tel est le personnage militant que le Comité de colonisation s'empresse d'interroger dès sa troisième séance. Trois fois appelé, trois fois il répond, et largement, à *huit cent soixante et seize questions*. Il aspire à faire connaître les vœux, les alarmes, les griefs et les prétentions des Anglais qui colonisent l'Inde, ainsi que les faits et les raisons qu'il est possible d'alléguer en leur faveur.

Rôle actif des Anglais dans les campagnes et les villes du Bengale et du Béhar.

M. Théobald passe, en quelque sorte, la revue de la population qu'il représente. On trouve, dit-il, des Européens dans toutes les grandes villes du Bengale inférieur et du Béhar, seules provinces dont il ait à s'occuper.

Dans les campagnes arrosées par les eaux du Gange ou de ses affluents, les Anglais s'adonnent principalement à la production de l'indigo; quelques-uns plantent ou plutôt font planter la canne à sucre. Dans les villes de province, d'autres Anglais sont les agents, les facteurs des capitalistes et des commerçants de Calcutta : les achats et les mouvements qu'exigent les importations et les exportations passent en très-grande partie par leurs mains.

Cette population d'origine métropolitaine, qui ne peut

prospérer qu'à force d'intelligence et d'énergie, cette population s'accroît en même temps que le commerce de l'Inde avec l'Angleterre ainsi qu'avec les autres nations. Cependant elle s'accroît plus lentement dans les villes secondaires et dans les campagnes que dans Calcutta, la cité centrale et prédominante. Cela tient à des difficultés, à des obstacles, à des énormités, dit M. l'avocat, qu'on fera connaître et dont la cause est déplorée.

Afin d'exécuter leurs grandes entreprises, les Anglais, dans le Bengale, doivent employer, comme gérants ou facteurs, des hommes jeunes, vigoureux et d'un mérite vraiment distingué. De semblables sujets sont rares; et, malgré les offres les plus séduisantes, on n'en obtient pas un nombre suffisant : autre grande difficulté.

Mépris singulier des planteurs pour les dangers du climat.

Le Comité d'enquête institué pour développer la colonisation des Anglais dans l'Inde ne laisse pas ignorer qu'il compte le climat parmi les obstacles sérieux contre lesquels il faut lutter; mais les planteurs, avec leur défenseur, l'imperturbable Théobald, nient tout à cet égard. Ne leur parlez pas de climat humide et rendu plus dangereux par la chaleur tropicale; ne leur parlez pas d'exhalaisons délétères, quand a lieu le retrait d'inondations diluviennes; comptez pour moins que rien la fermentation des détritus organiques déposés par les grandes eaux et mis en fermentation, en putridité, par les feux de la zone torride. Tout cela leur semble autant de causes sans effets.

Écoutons leur interprète : Tous les planteurs, tous leurs facteurs, sont dans la force de l'âge et de l'activité; avant qu'arrivent la vieillesse et ses infirmités, ils auront fait fortune et seront repartis pour la mère patrie. Tous sont prêts à déclarer que nulle part ils ne se portent aussi bien que dans le Bengale, même en habitant la plaine basse, et si souvent, si longtemps inondée, du Bengale inférieur. Des docteurs, ou médecins, ou chirurgiens, dit l'entraînant, le superbe M. Théobald, *des docteurs, et d'autre peuple*[1] *de pareille espèce*, voudraient nous faire peur du climat! Il traite leurs assertions avec ce dédain qu'inspire la santé la plus orgueilleuse et qui méprise autant les conseils que les alarmes : « Nous n'aimons pas, s'écrie-t-il, qu'on prenne un tel souci de nous! » Selon lui, la plaine gangétique a l'avantage précieux qu'on n'y ressent aucun léger mal de tête, aucune faible souffrance; l'avantage, surtout, qu'on n'y connaît pas ces affections chroniques si propres à retenir pendant un temps énorme les patients de la métropole entre les mains plus que tenaces des docteurs! Sans doute, la fièvre maligne, le choléra et quelques autres maladies *sont expéditives;* mais en revanche, au Bengale, nous sommes à l'abri des faibles dérangements, et nous jouissons, en général, de la santé la plus florissante. De droit, *of course*, restent les questions d'une détérioration générale et progressive de la santé, et celles qui touchent à la consommation plus rapide de l'existence; mais, ajoute le plus confiant des optimistes, un tel inconvénient paraît presque nul aux personnes disposées à voyager.

Ressources sanitaires qu'offrent les voyages aux Anglais qui résident dans l'Inde.

On a l'avantage de faire à son gré des excursions qui servent de délassement aux gentlemen, aux Crésus de Calcutta.

[1] Le mot *people*, employé par M. Théobald, a bien plus d'énergie dédaigneuse que notre mot *peuple*. C'est ainsi que, lors de l'Exposition de 1855,

Préfère-t-on la voie de terre : en s'avançant vers les Himâlayas, séjour des glaces éternelles, on arrive aux monts Darjielings, où l'on peut prendre les bains d'un air à la fois rafraîchissant et fortifiant. Cependant cet asile sanitaire est trop éloigné, les routes sont trop mauvaises et les transports sont trop lents pour des industriels expéditifs.

Heureusement les monts Nilgherris, au beau milieu de l'Hindoustan, sont plus rapprochés et non moins salubres; un chemin de fer abrége déjà des deux tiers la route qu'il faut suivre pour s'y rendre. Nous aurons soin d'examiner et de décrire les établissements fondés sur ces lieux élevés, dans l'intérêt des citoyens et de l'armée.

Préfère-t-on les ressources de la mer : aujourd'hui, grâce à la vapeur, on compte pour rien les moussons, soit contraires, soit favorables. Sous prétexte de santé, les promeneurs, les touristes, poussent jusqu'à l'île Hong-kong. Ce lieu me semble pourtant très-mal choisi si l'on veut respirer un air réparateur; en effet, par le dernier traité de paix avec la Chine, je vois que les Anglais ont obtenu, comme un vrai lazaret, un district de la terre ferme voisine, moins insalubre que le Gibraltar anglo-chinois lors des chaleurs si funestes dans cette célèbre station.

Enfin, les planteurs anglais les plus aventureux font, pour se délasser, la moitié du tour du monde; ils traversent l'Océan et la Méditerranée, afin d'aller prendre des bains en Angleterre, comme les métropolitains vont de Douvres à Boulogne. Voilà des remèdes, des distractions et des plaisirs vraiment nationaux.

à Paris, un ambassadeur, m'a-t-on raconté, s'était abstenu d'ouvrir son salon, pour ne pas déroger en recevant les Jurés, simplement illustres, des diverses nations et même des trois Royaumes : « De telles gens, un tel peuple (*such a people*), » disait sa hautaine Excellence.

Les difficultés du climat, déniées, tournées ou dissimulées avec une telle assurance, occupons-nous des grandes luttes qu'a subies l'introduction des manufacturiers et des propriétaires aux bords du Gange.

Comment les Anglais, à titre de planteurs et d'exploitants agricoles, ont pris eux-mêmes racine dans les campagnes du Bengale.

Lorsqu'en 1833 le législateur métropolitain décrétait que tout habitant des trois Royaumes aurait *le droit* d'acquérir une parcelle de terre sur le sol indien, ou seulement de présider dans la campagne à la production d'un atome d'indigo, *sans le savoir il opérait une révolution.*

Il abandonnait, tardivement sans doute, mais il abandonnait enfin la politique séculaire de la Compagnie des Indes : politique fondée sur l'avarice d'abord, puis sur la prudence, et même sur l'humanité.

Primitivement, la Compagnie, devenue la fermière du grand Mogol et protégée par l'investiture impériale, obtenait des Hindous et des musulmans qu'ils verseraient entre des mains européennes un revenu destiné, les peuples le croyaient, pour le trésor de l'Empire mahométan. Si des Anglais fussent venus prendre, à titre quelconque, une portion de la terre et rivaliser sur place avec le travail des natifs, en dessillant par là les yeux des moins clairvoyants, ils auraient alarmé et révolté toutes les classes. L'Anglais aurait vu se briser dans ses mains le joug qu'il commençait à poser avec dextérité sur le cou des habitants des bords du Gange.

Mais quand l'empereur de Delhy, l'héritier des Akbar et des Aureng-Zeb, prisonnier des voleurs mahrattes, et dégradé par eux, eut perdu les derniers débris de son pouvoir souverain; quand, au contraire, la puissance britannique eut été profondément enracinée sur le sol indien, l'immigration des planteurs britanniques put alors être impunément favorisée.

Au commencement, les Anglais se trouvèrent comme perdus dans l'immense plaine du Gange inférieur, au milieu d'un peuple innombrable, dont ils ignoraient la langue ainsi que les mœurs. Mais, avec leur activité, leur énergie et leur persévérance, ils triomphèrent par degrés de tous les obstacles. Contents d'abord d'acheter au cultivateur indigène la plante d'où l'industrie extrait l'indigo, de la manufacturer dans leurs ateliers naissants, avec plus d'art, plus de propreté, plus d'ordre et plus d'économie que le ryot bengalais, ils prospérèrent. Leur nombre s'accrut; leur succès se manifesta par des richesses promptement amassées; beaucoup d'entre eux devinrent millionnaires, et l'infatuation née de l'opulence vint changer en excès un noble sentiment, la fierté nationale.

Les planteurs en présence des fonctionnaires de la Compagnie des Indes.

Le succès même des colons leur a fait ressentir avec plus d'amertume la prépondérance d'une autre classe de leurs compatriotes : la classe des administrateurs, peu nombreuse, mais très-puissante, et rétribuée si largement qu'elle pouvait marcher de pair avec les radjahs, les princes du pays. Tel était, quant au gouvernement, ce qu'on appelait *le service civil*, qui comprenait les finances, l'administration, la justice et la police; tels étaient, quant aux personnes, les fonctionnaires, et je dirai presque *les dignitaires* de la Compagnie, que l'on désignait sous le nom collectif de *Civiliens.* Nous conserverons ce mot, sans équivalent en Europe.

Pour bien comprendre la haute importance et les inconvénients des fonctionnaires civils, au sein de l'Hindoustan, il faut que le lecteur se pénètre des faits suivants.

A quel degré les fonctionnaires civils sont trompés et mal secondés par leurs sous-agents indigènes.

On a beau connaître en général l'organisation si concentrée et si forte que nous avons expliquée p. 173 et suiv. lorsqu'on examine attentivement l'administration des provinces indo-britanniques, on est surpris, comme d'une nouveauté, de voir le petit nombre des conquérants exerçant le pouvoir au milieu des peuples conquis; et l'on va voir quelles en sont les conséquences. Pour gouverner au moins un million d'hommes, combien trouve-t-on d'Européens? Un commissaire supérieur, *a Commissioner,* dans chacune des provinces qui composent l'empire de l'Inde; un juge de premier ordre, un collecteur des impôts, lequel est en même temps administrateur civil et surveillant de la tranquillité publique; quelques fonctionnaires inférieurs, qu'on ne rencontre pas même dans tous les collectorats; un représentant du monopole du sel, un inspecteur du monopole des spiritueux funestes aux indigènes et de l'opium destiné surtout pour les Chinois : en somme, dix à douze Européens pour commander, juger, administrer et *fiscaliser* un million d'Orientaux.

Cette poignée d'étrangers ne peut exercer le pouvoir qu'en s'adjoignant de nombreux auxiliaires, rarement choisis avec discernement et souvent pris à l'aveugle au milieu des natifs. Aussi faut-il compter, sous les autorités anglaises, une fourmilière d'Asiatiques du plus bas étage, commis, douaniers, huissiers, recors, espions, exécuteurs des hautes œuvres. La plaie, le malheur inévitable du peuple vaincu, c'est d'être exploité par la lie des siens, par une horde sans moralité qui substitue à la probité notoire des magistrats européens la vénalité, la corruption, le parjure et la cruauté : car tels sont les vices et les crimes des misérables que l'emploi le plus minime fait participer en sous-ordre à la toute-puissance des conquérants. Il est naturel qu'une partie de la haine du conquis, dirigée contre ses faux frères, remonte jusqu'aux dominateurs, qui sont censés les diriger dans tous leurs actes. Les Anglais simples citoyens souffrent également par l'effet de ces vils subalternes, et leur animadversion contre les fonctionnaires de bas étage remonte aussi haut et plus vite encore que celle des administrés indigènes. D'autres motifs s'étaient ajoutés depuis longtemps à ce sentiment hostile.

Préjugés des civiliens à l'égard des colons européens.

Les *civiliens*, dirigés par des principes hérités de la Compagnie des Indes, alors qu'elle était exclusivement commerciale, traitaient tout Anglais qui venait chercher la richesse en Orient, et qui n'appartenait pas à la Compagnie, comme un usurpateur, un flibustier, un fraudeur, un mendiant du moins; pour réunir dans un seul mot toutes les idées odieuses et méprisantes, ils regardaient cet intrus comme un *interlopeur!*

Il fallut bien abandonner ces étroites conceptions, invétérées depuis deux siècles, lorsque parut un Acte du Parlement d'après lequel le commerce des trois Royaumes avec l'Inde, originairement un monopole, devint le droit commun des citoyens, et lorsque, pour rendre le contraste plus affligeant, le négoce, permis à tous, fut pour jamais interdit à la puissante Compagnie dont le commerce avait étonné les deux mondes par sa longue prospérité. Elle en fut privée au nom du bien public, comme elle en avait privé ses propres fonctionnaires.

Mais lorsque l'antique institution subissait ce changement capital, les préjugés restaient entiers parmi ses agents. Il y a plus : les représentants de la Compagnie se voyant affranchis d'un commerce qu'ils dédaignaient, pour concentrer leur existence et leur pensée dans les régions politiques, dans la haute magistrature et dans le gouvernement absolu d'un peuple immense, leur orgueil n'en devint que plus superbe.

L'aristocratie civilienne accueillit avec répugnance les premiers exploitants d'indigo, qui d'ailleurs étaient dans l'origine recrutés sans trop de choix. Un des plus récents et des plus riches planteurs nous l'apprend, lorsqu'il dit avec naïveté dans l'Enquête sur la colonisation : « Dans les premiers temps, les entrepreneurs, les gérants, les facteurs capables, étaient rares, quand on s'essayait à conquérir la production de l'indigo par un art qu'il fallait rendre délicat. On cherchait de tous côtés des agents pour diriger les ateliers; à défaut de sujets instruits et spéciaux, on prenait, ajoutait-il, des maçons, des charpentiers, *des Français*, des commis, etc. » Aux yeux de ce superbe enfant d'Albion, prendre des Français, quels qu'ils pussent être, et les placer comme gérants ou comme facteurs à côté des charpentiers, des maçons et des commis d'Angleterre, c'était montrer à quel point il fallait descendre, dans l'impossibilité que l'Inde éprouvait de trouver assez d'employés qui ne laissassent rien à désirer.

Les planteurs en présence des gouverneurs généraux.

Entre les administrateurs et les colons il se produisit, dans le gouvernement de l'Inde, quelque chose de comparable à l'action de nos rois du moyen âge entre la noblesse trop puissante et les communes asservies.

Les planteurs anglais, peu riches dans le principe, faibles, isolés et sans défense, mais utiles, trouvèrent pour patrons naturels et pour appuis les gouverneurs généraux auxquels ils devaient l'entrée de l'Inde à titre de bienveillance et de faveur. Mais lorsque le génie britannique eut réveillé chez les colons des bords du Gange l'amour des libertés et le sentiment du droit; lorsque les planteurs enrichis, marchant de pair avec les commerçants de l'opulente Calcutta, se furent groupés en Association nationale pour prêter à chacun la force du corps entier, invoquer des principes, attaquer, dénoncer des abus et réclamer justice, dès ce moment tout changea de face. Plus d'une fois les gouverneurs généraux durent être surpris et profondément blessés. Eux! presque aussi puissants dans l'Asie orientale que le Roi des Rois l'eût jamais été dans l'Asie occidentale, ils devaient souffrir des remontrances, recevoir des plaintes et parfois des reproches, présentés sous le nom plus doux de *représentations*, et formulés, par qui? par des marchands, des fermiers, des indigotiers, ayant pour organe un simple avocat consultant, un audacieux et peu révérencieux M. Théobald!

D'un autre côté, l'absence de ménagement des colons anglais pour la plupart des fonctionnaires devait mal disposer l'entourage, la cour du gouverneur général à l'égard de ces réclamants éternels. Il faut entendre le remuant orateur dont nous venons de rappeler le nom exprimer les doléances des colons devant le Comité d'enquête pour la colonisation sur l'accueil fait à leurs représentations.

Réponse à la 976ᵉ question, sur les préjugés contre les planteurs.

« C'est pour nous un constant motif de plaintes, que nous paraissions être l'objet de sentiments répulsifs, qui se manifestent par toutes les voies administratives et judiciaires, grâce aux préjugés du Service civil. Ces préjugés, on les conçoit quand on connaît *les têtes* qui les produisent! Il suffit de songer à la grande jeunesse, à la profonde inexpérience des magistrats qui débutent à Calcutta. Un jeune homme ayant à peine fait dans l'Inde un séjour de deux années est-il nommé fonctionnaire, aussitôt il est circonvenu par d'indignes natifs. Trop souvent ces derniers conçoivent contre tel ou tel Européen quelque antipathie, quelque dépit qu'on ne peut rapporter à nulle cause honnête et raisonnable; l'administrateur, privé d'expérience, est entraîné, sans le savoir, par cette haine cachée. En effet, chez les natifs, grande est la faculté de persuasion et d'argumentation pour insinuer leurs vues et propager leurs préventions dans l'esprit d'un étranger novice encore, peu défiant, et qui ne connaît à fond ni leur caractère ni leurs artifices. Je ne puis pas concevoir qu'un Anglais, à moins de subir sans s'en douter une pareille influence, puisse épouser certains préjugés contre des compatriotes aussi recommandables que les planteurs actuels. Ces planteurs sont des hommes pleins de cœur; leur caractère est ouvert et sympathique. Ils ont été, pour la plupart, élevés, instruits de telle manière qu'on doit les regarder comme des *gentlemen*, c'est-à-dire des hommes appartenant, par leurs sentiments honorables, leur éducation et leurs manières, à la classe distinguée du peuple britannique. »

Ici le Président du Comité d'enquête se croit obligé

de poser la question suivante : « Vous ne voulez pas dire, je pense, qu'il existe contre les planteurs un préjugé que partage le Gouvernement de l'Inde? — *Réponse :* Le Gouvernement d'aujourd'hui[1] nous traite avec une extrême froideur; *il est*, en réalité, *répulsif*. A l'égard des autorités qui siégent à Calcutta, leur attitude dépend beaucoup du chef suprême.

« Heureusement la plupart des gouverneurs généraux ont montré la plus louable considération pour les habitants de race britannique; ils ont accueilli nos représentations avec un véritable empressement. Mais dans notre *opinion*, motivée sur l'expérience, en tout ce qui dépend des hauts fonctionnaires, *chefs du Service covenanté*, nous ne sommes pas bien traités. Je puis parler ainsi, parce que je n'impute pas le moins du monde à lord Canning, qui partit d'Angleterre *sans avoir la plus légère connaissance de l'Inde et des colons qui l'habitent*, un reproche qui doit peser tout entier sur l'influence de ses secrétaires d'État. Sous lui, le Gouvernement a proscrit *notre droit de représentation*, de remontrance : chose pour nous très-importante. C'est ce droit de pétition que nous avons mis en usage pour être mieux protégés, afin d'obtenir de meilleurs tribunaux et des lois moins mauvaises, en signalant les maux produits par ces lois, par ces tribunaux; maux qui sont parfois du caractère le plus grave. »

Remontrances des colons mal accueillies.

L'avocat cite un exemple. « Après la rébellion des Santals, le Conseil législatif a voté l'Acte qui soustrait au régime des lois ordinaires, dites *régulations*, le district où vivaient les révoltés; c'était établir une espèce d'état de

[1] En 1858.

siége administratif, que justifiait à coup sûr la gravité des circonstances. Malheureusement, par inadvertance, la loi d'exception comprenait des cantons dans lesquels il n'existait aucun Santal, tandis qu'il s'y trouvait des colons européens.

« L'Acte mis en vigueur, l'exécution des lois est retirée aux magistrats ordinaires, et tout est régi, administré sous la seule autorité du bon plaisir. Le magistrat extraordinaire choisi pour exercer ces pouvoirs dictatoriaux avait été, je crois, *surveillant d'un chemin de fer*. Cet homme, doué d'une activité rare, aurait très-bien convenu pour administrer un pays où n'eût habité qu'un peuple à demi sauvage; mais, par erreur aussi, nos compatriotes anglais établis à proximité des tribus les moins avancées ont souffert de ce régime un dommage considérable.

« L'Association des planteurs d'indigo s'empressa de faire à ce sujet les représentations les plus respectueuses et de signaler l'erreur commise; elle regardait avec raison cette affaire comme un grand intérêt public.

« Avant lord Canning, et sous tout autre gouverneur général, dit M. Théobald, cette remontrance aurait été reçue comme parfaitement légitime et bien motivée de la part des Européens, car tous sont unis d'intérêt dans les campagnes. Or il arriva qu'au milieu du changement d'administration, dans le pays des Santals, un planteur anglais fut victime de l'arbitraire. Certainement ici ce qu'on pouvait appeler une affaire privée rentrait directement dans l'objection générale dirigée, au nom des principes, contre la loi d'exception. L'Association centrale, composée des commerçants les plus respectables et d'un grand nombre de planteurs, fit à ce sujet une *représentation;* lord Canning envisagea cette affaire *comme un cas restreint,* qui concernait un seul particulier plus ou moins lésé; en conséquence, il dénia le droit qu'avait l'Association de réclamer sur ce point auprès de son gouvernement.

« Depuis la formation de notre Société jusqu'à l'arrivée de lord Canning, jamais on n'avait employé contre nous pareilles fins de non-recevoir. Le prédécesseur immédiat de ce gouverneur, c'était pourtant l'impérieux lord Dalhousie, avait complimenté l'Association sur sa loyauté, sa courtoisie et sa modération, tout en remarquant qu'elle était *très-persévérante.* »

Un autre cas fut celui d'une grande violence commise par les vassaux et les serviteurs d'un radjah, violence qui causa presque la mort d'un Européen. Dans l'opinion de la partie souffrante, les autorités locales avaient été loin de remplir leur devoir. L'Association prit fait et cause au sujet d'un méfait de si grande conséquence pour tous les Européens de l'intérieur; elle pensa que l'attentat commis par un natif en de pareilles circonstances n'était pas seulement une atteinte à la personne d'un simple particulier, mais constituait un exemple, un précédent périlleux pour tous les Anglais habitants de la contrée. « Notre supplique demandait qu'une enquête spéciale fût instituée sur les circonstances de l'affaire; elle demandait que l'on considérât la position du puissant radjah et le danger qui s'ensuivrait si de semblables violences n'étaient pas réprimées par l'autorité publique. Notre démarche était parfaitement fondée; et pourtant lord Canning ne voulut voir ici qu'une affaire d'intérêt privé. En conséquence, il nous manifesta *sa désapprobation* pour nous être permis ce recours à son autorité. »

M. Théobald cite encore plusieurs autres cas, tous repoussés avec le même sentiment *systématisé.* Il conclut en disant : « Depuis que lord Canning est arrivé dans l'Inde, il semble, et je l'attribue entièrement à l'influence des Civiliens sur Sa Seigneurie, il semble s'être montré disposé à restreindre notre droit de représentation ; je rapporte ce dessein à l'idée plus générale qu'il existe dans son esprit une disposition à ne pas nous traiter honorablement. En dernière analyse, l'opinion des planteurs est qu'ils sont très-dédaignés et très-mal vus par les autorités : *les Civiliens.* »

Éloge et justification de lord Canning ; inscription proposée pour sa statue.

Dans ce conflit qui fait si bien ressortir les prétentions respectives et les difficultés particulières au Gouvernement, nous sera-t-il permis d'exprimer ici notre opinion personnelle?

Nous ne voulons prêter à lord Canning aucun sentiment contraire à la justice; nous croyons plutôt qu'au milieu des embarras immenses légués à cet homme d'État par son détestable prédécesseur, et peu fait au système de vives réclamations suivi par les planteurs, il aura trop facilement saisi les moyens d'écarter leurs doléances.

Sans contester ici les sujets de plainte allégués par les colons, ne laissons pas sans contre-poids une accusation, même légère, sur le caractère de cet homme d'État que la mort a frappé, et dont nous, Jurés de 1851, nous garderons toujours un honorable souvenir. Lorsque la guerre civile éclatait dans l'Inde, lorsque les passions fougueuses et les terreurs des colons leur firent réclamer des mesures violentes, non-seulement afin de réprimer la rébellion, mais afin de prendre l'offensive, que se passa-t-il? Lord Canning resta maître de lui-même, fidèle aux lois de la sagesse et plein de modération. C'est alors surtout qu'il méritait l'épithète que les colons lui donnaient avec dérision, et presque avec mépris, en l'appelant *lord Clémence.*

Après son gouvernement, si la reconnaissance publique, afin d'honorer sa mémoire, lui dresse une statue sur la grande place de Calcutta, la plus belle inscription qu'on puisse y mettre pour illustrer son administration sera celle-ci :

A LORD CLÉMENCE.

Mon seul but est ici de montrer toute la difficulté de gouverner dans l'Inde ces fiers Anglais qui, naturellement, se peignent eux-mêmes sous l'aspect le plus flatteur et représentent leurs chefs sous les dehors les moins indulgents.

Examen du sort actuel des populations indigènes et de leurs travaux.

En nous proposant de parcourir successivement les trois Présidences de l'Inde proprement dite, nous ne voulons pas borner notre étude au rôle que jouent les conquérants; nous dirigeons surtout notre attention vers les peuples conquis.

Lorsque nous visitons les diverses provinces de l'empire anglais dans l'Inde, le principal objet que nous devons avoir en vue est d'étudier le sort d'un nombre infini d'êtres humains. Il faut nous les représenter comme ayant été soumis au plus complet despotisme, pendant mille ans, par l'usurpation mahométane. Un tel despotisme s'est avant tout appesanti sur le malheureux agriculteur. Les vainqueurs musulmans ont déclaré que le territoire étant leur conquête, ils en étaient propriétaires, et que le revenu des cultures était leur bien, et qu'ils laissaient au cultivateur, comme par grâce et par pitié, la portion nécessaire à sa subsistance la plus exiguë.

La Compagnie des Indes, lorsqu'elle a dépossédé les mahométans du pouvoir politique, a conservé les prétentions de ces conquérants sur la possession du sol. Disons-le : sous sa domination, jusqu'à ces derniers temps, le sort des cultivateurs, des ryots, ne s'est pas amélioré.

Je veux présenter le tableau d'une immense population avilie par la misère, affaiblie par la mauvaise nourriture, imprévoyante comme toute race asservie, travaillant peu, enfin tristement dépourvue de cette énergie que nous avons admirée chez le cultivateur chinois, maître de lui-même!

Et pourtant la race indienne a reçu des dons précieux, véritables bienfaits de la Providence : une intelligence vive et pénétrante, mais trop souvent inappliquée; une heureuse aptitude à combiner des industries ingénieuses, surtout les industries textiles, avec le travail des champs. De longs siècles de servitude, d'ignorance et d'abrutissement n'ont pu détruire au fond des cœurs l'amour de la nationalité, ni l'amour de la liberté, surtout personnelle; deux sentiments dont nous voyons, dans ces derniers temps, le réveil et les effets.

Nous croyons qu'aujourd'hui la force des circonstances appelle les indigènes à de meilleures destinées; nous croyons que les efforts aujourd'hui tentés, loin de troubler la paix intérieure, peuvent s'appuyer sur des bases vraiment durables. Nous ferons connaître avec bonheur tous les éléments de cette heureuse transformation; les faits qui la montreront dans ses développements graduels répandront sur un sujet naturellement aride un intérêt tout-puissant aux yeux des amis de l'humanité.

Contrées du delta qui s'étendent autour de Calcutta.

Après avoir étudié sous ses points de vue essentiels

Calcutta, centre de l'empire, sortons de cette capitale, afin d'explorer le delta du Gange, dont elle est la cité la plus importante.

Commençons par présenter, dans un tableau d'ensemble, le territoire et la population des provinces entières et des fractions de province contenues dans le delta.

TERRITOIRE ET POPULATION DU DELTA.

PROVINCES.	HECTARES.	POPULATION.	HABITANTS par MILLE HECTARES.
Sunderbund	1,683,432	?	?
Backergunge	982,606	733,800	747
Dacca (district occidental)	129,495	150,000	1,158
Jessore (district occidental)	909,571	381,744	420
24 pergunnahs et Calcutta	589,710	701,182	1,189
Baraset	368,801	522,000	1,415
Nuddéa	761,947	298,736	393
Mourchedabad (fraction)	240,342	522,500	2,174
TOTAUX	5,665,913	3,309,962	584

Pour décrire avec méthode le delta du Gange, c'est-à-dire le triangle dont les deux côtés supérieurs sont baignés par ce fleuve, et dont la base borde le golfe du Bengale, nous remonterons en partant de la mer.

Lisière maritime du Sunderbund.

La base que nous venons de définir, et qui porte le nom de *Sunderbund*, est dirigée de l'orient à l'occident; sa longueur n'est pas moindre de soixante et dix-huit lieues, mesurées à vol d'oiseau, entre les deux bras extrêmes du fleuve. Tout entière comprise dans la zone torride, elle déploie à la fois le sauvage et puissant spectacle d'une végétation spontanée qui prend racine, à proprement parler, sous les eaux de l'Océan.

Chaque année, quand les moussons amènent des pluies incessantes et quand la chaleur fait fondre les neiges et les glaces des Himâlayas, les torrents et les fleuves entraînent une immense quantité d'alluvions déposées en partie dans les vallons et dans les plaines; ce qui reste en suspension, lorsque les eaux arrivent à la mer, forme sur le littoral un dernier sédiment qui recule, par un progrès insensible, les bornes du delta. De ce côté prennent naissance des arbres nouveaux, lesquels s'ajoutent par degrés à la grande largeur des bois qui couvrent le pays du Sunderbund. L'hiver n'interrompt jamais cette puissante végétation, parce qu'elle agit en des lieux où l'hiver même est un printemps; voilà comment, sans intermittence, elle empiète sur la mer. Par sa progression séculaire et par son aspect, elle est comparable à celle que nous avons admirée sur le littoral de la Guyane, et que Buffon a peinte en traits d'une incomparable grandeur.

Aujourd'hui, la superficie du Sunderbund n'est pas moindre de 1,683,432 hectares; ce qui comprend les trois dixièmes du delta.

L'immense forêt dont nous venons d'offrir une idée recèle dans ses marais un nombre prodigieux d'alligators et de serpents des espèces les plus dangereuses, tels que la *cobra de capello*, tandis que dans ses fourrés se cachent des léopards et des tigres énormes. Malheur aux matelots imprudents qui, parcourant les innombrables méandres des canaux et des bras du Gange, mettent pied à terre, surtout s'ils errent isolés : ils sont saisis et dévorés par ces animaux formidables.

On trouve pourtant çà et là quelques clairières où des indigènes disputent un misérable séjour aux bêtes fauves; mais ils sont si peu nombreux, que le Gouvernement ne les a pas même indiqués par le moindre chiffre dans le recensement général des habitants du delta.

On a déjà commencé d'exploiter quelques parties des bois du Sunderbund. Il faudrait étendre et réduire en système les entreprises de ce genre, les combiner avec le progrès de la canalisation et de la navigation dans tout l'intérieur du delta, intérieur où nous allons pénétrer.

District ou zillah de Backergunge.

Ce vaste district s'étend sur la rive droite de la branche orientale du Gange. Au point de vue financier et judiciaire, il fait partie de la province administrative de Dacca. Il a presque en étendue la moitié du Sunderbund et la densité de sa population, proportion gardée avec son territoire, surpasse un peu celle de la France.

Quoique ce district ait le double avantage de border le bras du Gange par lequel s'écoule la plus grande masse des eaux et de s'avancer jusqu'au golfe du Bengale, il ne présente aucun port de mer considérable, aucune ville importante.

Le pays de Backergunge avait autrefois pour chef-lieu la ville à laquelle il doit son nom, et qui l'a gardé, quoique aujourd'hui les principales autorités aient été transférées à *Burrishal*. Cette nouvelle capitale s'élève à l'extrémité d'une île très-longue, à l'embouchure du grand Gange; son port n'a pas d'établissements.

Situation de Burrishal : latitude, 22° 46′; longitude, 87° 57′ à l'est de Paris.

Le territoire de Backergunge, périodiquement engraissé par les alluvions du fleuve, est d'une très-grande fertilité; les mêmes champs fournissent, chaque année, deux moissons de riz. Aussi ce vaste territoire, quoique bordé par des forêts aquatiques à sa lisière méridionale, partage avec le pays de Dacca l'honneur d'être considéré comme *un des principaux greniers du Bengale.* Il exporte beaucoup plus de riz que ses habitants n'en consomment.

Nous n'avons rien de particulier à dire sur la partie du district de Dacca comprise dans le delta. Pour le climat, les cultures et la civilisation, elle est semblable à la partie orientale, que nous avons amplement décrite p. 61 et suivantes. Notre attention doit surtout se porter sur la grande province de Jessore, qui compte Calcutta pour capitale et qui se trouve comprise entre les deux bras extrêmes du Gange.

District de Jessore.

Après avoir parcouru le Backergunge et la portion ouest du pays de Dacca, qui font partie du delta et qui longent le bras oriental du Gange, à partir de la mer, nous avançons vers le couchant et nous pénétrons dans le district de Jessore, qui s'étend du sud au nord, dans une longueur de cinquante et quelques lieues, sur une largeur moyenne de dix à onze lieues. A son extrémité septentrionale il borde le grand Gange, tandis qu'à son extrémité du sud il n'est séparé de la mer que par les bois du Sunderbund. Enfin, deux bras intermédiaires du fleuve lui servent de limites, l'un au levant, l'autre au couchant; ils sont ses débouchés directs dans le golfe du Bengale.

Les deux districts de Jessore et de Backergunge forment ensemble le tiers du delta du Gange, et ce tiers est égal au delta du Nil, célèbre pour sa grandeur.

Le premier district n'a pas d'autres productions que celles du Backergunge et de Dacca déjà décrits.

Le vaste pays de Jessore est bien éloigné d'être complétement cultivé du côté du midi; dans son centre même, des parties considérables sont couvertes de jongles et d'eaux croupissantes. Aussi voyons-nous par le tableau général, p. 200, que ce district est d'une très-faible population; il ne contient que 420 habitants par 1,000 hectares.

En France, sur les quatre-vingt-six anciens départements, six seulement sont moins peuplés et quatre-vingts le sont davantage; cependant ce district, très-rapproché de la capitale, devrait, sous tous les rapports, être stimulé, enrichi et perfectionné par un si précieux voisinage.

Une seule route à peu près praticable traverse le pays de Jessore: c'est elle qui met en communication Calcutta avec Dacca.

Bientôt, outre cette route, il faudra compter le chemin de fer que l'on construit entre ces deux cités.

Dans beaucoup de cas, les transports par les canaux et par les bras du Gange ne perdront pas pour cela l'avantage du côté de l'économie; mais il faudrait de grands travaux d'art, afin d'améliorer des voies hydrauliques sujettes à des dégâts continuels par les inondations et par les changements du cours des eaux fluviales.

Pour donner une idée du peu de confiance qu'on doit avoir dans les premiers dénombrements de la population bengalaise, il nous suffira de citer le fait suivant: En 1801, le marquis Wellesley avait prescrit aux magistrats de lui fournir les évaluations les moins incertaines qu'ils pourraient recueillir. Les percepteurs du revenu s'empressèrent d'obéir et trouvèrent pour résultat que le district de Jessore contenait 1,200,000 habitants; un nombre *si rond* devait paraître assez suspect. Depuis cette époque, une paix profonde a certainement eu pour résultat bienfaisant d'accroître la population; et pourtant, après plus d'un demi-siècle, on a trouvé seulement 381,744 habitants. Nous devons espérer, du moins, que ce dernier dénombrement ne peut pas être taxé d'exagération.

Les villes du district de Jessore sont sans importance, même le chef-lieu, qu'on appelle indifféremment *Jessore* et *Mourley*. C'est pourtant le centre judiciaire et financier d'une province qui, prise dans son ensemble, est aussi spacieuse que notre Normandie ou notre Bretagne, et dont Calcutta fait partie.

District des vingt-quatre pergunnahs situées autour de Calcutta.

Dans l'espace compris au midi entre le district de Jessore, le Sunderbund et le bras occidental du Gange, sont situées *les vingt-quatre pergunnahs;* ces vingt-quatre *cantons* peuvent être considérés comme formant l'immense banlieue de Calcutta.

Si l'on retranchait du district la population de la capitale, même en ne la portant aujourd'hui qu'à 450,000 âmes, il ne resterait plus qu'une population de 251,182 habitants pour 589,000 hectares; on trouverait alors 427 habitants par 1,000 hectares. C'est seulement sept habitants de plus que nous n'en avons trouvé dans le district de Jessore pour la même superficie.

Je suis surpris, je l'avoue, que les 24 pergunnahs présentent une aussi faible population. Les grands progrès du jardinage que nous avons signalés et qui fournissent tant de produits quotidiens à l'opulente capitale ainsi qu'aux nombreux équipages des navires mouillés dans le port, ces progrès auraient dû produire un développement analogue dans le nombre des habitants de la campagne.

Il est toutefois juste de remarquer que les pergunnahs de Calcutta renferment une énorme proportion de marécages qui rendent le pays malsain, et qui sont autant d'obstacles à l'accroissement de la population.

C'est sur le territoire de ce district, dans les parties les plus habitables, que sont situés : 1° *Dum-Dum*, le grand arsenal de construction et le cantonnement de l'artillerie; 2° *Barrackpour*, la ville aux casernes, où sont réunis les cipayes, qu'on tient avec raison à distance de Calcutta[1]; enfin, la villa du gouverneur général. Tous ces établissements sont situés au nord de la capitale.

District de Baraset.

Ce district, le moins étendu de tous ceux du delta, présente une population très-condensée et, par conséquent une agriculture avancée; tous les efforts devraient se réunir pour élever la population générale du delta du Gange au niveau de ce petit territoire.

District de Nuddéa.

Au nord des deux précédents districts, entre celui de Jessore et le Gange occidental, nous trouvons le district de Nuddéa, celui dont la population est la moins condensée : il ne compte en effet que 393 habitants par mille hectares.

Pour une même étendue de territoire, notre département des Hautes-Pyrénées est d'un quart plus peuplé; et

[1] La garnison du fort William, véritable clef de l'Inde, est exclusivement réservée aux troupes anglaises.

nos départements de Savoie, malgré leurs rochers et leurs glaces éternelles, sont beaucoup plus populeux que ce pays de Nuddéa, qui cultive le riz, le maïs, la canne à sucre et l'indigo : tant sa température est favorable.

Plantation de l'indigo dans le delta du Gange.

Ce qui doit en particulier attirer notre attention dans le delta, c'est la culture justement célèbre de l'indigo; il faut la considérer à l'égard des récents et graves conflits qu'elle a fait naître. Nous allons expliquer des faits récents et d'un grand intérêt au sujet de cette culture; nous les plaçons ici, parce qu'ils se sont accomplis avec le plus d'énergie dans le pays de Nuddéa.

Quelle est, pour les Anglais et les Indiens, l'importance de l'indigo, principalement exploité dans le delta du Gange.

Commençons par dire qu'il faut distinguer essentiellement le travail agricole que procure l'espèce de *juncea* d'où sort l'indigo, et le travail manufacturier par lequel on extrait de ce végétal la matière colorante.

L'entrepreneur est placé dans la zone torride, où des travailleurs européens ne pourraient pas, sans succomber promptement, labourer et piocher la terre; il opère dans l'Inde, où pas un Anglais ne voudrait travailler, *comme simple manœuvre*, dans les ateliers d'une indigoterie.

Sous le rapport du climat, et vu la différence des races, les Anglais et les Indiens sont ici pour la production de l'indigo ce qu'aux États-Unis sont respectivement les blancs et les noirs pour la production de la canne à sucre et du coton; seulement, dans l'Inde, les gens de couleur, *qui sont censés libres*, le sont encore moins que dans les États-

Unis du sud et dans l'empire du Brésil. Je me propose d'examiner s'ils sont heureux; non pas certes pour les attirer de plus en plus vers la servitude, mais vers la liberté réelle, si rarement concédée aux peuples vaincus.

Dans l'Inde, la culture de l'indigo se fait par des indigènes faibles et naturellement peu laborieux. Ce qu'on appelle le planteur anglais, qui ne plante rien, leur achète la plante, *toute récoltée*, et qu'il paye à tant la gerbe.

D'autres indigènes font ensuite macérer dans de grands cuviers la plante fraîche coupée; ils en retirent une eau saturée de suc végétal, de laquelle ils extraient une espèce d'amidon qui de lui-même, et par l'action de l'air, prend cette magnifique couleur azurée qui rend l'indigo si précieux pour la coloration des fils et des tissus.

Cette fabrication, simple en elle-même, était pourtant susceptible de nombreux perfectionnements. Les Anglais ont rendu les procédés plus féconds et aussi plus économiques; ils ont obtenu des produits plus brillants et plus purs. Ici, les Européens ont vaincu les Indiens par la main même des Indiens, en exigeant d'eux plus d'attention, de propreté, de constance et d'activité.

Les Anglais ont souvent représenté la culture qu'ils font de l'indigo comme ajoutant beaucoup à la richesse européenne, en même temps qu'au bien-être des naturels du pays.

J'ai recherché, d'après des comptes officiels, quels changements s'étaient opérés dans la production de l'indigo destiné pour l'exportation depuis un tiers de siècle, c'est-à-dire depuis l'époque où les Anglais ont pu librement enlever aux natifs non pas la culture de l'indigotier, mais la production manufacturière de l'indigo.

Que cette production, conquise avec le secours des capitaux britanniques, soit considérée comme un grand intérêt européen, et que la part des Anglais ait merveilleusement empiété depuis trente années sur l'industrie des indigènes, nous le concevons avec facilité. Mais que cette invasion du conquérant soit considérée comme un bienfait pour le peuple conquis, voilà ce qu'il nous paraît impossible d'admettre. Nous allons essayer d'en offrir la démonstration.

Chose remarquable, au XIXe siècle, où toutes les branches de commerce ont obtenu de si grands progrès dans l'Inde britannique, le même accroissement ne s'est pas fait remarquer à l'égard de la précieuse matière colorante.

De 1820 à 1829, lorsque la production par les planteurs anglais commençait à naître sur les bords du Gange, montrons la valeur et la quantité de l'indigo vendu par l'Inde à la Grande-Bretagne, année moyenne :

A cette époque, les Indiens fabriquaient presque en totalité par an 2,810,830 kil. au prix réel de....................	52,493,130 f
De 1855 à 1859 inclusivement, les Anglais prennent la place des Indiens et fabriquent pour l'exportation, en moyenne, 2,938,429 kilogrammes au prix réel de.	45,584,935
En moins.............	6,908,195

Voilà donc une grande industrie, source d'un riche négoce et d'un important revenu d'exportation, voilà ce revenu tout à fait perdu pour les producteurs indigènes qui, dans l'origine, le percevaient seuls ; voilà 6,908,195 fr. en numéraire apportés de moins dans l'Inde, année moyenne, par le commerce britannique. Mais il faut déduire, en outre, tout l'intérêt des capitaux européens et tout le bénéfice que les soi-disant planteurs anglais rapportent dans leur patrie ; il faut déduire aussi tout ce que, dans l'Inde, ces planteurs étrangers consomment de produits étrangers : choses dont se passaient les zémindars, quand ils présidaient à la production de l'indigo pour le vendre à l'Angleterre. En un mot, lorsque la totalité des factoreries indigènes fabriquait l'indigo que l'étranger achetait, le bénéfice entier restait dans le pays et pour les hommes du pays. Au contraire, depuis que les Anglais ont étouffé la concurrence indigène, toute l'opulence acquise par ces métropolitains appartient à la métropole, et quitte l'Asie aussitôt que chaque planteur a réalisé sa fortune. Voilà l'exacte vérité sur les prétendus bienfaits répandus dans l'Hindoustan par les dominateurs devenus fabricants de l'indigo nécessaire à l'Occident.

Ces considérations étaient nécessaires pour donner des idées justes sur l'effet général de la production de l'indigo. Nous verrons bientôt quelle part minime est restée entre les mains du cultivateur indien qui produit la plante depuis l'envahissement des Européens, lesquels, à leur tour, ont formulé des plaintes acerbes et nombreuses.

Parmi les cultures industrielles, jusqu'ici l'exploitation de l'indigo est la seule entreprise importante que les Anglais aient poursuivie dans le delta du Gange, à travers tous les obstacles. Ils se sont plaints amèrement de n'être pas secondés par la grande Compagnie des Indes orientales, à laquelle ils ont reproché de n'avoir rien fait ou presque rien fait pour rendre moins imparfaite et moins dangereuse la navigation intérieure entre leurs plantations et Calcutta. Ils s'en sont plaints surtout dans le pays de Nuddéa, pays sillonné par une foule de cours d'eau qui communiquent d'un bras à l'autre du Gange et que l'alternative des marées agite chaque jour en sens contraire.

Depuis peu de temps, afin de faire droit à ces plaintes,

on s'est servi de fortes dragues, mues par la vapeur; elles labourent les bancs d'alluvion. Ce draguage met à profit la prodigieuse rapidité des eaux, à la descente, pour entraîner vers la mer les sables et les vases ainsi désagrégés.

Dans le volume précédent, nous avons signalé les vives récriminations des colons contre les lois fiscales relatives à la propriété, contre les complications et trop souvent l'absence de la justice, etc. Malgré ces obstacles, et même en raison de ces obstacles, les Anglais sont très-fiers des résultats qu'ils ont obtenus. Ce n'est pas qu'ils aient le mérite d'aucun perfectionnement dans la culture de la plante indigofère, culture, je l'ai déjà dit, qu'ils abandonnent aux laboureurs indigènes. Mais on doit louer sans réserve leur savoir-faire pour l'extraction de la matière colorante : aussi leurs produits se vendent-ils aujourd'hui plus cher que ceux de toute autre nation[1].

Plaintes suscitées au sujet de l'indigo, surtout dans le pays de Nuddéa.

Déjà nous avons mentionné les plaintes graves des indigènes contre les Européens fabricants d'indigo; nous l'avons fait en signalant l'attention transitoire donnée à ces plaintes par la Commission d'enquête sur la colonisation dans l'Inde par les Anglais et les récriminations passionnées des colons britanniques. Nous avions d'abord conçu d'assez fortes présomptions; nous pouvons aujourd'hui présenter des preuves à nos lecteurs.

La question, dans ces derniers temps, a pris une gravité extrême; elle a fini par commander des mesures décisives et salutaires pour les indigènes.

[1] En 1860, année de grande abondance et de prospérité commerciale, la valeur de l'indigo fourni par l'Inde à l'Angleterre s'élève à 55,502,575 fr. celle de 1859 s'était élevée seulement à 48,758,150 francs.

Dans le delta, près de la moitié du territoire est possédé par des propriétaires exempts d'impôt à titre héréditaire. Rarement ils accordent des baux aux paysans (*ryots*), afin de pouvoir sans cesse, arbitrairement, les surtaxer ou les chasser; ce qui rend les cultivateurs aussi malheureux que les paysans de l'Irlande.

Une autre source d'infortune est pour les pauvres laboureurs la culture forcée de l'indigo.

Le lecteur a dû le voir : nous n'avons pas pu retenir l'expression de notre étonnement et de nos regrets, en considérant combien sont peu populeux le Jessore et le Nuddéa, traversés par tant de cours d'eau navigables, pouvant obtenir des arrosements si favorables à l'abondance des récoltes, ayant de plus ce grand avantage d'être situés aux portes d'une capitale qui compte près d'un demi-million d'habitants, et dont les besoins sont aussi vastes que ses moyens de payer pour les satisfaire.

Si ce petit nombre d'indigènes possédait, par compensation,une grande abondance, ou simplement un modeste bien-être, on se consolerait de voir une population si clair-semée. Mais, au milieu du delta, les cultivateurs végètent dans la misère, presque nus et mal abrités sous leurs chaumières de boue. Quand les années sont ordinaires, ils gagnent à peine ce qu'il faut pour apaiser la faim de leurs femmes et de leurs enfants; et parmi tous les peuples agriculteurs, le Bengalais est celui qui consent à manger le moins!

Qui pourrait ne pas regarder comme un bienfait pour des êtres si misérables toute culture agrandie et justement rétribuée par le commerce? Telle aurait dû, par exemple, être la culture de l'indigo, cette plante d'où l'industrie extrait un principe amylacé coloré d'un bleu dont l'azur est payé si cher par les arts européens! Or, les Anglais ont surtout développé cette production dans le pays qu'arrose la rivière Nuddéa, pays si bien situé pour apporter aux moindres frais à Calcutta ce riche produit.

C'est précisément du district appelé *Nuddéa* que sont parties les plaintes les plus amères des infortunés paysans, et contre cette culture, et contre les calamités dont elle est pour eux la source. Pendant longtemps le pouvoir a fermé l'oreille à ces tristes réclamations.

Initiative courageuse prise par le juge supérieur du pays de Nuddéa pour dénoncer les souffrances des ryots.

Cependant, en 1854, M. Sconce, un généreux *magistrat covenanté,* témoin pendant trois mois des souffrances et des doléances de ses nouveaux administrés, ceux du pays de Nuddéa, s'est permis de réclamer pour eux la bienfaisante intervention du lieutenant-gouverneur qui préside au Bengale. Il a demandé qu'on étudiât sérieusement la réalité des maux qui frappaient ses regards et les moyens d'y porter remède. Il a présenté le tableau des malheurs éprouvés et des ressentiments qu'ils ont soulevés; la peinture qu'il en a faite doit être placée parmi les documents historiques propres à constater le sort d'un peuple. Présentons-la dans toute sa fidélité :

« Depuis un certain nombre d'années, mes rapports occasionnels avec la population m'ont appris que le natif, propriétaire foncier, fuit à l'approche de la culture indigotière, *comme au milieu des savanes américaines on fuit l'incendie des herbes desséchées.* Les outrages et les violences, accompagnements accoutumés de cette culture, expliquent la répulsion qu'éprouvent les laboureurs à mettre leurs terres au service du *planteur,* ou, pour parler exactement, du manufacturier non-planteur. J'ignore les détails; mais il est évident pour moi que les convictions énergiques et les *ressentiments enflammés* du peuple avec lequel j'ai communiqué ne sont pas assez connus, qu'ils ne sont pas suffisamment explorés, et qu'ils n'ont jamais été discutés. C'est de notre part un devoir de les examiner avec une attention sérieuse. »

Afin de moins effaroucher l'autorité supérieure, l'habile et prudent magistrat qui prélude ainsi se contente d'énumérer, *comme des ouï-dire*, tous les griefs plus ou moins certains et démontrés qu'il a jugés dignes d'être pris en considération. Écoutons-le :

« On dit, et ce sont les personnes les plus respectables dont je rapporte les paroles, on dit que les cultivateurs sont contraints par la force et par la terreur à cultiver la plante indigofère. On ajoute qu'il ne leur est pas permis de faire leurs diverses semences avant d'avoir commencé par cette plante; or souvent, par de tels délais, il est trop tard pour qu'ils puissent entreprendre leurs autres cultures. Alors la saison est perdue.

« On dit qu'ils n'ont pas la liberté de choisir parmi leurs champs celui dans lequel l'indigotier doit être planté de préférence, et qu'ils sont forcés d'y consacrer leurs meilleures terres : celles qu'indique l'Européen planteur ou plutôt fabricant d'indigo.

« On dit qu'en passant les contrats pour que le ryot affecte sa terre à cette culture, le planteur se réserve l'emploi de mesures agraires dont la contenance est plus considérable que d'habitude; de sorte qu'il exige deux espaces et demi pour un stipulé dans l'engagement.

« On dit, comme un fait notoire, que le ryot ne gagne que peu, ou ne gagne rien du tout, sur les 37 fr. 50 cent. avancés par hectare à cultiver en indigotier. Il est obligé de remettre cette somme à l'agent, à l'*amlah* de la factorerie; et les retenues sont énormes.

« On dit qu'en livrant sa récolte il est contraint de fournir *deux gerbes au lieu d'une;* deux gerbes payées suivant le prix convenu pour une seule. On y parvient en attachant par l'endroit le plus exigu les tiges qui forment la gerbe; c'est dans cet endroit qu'on en mesure la grosseur. Il faut, par ce moyen, deux gerbes ordinaires pour suffire à la mesure ainsi mise en pratique.

« On dit que le travail de la factorerie indigotière est complété par les services, *mal rémunérés*, qu'on exige des manouvriers, des bateliers et des conducteurs de chariots; puis, par les concessions tortionnaires que les planteurs arrachent aux tenanciers; puis, par les emprunts que les cultivateurs sont obligés de faire aux *mahajuns* (on nomme ainsi les prêteurs d'argent dans les campagnes).

« Les ryots, m'a-t-on dit, ne possèdent rien; *ils sont purement des bêtes de labour*, au lieu d'être des hommes rendus amis du travail par un bénéfice équitable. . .

« Il m'est difficile, ajoute le généreux magistrat, de me former une juste idée des procédés par lesquels la force coercitive est employée à l'égard des ryots qui résistent. J'entends affirmer qu'on ne permet pas à leur bétail de paître et qu'on l'emmène par force, *et que peut-être on le noie!* J'entends affirmer qu'en certains cas on détruit gratuitement leurs récoltes, et qu'enfin leurs chaumières sont saccagées et brûlées. La plainte, pour eux, ne semble pas un remède; ils n'espèrent pas avoir le crédit d'obtenir justice, et d'après l'expérience, acquise à leurs dépens, voici quelle est leur intime conviction : *mieux vaut souffrir que réclamer.* »

Un sous-gouverneur du Bengale ferme les yeux sur la vérité.

Lorsque le lieutenant-gouverneur du Bengale reçut les réclamations importantes que nous venons de résumer, il affecta de ne rien croire à l'égard de faits si notoires et si graves. Au magistrat éminent qui mettait tant de réserve et de discrétion à les présenter, il ne répondit que par des sarcasmes amers. On verra si, plus tard, la force des événements ne fera pas tenir à son successeur un tout autre langage.

Quelle est pourtant ici la vérité? Les Anglais, qui dans leur pays sont si fiers des libertés du commerce, de l'industrie et même de l'agriculture, les Anglais, quand ils sont dans l'Inde, ne respectent plus ces libertés; ils les foulent aux pieds lorsqu'il s'agit de faire cultiver et d'acheter la plante indigofère.

Projet de loi pour transformer en CRIMES *les contraventions des ryots, dans leurs contrats avec les planteurs d'indigo.*

Après avoir ainsi méprisé les droits des travailleurs au milieu du peuple conquis, les planteurs ont voulu, chose incroyable, qu'on transformât en *crimes* les simples difficultés concernant des questions de contrats et d'argent; ils ont demandé qu'on fît tomber la rigueur des lois criminelles sur les différends relatifs à des promesses de travail, à des prix convenus entre le planteur britannique et le travailleur indigène. Voici comment ils ont été poussés à formuler cette demande exorbitante.

Fatigués d'exhaler en vain les plaintes que nous avons énumérées, les ryots ont fini par devenir de moins en moins exploitables, et, si je puis ainsi parler, de moins en moins *compressibles*. Leur aversion contre une culture qui leur est onéreuse les a portés de plus en plus à refuser de semer l'indigo, malgré l'engagement qu'ils ont pu contracter en des jours de pressant besoin. Pour vaincre cette résistance, les planteurs européens ont demandé qu'on fît revivre une disposition vraiment draconienne et périmée : c'était de traiter *comme coupable de crime* le cultivateur indigène qui s'abstiendrait de semer suivant l'obligation d'un contrat qu'il avait signé quand il avait faim. Le Gouvernement indo-britannique a révélé tant de faiblesse, et nous devrions employer une expression plus sévère, il a paru si partial, il s'est montré si peu jaloux des principes les plus sacrés de la justice, qu'il a fait préparer un *bill* pour traduire en loi cette monstrueuse prétention. Il a pourtant eu la prudence, avant de soumettre son projet au Conseil législatif, de solliciter dans les diverses provinces l'avis préalable des principaux magistrats.

Noble résistance des magistrats : M. Elliot, du Burdwan.

Hâtons-nous de le dire à leur honneur, les magistrats n'ont écouté que leur conscience. Tous ont réprouvé, tous ont flétri le projet de loi qui devait transformer en crimes des actes qui, par eux-mêmes, ne portent pas ce caractère.

Citons avec distinction et résumons l'avis d'un des fonctionnaires les plus éminents, celui de M. Elliot, commissaire supérieur dans l'opulent et beau pays de Burdwan. Il ne procède point par des *on dit*, comme avait fait le prudent, le réservé M. Sconce. M. Elliot attaque directement le bill qu'on ose proposer, et le flétrit comme une mesure d'exception non moins injuste que cruelle.

Il déclare avérés les faits suivants : 1° Le cultivateur

du pays n'est jamais enrichi par la culture de l'indigo; 2° son aversion pour les plantations de ce genre est extrême; 3° l'indigène les juge moins avantageuses pour lui que les autres cultures dont il possède la libre pratique; 4° contre lui sont employés tous les moyens, adresse ou fraude, afin de le rendre débiteur du planteur européen; 5° est-il une fois endetté, on ne souffre pas qu'il se libère jamais; 6° si, dans la détresse du ryot, un planteur compatissant vient à son aide, adieu la liberté de l'obligé : ce qu'il aura reçu comme le bienfait d'un moment éternisera sa chaîne et sa misère.

Dans l'opinion du bienveillant et judicieux commissaire, il faudrait qu'on choisît avec discernement parmi les terrains de diverses natures; il en est que personne ne refuserait de cultiver en indigo. Cette plante croît à merveille sur des bancs de sable où nulle autre ne réussirait aussi bien. Si les ryots, après la moisson, étaient complétement payés, sans engagement forcé pour l'avenir, beaucoup se livreraient à ce travail. Mais, d'un côté, l'impossibilité pour eux de se dégager des registres d'une factorerie dès l'instant où leur nom s'y trouve inscrit; de l'autre côté, la crainte que la terre une fois envahie par l'indigo ne le soit pour toujours, ces deux dangers font que le ryot tremble de contracter un engagement si dangereux.

Faits justificatifs des ryots, énumérés par le juge civil de Midnapour.

Écoutons maintenant M. Luke, juge civil de Midnapour, dans la province de Cuttack. Ce ne sont plus de simples *ON DIT* qu'il répète; il affirme ce qu'il a vu. « Personne, excepté le nécessiteux, ne s'engage à semer l'indigo, affirme-t-il; or voici comment les choses se passent :

« Le planteur anglais, avant d'établir sa factorerie,

s'assure un droit de propriété sur le coin de terre où s'élèveront ses ateliers : cela lui donne une complète autorité sur quelques ryots. Le premier usage qu'il en fait est d'ordonner à tous ses tenanciers ayant des terrains où peut croître l'indigo d'en réserver une portion pour cet objet. Les serviteurs de la factorerie tiennent sévèrement à l'exécution d'un pareil ordre; ils mesurent la terre ainsi réservée; ils veillent à l'ensemencement, au sarclage, à la fauchaison de la plante. Dans le cas où surgit quelque difficulté, les prières, les remontrances du ryot restent sans valeur. Sans doute, un prix raisonnable est accordé dans la convention faite avec le planteur; mais l'argent passe par tant de mains, depuis le caissier jusqu'au dernier employé de la factorerie, qu'avant d'arriver au laboureur il est à tel point diminué *qu'il ne représente plus rien d'une juste rétribution.* Est-il donc étonnant que le ryot répugne à sacrifier son indépendance et ses moyens de subsister, en prenant des engagements qui doivent, il le sait, se réaliser par la perpétuité de sa misère? » Ajoutons que M. Luke repousse aussi la création d'un crime tendant à mieux châtier les natifs qui, pour tout méfait, s'efforcent de fuir les conséquences de leur propre ruine.

En présence de cette réprobation unanime, le scandaleux projet finit par être abandonné; les ryots ne seront pas traités en criminels, dût l'avarice des planteurs ne pas être assouvie en pleine sécurité. L'année 1855 s'était écoulée avant qu'on eût adopté cette équitable solution.

En 1856, l'Administration supérieure du Bengale, qui n'était pas complétement rassurée, s'informe si la culture de l'indigo n'a pas fait surgir de nouvelles difficultés; heureusement les années 1857 et 1858 s'écoulent sans perturbations extraordinaires.

Dès 1859, le Gouvernement de l'Inde, s'il avait voulu

s'éclairer sur la situation des cultivateurs d'indigo et sur la souffrance des ryots, n'aurait eu qu'à peser les faits mis en lumière par un magistrat plein d'expérience et d'équité; hâtons-nous de les présenter à nos lecteurs.

Opinion sur le système européen de la culture de l'indigo, demandée par le Lieutenant-Gouverneur du Bengale à M. J. Cockburn, magistrat de la province de Jessore.

Sous tous les points de vue, M. Cockburn regarde le système actuellement suivi comme une grande et fâcheuse erreur. Si l'on essaye de le rectifier, il ruinera certainement la plupart des planteurs actuels, quelque succès qu'il obtienne plus tard; si l'on n'apporte aucun remède, *il continuera de faire le malheur du cultivateur indigène.*

Cet administrateur a puisé son expérience dans les districts de Baraset et de Kishnaghur, qu'il connaît à fond. Il montre d'abord par quels artifices le planteur attire les ryots et les décide à former avec lui leurs premiers contrats. Ses explications sont extrêmement curieuses.

Calculs d'exploitation recueillis par M. Cockburn.

Le ryot reçoit, comme avance, *la moitié* du prix total, c'est-à-dire deux roupies par bigah : 37 francs et demi par hectare. Mais quand il a fait *les présents d'usage aux agents de la factorerie* et payé les frais inévitables, sur le total il lui reste bien peu : *very little.* Voici le calcul exact des déboursés et des retenues :

Supposons que le cultivateur finisse par toucher la somme entière allouée par bigah, c'est-à-dire 4 roupies ou 64 annas (l'anna vaut 15 2/3 centimes). Voici les dépenses évaluées en annas : Pour papier timbré, 2 annas; pour achat de semences, 10; pour frais de semailles et de sarclage, 9; pour couper ou faucher la plante, 4; pour la rente de la terre, payée par le ryot au zémindar, 16. Total: 51 annas, qui, retranchés de 64, *laissent seulement treize annas auxquels peut prétendre le cultivateur.*

Mais il ne faut pas un instant supposer que le ryot garde pour lui ce misérable reliquat de 13 annas!... Ayant reçu 4 roupies pour sa récolte, l'*amlah*, le comptable du planteur, a droit pour sa part à 2 annas sur chaque roupie; ce qui, pour la somme de 4 roupies, oblige à retrancher 8 annas sur 13: reste 5. De ce misérable reliquat, il faut que l'infortuné cultivateur déduise des bonnes mains, *fees*, au magistrat secondaire, à l'*amin*, au *kalashié*, etc. etc.

Voilà comment s'évanouit la somme stipulée entre le planteur anglais et le cultivateur indien.

Jamais l'*avance primitive* n'est déduite du prix soldé pour la récolte. On se donne un air généreux: la somme totale dont on vient de voir la triste dispersion, et nous dirions presque l'*anéantissement*, cette somme est soldée sans amortissement de la dette; l'infortuné cultivateur reste ainsi sous le poids de sa première obligation.

M. Cockburn explique ensuite les combinaisons au moyen desquelles le ryot ne peut faire aucune espèce de profit sur le transport des plantes indigotières, s'il les apporte aux cuviers où l'on fait macérer les plantes afin d'en extraire la matière colorante.

La preuve, dit-il, la plus décisive que l'indigo loyalement cultivé ne peut pas être profitable au ryot et que la récolte ne peut pas payer la dépense, cette preuve ressort du fait que la plupart des entreprises agricoles ont cessé d'exister, ou qu'elles ont beaucoup réduit la culture en tout autre terrain que les bancs de sable laissés à découvert lorsque les eaux des rivières modifient leur cours.

M. Cockburn explique par quels moyens on trompe le ryot pour la mesure des gerbes, et comment la masse de plantes qui, groupées loyalement, fournirait deux gerbes, ou tout au moins une et demie, à force de serrer vers l'endroit le plus compressible et le plus menu, ne donne en réalité qu'une seule gerbe!

Il explique aussi comment un zémindar planteur pressure encore plus le ryot que ne le fait un planteur européen. Cette assertion est importante; elle nous donne une idée du sort misérable de ces travailleurs sans défense contre les oppresseurs d'origine étrangère ou nationale.

Le magistrat, si profondément versé dans la connaissance de toutes les extorsions, conclut ainsi : « Quelque loi qu'on promulgue pour protéger les ryots du Bengale, on pèsera seulement sur les planteurs les plus exempts de blâme, et qui n'étant pas zémindars sont obligés à plus d'égards envers les ryots. Mais *dès que les Européens auront acquis un droit de zémindarie sur la terre, et par là sur les personnes, ils se riront de toute loi réformatrice.* Sans doute ils n'y résisteront pas ouvertement; ce leur sera chose suffisante qu'en réalité la répression ne les puisse jamais atteindre. Elle ne le pourra pas pour cette raison très-simple : aucun de leurs tenanciers n'osera réclamer la protection de la loi, quand sa tenance, c'est-à-dire tout ce qu'il a dans ce monde, est à la discrétion du planteur propriétaire. »

Documents parlementaires de 1861.

Un volume de papiers parlementaires publié le 4 mars 1861 réunit tous ces documents et bien d'autres encore; il en contient 334 pages grand in-folio, et j'en ai fait l'étude la plus sérieuse. Là sont reproduites les nombreuses pétitions où les pauvres ryots expliquent les souffrances qu'ils endurent et les fraudes qu'on leur fait éprouver.

Ces douloureuses requêtes se multiplient surtout dans les années 1859 et 1860. A cette époque, on voit en fuite une foule de laboureurs. En même temps qu'ils se sauvent, ils supplient le lieutenant-gouverneur de faire rendre à la liberté d'autres ryots que des planteurs avaient enlevés, *et qu'ils tenaient* ENFERMÉS, *parce que ces derniers refusaient de s'engager à planter l'indigo.* Les pétitionnaires n'osent pas rentrer dans leurs villages, attendu qu'ils craignent d'être eux-mêmes enlevés par force.

Des combats sont livrés entre les ryots et les *lathials*, les assommeurs, les *bravi* des planteurs, armés de bâtons ou massues, pages 175 et 176.

J'ai sous les yeux le récit d'un combat suivi de mort d'hommes, parce que des villageois, qu'avaient attaqués cent bravi, refusaient d'employer leurs charrues à cultiver l'indigo.

J'appelle l'attention sur les plaintes portées par certains cultivateurs du pays de Nuddéa, exposant au gouverneur du Bengale les abus de pouvoir et les dénis de justice commis à leur détriment par des planteurs. Ils ont déjà pétitionné près du pouvoir supérieur; les planteurs l'ont appris; et, pour se venger, ils ont rassemblé de nombreux *lathials*, par lesquels les pétitionnaires sont menacés d'être battus, puis enfermés, puis torturés dans les bas celliers, les *godowns* des factoreries, pages 186, 187 et 188.

Voilà la plainte des victimes; voici maintenant l'effroi des persécuteurs...... Tout à coup un planteur établi dans le pays de Nuddéa réclame, plein de terreur : il appelle au secours l'Association tout entière de ses frères en industrie; il les conjure d'obtenir aide et salut en implorant le Gouvernement (13 mars 1860). «Les ryots sont en armes! Ils menacent de se venger, dit-il dans sa profonde épouvante. Une révolte générale du Bengale inférieur est imminente, à moins que l'autorité supérieure n'ait recours à des mesures décisives; il le faut, et sans délai. Si les choses ne prennent pas une tournure moins funeste, avant quinze jours aucun de nous n'aura la vie sauve, et la destruction de nos biens accompagnera celle de nos personnes. »

Cet appel effrayant ne pouvait pas rester infructueux. Sans le moindre retard, une ample et pressante pétition est votée par l'Association des planteurs du Bengale. Les pétitionnaires commencent par citer avec orgueil l'éloge qu'a fait de leur industrie feu M. Wilson[1], le grand réformateur financier de l'Inde après la rébellion. L'industrie de l'indigo, dit cet habile et regrettable ministre, est celle qu'avant toutes les autres le Gouvernement désire encourager, celle dont il ne faut, par aucune mesure, empêcher l'extension. L'influence des producteurs européens établis dans les campagnes, ajoute avec empressement cet administrateur, ne sera jamais estimée trop haut, et la politique du Gouvernement doit être de l'encourager par tous les moyens praticables.

« Quel funeste état de choses ! exclament les planteurs pétitionnaires. Voici les faits : Les ryots se montrent très-excités ; ils sont en démence et prêts à tout méfait. *Chaque jour ils essayent de brûler une factorerie.* Beaucoup de nos serviteurs, saisis de terreur, nous ont quittés, parce qu'on a menacé de les tuer et d'incendier leurs chaumières. Les cultivateurs ne respirent que la vengeance ; il n'y a plus de sûreté pour les Anglais en allant, même à cheval, d'une factorerie à l'autre. *Tout le pays est debout, et la police indigène est tournée contre nous.* Déjà les maisons d'une factorerie ont été pillées et brûlées..... »

[1] Nous exprimons ici nos regrets sur la mort prématurée de ce haut fonctionnaire ; il n'a pas pu résister à la double influence du climat de l'Inde et d'un travail excessif.

Accusation des planteurs contre un magistrat protecteur des ryots.

Les planteurs attribuent ce soulèvement aux instructions imprudentes d'un magistrat, M. Eden, lequel aurait annoncé que l'Administration voulait aider les ryots à ne pas tenir leurs engagements pour cultiver l'indigo; ils se permettaient une imputation *calomnieuse*. Le sage M. Eden avait seulement déclaré que les planteurs, pour se faire rendre justice, *ne devaient pas recourir à la violence.* Ces simples mots, si naturels, avaient suffi pour enflammer l'esprit profondément ulcéré des cultivateurs indigènes, en leur offrant une ombre d'espérance.

Une proclamation du lieutenant-gouverneur est alors publiée dans le dessein de protéger les planteurs, en promettant pour l'avenir aux cultivateurs l'impartialité du Gouvernement. (Ordonnance du 20 août 1859.)

Aveux graves et tardifs d'un nouveau sous-gouverneur du Bengale.

Quand devient imminent le danger d'une guerre sociale si bien pressentie par M. Sconce, le magistrat du Nuddéa dont j'ai fait connaître la généreuse initiative, cet équitable et prévoyant administrateur reçoit une lettre bien différente de la réponse dérisoire qu'avait obtenue son premier et salutaire avertissement. Depuis sa démarche primitive, ce haut fonctionnaire, qui s'est avancé par son rare mérite, est devenu membre du Conseil législatif. A ce titre, le nouveau gouverneur du Bengale s'adresse à lui, *à son cher ami M. Sconce!* pour défendre et faire adopter *un bill,* un projet de loi, qui devient urgent.

« Cher Sconce, voici mon bill amendé. Tout fait croire que nous sommes menacés d'une grave calamité commerciale; elle serait occasionnée par la résolution, tout à coup manifestée chez les ryots, de rompre les engagements qu'ils ont pris de cultiver l'indigo.

« *Je suis moi-même d'avis que les cultivateurs ont depuis longtemps des motifs, qui sont devenus de plus en plus graves, pour se plaindre du système entier.* Mais ils n'ont pas le droit de mettre à néant les obligations qu'ils ont contractées; obligations que le nouveau bill a pour objet de faire respecter, en punissant les menaces, l'intimidation et les voies de fait dirigées contre les planteurs.

« *Nous savons tous*, dit le gouverneur, *que le système actuel est plein d'abus.* Quand même nous n'aurions rien appris sur ce qui concerne l'indigo, quand même il n'existerait pas la trace écrite d'un seul abus commis par des planteurs ou des zémindars, le simple fait des difficultés éprouvées en ce moment suffit pour démontrer que le système a perdu son pouvoir; il est pourri (*rotten*)! *Le principe vicieux, c'est qu'aujourd'hui, dans la pratique,* LE RYOT EST TRAITÉ COMME UN ESCLAVE ET NON PAS COMME UN HOMME LIBRE. Tout commerce loyal exige que les marchés procurent un bénéfice mutuel, ou du moins qu'ils en offrent l'espérance, et les parties contractantes doivent traiter chaque affaire avec de libres agents. Si tel était l'état des choses, et si les conditions légales étaient les mêmes entre le riche et le pauvre, entre le planteur et le ryot, certainement alors ce dernier aurait aussi peur de voir le fabricant ne pas acheter sa récolte, que le fabricant a peur aujourd'hui de ne pas obtenir sa matière première ; celui-ci jette les hauts cris, afin qu'on proclame une loi complétement partiale pour lui. La lutte actuelle, du côté des ryots, a pour objet de ne pas cultiver l'indigo ; *c'est la preuve certaine qu'ils sont forcés à cette culture et qu'ils s'y trouvent contraints par une oppression illégitime.* Les hommes qui combattent pour avoir le droit de consacrer leur terre à la culture du riz, PARCE QU'ILS PEUVENT VENDRE CE RIZ SUR UN MARCHÉ LIBRE, les mêmes hommes sont au moment de se mettre en révolte, afin d'échapper au malheur de cultiver *par force* un champ d'indigo pour satisfaire le planteur.

«Il faut une enquête approfondie de tout ce système; *et depuis longtemps on aurait dû la faire.* Elle aurait eu lieu si l'on n'avait pas eu peur d'occasionner une crise aussi redoutable que celle qui sévit en ce moment. La marche que l'on suivait était si mauvaise que cette crise devait inévitablement éclater; et voici qu'elle arrive, amenée par la force des choses. Il n'y a plus d'excuse pour dissimuler la plaie et retarder l'application du remède. Ce remède, il faut à l'instant le promettre aux ryots. Le péril passé, nous tâcherons de faire une loi sagement pondérée qui protégera les intérêts du ryot et ceux du planteur.»

Lorsqu'on a pris ce parti tardif d'annoncer aux indigènes qu'on allait enfin nommer une Commission, laquelle aviserait aux moyens de porter remède à la situation où se trouvait la culture de l'indigo et aux souffrances éprouvées par les cultivateurs, il était plus que temps de proclamer l'heureuse et paternelle intervention de l'autorité. Partout les ryots se soulevaient contre les planteurs européens; ils s'agglroméraient afin d'attaquer. Dès les premiers mois de 1859 on comptait, dans un seul groupe, des insurgés réunis au nombre de *douze cents*, et se faisant des armes avec tout ce qui pouvait servir leur fureur.

En cette occurrence, l'autorité fit deux choses afin de prêter main-forte à la répression : elle envoya dans les localités troublées *les bataillons réguliers de la police* [1]; ensuite, pour les appuyer, elle leur adjoignit *des détachements d'infanterie régulière et de cavalerie.* En même temps qu'on

[1] Ces bataillons ont été créés depuis la grande révolte de 1857 et 1858.

avisait aux moyens de comprimer et surtout de prévenir la révolte, on s'efforçait d'apaiser les esprits par l'intention, solennellement annoncée, de punir désormais toute espèce d'excès et de porter remède aux abus.

Le bonheur des Anglais a voulu que pendant les années 1857 et 1858, lorsque la grande rébellion ravageait le Gange central et le Gange supérieur, les ryots du Gange inférieur soient restés immobiles. Il est heureux qu'ils n'aient pas cherché l'unique moyen d'être à jamais délivrés de la tyrannie des planteurs européens, en les exterminant sur ce point capital de la péninsule hindoustane.

Poursuivons l'examen des provinces du Bengale, et rappelons-nous, pour n'en plus parler, qu'elles ont souffert en général les mêmes maux que le district de Nuddéa quant à la plantation de l'indigo, quoique les griefs de leurs cultivateurs aient été quelque peu moins nombreux et moins graves.

Afin de ne pas scinder les diverses parties d'une même province, nous allons pour quelques moments franchir le bras occidental du Gange, et nous rentrerons immédiatement après dans le delta.

Parties de la province de Jessore qui sont à l'ouest du bras occidental du Gange.

Trois districts nous restent à décrire pour compléter la province financière de Jessore, dont nous avons examiné déjà quatre premiers districts, c'est-à-dire Jessore proprement dit, les Pergunnahs, Baraset et Nuddéa, tous quatre compris dans le delta du Gange.

District de l'Houghly.

Ce district doit son nom au bras occidental du Gange,

dont il borde la rive droite, à partir de la mer, dans une étendue de trente lieues.

Territoire et population.

Superficie....................	519,792 hectares.
Population....................	1,520,840 habitants.
Habitants par mille hectares.....	2,926

Une évaluation peu rigoureuse, faite en 1801, ne portait qu'au chiffre d'un million le nombre des habitants : si l'on pouvait regarder un tel chiffre comme assez approximatif, il en résulterait qu'il a fallu cinquante-cinq années pour que la population de ce beau district augmentât seulement de moitié. L'accroissement annuel serait de 7 pour mille; plusieurs peuples de l'Europe ont un progrès plus rapide.

Pour une même étendue de territoire, la population de l'Hooghly s'élève presque au double des habitants de l'Angleterre, de la Belgique et de la Lombardie, qui sont les pays les plus habités de l'Europe. Une aussi grande supériorité ne peut être expliquée que par la bonté des terres, l'abondance des eaux et le grand développement qu'a reçu la culture du riz.

Cependant la partie de ce district qui touche à la mer, vers l'embouchure de l'Hooghly, renferme des jongles et des marais salants aussi malsains que ceux du Sunderbund; mais, dans cette partie, le district a très-peu de largeur. Cela nous explique pourquoi les espaces qui sont presque perdus pour l'alimentation des hommes ont une étendue fort circonscrite; ce qui n'affaiblit pas sensiblement les grands résultats obtenus dans les meilleures parties.

Les charmantes rives de l'Hooghly, si bien dépeintes par lord Heber (voy. pages 95 et suiv.), appartiennent au district de ce nom et nous donnent une idée de la richesse de la terre. Là, comme ailleurs, nous avons vu que le savoir-faire agricole et la molle activité des cultivateurs laissent encore à désirer de nombreuses améliorations.

Le faubourg de Howrah et le jardin botanique de Calcutta font, l'un et l'autre, partie du district de l'Houghly.

Remonte du fleuve au-dessus de Calcutta.

C'est par l'Houghly que les Anglais font remonter l'immense quantité de leurs marchandises, qu'ils disséminent ensuite dans tout le Bengale et dans les provinces riveraines du Gange supérieur; c'est par là que descendent les produits naturels des mêmes contrées destinés soit aux consommations de Calcutta, soit au commerce de cette capitale avec l'univers.

Il serait naturel de croire que les Anglais ont fait des efforts dignes de leur puissance pour améliorer la navigation de l'Houghly, celle du Gange supérieur, de tous les bras du fleuve, et des *nallahs :* on nomme ainsi les voies hydrauliques artificielles qui sillonnent dans tous les sens les parties basses du bassin que nous parcourons.

En réalité, les travaux exécutés sont peu de chose. Presque partout l'homme a reculé devant les terribles caprices de la nature, qui tantôt emportent les levées naturelles servant de limites au cours du fleuve, et tantôt accumulent en d'autres points des alluvions qui créent des îles nouvelles ou qui transportent d'une rive à l'autre des terrains plus ou moins déformés.

Avant qu'on employât les bateaux à vapeur afin d'aider à la navigation fluviale, celle du Gange était aussi lente qu'imparfaite; il faut en excepter la descente du fleuve lorsque le volume des eaux ne laisse plus à craindre l'échouage sur les bas-fonds.

Quand lord Heber remontait l'Hougbly pour commencer son voyage, il naviguait sur un bateau bien construit, armé de seize rameurs exercés et robustes, qui tour à tour maniaient l'aviron, bordaient la voile ou bien tiraient la corde de halage, et qui se précipitaient dans l'eau pour remettre le navire à flot lorsqu'on échouait. Cependant, malgré ces secours multipliés, pour aller seulement jusqu'à Dacca, le voyage, commencé le 15 juin, ne s'est terminé que le 3 juillet au soir. Il n'a pas fallu moins de dix-neuf jours pour accomplir un trajet de 125 lieues. Il est vrai que, par un usage invariable des mariniers indigènes, on jetait l'ancre chaque soir, au coucher du soleil, en profitant de quelque mouillage protecteur. Les Hindous faisaient à part leur cuisine exclusive, que le regard d'un profane suffirait à souiller. On élevait sur le rivage une tente pour le seigneur, le Sahib. Le lendemain on repartait dès l'aurore, si toutefois les vents n'étaient point trop contraires.

Établissements situés sur les rives de l'Houghly : Dum-Dum.

En remontant l'Houghly au-dessus de Calcutta, le voyageur aperçoit à quelque distance, du côté du levant, les édifices de *Dum-Dum*, grand arsenal et cantonnement de l'artillerie pour l'armée du Bengale : une route conduit de cet arsenal à Calcutta.

Cantonnement de Barrackpour et villa du gouverneur général.

En continuant de remonter, si l'on tourne ses regards vers la rive orientale du fleuve, on passe devant les établissements de *Barrackpour* : ce nom se compose du mot anglais *barrack*, qui veut dire caserne, et de la terminaison hindoustanie *pour*, qui veut dire habitation, ville ou bourgade. Là sont cantonnés les régiments de cipayes et les troupes européennes qui forment la principale station des forces anglaises dans le Bengale inférieur. On a choisi cette position, à six lieues et demie de la capitale, parce qu'elle est éminemment salubre. Aussi ne laisse-t-on dans le fort William, à Calcutta, que la garnison strictement nécessaire au service de paix; elle est fréquemment remplacée, pour diminuer les maladies et prévenir la mortalité, considérable en cette forteresse.

A proximité du cantonnement des cipayes, et sur le bord de l'Houghly, dominent les ombrages majestueux de la villa du gouverneur général. Le parc a seulement cent hectares de superficie, mais il renferme des plantes et des arbres rares, des pelouses d'une verdure que partout les Anglais savent obtenir, même sous la zone torride; enfin, l'on y trouve une ménagerie qui n'est pas sans richesse. L'habitation elle-même, ancien séjour d'un chef de comptoir hollandais, est massive et sans goût, comme l'architecture du peuple batave.

Pour remplacer cette villa, qui n'est pas digne du vice-roi d'un immense empire, lord Wellesley commença des constructions qui devaient correspondre à la splendeur du palais qu'il venait d'ériger dans Calcutta. Mais la Compagnie des Indes, ardente à réprimer les idées trop grandioses de l'homme d'État qui, de son côté, ne savait pas la ménager, lui fit éprouver l'humiliation d'ordonner la cessation des travaux déjà commencés; on en voit encore les ruines.

Établissements danois et français de Sérampour et de Chandernagor.

Sérampour. — Sur la rive occidentale de l'Houghly, en face de Barrackpour, s'élève la petite et charmante ville de Sérampour; là résidait, jusqu'à ces derniers temps, le gouverneur d'un modeste comptoir possédé par le roi de Danemark.

Pendant les guerres acharnées des Français et des Anglais, les navires danois profitaient de leur neutralité pour faire un commerce très-actif entre le Gange et l'Europe. Mais lorsque, par un attentat sans exemple, la Grande-Bretagne eut bombardé, mitraillé Copenhague en pleine paix, elle ne respecta pas le comptoir inoffensif de Sérampour, et plus tard elle le séquestra. Restitué depuis la paix générale, ses fondateurs, qui n'en tiraient plus qu'un faible parti, ont fini par le vendre pour un prix misérable aux dominateurs de l'Inde[1].

Chandernagor. — Si nous remontons à 13 lieues au-dessus de Sérampour, nous trouvons, sur la même rive de l'Houghly, le comptoir ou simplement l'oasis française de Chandernagor. C'est à Calcutta que se font aujourd'hui les principales affaires de notre commerce avec le Bengale.

La ville, quoique petite, offre des maisons bien bâties et confortables; les villages de sa dépendance ont tous l'aspect de l'aisance, et renferment un peuple qui paraît heureux. L'administrateur de ce modeste établissement est sous les ordres du gouverneur de Pondichéry.

A la hauteur de Chandernagor, à 30 lieues du golfe du Bengale, le fleuve est encore si beau, que les Anglais, lors de la première expédition du colonel Clive, vinrent

[1] Avant que le guet-apens de Nelson à Copenhague eût allumé la guerre entre le Danemark et l'Angleterre, la Compagnie des Indes britanniques cédait chaque année, *au prix coûtant*, par un accord avec les Danois de Sérampour, 200 caisses d'opium; l'important bénéfice obtenu sur la revente servait à payer les dépenses du gouvernement de la colonie. Lorsqu'en 1814 Sérampour fut restituée à ses anciens maîtres, on oublia de stipuler la continuation de cet avantage, qui se trouva supprimé. La colonie devint onéreuse au Danemark, et ce fut le motif de la cession qu'elle en fit à la Compagnie des Indes britanniques.

mouiller devant ce comptoir avec un vaisseau de ligne, pour le réduire par la force.

Les temples hindous sur les bords de l'Houghly.

Nous avions été frappé de trouver dans la grande et riche Calcutta les pagodes brahmaniques petites, pauvres et misérablement entretenues. Il n'en est pas ainsi des pagodes qui s'élèvent dans la campagne sur les rivages de l'Houghly, rivages dont l'heureux aspect flatte la vue, lorsqu'on remonte le fleuve au-dessus de la capitale. Ces édifices, loin d'attester la décadence, ont presque tous un air de fraîcheur et de *nouvelleté*, dirait Montaigne. Un majestueux escalier, un *ghaut*, conduit des eaux sacrées du Gange à la principale entrée du monument, et réunit ainsi les deux grands objets du culte des Hindous, le fleuve et le temple. Ici, chose curieuse, les pagodes semblent empruntées à l'architecture grecque; elles en rappellent les portiques à colonnes et les pilastres isolés. « Ordinairement, dit lord Heber en les visitant avec l'attention qu'en tous lieux il apportait aux édifices religieux, ordinairement, au centre de la clôture principale est une entrée qui, par son caractère, ressemble aux magnifiques propylées du château de Chester. » Le plus souvent, ces beaux frontispices avec lesquels on a décoré des pagodes antiques sont des restaurations faites à des époques assez récentes par des architectes européens, ou du moins d'après l'exemple des monuments qu'ils ont érigés en Occident.

Les fours à briques en activité sur les bords de l'Houghly.

Après les temples hindous, ce qu'on remarque sur les bords de l'Houghly, c'est la multiplicité et la grandeur des fours employés à cuire la brique; ils rappellent les fours égyptiens. Dans la partie inférieure du bassin du Gange, la pierre manque et l'on ne trouve partout que des terres d'alluvion. C'est pourquoi, lorsqu'on veut faire des constructions durables, il faut cuire l'argile dont on est réduit à se servir pour la construction des murs.

Ville de l'Houghly.

En continuant à remonter le bras de l'Houghly, nous arrivons à la ville dont il porte le nom.

Situation : latitude, 22° 54'; longitude, 86° 8' à l'est de Paris.

Les marées se font sentir très-peu plus haut que cette dernière ville; elles remontent en quatre heures, et dans chaque heure elles parcourent sept lieues. A peu de distance de son embouchure le fleuve, qui se rétrécit par degrés rapides, produit le phénomène qu'on observe sur la Seine auprès de Caudebec, et qu'on nomme le *mascaret*. Quand le flux commence, l'eau soulevée forme une vague qui devient de plus en plus courte, plus profonde, et qui finit par retomber sur elle-même ; *elle déferle*, en prenant la figure d'une immense volute.

L'endroit d'un grand fleuve où s'arrête le reflux de la mer est toujours un point important; car c'est jusque-là que le mouvement quotidien des eaux suffit aux navigateurs pour remonter sans effort en venant de la mer. Il était naturel qu'une cité marchande s'établît sur l'Houghly dans une semblable position.

Les premiers Européens qui se fixèrent dans un lieu si bien indiqué furent les Portugais. En 1632, ils y possédaient un imposant et riche comptoir, défendu par des remparts et du canon. Bientôt l'empereur mogol, follement jaloux de voir ces étrangers prospérer au milieu de ses États, entreprit de les subjuguer et finit, après cent jours de siége, par prendre d'assaut l'établissement qu'ils avaient créé. Il détruisit 64 grands navires et près de 300 moindres bâtiments mouillés en face de la ville : tant était grand, dès cette époque, le commerce opéré sur le bras occidental du Gange.

Malgré l'énormité de cet attentat, les Européens ne renoncèrent pas à former des établissements auprès d'Houghly. Tout augmentait l'importance de cette position. Les princes mahométans y percevaient leurs droits d'entrée et de sortie, parce que c'était alors la dernière ville considérable qu'ils possédassent en descendant le fleuve.

Les avantages commerciaux de la cité d'Houghly ne tenaient pas uniquement à la navigation; l'industrie et l'agriculture du pays d'alentour offraient les éléments d'un riche commerce. On était au milieu d'une contrée où prospéraient les fabriques des belles indiennes en coton, soit blanc, soit teint, soit imprimé, et celles des soieries les plus variées. Les Hollandais, les Français, les Danois et les Anglais érigèrent successivement leurs comptoirs sur les bords du fleuve, dans un espace d'environ cinq lieues. Ces divers établissements devinrent un rendez-vous de population dont le centre était la ville d'Houghly, et le comptoir français donna naissance à Chandernagor.

C'est là que, il y a plus d'un siècle, la Compagnie des Indes britanniques envoyait Warren Hastings comme facteur principal; là déploya ses premiers talents cet homme extraordinaire, à qui la nature avait donné le génie du commerce pour marchepied de sa fortune.

Même aujourd'hui que la ville d'Houghly a perdu ses plus grands moyens d'influence, elle est encore importante au point de vue de l'industrie. J'en ai trouvé la preuve la plus récente dans un catalogue officiel et descriptif qu'on a fait paraître à Calcutta, en 1862, pour offrir l'énumération de tous les produits de la nature et de l'art réunis dans l'immense Présidence qui s'étend de Singapour à Peshawer. Les objets que présentait la cité qui nous occupe y figurent avec distinction par leur nombre et leur mérite. L'énumération comprend : une riche variété de tissus, les uns en coton, les autres en fibres de *crotolaria juncea*, d'autres en soie simple ou brodée, d'autres en paille pour tapis; des éventails en feuille de palmier; des houkahs, cet élégant appareil qui fait passer la fumée du tabac à travers le réservoir d'eau que forme une noix de coco gracieusement travaillée; une utile collection de vases en cuivre, en bronze, en alliages particuliers, etc.

Au-dessus de la ville d'Houghly, le fleuve cesse de porter ce nom et prend celui de *Baghirati*, que porte aussi le Gange au-dessus du delta.

L'école (*madrissa*) établie dans la ville d'Houghly est une des plus renommées et des plus fréquentées de l'Inde.

Dans le district de l'Houghly, la déplorable coutume des *suttis* était si répandue, que l'on comptait encore dans la seule année 1823 *quatre-vingt-une veuves brûlées vivantes* pour honorer la mémoire de leurs époux; et ces barbares sacrifices s'accomplissaient à si courte distance de Calcutta! Nous avons dit que lord William Bentinck, en 1829, employa son autorité de gouverneur général pour faire abandonner cette odieuse coutume.

Collectorat de Burdwan.

Immédiatement au nord du collectorat de l'Houghly se trouve situé celui de *Burdwan*, plus riche encore et plus peuplé. Il a pareillement pour limite la rive droite de ce bras du Gange, qui le sépare du pays de Nuddéa, dont nous avons déjà parlé.

Territoire et population.

Superficie....................	575,152 hectares.
Population....................	1,874,152 habitants.
Habitants par mille hectares....	3,254

Aucun pays de l'Europe, quelle qu'en soit la fécondité, ne nourrit, à beaucoup près, une population aussi condensée; elle l'est deux fois autant qu'en Angleterre.

Bardwan, la capitale du collectorat, compte plus de 60,000 habitants. Le radjah de Burdwan est le zémindar d'un immense territoire, et, quoiqu'il paye à titre de redevance la majeure partie du revenu territorial au Gouvernement britannique, il est encore possesseur d'un revenu de 4 à 5 millions de francs. Dans tout le Bengale, nul autre indigène ne l'égale en opulence. Quoiqu'il n'exerce plus aucun pouvoir politique, je vois, par le Catalogue officiel des produits de l'Inde, que ce personnage important y figure comme premier membre du comité de Burdwan, avec le titre presque royal de *maharadjah*, de *grand radjah*.

Il y a quelques années, l'autorité fiscale du gouvernement général avait entrepris d'enlever à ce prince toute sa propriété; mais le riche nabab apporta dans sa résistance une incroyable énergie. Il ne craignit pas d'en appeler à Londres devant la Cour des Directeurs; et, résultat aussi miraculeux que son audace, il gagna sa cause.

Si bien payé pour redouter la juridiction britannique et privilégiée de Calcutta, chaque fois qu'il a besoin de visiter cette capitale, il combine ses affaires pour repartir avant la fin du jour. Il évite à tout prix de coucher dans cette ville, tant il craint d'être rangé parmi les justiciables de cette cité *britannifiée*. Sa terreur est exagérée, mais elle est caractéristique.

Ram Mohun Roy, le moraliste, le sage et le patriote.

Vers 1780 naquit dans la cité de Burdwan un homme que je ne crains pas de qualifier d'illustre, et celui de tous, à mon sens, qui fait le plus d'honneur aux générations modernes de l'Inde. Il reçut en partage une puissante et vaste intelligence, l'amour de la vérité et le besoin de la défendre; à ce besoin s'ajoutait un sentiment passionné pour l'instruction et le bonheur de son pays.

Il commença par acquérir les connaissances qui sont exigées de la société polie dans l'empire mogol. Il apprit le persan, cette langue des princes, des poëtes et des hommes d'État en Orient; il y joignit l'étude du calcul et de la géométrie, enseignés dans les livres arabes, et tirés de la Grèce antique. Sans s'arrêter à ces premiers travaux, il vint à Calcutta pour étudier le sanscrit et sa philosophie sacrée, comme elle est enseignée dans le collége des Hindous. Déjà son érudition dans les principales littératures de l'Orient lui permettait d'en comparer les religions en remontant aux sources primitives.

A vingt-cinq ans, lorsqu'il achevait de parcourir ce brillant cercle d'études, il devint héritier d'une grande fortune. Il alla résider à Mourchedabad, où ses aïeux avaient vécu et prospéré. Il profita de sa nouvelle indépendance et de ses nouveaux loisirs pour méditer et pour écrire en langue persane un livre qui dut paraître surprenant de la part d'un indigène; dans ce livre, il déclarait s'élever *contre l'idolâtrie dans toutes les religions*. Ce traité lui valut la haine et les persécutions des Hindous et même des musulmans; pour s'y soustraire, il prit la fuite et vint chercher un asile à Calcutta, sous le patronage britannique. Le Gouvernement, appréciant son rare mérite, lui confia des fonctions importantes dans l'administration des finances du Bengale. Ces fonctions l'excitaient à faire de l'anglais une étude sérieuse; il parvint non-seulement à l'écrire avec pureté, mais à le parler avec élégance et souvent avec éloquence. Toujours animé du besoin d'agrandir le cercle de ses connaissances, dès que son esprit se tourna vers la civilisation de l'Occident, il étudia tour à tour le latin, le grec et même l'hébreu.

Ce fut alors qu'il forma la grande entreprise d'attaquer de front les superstitions du culte brahmanique, et de les remplacer par les plus pures notions de l'unité de Dieu. Afin d'y parvenir, il fit imprimer, soit en bengali, soit en anglais, des extraits du livre sacré des Védas; extraits par lesquels il s'efforça de démontrer que les anciens livres sacrés de l'Hindoustan n'enseignaient qu'un culte exempt de tout alliage et de toute corruption. Dans le volume précédent nous avons fait mention de cette noble initiative.

Toujours dominé par la pensée de rechercher dans les religions les plus sublimes ce qui peut intéresser la vertu et l'amour de l'humanité, il se sentit pénétré d'admiration pour les divines leçons de morale et de charité qui sont renfermées dans les Évangiles; il en écrivit le résumé, qu'il publia sous ce titre : *Les préceptes de Jésus*. Bientôt après, attaqué pour cette production par Marsham, un des missionnaires réformés de Sérampour, il soutint la lutte contre les mêmes prédicants qui, de leur côté, combattaient les brahmanes pour les superstitions que Ram Mohun Roy repoussait avec une rare supériorité.

Élevé par l'ex-empereur de Delhy au rang de prince, de *radjah*, il vint à Londres faire valoir les réclamations de ce monarque auprès des directeurs de la Compagnie. Il essaya de démontrer au Gouvernement quel avantage ce serait de dissiper les erreurs et les superstitions des peuples de l'Inde : on ne daigna pas l'écouter. Soit chagrin d'échouer ainsi, soit effet d'un climat si différent de celui des bords du Gange, il mourut avant de quitter l'Angleterre.

Dans un bel ouvrage illustré qui parut aux frais du comte Demidoff, sous le titre de *l'Inde française* [1], le savant Eugène Burnouf a fait connaître quelques-uns des faits que je viens de rapporter. Dans ce même ouvrage, parmi beaucoup de portraits dessinés d'après nature à Pondichéry, se trouve celui de Ram Mohun Roy. La phy sionomie de ce moraliste est à la fois pleine d'énergie, de finesse et d'aménité; sous plusieurs rapports elle offre quelque ressemblance avec celle de Montesquieu.

Je suis heureux de pouvoir citer un natif de l'Inde que la nature ait doté si généreusement du côté du génie et du caractère ; il est un exemple de ce qu'on peut attendre chez tant de millions d'hommes dont l'élite est capable de s'élever à cette hauteur.

Voies de communication qui traversent le Burdwan.

Si favorisé par la nature du côté de l'intelligence humaine et du côté des biens de la terre, le beau pays de Burdwan jouit d'un avantage industriel peu commun dans l'Inde : il a *des mines de houille* qui rendent de grands services. Ces services croîtront à mesure qu'on étendra les communications par terre et par eau.

[1] Paris, 1827, deux volumes in-f°.

Le Grand-Tronc. Il faut compter en premier lieu cette route, la plus importante de toutes et la plus étendue; elle est empierrée et macadamisée, chose infiniment rare. Elle part de Calcutta et passe à Burdwan, pour aller à Delhy, à Lahore; et on travaille à la continuer jusqu'à Peshawer. Aujourd'hui, cette route est complétement achevée entre Calcutta et Bénarès.

Le *chemin de fer oriental*, qui doit aller, comme la route ordinaire dont nous venons de parler, de Calcutta jusqu'à Delhy, et plus tard à Peshawer, passe dans la ville même de Burdwan, laquelle deviendra l'un des marchés importants à l'ouest du Gange. Le seul mouvement du combustible minéral est déjà l'objet d'un transport considérable et lucratif sur la partie en activité de cette voie ferrée.

Subdivision de Bancourah.

Territoire et population.

Territoire	382,268 hectares.
Population	480,000 habitants.
Habitants par mille hectares	1,257

La subdivision de Bancourah, qu'on trouve à l'ouest de Burdwan, termine de ce côté la grande province de Jessore; elle s'étend jusqu'à la crête des monts qui forment la limite occidentale du Bengale.

On cite, chose rare, la ville de *Bancourah* comme une cité toute moderne, mieux percée et mieux bâtie que la plupart des villes purement hindoues : le Gouvernement a fait construire dans cette ville, avec un soin trop peu commun, le caravansérail, vaste enceinte destinée à recevoir les voyageurs.

Tribu des Sontals.

Dans la partie reculée des jongles et dans les montagnes, on trouve la race pauvre et peu civilisée des Sontals. Ils ont été longtemps persécutés par les Hindous des pays voisins, qui les repoussaient avec mépris. Les hameaux qu'habitent les Sontals sont d'ordinaire situés entre les plaines cultivées et les jongles; les zémindars leur assignent ces positions, afin que cette espèce de parias soit, à ses risques et périls, obligée de couvrir et de défendre les cultures des Hindous contre les ravages des tigres, des sangliers et d'autres animaux destructeurs dont le repaire naturel est dans les jongles et dans les forêts.

Ce n'est pas assez d'être exposés aux attaques des bêtes féroces et voraces, le grand malheur des Sontals est d'être la proie des usuriers, des *mahajuns*, qui leur font chaque année des avances pour acheter des semences, commencer les cultures et subsister en attendant la moisson. On prétend que ces vampires, qui les dévorent en les exploitant, exigent d'eux jusqu'à *cent pour cent* d'intérêt dans un intervalle de six à sept mois!

Les Sontals, voisins du pays bas, cultivent la terre officiellement possédée par des zémindars, dont la plupart ont de faibles revenus, cachent leurs économies et mènent la vie la plus simple sous le triste abri d'habitations qui sont d'une structure et d'un aspect misérables.

En dépit de tous les obstacles, dans la contrée que nous examinons, les produits tirés de la terre, sucre, tabac et bétel, se sont accrus sensiblement depuis l'origine du siècle; néanmoins, il reste beaucoup à faire. Des planteurs européens cultivent l'indigo dans le voisinage.

Sous le gouvernement de lord Bentinck, il y a près

d'un tiers de siècle, on avait invité les Sontals à s'établir dans les monts Radjahmahals, au nord du pays, à quatre-vingts lieues de Midnapour. On en réunit d'abord trois mille, et ce nombre s'accrut jusqu'à quatre-vingt mille, par l'effet d'une administration bienveillante et judicieuse.

Plus tard, ils eurent à se plaindre des percepteurs d'impôts, des usuriers, et des zémindars propriétaires du pays qu'ils étaient appelés à féconder. Un fanatique exalta les esprits, mit à profit leurs ressentiments et leur fit prendre les armes; ils ravagèrent une grande étendue de pays, en détruisirent les villages et firent main basse sur les habitants. On fit marcher contre eux jusqu'à six mille hommes de troupes, et, quoiqu'ils n'eussent pour armes que des arcs et des flèches, ils se défendirent avec un courage opiniâtre. Mais, à la fin de 1855, après six mois d'efforts désespérés, ils durent céder à la supériorité des armes et de la discipline britanniques.

Dans cette lutte, les cantons révoltés furent mis en état de siége et gouvernés en dehors du régime des lois ordinaires. Cela semblait tout naturel aux administrateurs anglais; mais un de leurs planteurs d'indigo, établi déjà dans le territoire ainsi traité, se trouva lui-même *hors de la loi*. Tel est le sujet de la plainte que fit alors entendre l'Association des colons à Calcutta, et qui fut si lestement traitée, parce qu'il ne s'agissait de droits lésés que dans la personne d'un seul citoyen! (Voy. p. 192.)

Terminons en disant que de nombreux témoignages déposent en faveur du caractère des Sontals; ils sont industrieux, hardis, et néanmoins ils ont de la douceur; ils se sont montrés faciles à fléchir et disposés à la civilisation. L'étranger les trouve plus hospitaliers que les Hindous. Ils ont plus de bonté, plus d'égards et plus de respect pour les femmes; ce sont elles qu'ils chargent des attentions et des soins de l'hospitalité. « Souvent, dit le révérend J. Philips en déposant devant la Commission d'enquête pour la colonisation, ces devoirs délicats sont accomplis par elles avec des manières qui feraient honneur à la maîtresse d'une grande maison, chez un peuple poli. » Il est à souhaiter que les Anglais les protégent de plus en plus, leur enseignent les arts utiles, les initient au bien-être, et les élèvent au niveau des Indiens les plus civilisés.

Province financière de Mourchedabad.

Le point le plus avancé que nous ayons atteint en remontant le Gange est la ville d'Houghly, point où s'arrête le reflux; ici finit le Bengale inférieur. Un peu plus haut, nous entrons dans la contrée qui forme aujourd'hui la province financière de Mourchedabad. Ce pays, sous tous les rapports, est digne de fixer nos regards.

TERRITOIRE ET POPULATION DES DIVERS DISTRICTS.

SUBDIVISIONS ou COLLECTORATS.	SUPERFICIE.	POPULATION.	POPULATION par MILLE HECTARES.
	hectares.	habitants.	habitants.
Mourchedabad	480,864	1,045,000	2,173
Bancourah	559,417	900,000	1,608
Rungpour	1,069,622	2,559,000	2,392
Radjeshahye	539,734	671,000	1,243
Pubna	674,926	600,000	889
Bierbhoum	806,492	1,040,876	1,290
TOTAUX	4,131,055	6,815,876	1,650

Pour décrire avec plus d'ordre la grande et riche province de Mourchedabad, nous allons d'abord parcourir les districts situés sur la rive gauche du Gange, puis ceux de la rive droite, en cheminant, suivant notre méthode, de l'orient vers l'occident.

District de Rungpour : sa population, qu'on peut croire exagérée.

Le vaste district de Rungpour, le plus avancé vers l'est, touche à la province d'Assam, et, du côté du nord, il est limité par les frontières des pays de Bhoutan, de Sikkim et de Népaul. Son territoire s'étend sur les deux rives du Brahmapoutra; il est arrosé magnifiquement par ce grand fleuve et par des eaux dont la source est cachée dans les flancs des monts Himâlayas. Il faut bien que la terre de ce district soit éminemment fertile pour nous expliquer sa grande population comparative : 2,392 habitants par 1,000 hectares.

J'étais tenté de regarder cette évaluation comme exagérée, surtout en considérant la vaste étendue des forêts peuplées d'éléphants sauvages et de rhinocéros, animaux qui dévastent à l'envi les champs consacrés à la nourriture de l'homme. Cependant, dès 1809, après de soigneuses recherches, le docteur Francis Buchanan portait encore plus haut le nombre des habitants; il comptait :

Cultivateurs	2,066,000
Autres travailleurs	326,000
Non-travailleurs	343,000
	2,735,000

Il importe ici de faire une observation : suivant le savant docteur, la superficie du district de Rungpour, tel qu'il était alors délimité, s'élevait à 7,400 milles carrés, équivalents à 1,916,520 hectares; ce qui donnait par

1,000 hectares 1,427 habitants. J'avoue qu'il me paraît bien difficile qu'en cinquante-cinq ans la population ait pu parvenir au degré qui nous est présenté par le tableau officiel, qu'on peut rapporter au plus tôt à 1857.

Nous présentons ces observations afin d'engager le Gouvernement de l'Inde britannique à faire enfin effectuer un dénombrement authentique et vraiment digne d'une administration éclairée.

Dans la saison sèche, malgré l'étendue des marais, les eaux du pays ne donnent que peu de poisson, et les classes inférieures du peuple, qui ne mangent pas de viande, ressentent vivement cette privation; mais lors des inondations, elles en font un ample approvisionnement. Les champs de riz sont alors couverts de petits poissons que l'on pêche à pleins paniers: on en conserve une partie par un procédé que nous allons rapporter[1]. On sépare, on jette de côté la tête, les entrailles, les nageoires et l'épine dorsale; on met le reste à sécher au soleil ardent. Les poissons ainsi préparés, on les broie; on les mélange avec certaines herbes, un peu de potasse et de turmerie; puis on pétrit le tout de manière à former des balles compactes, qu'on fait sécher au soleil. Les observateurs croient que ces poissons, qui pullulent dans les champs dès le mois de juin, proviennent des œufs laissés à sec pendant l'inondation précédente et que les premières pluies font éclore avec l'aide de la chaleur.

Dans le district de Rungpour, le riz est la culture principale. On sème aussi le froment; mais, ce qui paraît incroyable, le peuple ignorerait l'art d'en extraire la farine par la mouture et le ferait bouillir à la manière du riz.

Grâce aux demandes toujours croissantes de Calcutta,

[1] Voy. Middleton, dans son *East-India Gazetteer,* 2 vol. in-8°, Londres.

les habitants se sont adonnés à la culture du gingembre. Ils plantaient aussi le pavot pour le compte du Gouvernement; ce qu'ils ne peuvent plus faire aujourd'hui, si ce n'est en contrebande. Ils compensent avec avantage une interdiction pareille, en produisant avec abondance le tabac et surtout les feuilles de bétel : les pâns.

On élève les deux genres de vers à soie, nourris l'un avec les feuilles du mûrier, l'autre avec celles d'un arbre résineux; on élève aussi l'insecte qui fournit la laque.

La ville de *Rungpour,* chef-lieu du district, peuplée d'environ 20,000 âmes, ne nous présente rien de remarquable; à proprement parler, elle se compose de quatre bourgs et de villages, dont les maisons, pour la plupart, sont de misérables cabanes rapprochées ou dispersées sans aucun ordre au milieu des champs, des jardins et des bocages.

La filature et le tissage du coton comptaient jadis parmi les travaux avantageux et productifs; mais la concurrence anglaise a porté les plus rudes atteintes à cette industrie nationale.

Il n'en est pas ainsi de la fabrication du sucre. Il y a cinquante ans que les natifs du Rungpour ont commencé d'établir des factoreries d'après les principes européens; c'est un exemple que l'Inde entière devrait imiter.

District de Pubna.

Sur la rive nord du grand Gange, au sud-ouest de la contrée qui vient d'attirer notre attention, nous trouvons les deux districts de Pubna et de Radjeshahye.

Pubna, le chef-lieu du premier district, est très-digne d'intérêt par sa position sur la rive gauche du fleuve, auprès d'un canal qui conduit à l'importante cité de Dacca;

cet intérêt est doublé par la grande entreprise d'un nouveau chemin de fer.

Situation de Pubna. Latitude, 24°; longitude, 86° 20' est de Paris.

Chemin de fer entrepris par la Compagnie orientale entre Calcutta, Pubna et Dacca.

La *Compagnie du chemin de fer oriental du Bengale*[1] divise sa voie en deux parties : la première, qui conduit en ligne droite de Calcutta à Kouschtie, sur le Gange, *en face de Pubna;* la seconde, qui doit mettre en communication directe cette dernière ville et Dacca[2].

Par le secours de cette voie très-abrégée on espère imprimer une activité nouvelle au commerce entre Calcutta et les vastes contrées qui s'étendent depuis le grand Gange jusqu'à la partie orientale des Himâlayas.

District de Radjeshahye.

Production de la soie. Ce district, avant qu'un certain nombre de cantons en eussent été retranchés, produisait, à ce qu'on calculait, les quatre cinquièmes de toute la soie récoltée dans l'Hindoustan. Une pareille assertion me paraît difficile à croire; mais on pourrait réduire de beaucoup ce chiffre sans que le précieux produit cessât d'être une des richesses principales dans les districts de Radjeshahye et de Pubna. Cela nous explique l'importance commerciale, au point de vue des soieries, de la grande cité voisine dont nous allons nous occuper.

[1] *Eastern Bengal railway.*

[2] Distance à parcourir : de Calcutta à Kouschtie, quarante-trois lieues et demie ; de Pubna à Dacca, un peu plus de quarante lieues.

Le district et la cité de Mourchedabad.

Quand les Anglais ont réduit sous leurs lois le Bengale, cette vaste contrée était régie par un vizir ou vice-roi de l'empereur mogol, lequel alors résidait à Delhy. Le vizir avait fini par établir à Mourchedabad le centre d'une satrapie presque souveraine, et cette ville s'était rapidement accrue en importance, en richesse, en population. Aujourd'hui, tristement déchue, elle n'est plus que le chef-lieu d'un collectorat britannique ayant pour magistrats supérieurs un commissaire, un juge et le collecteur des impôts, au lieu d'une cour princière et d'un gouvernement presque suprême.

Tout favorisait alors la grandeur et l'éclat de Mourchedabad. Elle était le séjour d'une aristocratie splendide et le siége d'un commerce où des Hindous, tels que les Seth et les Nuncomar, acquéraient d'immenses fortunes. Elle était, à plus juste titre que la ville d'Houghly, un centre de commandes pour les soieries indigènes que recherchait l'Europe entière ; et les principaux États de l'Occident avaient leurs comptoirs dans cette cité.

Quoique Mourchedabad ait perdu sous la domination britannique une grande partie de son importance, elle comptait encore, il y a quarante ans, cent soixante mille habitants.

La ville est bâtie sur la rive orientale du Baghirati, dans une étendue qui n'est pas moindre de onze kilomètres; c'est la longueur de Paris entre les points extrêmes de Grenelle et de Bercy. Sur les ports naturels que présente cette étendue, viennent mouiller une infinité de bateaux et de barques de toutes grandeurs. Un canal de peu d'étendue et beaucoup plus facile à naviguer que le Baghirati, surtout dans la saison sèche, communique directement avec le grand Gange.

La ville de *Commercolli*, bâtie sur le fleuve au débouché d'un autre canal dans le bras principal du fleuve, peut être considérée comme un avant-port à l'orient de Mourchedabad.

État des arts à Mourchedabad.

Dans cette cité, les natifs exercent toutes les professions pratiquées depuis un temps immémorial chez les populations les plus avancées du Bengale, et quelques-unes avec une rare distinction.

A l'Exposition universelle de 1851, l'industrie et les beaux-arts étaient noblement représentés, d'abord par l'équipement complet d'un éléphant paré de draperies richement brodées et portant un trône d'ivoire surmonté d'un dais élégant. On remarquait ensuite un autre trône digne d'être placé dans le palais d'un grand souverain; l'ivoire en était la matière la plus précieuse, et les ciselures, les sculptures qui l'ornaient se faisaient remarquer par leur bon goût et leur délicatesse. Ces deux objets, d'un très-grand prix, avaient été donnés à la reine Victoria par le radjah de Mourchedabad; ils ornaient le château de Windsor, d'où Sa Majesté les avait fait transporter au Palais de Cristal. Nous les avons décrits dans le volume précédent.

Le radjah, qui conserve dans la province de Mourchedabad d'immenses propriétés, a construit, il y a peu d'années, au bord du Gange et près de la cité de ce nom un château de magnifique apparence; au-dessous viennent mouiller un nombre considérable de navires et de bateaux attirés par un grand centre de commerce.

District de Bierbhoum.

Ce district, qui se trouve compris dans les jongles Mahals, est remarquable, comme celui de Bancourah, par les deux produits minéraux les plus importants : le fer et la houille.

Le fer est d'une qualité très-estimée par les Indiens; la houille, grâce au chemin de fer appelé le Grand-Oriental, trouve dans Calcutta un riche et vaste marché.

C'est un opulent et savant brahmane, *un pandit* de Bancourah, c'est le *babou* Goudwin qui présentait à Londres, en 1862, la houille provenant de cette origine. J'aime à faire voir que les doctes indigènes ne dédaignent pas l'utilité publique.

Ancienne province du Béhar.

Le Béhar, chose étrange, cette immense province, quoiqu'au centre de l'Hindoustan où, depuis des siècles, ne se trouve plus un seul sectateur de Bouddha, ce pays a conservé le nom que portaient autrefois *les couvents bouddhistes.* Il est composé des deux divisions financières de Bhaugulpour et de Patna, toutes deux situées sur les rives du Gange, toutes deux remarquables par leur état social et par leurs arts.

Avant de parcourir avec ordre ces provinces, afin de montrer ce qu'elles offrent de plus important, il nous paraît nécessaire de présenter un tableau général de ce qui caractérise les populations du Béhar en général.

Les mœurs, le sort des habitants et l'industrie dans le Béhar.

Nous avons parcouru ce grand pays justement célèbre

qui porte le nom de Bengale, avec les provinces annexes qui le complètent à l'orient, qui doublent son territoire, et qui pourtant n'ajoutent qu'un quatorzième à sa population. Nous avons suivi dans leurs rapports de commandement et d'obéissance, d'exploitation et de labeur, d'un côté, la plus fière et la plus impérieuse des nations conquérantes; de l'autre, la plus douce, la plus patiente et la moins belliqueuse des nations asservies. Nous nous sommes efforcé de présenter une juste idée de l'agriculture, des arts et des mœurs qui caractérisent les vainqueurs et les vaincus, sans refuser aux premiers la haute opinion qu'on doit se former de leur supériorité, sans refuser aux seconds la compassion pour leurs malheurs ni la sympathie que fait naître leur nature gracieuse. Nous avons signalé surtout le respect mérité par l'invincible volonté qui leur a fait conserver, depuis trois mille ans, leur religion, leur état social et leur amour passionné pour la grande patrie si puissamment limitée par deux Océans et par une chaîne immense où s'élèvent les plus hautes montagnes des deux hémisphères.

Nous allons maintenant aborder une autre province, qui porte le nom de *Béhar.* A coup sûr, elle conserve en majeure partie le caractère physique et moral de la première; mais elle nous offre aussi des différences dignes d'une profonde attention.

Dans le Béhar, l'homme est plus grand, plus robuste et moins efféminé que dans le Bengale; il est moins humble et moins servile. Quand il reçoit un outrage, il se venge à l'instant par le bâton ou par les armes. Il n'a point pour le service militaire cette lâche et profonde aversion qui caractérise le faible et timide Bengalais; et comme il réunit au courage la taille élevée et la force physique, c'est à lui que s'adresse le Gouvernement britannique, quand il veut recruter ses meilleurs et ses plus beaux corps de cipayes.

Tel se montre à nous l'indigène,.dans les vastes plaines qui bordent les deux rives du Gange, aussitôt qu'on remonte ce fleuve au-dessus du delta pour pénétrer dans le Béhar. On entre alors dans l'Hindoustan proprement dit, dont le Bengale n'est point censé faire partie.

La langue parlée dans la province de Béhar, langue qui rappelle la race générale des Hindous et qui porte leur nom, est l'*idiome hindi*. Celui-ci découle, comme le bengali, du *sanscrit*, la langue pure par excellence; il en est même sensiblement plus rapproché.

Du côté du nord, le pays de Béhar, par des pentes insensibles, remonte jusqu'aux plus bas vallons des monts Himâlayas, vers le royaume de Népaul.

Du côté de l'ouest et du midi, la même contrée présente au delà de ses plaines une vaste région montueuse. Ses parties les moins accessibles sont habitées par un peuple à part, moitié barbare et moitié civilisé, parlant une langue étrangère au sanscrit, au bengali, à l'hindi; qui mène une vie à part; enfin, qui se fait remarquer par ses vertus sauvages, sa valeur guerrière, son amour de montagnard pour sa propre indépendance, avec un peu trop de tendance à piller les biens très-tentants et très-accessibles de l'habitant des basses terres. Ce peuple, à son tour, sera l'objet de notre examen.

Nous commencerons par nous occuper des indigènes qui peuplent le pays, véritablement fertile, où l'homme a le plus de moyens d'acquérir par le travail une heureuse et paisible existence, mais où le malheur des invasions et des conquêtes successives n'a guère permis au peuple d'atteindre à d'heureuses destinées.

Description historique et statistique du Béhar,
par M. Montgomery Martin.

Dans le demi-siècle qui fait l'objet le plus spécial de notre étude, la Compagnie des Indes a fait faire une étude statistique, *a survey*, des provinces qu'elle gouvernait dans le bassin du Gange. Un historien très-recommandable, dont nous citerons avec un juste éloge un important ouvrage quand nous expliquerons la dernière et grande rébellion, M. Montgomery Martin, a présenté le tableau non-seulement de la topographie et de la statistique, mais de l'histoire et des antiquités de la grande province du Béhar, en prolongeant sa peinture jusqu'au pays d'Assam : il a mis à profit tous les documents officiels et puisé librement dans les archives de la Compagnie à Londres.

Condition et manière d'être des habitants.

M. Montgomery Martin, avant de peindre le sort des habitants, a soin de nous dire : « Quant à la condition des hommes, quant à leur manière de vivre, je bornerai principalement mes observations aux manières du peuple établi dans les parties les plus civilisées des bords du Gange : c'est le peuple qui parle l'idiome hindi. »

Excepté dans les cérémonies du mariage, extravagantes et ruineuses pour les personnes de rang supérieur, celles-ci, dans leur état ordinaire, ont un aspect très-mesquin et très-malpropre : *very mean and squalid in their appearance.* L'auteur sur lequel je vais m'appuyer ne craint pas de révéler des existences d'une extrême indigence, et qui semblent toucher à l'enfance d'une société chez laquelle tant de besoins sont imparfaitement satisfaits. Cet auteur se montre animé d'un généreux espoir: c'est que le tableau d'une telle misère pourra faire souhaiter aux maîtres de l'Hindoustan d'améliorer le sort de leurs sujets par toutes les voies qu'offrent l'industrie et la civilisation. Tel est aussi notre but.

Nous allons commencer par examiner les arts domiciliaires, tels qu'ils existent dans le pays bas du Béhar, sur la rive droite du Gange.

Arts domiciliaires.

Les habitations, même celles des riches, ont une pauvre apparence; elles sont sans grandeur, sans luxe et sans goût.

Dans les trois cités principales du district de Bhaugulpour, où jadis ont résidé des seigneurs musulmans, ils ont introduit l'emploi de la brique pour la bâtisse des maisons. Les meilleures constructions sont assez nombreuses et quelques-unes sont couvertes en tuiles; ces habitations, en général, appartiennent à des industriels.

Pas un zémindar, un grand propriétaire, ne possède une maison qui convienne au rang de ce que les Anglais appellent un *gentleman;* les moins mesquines, et c'est bien peu dire, sont situées près des frontières du Bengale.

Les Hindous, en général, emploient de la terre, pétrie ou gâchée, pour en faire les murs de leurs habitations: quelques-unes de leurs maisons, plus recherchées que les autres, sont en *pisé,* c'est-à-dire en argile mêlée de paille, afin qu'elle ait plus de consistance. Les planchers proprement dits sont inconnus, ainsi que le carrelage; le sol même sur lequel on marche dans les maisons est composé d'une terre imparfaitement pétrie, comme celle des murs.

Quelques-unes de ces demeures offrent la rare addition d'un premier étage; mais il est si bas, qu'un homme de taille ordinaire ne peut pas toujours s'y tenir debout; l'escalier qui mène à ce réduit, incommode et misérable, n'est le plus souvent qu'une échelle. Le toit est couvert avec des branches et des feuilles de bambou. Parfois aussi les murs sont bardés de paille à l'extérieur; cela sert pour empêcher qu'au temps des pluies l'eau du ciel, chassée horizontalement, ne délaye l'argile du pisé et ne fasse ainsi crouler l'édifice.

Une maison construite avec des éléments de si faible résistance, même en y faisant les réparations indispensables à chaque mauvaise saison, ne dure que quinze années. Elle coûte, le croira-t-on? de 40 à 70 francs: 16 à 25 roupies! Probablement le plus bas de ces prix appartient à la maison privée d'un premier étage; une addition pareille ne paraît exiger qu'un surcroît de dépense qu'on évalue de 20 à 30 francs.

Rarement on trouve une habitation qui soit assez grande pour contenir une famille nombreuse. Les individus qu'on regarde comme des riches possèdent en général un groupe de maisonnettes assez rapprochées, n'ayant qu'une chambre, et la principale habitation, réservée pour le maître, en ayant deux. L'ensemble de ces cabanes faites d'argile et de paille, comparable au wigwam ou village d'une tribu de Peaux rouges en Amérique, est enclos tantôt par un mur de terre, tantôt par une haie vive.

N'oublions pas que, même dans les cités considérables, les habitations sont éparses, entourées d'arbres et de jardins, sans alignements continus qui puissent être comparés à nos rues régulières. Mourchedabad elle-même, la grande cité voisine du pays que nous décrivons, n'offre pas un aspect moins désordonné, moins misérable et moins rustique. C'était à peu près l'état de Rome sous Romulus et sous Numa, quand les maisons étaient couvertes de paille, et que la place publique était simplement le Campo vaccino, *le Champ des vaches.* Mais Rome commençait alors; et le pays que nous décrivons est habité par un peuple civilisé depuis trois mille ans.

Il y a dans les forêts du Béhar des chaumières dont les murs sont formés avec des pieux autour desquels on entrelace des branchages de bambou, refendus convenablement : comme on fabrique des gabions et des paniers. On voit quelquefois des cabanes de ce genre qui sont rondes au lieu d'être carrées; leur toit a la figure d'un cône, elles ont l'aspect de grandes ruches d'abeilles.

Au sein des habitations que nous venons de décrire, il est aisé de se figurer ce que peut être le mobilier d'une famille. Un lit, quelque vase de cuivre et quelques poteries d'argile en composent tout l'inventaire.

M. Montgomery Martin fournit des détails intéressants sur le meuble principal, celui qui classe en quelque sorte les indigènes.

Le lit le plus distingué, le plus confortable, est désigné sous le nom de *palang;* il se compose d'abord d'un bois de lit qui rappelle sensiblement la main et le rabot d'un menuisier. Ce bois est garni d'un simple matelas et d'un oreiller rigide; on y joint, suivant la saison, tantôt un léger linceul, tantôt une couverture légère. Voilà pour la classe supérieure.

Les lits de la classe moyenne, appelés *charpayi,* ont encore moins de recherche : leur fond est fait avec des cordes rapprochées les unes des autres; un mauvais matelas est un luxe rare, et le plus souvent un drap suffit.

Les gens d'espèce inférieure se servent des lits appelés *khatiyas.* Le cadre et les côtés de la couchette se composent de rondins bruts, grossièrement fixés les uns contre les autres; le fond est fait en cordes d'herbe ou seulement rempli de paille. Une couverture grossière est toute la garniture de cette humble couche.

Au-dessous de ce dernier degré, un très-grand nombre de natifs couche par terre, ou sur une simple natte, ou sur des feuilles d'arbre.

Arts vestiaires.

Suivant l'usage des peuples de l'Orient, les vêtements dénotent beaucoup plus d'inégalité que les ameublements et les habitations. Ils sont amples et somptueux pour les riches; mais lorsqu'il s'agit du commun peuple, les habillements couvrent à peine les parties que la pudeur fait une loi de cacher, surtout chez le sexe féminin.

Un assez grand nombre de personnes est censé porter quelque vêtement embelli par la soie; mais elle apparaît à peine au milieu du coton. Ce n'est même pas toujours la belle soie filée, dans un appartement, par le ver civilisé que nourrit le mûrier; c'est une soie plus grossière, appelée *tassar* ou *toussour*, que file en plein air et sur des arbres résineux un ver robuste et sauvage. Le mètre carré de tissu fait avec ce dernier filament coûte seulement 84 centimes; et dans ce prix, l'élément somptueux, la soie tassar, n'entre pas pour plus de 21 centimes.

Chose remarquable, les femmes du Béhar aiment autant le *tatouage* que les beautés primitives de Taïti; dans les deux contrées, cette parure de la peau, qui ne coûte aucun entretien, supplée aux vêtements que ne portent pas, ou presque pas, les filles et les femmes indigènes de la classe inférieure.

Alimentation des diverses classes.

La parcimonie ne s'étend pas moins aux aliments qu'à la toilette et à l'habitation.

Le riz, relevé par un condiment tonique, établit une aussi grande différence entre les natifs que la bière et surtout les vins entre les Anglais. Le *curry*, le riz épicé, n'est servi tous les jours qu'à la seule table du riche; les classes moyennes se permettent ce luxe cinq à six fois dans un mois; le commun peuple en jouit seulement *quand il se marie* et dans les occasions tout à fait extraordinaires.

Le froment et des grains plus grossiers sont l'aliment de la population qui n'appartient pas à l'aisance; elle ne sait pas même moudre le blé, qu'elle fait bouillir avec son écorce, c'est-à-dire avec le son.

A l'égard du sel, si nécessaire à l'homme, et de l'huile, qui sert pour l'éclairer et pour tout assaisonner, ce que la dernière classe peut s'en procurer est en quantité très-petite. Afin de montrer l'extrême inégalité que présentent ces deux articles de première nécessité chez les diverses classes d'indigènes, et le peu que le menu peuple en consomme, je réduis en mesures françaises, en kilogrammes, les quantités rapportées par M. Montgomery Martin[1].

Consommation PAR ANNÉE, pour une famille de CINQ PERSONNES.

		Huile.	Sel.
Consommateurs	de 1re classe..........	30 kilog.	12 kilog.
	de 2e classe..........	9	$7\frac{1}{2}$
	de 3e classe..........	5	4
	de 4e classe..........	3	3

[1] *History and statistics of Eastern India*, 3 vol. in-8°, t. II, p. 94.

Il résulte de ce tableau que la dernière classe de consommateurs n'a pas tout à fait chaque jour 2 grammes d'huile et 2 grammes de sel. Un médecin des plus homœopathes, s'il avait à donner ces condiments comme remèdes réduits à leurs moindres quantités efficientes, descendrait à peine au-dessous de cette humble limite.

Dans les régions du Béhar les moins favorisées par la nature, une partie du peuple n'a pas de grain pour se nourrir. Elle s'alimente avec les fleurs desséchées de l'arbre appelé mahuya : c'est le *bassia latifolia;* ou bien avec des espèces de glands ou de semences de sakuya : c'est le *shorœa robusta.*

Les mêmes fleurs de mahuya, qui fournissent un aliment peu sain, donnent, lorsqu'on les distille, une eau-de-vie de l'odeur la plus révoltante pour les Européens; cependant les indigènes la boivent avec délice. L'ivresse, dans le Béhar, est très-dangereuse, parce qu'au lieu d'être produite par une boisson douce et modérément chargée d'alcool, comme nos vins ordinaires, elle est occasionnée par des eaux-de-vie, soit de riz, soit de certaines fleurs qui pour être sucrées n'en sont pas moins violentes et délétères. « Dans aucune autre contrée, dit l'observateur britannique, je n'ai vu tant d'hommes afficher l'ivrognerie hors de leurs habitations. Là, j'en ai rencontré plus d'une fois, et de ceux que leur costume plaçait au-dessus du commun, étendus sur la voie publique; je les trouvais complétement stupéfiés par la boisson. Ce hideux spectacle n'était pas donné seulement le soir, à la porte des lieux que l'intempérance et l'excitation des villes ouvrent à la débauche, mais en pleine campagne, et même au beau milieu de la journée. »

Les personnes les plus adonnées à ces boissons abrutissantes consomment en moindre quantité la noix de palmier et la feuille de bétel. Dans le Béhar, huit feuilles appelées pâns et deux noix de palmier[1] sont regardées comme une ample consommation journalière par le plus riche habitant; en d'autres parties de l'Inde, cette limite est de beaucoup outre-passée.

Occupons-nous maintenant de la province du Béhar, la première que nous rencontrons en remontant le Gange, à la sortie du Bengale.

Province financière de Bhaugulpour.

Nous réunissons dans un seul tableau toutes les divisions ou zillahs de la province, en distinguant celles qui ne sont pas sur la même rive du Gange.

TERRITOIRE ET POPULATION.

RIVES DU GANGE.	DIVISIONS OU ZILLAHS.	SUPERFICIE.	POPULATION.	POPULATION par MILLE HECTARES.
		hectares.	habitants.	habitants.
Rive droite.	Bhaugulpour......	2,020,890	2,000,000	990
	Monghir..........	956,190	800,000	836
Rive gauche.	Dinagepour.......	989,340	1,200,000	1,213
	Pournéah........	1,479,350	1,660,000	1,122
	Maldah..........	333,580	431,000	1,292
	Tirhout..........	1,583,460	2,400,000	1,516
	TOTAUX....	7,362,810	8,491,000	1,151

On doit regretter beaucoup que les administrateurs du collectorat de Bhaugulpour n'aient fait aucun effort pour

[1] Chaque feuille sert pour envelopper un quart de noix avec un peu de poudre calcaire.

donner une évaluation plus réellement approximative de la population, excepté dans les districts de Pournéah et de Maldah.

On ne peut toutefois s'empêcher de conclure que la rive gauche ou septentrionale est en général plus peuplée que la rive droite, par laquelle nous allons commencer notre examen.

Les montagnes du Bhaugulpour et de Radjahmahal.

Le cinquième environ du district de Bhaugulpour est un pays montagneux qui couvre un espace d'au moins 400,000 hectares, pays habité par des tribus qui méritent de fixer notre attention. On appelle *Punharries* les hommes imparfaitement civilisés dont ces tribus se composent.

Depuis l'Océan jusqu'au voisinage de Radjahmahal, en s'éloignant à plus de cent lieues de la mer, on n'aperçoit pas la moindre montagne. On n'en est que plus frappé lorsqu'on atteint la province de Bhaugulpour et qu'on découvre la chaîne des monts Radjahmahals.

Ces montagnes, sans former de longues lignes continues, se prolongent bien au delà du district de Bhaugulpour; du côté du sud elles s'étendent jusque vers le pays de Burdwan, et du côté de l'ouest vers le centre de l'Hindoustan.

Les tribus demi-sauvages du Bhaugulpour.

Les pays montagneux que nous venons de définir sont peuplés par une race qui diffère de la race commune des Indiens par la physionomie, le langage, la religion, et par un état social à demi barbare. Ils sont, s'il se peut, encore plus nus que les indigènes de la plaine et du delta.

Ils ne sont pas divisés en castes et n'adorent pas les mêmes dieux que les Hindous; ils n'ont aucun temple, et l'on ajoute qu'ils ne révèrent pas d'idoles. Les armes à feu sont rares chez eux, et pourtant ils sont chasseurs; mais ils se servent avec habileté de l'arc et des flèches.

Les *Punharries*, c'est ainsi qu'on les appelle, sont aisés à reconnaître au premier aspect. Ils ont la peau non pas noire, mais *très-noircie:* effet ordinaire d'un pays qui touche à la zone torride. Ils ont la face large, le nez plat, les cheveux longs et non crépus, ce qui les distingue du nègre. Pour la forme de la figure et pour la vigueur corporelle, ils se rapprochent du Chinois et du Tartare.

Telle est la race à demi barbare dont il importait au plus haut degré d'adoucir les mœurs.

Bienfaits de M. Cleveland envers les montagnards Punharries.

C'est ici le lieu de rendre hommage au génie bienfaisant et civilisateur d'un magistrat dont la mémoire n'a pas cessé d'être tendrement et profondément révérée sur les bords du Gange depuis trois générations.

Il y a déjà quatre-vingts ans que M. Cleveland, premier magistrat dans le Bhaugulpour, frappé des troubles et des crimes qui désolaient sa province, entreprit d'y porter remède.

Pour les Hindous et les musulmans de la plaine, les montagnards étaient des voisins aussi redoutables qu'il y y a deux ou trois cents ans les Celtes de la haute Écosse l'étaient pour les Saxons des basses plaines. Dans l'un et dans l'autre pays, des luttes, par trop souvent ensanglantées, accompagnaient ou suivaient les usurpations, les friponneries raffinées des gens du plat pays et les déprédations grossières des montagnards.

Les zémindars, abusant de leurs armes à feu, tiraient sur leurs voisins des monts et des bois comme sur des bêtes sauvages. Aujourd'hui même, aux États-Unis, dans les parties d'occident les plus reculées qu'on appelle *far ouest*, les Anglo-Saxons, lorsqu'ils colonisent, n'en agissent pas autrement avec les Peaux rouges qui respectent trop peu leurs plantations, ou seulement qui leur déplaisent.

Pour mettre fin à cette guerre sociale, M. Cleveland commença par interdire toute violence exercée par les zémindars, qui *le plus souvent* étaient les agresseurs. Le magistrat réformateur châtia sans merci leurs cruautés et leurs fourberies; mais il exigea que les montagnards s'en rapportassent à lui du soin de les venger par l'action de la justice. En même temps, il détermina quelques montagnards à devenir ses serviteurs personnels. Il eut la patience d'apprendre leur informe dialecte; il se complut à le parler avec eux, et sa bienveillance égala son affabilité. Il allait chasser dans les forêts avec leurs chefs; il les gagnait en flattant ainsi leur penchant le plus vif et le plus noble.

Afin d'amener à la vie paisible ses nouveaux compagnons de fatigues et de plaisirs, il établit des marchés réguliers au sein des villages hindous les plus rapprochés de leurs montagnes. Dans ces marchés, Cleveland leur assura la protection de la justice. Par ce moyen, ils purent vendre avec un équitable bénéfice, et sans redouter la supercherie, leur gibier, leur millet, leur cire, leur miel, leur soie sauvage ou tassar et les peaux de leur bétail. Pour semer, il leur donna de l'orge et du froment, qu'il leur apprit à cultiver, en leur promettant *qu'ils ne payeraient aucune taxe sur ce genre de récoltes.*

Afin de les garantir contre les usurpateurs de la plaine,

il leur déclara qu'ils n'auraient pas d'autres zémindars que les chefs de leurs tribus.

Comme un dernier et puissant moyen de les civiliser, il imagina de les organiser en corps de cipayes, dont seuls ils furent les soldats, et dont leurs chefs furent les seuls officiers. Non-seulement il ne craignit pas de leur donner des armes; mais il brava tous les préjugés en choisissant pour les commander le plus célèbre des chefs qui, dans les montagnes, conduisaient leurs expéditions plus ou moins déprédatrices. Ce corps, qui compta jusqu'à 1,500 hommes, servit avec la fidélité la plus parfaite. Bientôt on vit l'énergie de ces natures primitives s'appliquer tout entière à faire cesser le brigandage au fond de leurs propres montagnes, à faire régner la paix et la sécurité sur la frontière des plaines.

Dans le principe, ce régiment extraordinaire n'avait pas eu d'autres armes que celles des tribus punharries : l'arc et la flèche. Plus tard, il a reçu des mousquets et s'en est bien servi.

Robustes, et pour ainsi dire infatigables, ces montagnards étaient admirablement propres au service des troupes légères. Un autre avantage qu'ils présentaient, et qui ne paraît pas avoir assez frappé le gouvernement arriéré de la Compagnie, c'est qu'ils n'éprouvaient aucune des répugnances, aucun des préjugés qui rendent les soldats hindous si difficiles à satisfaire sur la nature et la préparation de leurs aliments. Les Punharries, étrangers au culte de Brahma, avaient, au point de vue militaire, une autre qualité essentielle : ils ne témoignaient pas plus de résistance à faire partie des expéditions lointaines qu'à servir aux bords du Gange.

Ainsi la conception que nous avons admirée chez un militaire éminent, le général sir Charles Napier, qui voulait substituer des Gourkhas montagnards aux cipayes hindous et musulmans, Cleveland, simple administrateur du Béhar, en avait eu la première idée et l'avait mise en pratique un demi-siècle à l'avance.

Malgré les rares qualités que présentait l'institution militaire des Punharries, lorsque la fin prématurée de leur excellent organisateur ne permit plus qu'il défendît son œuvre, le régiment dont il était le créateur fut négligé sous les rapports du service et de la discipline; il dégénéra par degrés jusqu'à l'époque où le marquis de Hastings, vers 1818, sut lui restituer sa première efficacité.

Afin de rendre moins difficile et moins lente la civilisation des Punharries et leur identification avec les natifs de la plaine, plus avancés à tous égards, leur bienfaiteur avait établi dans la capitale de la province une école consacrée spécialement à l'instruction des jeunes montagnards. Cette école, aujourd'hui trop peu soignée, n'a cependant pas cessé d'exister.

Touchant hommage à la mémoire de M. Cleveland.

Quand le rude climat de l'Inde enleva M. Cleveland au milieu des services généreux qu'il multipliait chaque jour, ce fut une douleur universelle chez les peuples du Bhaugulpour. D'accord entre eux, pour la première fois peut-être, les chefs des tribus de la montagne et les zémindars du bas pays réunirent leurs offrandes. Auprès du chef-lieu de la province, ils s'empressèrent d'ériger un mausolée pour honorer le souvenir de leur commun bienfaiteur. Ils y joignirent des terres, dont le revenu pût servir à la garde ainsi qu'à l'entretien du pieux édifice : témoignage touchant de leur impérissable gratitude.

Chaque année, les indigènes ont un jour de fête religieuse, un *poudjah*, qui les réunit en grand nombre pour célébrer la mémoire du vertueux Cleveland; cette réunion, comme la fête du *Saint* de nos paroisses de village, présente les joyeux spectacles d'une assemblée que l'on peut comparer aux apports, aux foires qui sont tenues dans nos campagnes.

Le bel exemple de civilisation que nous venons de présenter pourrait, avec un rare avantage, être imité dans plusieurs parties montagneuses de l'Hindoustan; car elles sont peuplées aussi par des populations à demi civilisées, telles que les Bhîls. Citons encore les tribus de la Gundwana; ces dernières ont conservé les habitudes de rapine et de sauvage anarchie qui caractérisaient les Punharries avant les heureux efforts de Cleveland.

Pour décrire avec méthode les différents districts de la province de Bhaughulpour, nous commencerons par ceux qui sont situés au nord du Gange. Nous les parcourrons suivant l'ordre accoutumé de notre marche, en avançant de l'orient vers l'occident.

I. — *Les quatre districts de Bhaugulpour situés sur la rive gauche du Gange.*

District de Dinagepour.

Le collectorat de Dinagepour confine, du côté de l'est, à celui de Pournéah. Quatre rivières le traversent, qui toutes descendent au Gange et sont navigables pendant la saison pluvieuse. Autant que peut le désirer l'agriculture, le pays est admirablement arrosé. Mais si la nature a beaucoup fait pour l'homme, celui-ci fait bien peu pour seconder la nature; ses instruments sont aussi misérables que son industrie.

Il faut signaler, en premier lieu, la culture du riz, puis celle de l'indigo. On calculait, il y a trente ans, qu'il existait dans le Dinagepour une vingtaine d'indigoteries, dirigées par des indigènes ; chacune exigeait environ cent hectares de terre. Par malheur, dans cette contrée, rien n'est plus précaire que le succès des soins donnés à l'indigotier; si la plante reçoit trop ou trop peu de chaleur solaire, cela suffit pour détruire la récolte. Alors le ryot, que l'on paye à raison des gerbes qu'il peut présenter aux ateliers de fabrication, perd à la fois le fruit de ses sueurs et le revenu de sa terre.

On ne doit pas compter la culture du chanvre parmi celle des plantes textiles; il est uniquement recherché pour ses feuilles et ses bourgeons, qui servent à produire un enivrement extatique. Les feuilles et la fleur, qu'on fait sécher, sont pilées dans un mortier ; en humectant ce produit avec de l'eau, il en résulte l'infusion qui sert de boisson excitante. On en forme aussi une pâte connue sous le nom de *hatchisch;* c'est par la mastication qu'on en fait usage.

Quand le chanvre est bien cultivé, la jeune plante peut exercer sur l'homme l'action la plus extraordinaire; mais il faut qu'on en ait pris un très-grand soin. Chose curieuse, quand elle est à l'état sauvage, elle produit beaucoup moins d'effet sur le consommateur.

Classification des habitants, à l'origine du XIXe siècle.

A mesure que nous avançons vers le centre de l'empire indo-mogol, le nombre des mahométans s'accroît. Nous ne trouverons pas de parties de l'Hindoustan qui les présentent dans une aussi grande proportion que dans ce district. D'après un calcul fait il y a cinquante ans, on y comptait par million d'habitants :

Les mahométans	....	724,138
Les Hindous	de races pures...............	23,138
	de tribus impures............	127,986
	de races au-dessous des impures.	51,724
	de races réputées abominables...	73,014
	TOTAL..................	1,000,000

Peut-on trouver rien de plus affligeant et de plus honteux pour le brahmanisme? Une division du peuple où le douzième seulement est réputé faire partie des races pures; où près de la moitié se trouve ravalée au rang des races impures; où le cinquième est *au-dessous de l'impureté;* enfin, où le dernier quart, rangé plus bas que toute espèce de classification simplement humiliante, est tenu pour *abominable* par la nation tout entière!... Ce qui me surprend davantage, c'est que les habitants plus ou moins méprisés, les impurs, les pires qu'impurs, et surtout les malheureux qu'on traite d'*abominables*, ne passent pas en masse à la religion mahométane, où les croyants n'admettent que des égaux aux yeux des hommes et de Dieu. C'est au christianisme qu'il appartient d'aller au-devant de tous ces infortunés et de les consoler à titre de frères.

Dans le Dinagepour, le plus grand nombre des propriétaires, les zémindars actuels, sont des parvenus qui depuis assez peu d'années ont acquis leurs propriétés territoriales; tandis que précédemment ces acquéreurs étaient négociants, manufacturiers, gérants de cultures ou simplement employés de la Compagnie. La race antique et dégénérée des possesseurs héréditaires est descendue dans l'indigence et dans l'oubli.

En parcourant un grand nombre de provinces, je trouve qu'à l'origine du siècle on leur supposait beaucoup plus d'habitants qu'on ne leur en attribue aujourd'hui même. Il s'est pourtant écoulé plus de cinquante ans de paix intérieure et d'efforts combinés, soit pour encourager à la fois la population, l'agriculture et le commerce, soit pour exterminer les assassins et les voleurs de grand chemin, les thugs, les dacoïts, etc.

Le docteur Francis Buchanan fit, il y a plus d'un demi-siècle, la revue, *the survey*, du Dinagepour. Il ne donnait à cette province qu'une étendue de 1,391,810 hectares, tandis qu'il portait la population à 3 millions d'habitants; ce qui supposait par mille hectares un effectif de 2,155 âmes : presque le double d'aujourd'hui. Cela suffit pour nous montrer que les supputations actuelles, qui laissent encore à désirer, sont beaucoup plus modérées qu'autrefois: probablement elles ont cessé d'être exagérées.

Un objet beaucoup plus important à considérer que le nombre des hommes, c'est leur bien-être ou leur pénurie. L'autorité que nous venons de citer et que reproduit M. Walter Hamilton [1] ne laisse malheureusement aucun doute à cet égard. « Les natifs, dit ce dernier, sont en général d'une extrême indigence, et leurs instruments aratoires sont en conséquence misérablement simples. Leur charrue est pitoyable; elle n'a ni coutre ni versoir : aussi ne vaut-elle que 1 franc 55 centimes. »

Les bêtes à cornes du Dinagepour semblent dignes de traîner ces informes instruments; elles sont à tel point dégénérées que la paire, telle qu'on l'emploie pour conduire une charrue, ne mérite pas d'être payée plus de 15 à 20 francs.

La grande culture du pays est celle du riz; puis vient,

[1] *East India gazetteer*, London, 2 vol. in-8°.

par ordre d'importance, la production de l'indigo, de la canne à sucre, ensuite du chanvre.

On ne cultive pas le chanvre afin d'en teiller les fibres, mais pour en recueillir la fleur et les téguments, qui fournissent les plus étranges moyens d'enivrement et d'hallucination [1]. Nous avons déjà dit qu'on pile dans un mortier les feuilles et les fleurs de chanvre; puis on boit, infusée dans de l'eau, l'âcre substance exprimée par ce moyen. D'autres fois, en février, lorsque les feuilles sont jeunes et tendres, et que les fleurs ne sont pas encore écloses, on en cueille les bourgeons; ensuite on les étend sur le sol, pour les faire sécher au soleil pendant dix à douze jours. On peut alors les fumer avec une pipe comme du tabac.

Dinagepour. Cette capitale du district n'a rien de remarquable. On y trouve un petit nombre de très-opulents zémindars qui ne savent pas faire un meilleur usage de leurs énormes revenus que de payer misérablement et de traîner à leur suite cinquante, cent et jusqu'à cent cinquante domestiques de diverses professions : tous d'une rare paresse.

[1] A l'Académie des sciences de Paris, dans la séance du 14 octobre 1862, M. Jobin a fait apprécier les effets produits sur lui par la pâte désignée dans l'Orient sous le nom de *hatchisch*, composition que les Européens n'ont bien connue qu'à l'époque où les Français ont conquis l'Égypte. Le célèbre médecin Desgenettes en a le premier décrit les propriétés.

Les sommités du *cannabis indica*, lorsque la plante est en fleur, recueillies avant la maturité des graines, sont employées à la préparation du hatchisch; mais nous ne connaissons pas tous les détails de cette préparation. On sait cependant qu'on confectionne le hatchisch sous deux formes distinctes, savoir: un extrait en forme de cylindres minces, plus ou moins longs, et de tablettes de peu d'épaisseur contenant du sucre qui leur donne un goût agréable et particulier. Au moyen de l'extrait, on obtient une teinture alcoolique, des pastilles sucrées et plusieurs autres préparations dans lesquelles entrent des matières grasses et des substances aromatiques. Quelquefois, on fume le hatchisch avec du tabac, et souvent on le mêle au café, au thé et aux autres boissons.

Pour faire contraste avec ce luxe barbare, j'émprunte à M. Montgomery Martin l'état extrêmement curieux de la dépense annuelle d'un laboureur ordinaire avec sa femme et deux enfants; lorsque le nombre en est plus grand, les aînés, pour gagner leur nourriture, vont au dehors garder les troupeaux. On dirait que cet auteur a suivi d'avance la statistique si bien conçue et si bien développée par M. Le Play sur les classes populaires [1].

Au sujet du parallèle qu'il est possible d'établir entre les diverses classes d'habitants, je me contenterai de présenter la dépense totale et la dépense par tête, sans aucune espèce de détails.

Parallèle des dépenses annuelles pour cinq classes de familles, avec la spécification des maîtres et des serviteurs.

	Dépense totale.	Moyenne par tête.
1° Pour le simple laboureur ou manœuvre, sa femme et deux enfants : quatre personnes..	56f 25c	14f 60 ½
2° Pour un artisan à son aise, *in easy circumstances*, sa femme, deux enfants et une servante : cinq personnes..................	91 25	18 25
3° Pour une famille qui jouit d'un plus grand bien-être : un homme, une femme, deux enfants, un parent, un domestique : six personnes...........................	157 50	26 25
4° Pour une famille de quelque considération : un homme, sa femme et deux enfants, une veuve qui sert de cuisinière, l'intendant et deux domestiques : huit personnes........	360 00	45 00
5° Pour une famille hindoue d'un rang élevé, à Dinagepour : dix personnes..............	1,480 00	148 00

[1] *Dépenses annuelles pour un laboureur, sa femme et deux enfants, dans le district de Dinagepour.*

Pour sa maison, *longue de 4 mètres et large de 3*, le laboureur achète des bambous. Après la moisson, il arrache dans les champs du chaume de riz,

Il est bien entendu que même la plus opulente de ces classes n'a rien de commun avec le grand zémindar ou le puissant radjah, dont la suite se compose de cent cinquante à deux cents personnes. En évaluant à 10 francs par tête et par mois la dépense moyenne de cette armée de serviteurs, elle représenterait une somme de 18,000 à 24,000 francs.

District de Pournéah.

Immédiatement à l'est du district de Dinagepour est situé celui de Pournéah. Il est traversé du nord au sud par la grande rivière, *Maha-nanda*, et les prairies qu'elle enrichit de ses alluvions sont renommées pour leur fécondité.

Il y a dans ce district des masses énormes de craie qu'on exploite et qu'on arrondit en petites boules ; les femmes indiennes, lorsqu'elles filent le coton, frottent leurs doigts avec cette craie. C'est peut-être pour absorber une sueur trop abondante en ces climats brûlants, et qui nuirait à la délicatesse du toucher et des mouvements.

afin d'en garnir ses murs et son toit, à son loisir : dépense en argent, 1 fr. 86 cent. Dépense d'entretien, 35 centimes ; location du terrain, 60 centimes.

Ameublement durable, valeur primitive, 3 francs ; entretien, 45 centimes.

Ameublement périssable : trois pièces de grosse toile pour le lit, 90 centimes ; nattes avec oreiller *en paille*, pour dormir dessus, 15 centimes ; total, y compris le renouvellement annuel, 1 fr. 50 cent.

Vêtement pour le mari : un plaid en coton, un collet en hiver pour couvrir ses épaules ; en tout 1 fr. 95 cent.

Vêtement pour la femme : un grand plaid indien, appelé *sari*, et trois petits ; en tout 1 fr. 20 cent.

Vêtements pour deux enfants, 1 fr. 80 cent. Total pour les vêtements de la famille, 5 fr. 90 cent.

Ornements ou parures, 1 franc pour toute la famille.

Nourriture pour quatre personnes, 41 fr. 50 cent.

Fêtes et dépenses religieuses, 5 francs ; pour le barbier, 1 fr. 25 cent.

TOTAL GÉNÉRAL : 56 fr. 40 cent.

Le pays de Pournéah confine au Népaul et s'approche des Himâlayas. Par l'effet d'un tel voisinage, quand vient la saison d'hiver, les froids sont beaucoup plus sensibles; souvent ils font geler les plantes légumineuses.

Cette province est une des plus fertiles du Bengale. Le produit des plantes oléagineuses et l'indigo sont pour elle un objet considérable d'exportation.

D'énormes troupeaux de bêtes à cornes paissent en grande partie dans les forêts du pays de Morung, sur la frontière du royaume de Népaul. L'élève du bétail, au milieu des prairies que nous avons signalées, est une autre source considérable de revenus; c'est du district de Pournéah que le Bengale tire les bœufs qu'il emploie pour l'agriculture et les transports.

Les habitants du Pournéah font grand usage du *beurre de buffle*. Ce beurre, fondu et clarifié, s'exporte en grandes quantités dans les autres parties de l'Inde.

Ancien commerce des esclaves. A côté du commerce important du bétail, on citait autrefois la vente de l'espèce humaine. Lorsque le trafic des esclaves florissait dans l'Inde, on payait dans le pays de Pournéah : un mâle adulte, de 40 à 56 francs; un jeune garçon, 35 francs; une fille âgée de huit ans, 14 francs et quelquefois un peu plus cher. C'étaient là, certainement, des acquisitions à bon marché.

L'éléphant sauvage habite en grand nombre la partie du district la plus voisine du Népaul; il fait trop souvent d'énormes ravages dans les cultures et dans les habitations des villages.

Beaucoup de fermiers qui détestent les éléphants, insatiables herbivores, voient au contraire avec plaisir se conserver dans leur pays *un certain nombre de tigres*. Ces *utiles* bêtes féroces ne dévorent qu'assez rarement des femmes ou des enfants, et bien plus rarement des hommes; mais, en revanche, elles détruisent un grand nombre de daims et d'autres animaux herbivores, très-consommateurs de moissons. Ces compensations paraissent convenir aux fermiers.

Sans consulter cette prédilection par trop agricole, le Gouvernement britannique paye aux chasseurs, soit comme encouragement, soit comme gratification, 25 francs par tête de tigre ou de léopard; mais le plus grand nombre des animaux ainsi *primés* est tué dans les jongles du Népaul.

Le territoire que nous avons cité plus haut sous le nom de *Morung* est faiblement habité. Les bois abondants dont il est couvert, lorsqu'ils sont exploités, descendent par le flottage, arrivent dans les eaux du Gange, et de là sont conduits en radeaux considérables jusqu'aux chantiers de construction de Calcutta.

Dans le district de Pournéah et dans plusieurs autres parties du Béhar, un nombre considérable de cultivateurs hindous ont été contraints, le sabre sur la gorge, de se faire mahométans après la conquête. En changeant de croyance, ils n'ont pas cessé de cultiver la terre, et la cultivent avec quelque succès.

La cité de *Pournéah*, qui compte 30,000 habitants, est la seule ville importante du collectorat; en réalité, cette ville, qui couvre un espace immense, n'est qu'une pléiade de bourgs et de villages plus ou moins rapprochés, mais séparés par des jardins et des plantations.

District de Tirhout.

Ce pays faisait partie de la vaste province du Béhar, que les Anglais ont réunie au Bengale dès 1765. Elle s'étend au nord du Pournéah et jusqu'à la frontière du Népaul.

Le district, bien arrosé par les cours d'eau naturels et par de grands réservoirs artificiels, présente une agriculture et même une horticulture qui sont avancées.

Dans cette contrée, la Compagnie possédait un haras très-considérable, qui servait à remonter la cavalerie de son armée; sans aucun doute, le Gouvernement de la reine aura soin de le conserver. Les riches zémindars s'adonnent volontiers à la même industrie. Par cet ensemble d'efforts on a, depuis plus d'un demi-siècle, amélioré beaucoup la race des chevaux dans les plaines du Tirhout; ils y sont devenus l'objet d'un commerce important avec les habitants du Gange supérieur et ceux du Bengale.

Au sujet du district riche et prospère dont nous parlons maintenant, faisons remarquer avec plaisir que les Européens planteurs d'indigo, retenus sans doute par la plus grande énergie des natifs de ce pays, n'abusent pas de leur puissance, comme on le fait dans le delta du Gange, pour contraindre les ryots à cultiver la plante indigofère et trop souvent les rançonner. Remarquons de plus avec plaisir que ces planteurs semblent prospérer davantage, en se montrant plus modérés.

District de Maldah.

Ce pays faisait partie du Dinagepour, dont il est détaché. Autrefois la ville de *Maldah* était le centre d'une riche fabrique d'indiennes et de soieries. Les Européens y maintenaient des comptoirs; on citait alors ceux des Français et des Hollandais, tandis qu'ils n'y possèdent plus aucun établissement. Ce commerce, à présent en décadence, a perdu beaucoup de son activité; cependant les fabrications des natifs, quoique infiniment diminuées par la concurrence britannique, ne sont pas anéanties. On les a vues paraître avec assez d'abondance, mais sans distinction extraordinaire, aux Expositions universelles.

L'antique cité de Gour.

A quelques kilomètres au midi de Maldah, on aperçoit encore les ruines de *Gour*. Cette cité, dont l'origine se perd dans la nuit des temps, était la capitale habitée par les princes hindous qui régnaient, dans le principe, sur le Bengale et le Béhar. Lorsque les musulmans envahirent cette belle partie de l'Inde, ils imposèrent à Gour le nom de *Sennetabad*, LE SÉJOUR DU PARADIS; mais ils portèrent ailleurs le centre de leur puissance. Autrefois le Gange coulait sous ses murs et, près de là, recevait le tribut de plusieurs grandes rivières.

La ville qui fut jadis à ce point favorisée, d'un côté par la nature et de l'autre par la politique, n'offre plus aujourd'hui qu'un amas de ruines solitaires; et le Gange, non moins inconstant que la fortune, a déserté son voisinage. Comme pour ajouter à la désolation, les tigres et les léopards sont venus habiter les jongles qui couvrent le sol où s'élevait une des cités les plus florissantes et les plus révérées de l'antique Hindoustan.

En déblayant des ruines, on découvre aujourd'hui que les mosquées bâties par les conquérants, sectateurs de Mahomet, renfermaient dans leurs murailles des débris d'idoles et de bas-reliefs arrachés aux monuments brahmaniques des siècles antérieurs et depuis longtemps disparus. Le temps même, en faisant crouler les constructions musulmanes, met à découvert ces derniers vestiges d'une époque incomparablement plus reculée.

Dans le voisinage de Gour, en mettant à profit la pureté de l'argile, ainsi que l'art de la mettre en œuvre, les architectes indigènes obtenaient une brique aussi parfaite, aussi capable de résister à l'action du temps que celle de Ninive et de Babylone. Des villes entières, telles que Maldah, ont bâti leurs plus solides édifices avec cette brique impérissable que le vandalisme moderne s'est empressé d'arracher aux ruines de Gour.

II. — *Les districts situés sur la rive droite du Gange.*

District de Bhaugulpour.

Le district de Bhaugulpour se trouve immédiatement au nord-ouest du beau pays de Mourchedabad, dans la province du Bengale. Les nombres trop ronds par lesquels est donnée sa population dans le tableau, p. 262, nous empêchent de les regarder comme fort approchés de la vérité. Cependant les quatre districts situés sur la rive gauche du Gange ont évidemment par mille hectares un plus grand nombre d'habitants que ceux de la rive droite; ce qu'il faut attribuer en grande partie à la supériorité du territoire.

Arts textiles. Si pauvrement que soient vêtus en général les habitants du Bhaugulpour, ils n'en travaillent pas moins avec une grande ardeur aux arts qui mettent en œuvre la soie et le coton, soit combinés, soit séparés. Ils s'adonnent surtout à la mise en œuvre de la *soie tassar.*

Les tissus de cette soie, quand elle est pure, coûtent 25 à 27 francs par pièce de neuf à dix mètres courants; la soie tassar, mélangée avec du coton, coûte seulement de 5 à 10 francs la pièce. L'énorme différence de ces deux classes de prix montre en quelle faible proportion doit être ici le filament le plus précieux.

La ville de Bhaugulpour.

La ville de Bhaugulpour présente un des ports les plus actifs du Gange; c'est un marché très-fréquenté pour la vente du riz, des légumes, des huiles, du tabac et du bétel. Cette ville, Radjahmahal et Monghir[1] offrent trois points importants en faveur desquels le chemin de fer du Grand-Oriental a préféré faire un détour considérable, au lieu de se diriger par la voie la plus courte pour communiquer entre Calcutta et Bénarès.

On trouve que les habitants des plaines du Bhaugulpour sont en général d'un caractère plus estimable que les natifs du Bengale oriental; les magistrats britanniques se plaisent à leur rendre cette justice.

La ville de Radjahmahal.

Autrefois la ville et le district de Radjahmahal appartenaient au Bengale et dépendaient de Mourchedabad; ils font aujourd'hui partie du district ayant pour chef-lieu Bhaugulpour.

A vingt lieues au-dessous de cette dernière ville, et sur la rive droite du Gange, est située *Radjahmahal*, nom qui signifie *la résidence princière ou royale.* Cette cité fut ainsi nommée parce qu'à l'époque où régnait le grand empereur Akbar, elle devint la capitale des deux provinces de Bengale et de Béhar. Le palais du radjah, gouverneur de ces deux contrées, était splendide; mais lorsque Mourchedabad eut été choisie pour chef-lieu

[1] Radjahmahal, latitude 25° 2′, longitude 87° 43′.
Bhaugulpour, 25° 13′, 86° 58′.
Monghir, 25° 23′, 86° 26′.

de gouvernement, les nouveaux vice-rois transportèrent les pierres et les marbres de la résidence abandonnée, afin d'en construire une autre, dans la nouvelle capitale.

On estime que Radjahmahal conserve encore 30,000 habitants, accrus par le très-grand nombre de voyageurs et de bateliers qui relâchent en ce point pour prendre des vivres.

Cette ville acquiert une importance nouvelle, grâce au parti qu'on a pris d'y faire passer, moyennant un circuit considérable, le chemin de fer Oriental, qui part de Calcutta pour atteindre Delhy, et plus tard Lahore dans le bassin de l'Indus; le même chemin, nous l'avons dit, passe aussi par Bhaugulpour.

Le grand avantage de cette voie détournée sera de recevoir le tribut des rivières qui descendent des monts Himâlayas et mêlent leurs eaux à celles du Gange dans la province de Bhaugulpour. En tout temps, le chemin de fer pourra conduire à Calcutta de riches produits d'agriculture qui, dans les mois de sécheresse, ne sauraient être transportés par eau qu'avec lenteur, quelquefois même en éprouvant des échouages et des pertes graves.

Collectorat et forteresse de Monghir.

A quinze lieues au-dessus de Bhaugulpour, sur la rive droite du Gange, se trouve *Monghir*, chef-lieu du second et seul collectorat qui soit de ce côté du fleuve.

La *Soane*, très-grande rivière qui prend sa source au pied des montagnes du centre, y vient, après un long circuit, décharger ses eaux dans le Gange. Au confluent de la rivière et du fleuve s'élève la forteresse de Monghir, très-redoutable au temps des empereurs mogols, et qui maintenant tombe en ruines. Près de ses remparts s'élève la ville du même nom; cette ville contient environ 30,000 habitants.

Lorsque l'empire de la Compagnie ne dépassait pas les limites du Bengale, la forteresse de Monghir avait pour elle une grande importance; c'était la station d'un corps considérable qui veillait à la sûreté des frontières. Mais les possessions de l'Angleterre s'étant en peu d'années étendues beaucoup vers le nord-ouest, on transporta la station militaire plus loin que Monghir.

Industrie des tailleurs. Le Gouvernement a cru devoir conserver en cet endroit un atelier central de confection, ainsi qu'un dépôt pour l'habillement de ses troupes, parce qu'en ce lieu les tailleurs du pays, renommés pour leur habileté, étaient employés de préférence par les régiments au service de la Compagnie des Indes.

Autres branches d'industrie. Il en est plusieurs qui fleurissent dans la ville de Monghir, telles que la menuiserie, la carrosserie et la construction des palanquins.

Les jardiniers du voisinage de Monghir ont une réputation d'habileté répandue dans tout le Bengale.

Production et travail du fer à Monghir et dans le pays d'alentour.

Dans les collines situées à des distances peu considérables de Monghir, on trouve du minerai de fer en quantité; on est à proximité d'abondantes carrières d'une pierre à chaux qui peut servir de castine : on a, par conséquent, les moyens de fabriquer avec beaucoup d'économie un fer dont on connaît les excellentes qualités. Lorsque le chemin de fer y apportera, moyennant des prix minimes, la houille du Burdwan, rien ne manquera plus pour créer dans la contrée dont nous parlons de grandes exploitations métallurgiques, à l'imitation des usines britanniques.

Même avant ce dernier secours, les ouvriers de Monghir, imitant ceux de Birmingham, s'adonnaient naturellement aux industries qui mettent en œuvre le fer et l'acier. Dans la ville hindoue, les ouvriers en métaux fabriquent beaucoup d'armes à feu, peu parfaites il est vrai, mais d'un bas prix remarquable, condition qui passe avant toutes les autres aux yeux des indigènes.

Province financière de Patna.

TERRITOIRE ET POPULATION.

RIVES DU GANGE.	SUBDIVISIONS OU COLLECTORATS.	SUPERFICIE.	POPULATION.	POPULATION par MILLE HECTARES.
		hectares.	habitants.	habitants.
Rive droite...	Patna...........	472,915	1,200,000	2,538
	Béhar...........	1,140,321	1,600,000	1,403
	Schahabad.......	1,475,204	2,500,000	1,696
Rive gauche...	Sarun...........	1,635,977	1,700,000	1,027
	TOTAUX....	4,724,417	7,000,000	1,475

La ville et le commerce de Patna.

Voici l'une des positions commerciales les plus remarquables dans toute l'Inde gangétique, au point de vue des communications et du commerce.

Situation de Patna : latitude, 25° 37′; longitude, 82° 55′ E. de Paris.

Sous la domination des musulmans, cette ville était la

capitale du grand gouvernement de Béhar. Quoique les Anglais l'aient réduite à n'être plus que le chef-lieu d'une division financière beaucoup moins étendue, elle compte encore plus de trente mille habitants. Elle doit sa richesse à la proximité du Gange, qui n'a pas moins de *deux mille mètres* de largeur vis-à-vis de cette cité, lors de la saison pluvieuse; elle présente ses maisons éparses sur la rive droite du fleuve, dans une étendue supérieure à deux lieues.

Au sein de Patna s'élèvent des mosquées, des temples brahmaniques, une chapelle portugaise et le temple érigé par les Sikhes en mémoire de Govine-Sing, le dernier de leurs prophètes.

Grande industrie des banquiers de Patna.

Cette ville, entreprenante et vraiment active, heureusement placée sur le bord d'un beau fleuve, au centre d'un pays industrieux et fécond, possède un grand nombre de banquiers, dont quelques-uns font d'énormes fortunes; les principaux entretiennent des comptoirs dans les cités de Calcutta, de Mourchedabad et de Bénarès. Il n'y a pas plus d'un siècle, on voyait la célèbre maison Juggeth Seth, enrichie par le négoce de cette ville, posséder des représentants dans les chefs-lieux des trois Présidences et dans toutes les cités opulentes placées sous la protection du Gouvernemeut britannique. Les capitalistes de Patna font un grand commerce, comme agents intermédiaires, pour répandre dans le nord-ouest les produits européens; leurs fortunes doivent s'être beaucoup accrues par les progrès du libre intercourse de l'Inde avec la Grande-Bretagne : il fut ouvert dès 1813 à tous les Anglais.

Autrefois les Anglais, les Français, les Hollandais et

les Danois avaient dans Patna des factoreries pour y recueillir les tissus de coton qu'elles envoyaient en Europe; ce commerce est tombé. S'il faut encore des agents du commerce anglais, c'est pour vendre des tissus britanniques et non plus pour acheter des tissus indiens.

Patna charge pour l'Europe beaucoup de salpêtre.

Un certain nombre d'Européens, attirés par l'activité de cette place, ont bâti leurs maisons en remontant le plus possible le fleuve. Là siégent la cour d'appel britannique, un juge provincial, un collecteur des finances, un agent du Gouvernement pour la régie de l'opium.

Élégante navigation du commerce anglais.

Lorsque lord Heber remontait le Gange, il aperçut aux environs de Patna un charmant navire à voiles. On voyait sur le pont, abritée sous un tendelet, une femme élégante et belle, qui semblait absorbée dans sa lecture. Ce léger navire, suivi d'un grand bateau de charge, portait un marchand anglais qui remontait tour à tour le fleuve et ses principaux affluents. L'opulent colporteur voyageait avec sa femme et ses enfants, dans tout le comfort de son pays, pour offrir aux riches natifs de Lucknow, de Bénarès, d'Agra et de Delhy les produits de l'Angleterre les plus propres à tenter les indigènes par un aspect assez brillant et qui flattât tantôt leur amour du luxe, tantôt leur besoin d'économie. Voilà certainement un colportage digne des maîtres de la mer.

Le jardinage de Patna. — Aux environs de la ville, le jardinage est mieux soigné qu'en d'autres parties de l'Inde. Les visiteurs sont charmés de voir, quand arrive la floraison, les nombreux jardins d'alentour entièrement consacrés à la culture des roses, qui fourniront leur arome à la distillation. Elles sont récoltées depuis février jusqu'en mai; plus petites que celles d'Europe, le distillateur les achète, *au millier*, depuis 60 centimes jusqu'à 2 fr. 50 cent. Quoique vendues à si bas prix, les roses de Patna sont estimées et célèbres dans l'Inde.

A Bar, ville voisine et située, comme celle-ci, sur la rive droite du Gange, on cultive aussi pour la parfumerie le jasmin à grandes fleurs.

Cantonnement militaire. — A quelque distance au-dessus de Patna se trouve, auprès du Gange, un cantonnement militaire, centre important des forces stationnées au nord de Calcutta. Les logements de la troupe sont disposés autour de places carrées, suivant l'usage britannique; dans un emplacement à part, les officiers se sont bâti des maisons commodes, qu'on appelle *bangalos*[1], et qui sont gracieusement entourées de jardins. C'est surtout dans le voisinage du cantonnement que l'on cultive les pommes de terre pour la consommation des Européens.

Collectorat du Béhar.

Le collectorat qui conserve spécialement le nom de Béhar surpasse de beaucoup en étendue celui de Patna, qu'il environne de trois côtés; à lui seul il compte plus d'un million d'hectares de terre.

Population. Un climat chaud, mais plus tempéré que celui du delta, la fécondité du sol, les irrigations naturelles et la position la plus heureuse, entre le Bengale et les provinces du nord-ouest, tout favorisait le développement de la population.

Les grandes inégalités qu'offre la densité de cette popu-

[1] Je traduis par *cottages* ou *pavillons bengalais* l'expression de *bangalos*.

lation dans les différents districts ne sont pas seulement dues à l'inégale fécondité de la terre; il faut les attribuer à l'extrême opiniâtreté de l'Indien, qui, loin de chercher les lieux les moins habités, s'obstine à rester non-seulement dans sa province, mais dans son village, alors même que le nombre des habitants y devient excessif.

A mesure que l'on s'éloigne du bas pays du Bengale, l'espèce humaine paraît plus forte et de plus haute stature; mais la culture du pavot, qui donne l'opium, et celle du chanvre, qui donne le hatchisch, répandent beaucoup trop l'usage et l'abus de ces moyens d'énerver l'homme.

Depuis un demi-siècle, le sort des agriculteurs ou ryots est devenu moins misérable. A présent, ils ne sont plus réduits à la nudité presque absolue, quoiqu'ils soient encore très-éloignés du bien-être auquel ils ont droit de prétendre. Quant aux zémindars de ce district, ils n'ont pas, à beaucoup près, d'aussi vastes propriétés que ceux du Bengale; ils sont plus ignorants, et beaucoup ont désappris à connaître l'opulence, malgré la perpétuité de leurs possessions : perpétuité qu'assurait l'établissement de lord Cornwallis, il y a deux tiers de siècle.

Défaveur singulière que la loi fait peser sur le conquérant britannique.

Les classes supérieures, hindoues et mahométanes, ne payent aucune contribution pour la terre occupée par leur habitation; chose étrange! les Anglais, quoique conquérants, n'ont pas jusqu'ici partagé ce privilége. Cela tient à ce que, sous les lois de la Compagnie, on voulait défavoriser le plus possible l'établissement des Anglais dans l'Inde; on leur refusait tout droit de posséder, et, sous beaucoup de rapports, le droit de commercer.

Il y a des terres affranchies d'impôt et transmissibles

héréditairement; mais, *par la division illimitée des héritages*, un grand nombre de familles, auparavant respectables, ne sont pas moins tombées dans la médiocrité et la misère.

Le nord de la province est amplement pourvu d'irrigations naturelles; dans le sud, on y supplée par l'eau tirée des puits, au moyen de seaux pendus à l'extrémité d'un levier à bascule, et par celle qu'on fait couler des grands réservoirs appelés *tanks*.

Agriculture.

Le Béhar est une des contrées de l'Inde auxquelles la domination britannique a donné du moins la paix intérieure. Aussi, dans l'ensemble, est-elle à la fois plus cultivée et plus peuplée qu'avant la conquête; des parties dévastées sont devenues florissantes, et les défrichements de plusieurs parties ont été considérables.

Le Béhar cultive le coton, mais en quantité trop limitée. Il y a cinquante ans, cette culture occupait seulement trois mille hectares de terre, lesquels étaient loin de produire tout le coton mis en œuvre par la filature et par le tissage de la province. Il est douteux que la superficie du territoire occupé par cette culture ait été beaucoup augmentée.

Filature et tissage du coton. Partout, cependant, les habitants de cette contrée sont adonnés au tissage du coton. Ils travaillaient autrefois pour l'exportation; ils travaillent aujourd'hui seulement pour suffire au peu de consommation que les Anglais n'ont pas envahie sur les marchés de l'intérieur.

Le *pavot* est une des riches cultures du Béhar. Son produit, l'opium, monopolisé dans les provinces de Béhar et de Bénarès, se vend à l'enchère dans la cité de Calcutta.

C'est par incisions successives dans les têtes de pavot qu'on fait écouler et qu'on recueille ce trop séduisant narcotique, ou, pour mieux dire, ce stimulant à l'extase.

District ou collectorat de Schahabad.

Le seul district de Schahabad est plus vaste qu'aucun département français; on ne lui donne pas moins de 2,500,000 habitants. Sa population, pour une même étendue, surpasse sensiblement celle de l'Angleterre.

Cette contrée est une de celles qui comptent le plus de mahométans comparés au nombre des Hindous; ils forment un tiers de la population. Le nom même du pays, *Schahabad,* signifie l'habitation du Schah, de l'empereur musulman. Les deux cultes, si près de se balancer numériquement, redoublent de fanatisme : d'un côté, les musulmans déploient leur ardeur de propagande; de l'autre, les aborigènes font triompher les préjugés brahmaniques les plus contraires à l'humanité. Le spectacle révoltant des veuves hindoues qui se brûlaient, *ou qu'on brûlait,* sur le bûcher de leurs maris, ce spectacle était encore, il y a quarante ans, d'une fréquence déplorable.

C'est à partir du gouvernement de lord Bentinck, toujours humain et courageux, que les Anglais ont commencé de flétrir ouvertement et de lutter pour faire cesser les actes d'une barbarie que favorisait trop souvent la cupidité d'infâmes héritiers.

Travaux hydrauliques et d'irrigation du capitaine Dickens.

Un fleuve et deux grandes rivières, le Gange, la Soane et le Chunar, sont à la fois les limites naturelles et de grandes voies navigables ou flottables du Schahabad. Les habitants n'auront plus rien à désirer pour les communications aquatiques, ni pour les irrigations nécessaires à l'agriculture, lorsque sera réalisé le projet des travaux hydrauliques dont les plans appartiennent au capitaine Dickens. Il faut qu'ici le Gouvernement prenne à sa charge la dépense qu'exigent les barrages principaux en travers des vallées. Les cultivateurs ont des ressources trop limitées pour accomplir eux-mêmes de si grandes entreprises, tandis qu'ils pourront aisément exécuter les simples dérivations au moyen desquelles seront arrosés leurs champs et leurs prairies.

Le riz, le coton, l'indigo, le tabac, l'opium, et le chanvre au point de vue narcotique, sont les cultures principales, et leur état est florissant.

Dotation territoriale des voies de communication.

Par une rare exception, les routes du pays de Schahabad sont entretenues avec une partie réservée du produit des terres, partie qui doit être porportionnée au revenu qu'avaient les zémindars; on a fait cette réserve lorsqu'on a fixé la contribution territoriale. Il en est résulté que les chemins du Schahabad sont cités dans l'Inde pour leur état incomparablement meilleur que celui de toutes les autres parties du Bengale et du Béhar. Nous avons eu soin de faire remarquer que le Gouvernement a suivi cette excellente mesure à l'égard des concessions territoriales accordées pour la culture du thé dans la province d'Assam.

La route empierrée *du Grand-Tronc*, la principale du bassin du Gange, parcourt au midi le district de Schahabad, tandis que le chemin de fer appelé *le Grand-Oriental* le traverse vers le levant : ainsi se trouve complété le fécond ensemble des communications de ce beau pays.

Produits minéraux.

Le district a des richesses fossiles importantes. Son minerai de fer est abondant, et le fer qu'on en tire est admirable pour sa qualité; on sait qu'il est propre à fabriquer l'acier, célèbre dans l'Inde, et connu partout sous le nom de *voutz* (voyez dans le volume précédent, p. 425).

Les montagnes du Schahabad renferment d'autres métaux dont l'exploitation devra présenter de grands avantages aussitôt qu'on aura construit les chemins de fer commencés et ceux qui sont projetés.

Les mêmes montagnes renferment aussi du marbre, du granit et du porphyre; elles ont des carrières où l'on a trouvé les seules pierres propres à la *lithographie* que l'Inde ait fournies jusqu'à ce jour.

Au-dessous de la couche d'où l'on peut extraire la pierre lithographique en fort grandes dimensions, on trouve une pierre calcaire très-dense. De ce calcaire on pourra, par le sciage, tirer des dalles qui seront presque indestructibles, et qui conviendront également pour paver des trottoirs ou pour décorer l'intérieur des édifices. Cette pierre est beaucoup plus dure que le granit; qualité qui la rapprocherait plutôt du porphyre. On peut l'employer à des constructions monumentales; elle fournira pour les exécuter de superbes pierres de taille, agréablement veinées sur un fond gris bleuâtre.

On fabrique en immense quantité la chaux tirée des carrières situées à l'est de la Soane; embarquée sur cette rivière, elle est exportée jusqu'au Gange et de là dans le Bengale. On en fabrique de 3 à 400,000 tonneaux par année.

De semblables carrières se continuent en avançant

jusqu'à *Mirzapour*. Avec le secours des canaux et des *tramesways*, chemins à rails de bois ou de pierre, leur produit pourrait suffire aux besoins de toutes les provinces du Nord-Ouest, que nous allons bientôt parcourir. Par de tels moyens de transport, ces provinces recevront à bas prix la meilleure chaux qu'elles puissent désirer.

Hauts plateaux, TABLE LANDS *du Schahabad.*

Ces plateaux offrent une singularité géologique remarquable, singularité très-heureuse pour les habitants et pour leurs cultures. De trois côtés, la région des hauteurs est terminée par des pentes roides, semblables à des déchirures. A partir de ce contour escarpé, les couches minérales s'abaissent invariablement à mesure qu'elles pénètrent dans l'intérieur, et suivent des pentes qui varient considérablement. D'après cette disposition, lorsque l'eau du ciel tombe sur les plateaux, et qu'elle pénètre dans le sol, elle ne peut pas en sortir par le côté des pentes abruptes, qui s'élèvent comme des murailles, au nord, à l'est, au midi : sortie qui dessécherait les hautes terres et les rendrait arides. Par conséquent, l'eau se trouve emprisonnée à l'intérieur comme dans un bassin. Il suffit de creuser des puits peu profonds pour la trouver presque partout sur les plateaux. Il y a plus, en diverses localités de ce sol élevé, l'eau surgit d'elle-même, pure et limpide, par des sources naturelles.

Ces circonstances propices ont permis à de nombreux villages de s'établir au voisinage des fontaines et des puits. En ces lieux favorisés de la nature; il est naturel d'espérer qu'on verra, dans un temps qui n'est pas éloigné, se développer à l'envi les cultures des produits les plus précieux que puisse offrir un territoire fertile et si puissamment fécondé par le soleil de la zone torride : la canne à sucre, le caféier, l'oranger, l'ananas, etc. Ces cultures seraient fort bien dirigées par l'industrie des Européens et défrayées avec leurs capitaux. Déjà le plus beau riz est récolté dans les bas-fonds des plateaux; pour peu qu'on apporte de soins, il procure des récoltes abondantes, qu'un travail intelligent pourrait accroître beaucoup.

Espèce importante de coton, cultivée sur les plateaux du Schahabad.

Nous signalerons plus bas une espèce de coton appelée *ruota*, qui croît sur les plateaux, dont il est possible de développer considérablement la culture, et qu'un habile planteur désigne comme *l'espèce la plus parfaite et la plus convenable pour les filatures britanniques.*

Cultures générales du pays de Schahabad.

Le pays produit à profusion tous les végétaux utiles qui prospèrent dans le Bengale; nous ne répéterons pas ce que nous avons déjà dit à ce sujet. Nous présenterons seulement, sur une classe de ces produits, quelques observations que jusqu'à ce moment nous n'avons pas eu l'occasion de compléter.

Culture du ricin. — Cette plante porte aussi le nom de *castor;* et ce qu'on a dénommé dans le commerce *huile de castor* est tout simplement l'huile fabriquée avec le fruit du ricin. Cette huile, grossièrement extraite par les Hindous, sert à graisser leurs cordages, leurs cuirs, etc. Elle est épaisse, visqueuse, impure, et bientôt elle devient rance. Elle exhale en brûlant une odeur insupportable, qui ne permet pas de l'employer sans épuration pour l'éclairage; mais lorsqu'elle est préparée avec les procédés, les soins et la propreté des Européens, on peut la comparer à l'huile excellente donnée par la noix de coco : on la trouve même plus pure et de meilleur usage. Chose remarquable, les procédés qui l'améliorent servent à l'extraire en plus grande quantité.

Très-ordinairement, on plante le ricin sous forme de clôtures autour de cultures plus délicates; d'autres fois les natifs le sèment en plein champ, n'en tirent qu'une récolte et puis l'arrachent. S'ils conservaient deux ou trois ans les mêmes pieds, comme ils le font pour les clôtures, ils obtiendraient chaque année une récolte abondante, et leur travail serait diminué.

Graine de moutarde, SINAPIS JUNCEA. — On la sème dans le même champ que celle de rave dite *sarson*, *sinapis dichotima;* on la recueille avant sa complète maturité : sans cela les gousses qui la contiennent crèveraient et les grains se répandraient sur le sol. On coupe la plante; on l'étend sur l'aire destinée à battre les grains, et le soleil ardent la dessèche en trois ou quatre jours. Alors il est facile, par le battage, de faire sortir la graine.

Avec les presses puissantes inventées par les Européens et leurs moyens d'épuration, les Hindous pourraient obtenir plus d'huile de moutarde et de meilleure qualité. Cette huile est un condiment pour les indigènes; ils s'en oignent le corps; ils la mettent dans leur curry; ils la font servir à beaucoup d'autres usages.

Sésame oriental. — On en distingue deux espèces très-cultivées au Schahabad : l'une qu'on sème en juillet et l'autre en août, pour les récolter en novembre et presque simultanément. On les sème mêlées avec d'autres plantes de montagnes qui, pour prospérer, demandent la saison des pluies. L'huile de sésame, sans être plus coûteuse que celle de *sarson*, est plus légère et plus pure, presque sans goût, et brûle avec peu de fumée; elle est très-employée *par les parfumeurs de l'Inde.*

On extrait l'huile de la graine de sésame à peu près par les mêmes procédés que les autres espèces d'huile. Le pauvre peuple mange les tourteaux, résidus de la pression; *et le bétail, qui les lui dispute*, en est avide.

Produits d'industrie : TISSUS.

Les *tapis* du Schahabad méritent d'être remarqués. Parlons d'abord des *hauzhassicas :* c'est l'espèce la meilleure. Elle est distinguée souvent par un goût naturel dans le contraste et l'harmonie des bandes variées dont le tissu se compose. Les bandes, juxtaposées en nombre suffisant, s'adaptent aux appartements de toutes les grandeurs. On vend toujours ces tissus au poids; les prix varient depuis 3 fr. 20 cent. jusqu'à 4 fr. 50 cent. le kilogramme.

Aucun salon d'opulent indigène, aucun comptoir de banquier ou de riche marchand, ne saurait se passer d'un tapis de ce genre; on en trouve dans les bazars de toutes les grandes cités circonvoisines, à Ghazîpour, à Patna, etc.

Les Européens habitants de l'Inde emploient aussi cette espèce de tapis dans leurs salons d'apparat et de réception.

J'appellerai maintenant l'attention du lecteur sur les observations qui suivent; M. R. W. Bingham, qui réside au Schahabad, les a rédigées, en 1861, pour le Comité collecteur des produits de cette contrée :

« Je suis d'avis que, pour ce genre de produits, Manchester peut avec un grand avantage copier, puis améliorer les dessins indigènes, et, par ce moyen, obtenir une vente extrêmement considérable. Si Manchester voulait les confectionner, en leur donnant une longueur suffisante, avec toute variété de largeur et de modèles, *elle chasserait certainement du marché de l'Inde les tapis indigènes de cette espèce; elle s'emparerait d'un commerce très-précieux* DANS TOUTE LA PÉNINSULE. La solidité, l'épaisseur et les autres qualités que Manchester sait donner à ses produits l'aideraient, comme elles l'ont aidé pour ses calicots et ses autres cotons, *à remplacer sûrement*, quoique lentement, *et dans sa totalité*, la fabrication du pays. Afin d'obtenir ce résultat, on le répète, il est important de travailler d'après les modèles indiens. Les natifs sont asservis par la routine dans le choix de leurs tapis; ils se refuseraient à patroner des changements trop soudains apportés à des couleurs ainsi qu'à des dessins auxquels ils sont accoutumés depuis leur enfance.

« Il reste encore à parcourir une ample carrière si l'on veut exécuter des ouvrages de qualité supérieure, que Manchester produirait en surpassant les modèles indigènes pris pour base primitive. On peut estimer que les Européens établis dans l'Inde consommeraient le tiers des envois faits d'Angleterre : ils seraient charmés d'avoir autre chose que les bandes monotones fabriquées par les indigènes; ils adopteraient et feraient briller dans leurs appartements des modèles innovés avec prudence, et le goût de ceux-ci passerait par degrés chez les indigènes. »

En résumé, voilà donc l'esprit dans lequel les Anglais étudient les industries les plus remarquables d'une contrée qui fait partie de leur empire : CHASSER DE TOUTE LA PÉNINSULE HINDOUSTANE l'industrie indigène, et s'emparer pour l'Angleterre de tout le travail manufacturier qui faisait vivre le natif! Je ne fais ici que copier textuellement.

Les *galliechas*, tapis fabriqués à Sasseram, sont presque toujours faits en laine pure et décorés par de légers dessins. Ils ont de brillantes couleurs, mélangées dans le goût des tapis de Perse; quelques-uns des dessins propres à cette espèce de tapis sont extrêmement agréables. Non-seulement on s'empresse de les acheter pour décorer les riches *zénanas*, les gynécées ou sérails de l'Hindoustan; mais les Européens établis dans cette contrée en font pareillement usage. Dimensions ordinaires : deux mètres sur un; prix : 2 à 5 francs le tapis.

La laine est à très-bas prix; la plus commune est suffisante, et les couleurs qu'on emploie conviennent à merveille. De pareils tapis, transportés en Europe, se vendraient avec avantage.

Les faits que nous venons d'exposer sur le grand district de Schahabad ont, à coup sûr, un intérêt qui n'est pas à dédaigner; mais cet intérêt est bien inférieur à celui qui résulte des communications d'un planteur européen établi depuis longtemps dans l'Inde, et qui vient déjà de nous montrer la direction de son esprit.

Remarquables réponses de M. R. W. Bingham aux questions posées par l'Association de Manchester et par la Société d'agriculture de Calcutta sur la culture des cotons dans le pays de Schahabad et dans l'Inde en général.

M. R. W. Bingham est un de ces Anglais que j'ai toujours soin de citer dans l'Inde, lorsqu'ils y portent l'énergie de leur caractère et la fécondité de leur intelligence. J'aime à faire connaître leurs vues et leurs idées, même alors qu'à certains égards je suis forcé de les combattre. Il s'agit d'un planteur d'indigo qui n'a pas résidé moins de douze années dans le pays de Schahabad, non loin des bords de la Soane. Si voisin du théâtre de la dernière et terrible rébellion, au lieu de prendre la fuite, il est resté ferme, calme, impassible, au milieu des paysans de sa province. Il n'a pas compté sur une sympathie qu'ils éprouvaient peu pour sa personne et qu'il éprouvait aussi peu pour la leur; ni sur leurs sentiments de reconnaissance, dont il ne dit pas un mot; ni sur une prédilection ni sur une estime qu'il ne conçoit pas en leur faveur. Pendant les deux années où la révolte étendait partout ses ravages, il n'a rien perdu de sa résolution ni de son énergie. Son action vigoureuse, constamment la même, pour pousser au travail des champs, son intrépidité toujours calme à l'approche du péril, ont commandé le respect craintif des ryots, et cela l'a sauvé. « Si mes paysans, déclare-t-il, m'avaient trouvé moins déterminé qu'auparavant, ils m'auraient tué. » Ajoutons pourtant qu'en d'autres parties du théâtre de la révolte, des colons anglais n'ont pas eu besoin d'inspirer la peur, afin d'éviter l'assassinat par les mains du peuple qu'ils faisaient travailler.

M. R. W. Bingham est à la fois grand producteur et magistrat honoraire pour le canton de Chunar, auprès de Sasseram. Il doit être intègre, et j'aime à penser qu'il n'est pas moins équitable qu'intelligent et perspicace.

Il s'est montré plein de zèle lorsque Manchester et Calcutta ont cherché dans les provinces de l'Inde des hommes capables de les seconder pour étendre la culture du coton. Je n'ai trouvé personne qui répondît aussi volontiers, aussi pertinemment, à leurs désirs, à leurs demandes. Il a reçu de Manchester des instructions, des projets de culture et des questions nombreuses, vers la fin de 1859; il put y répondre au printemps de 1861.

Les terres sur lesquelles ont été faites les expériences demandées à M. R. W. Bingham servaient depuis beaucoup d'années à cultiver l'indigotier; *par conséquent, elles n'étaient pas de première qualité.*

« J'envoie, dit-il, comme échantillon le coton que j'ai

produit avec les semences de la Nouvelle-Orléans, après la deuxième année de culture. Cette espèce et le *sea-island* durent au moins deux ans sur pied; quelques-uns de leurs plants ont duré trois ans et peuvent même durer davantage.

« J'envoie, de plus, un spécimen de l'espèce à fibres robustes qui sert à fabriquer le *nankin;* il provient de plants parvenus à leur troisième année. J'en ai conservé pendant un temps encore plus long, et leur produit n'a pas cessé d'être excellent. Il suffit, chaque année, que l'on coupe les tiges au commencement des pluies, et que l'on remue bien le sol pour couvrir les racines et les délivrer des mauvaises herbes. Il faut encore piocher la terre quand on irrigue de temps à autre, pendant les chaleurs. Non-seulement, à la seconde année, le produit est plus abondant qu'à la première; il est meilleur. »

Le Ruota, coton indigène d'espèce supérieure et qu'il faudrait propager.

Coton appelé Ruota. — L'habile correspondant signale à l'Association de Manchester cette espèce de coton, cultivée sur les hauts plateaux du Schahabad, plateaux où nous avons fait remarquer l'heureuse humidité du sol, qui résulte de la disposition particulière des couches géologiques. « Je suis charmé, dit-il, de voir que le Gouvernement prend intérêt à cette espèce indigène; *elle n'a besoin que d'une loyale concurrence et de quelque bonne volonté pour occuper promptement sur le marché anglais la place du coton américain, celui qu'on cherche à propager ici.* Mais le Gouvernement a beaucoup d'efforts à faire pour que l'espèce indigène dont nous parlons obtienne dans les cultures indiennes *le premier rang, auquel certainement cette espèce a droit.* »

Abordons maintenant la partie la plus importante des communications de M. Bingham ; je l'ai trouvée transcrite en entier dans les comptes mensuels que publie la Société d'agriculture de Calcutta.

De la part que les Anglais doivent prendre à la culture du coton destiné pour l'Angleterre.

M. Bingham propose une véritable révolution pour les cultures du coton qu'on veut développer *et perfectionner* dans l'Inde, cultures que Manchester réclame à grands cris. Il prétend s'appuyer sur l'expérience.

« A présent on admet comme un fait, dit-il, que pour produire l'espèce de coton qui fournit des fibres dont la longueur convient aux manufactures anglaises, il faut que cette culture soit principalement introduite dans l'Hindoustan *par l'énergie, l'honnêteté et l'habileté des Européens.* Sur cette voie, les cultivateurs natifs pourront les suivre, mais à très-grande distance.

« Il faut, par conséquent, que les autorités, renversant leur politique traditionnelle et méticuleuse, osent faire face à la difficulté, courageusement abordée. Il faut qu'elles offrent le moyen de favoriser dans l'Inde l'établissement des planteurs européens, *en leur concédant les grandes terres confisquées depuis la rébellion.* Il faut qu'eux-mêmes soient garantis contre les expropriations qu'opère le collecteur de l'impôt, en leur concédant ces terres *comme des feudes inamovibles*, pareils à ceux qu'on peut obtenir et qu'on obtient dans toutes les autres possessions de la Grande-Bretagne. Une mesure aussi propice encouragera sur-le-champ les capitaux ; elle sera bienfaisante pour le pays ; elle rendra beaucoup plus puissant l'intérêt qu'il faut apporter à la culture du coton perfectionné pour en obtenir le succès. Ce n'est pas tout : par une voie indirecte, mais indubitable, une telle mesure accroîtra les revenus de l'État.

« A partir de ce moment, il importe que le Gouvernement s'interdise d'aliéner les terres séquestrées qui peuvent convenir à la culture du coton; pour en disposer, il faut attendre jusqu'à la concession qu'on en devra faire à des planteurs européens, avec la condition expresse de les consacrer à cette culture.

« Afin de propager la multiplication des meilleures espèces de coton, outre la fourniture officielle d'une très-grande quantité de graines, soit Nouvelle-Orléans, soit égyptiennes, distribuées aux principaux propriétaires, on devrait promettre une récompense à tout planteur qui, pour une même mesure de terre, aurait produit le plus de coton, *en joignant à la quantité la qualité supérieure*. On devrait, avant tout, répandre un grand nombre de manuels, écrits dans la langue du pays, et décrivant les moyens de faire le meilleur emploi des semences, exotiques ou non.

« Un titre honorifique offert au propriétaire qui, par ses succès, aurait surpassé tous ses rivaux, ce titre produirait des merveilles.

« Il faut créer des routes économiques et carrossables, aboutissant aux principaux fleuves ainsi qu'aux chemins de fer. Il faut entreprendre des travaux d'irrigation, où le trésor vienne au secours de l'industrie particulière. Dans les pays montueux, l'État doit payer les grands barrages érigés pour accumuler les eaux, comme on entreprend de le faire au Schahabad; les planteurs, ensuite, ouvriront les rigoles de dérivation, qui conduiront ces eaux jusqu'à leurs terres [1]. »

[1] C'est la remarque que nous avons déjà présentée, p. 290.

Du système des avances à faire aux cultivateurs indigènes.

Le Gouvernement a désiré savoir, pour les principaux produits du district, s'ils sont obtenus au moyen d'avances faites aux cultivateurs. Il veut qu'on lui dise à quelles conditions et par qui sont faites ces avances, etc.

Nous allons donner les réponses fournies par M. R. W. Bingham, que ses travaux antérieurs ont fait nommer magistrat honoraire à Chunpour, en Schahabad; elles portent la date de juillet 1861. Si l'on suppose que ces réponses n'ont rien d'exagéré, elles jettent un sombre jour sur la situation actuelle des cultivateurs indiens.

Le Gouvernement lui-même trouve impossible de faire cultiver sans avances le pavot nécessaire à son monopole de l'opium, quoiqu'il soit tout-puissant et qu'il ait à sa disposition tant de priviléges pour favoriser ses planteurs. Comment donc un marchand, un simple particulier, pourrait-il commanditer une culture, quelle qu'elle soit, sans recourir au même moyen, lui qui ne peut conférer aucun avantage de ce genre au laboureur?

Les cultivateurs employés par le service public sont choisis dans la classe la plus respectable, celle des *quiries*. Les autres sont presque tous si misérablement pauvres, que *leurs bœufs et même leurs charrues sont hypothéqués*. Ils doivent probablement, soit au mahajun, soit au zémindar, leur nourriture journalière pour les deux tiers de l'année; ils doivent probablement au tisserand de leur village les misérables haillons qui les vêtent eux et leurs familles. Dans beaucoup de cas, le bambou, la paille employée à couvrir la hutte qui les abrite, sont avancés par le zémindar. Quand même ils voudraient tout vendre dans leur maison pour faire face à tant de dettes, le misérable mobilier que chacun d'eux possède ne produirait pas plus d'une roupie : 2 fr. 50 cent.

Telle est, dans le midi du Schahabad, la triste situation de sept *ryots* sur dix, que les zémindars sont obligés de les aider par des avances à cultiver les terres dont ils sont tenanciers. C'est le seul moyen pour que ces propriétaires, avec les produits de la récolte future, puissent payer leur redevance à l'État, redevance qui jamais ne doit éprouver le moindre retard, *sous peine de séquestration immédiate* opérée par le fisc britannique.

Essai de justification des avances faites à 50 p. 100 d'intérêt pour six mois.

En général, le propriétaire fournit à ses ryots la semence, ainsi qu'une avance en grains, qu'on appelle *bunnie*. Les laboureurs, pour chaque mesure qu'ils reçoivent, en doivent restituer une et demie lors de la récolte. C'est, en apparence, 50 p. 100 d'intérêt pour une avance de six mois.

Voici comment M. Bingham justifie cette usure exorbitante. On ne trouverait pas un zémindar, pas un planteur européen qui n'aimât mieux, s'il le pouvait, se soustraire à de telles avances. Chacun d'eux est obligé de surveiller activement son débiteur; sans cette précaution, la moitié du grain destiné pour les semailles serait dévorée par le ryot affamé et par les gens de sa famille. Il y a plus : le grain emprunté dans le grenier du propriétaire afin d'être semé doit d'abord être nettoyé, puis lavé, puis séché; ce qui diminue son poids d'un septième au moins. Il a fallu l'envelopper avec soin pour le préserver de l'humidité : c'est encore une dépense. Les insectes, si redoutables dans l'Inde, occasionnent toujours un déchet; enfin, vu son choix, la semence, est plus chère que le grain commun de la récolte. De là résulte ce tableau plausible, mais que j'ai grand'peine à croire réellement démonstratif :

	Roupies	fr.	cent.	fr.
Semence avancée par le zémindar : 1 maund de riz (38 kilogrammes), valeur........	2			5
Restitution par le ryot : 1 maund $\frac{1}{2}$, valeur.	1 $\frac{3}{4}$	3	75	5
Perte éprouvée par le zémindar en conservant le grain pour semence.............	// $\frac{1}{4}$	1	25	

Ainsi le zémindar n'obtiendrait en réalité, comme restitution, que ses deux roupies, c'est-à-dire 5 francs; et loin de recevoir 50 p. 100 à titre d'intérêt, il aurait perdu tout intérêt pendant six mois. Nous le répétons, de tels calculs ne peuvent pas nous convaincre.

Le cas est très-différent lorsqu'un riche *banyan*, négociant indigène, tient des blés accumulés dans ses magasins, soutenu qu'il est par l'espoir que bientôt une saison de cherté lui procurera de larges bénéfices. Lorsqu'il prête des grains soit aux zémindars, soit à leurs *ryots,* sous la garantie d'un propriétaire, il voit chaque année se renouveler en partie l'approvisionnement qu'il tient accumulé dans ses *silos*.

Perfection des silos indiens. Leur construction et leur disposition sont véritablement parfaites : aussi le grain qu'ils renferment n'éprouve, à raison du temps, aucune détérioration vraiment sensible.

Tableau de la misère des ryots.

En résumé, nous voyons que sept *ryots* sur dix sont débiteurs de tout le monde. Ils le sont des zémindars pour leurs cabanes, leurs bœufs, leurs grains, etc. ils le sont des *mahajuns*, usuriers intermédiaires; ils le sont des regrattiers de village, qui leur vendent le sel; ils le sont du tisserand, pour leurs vêtements, etc. Aussi, grande est la bataille et grands sont les conflits quand vient l'heure de la récolte : d'abord apparaît le *potwarie*, qui prélève pour sa part le vingtième de la moisson; ensuite le *fakir*, ou le brahmane, qui prélève partout sa poignée de grains; ensuite le zémindar, qui pour sa rente exige *une moitié du restant*, laissant au tenancier l'autre moitié, plus la paille. Il faut, en outre, que le cultivateur restitue à son propriétaire la semence et d'autres avances en nature. Après ces premiers ayants droit, viennent à la file tous les autres créanciers.

La pauvre misérable brute, C'EST À PEINE UN HOMME, *dit l'orgueilleux M. W. Bingham, écuyer (esquire) et magistrat honoraire!* LA BRUTE, à moins que sa récolte ne soit excellente, reste encore endettée; elle est contrainte à recommencer une autre série d'emprunts, qui renouvelleront les mêmes scènes pénibles jusqu'à la future moisson. Règle générale, si le ryot peut avoir à lui dans son ménage un kilogramme de grain, s'il peut seulement le quêter ou l'emprunter, il ne prendra pas la moindre peine pour s'en procurer davantage par la culture. Il forcera sa femme et ses enfants à travailler; tandis qu'assis devant sa hutte, on le verra fumer et *croupir dans sa paresse porcine.*

Il ne sortira de cette apathie que pour aller prendre part à quelque *punchayat*[1] de sa caste; c'est une espèce de jury que la gloutonnerie de ses membres transforme en partie de plaisir. En effet, la réunion des jurés leur pro-

[1] Sorte de jury de *cinq* membres, *πέντε*, *pentchayats*.

cure un bon repas aux frais du pauvre prévenu coupable ou non de quelque faute : de la faute qu'on aura choisie parmi les milliers de contraventions que les tribus les plus infimes s'efforcent d'appeler *délits*. Ces délits, les Hindous les poursuivent avec bonheur, afin de fournir matière à leurs punchayats et de gagner, comme on vient de l'indiquer, un ou plusieurs bons festins aux frais du malheureux incriminé.

Tous les créanciers payés, reste-t-il encore le moindre surplus au ryot : il ne peut pas le conserver ; il se rappellera sur-le-champ que son fils ou son petit-fils doit se marier, et maint autre sujet de prodigalité. Tout pauvre qu'il est, il va dépenser en repas, en folles cérémonies, plus qu'il ne pourrait gagner dans une année de rude labeur ; sa dépense a pour bornes ce qu'il peut prodiguer. Ne croyez pas non plus qu'il songe à la saison de la famine et de la misère qui va suivre les jours de fête. A chaque occasion nouvelle, il se dit : « Mangeons, buvons, soyons joyeux ; demain nous mourrons. »

La dette de l'habitant, à l'état chronique.

Avec un pareil système, la plus rare des merveilles, c'est qu'un seul paysan puisse jamais être sans dettes. On ne doit pas s'étonner de voir que les *Jauts*, certains sectaires du Nord-Ouest, *ont la dette pour état normal.* Si l'on parvenait à connaître la vérité, on apprendrait que cet état est celui d'au moins *les deux tiers de tout l'Hindoustan.* La masse du peuple est imprévoyante et paresseuse autant que superstitieuse ; elle l'est dans une mesure qu'on pourrait à peine imaginer.

Cependant, il faut bien que le prodigue finisse par s'arrêter : c'est quand il ne peut plus, par aucun moyen, emprunter davantage. *Alors il lui reste un refuge qui lui permet de laisser là ses créanciers :* IL PART POUR L'ÎLE MAURICE, en qualité de journalier fugitif et d'engagé volontaire.

Partie respectable du peuple, et sa dégradation. Quant aux trois dixièmes des paysans dont nous n'avons pas encore parlé, un tiers doit être mis à part : ce sont les *quiries* de *kourmies*, qui payent toujours en argent leurs fermages. Ils constituent les tenanciers les plus profitables; *ils ne veulent occuper que les domaines pourvus d'irrigations.* Tout propriétaire est désireux de les attirer; ils payent avec probité leurs fermages et cultivent avec soin d'un bout à l'autre de l'année. Presque tous plantent plus ou moins le pavot d'où sortira l'opium, et, pour cela, reçoivent des avances; souvent encore ils en obtiennent pour cultiver du tabac, de l'anis et d'autres productions. Maintes fois, à leur tour, ils prêtent de l'argent à d'autres ryots de castes assez élevées, mais moins économes qu'eux; alors ils prennent des garanties sur la récolte prochaine.

Nous avons dit approximativement que sept cultivateurs sur dix vivaient dans l'état de misère et de dépravation dont on vient de voir la peinture; heureusement deux autres dixièmes peuvent être présentés comme une classe active et respectable de tenanciers cultivateurs soit que, dans le principe, ils aient été, par eux ou leurs pères, propriétaires d'un domaine *dont ils ne soient pas entièrement privés.* Tous ont leurs petites tenances, qu'ils cultivent bien; en général, ils sont sans dettes. Quelqu'un de leur famille sert dans l'armée ou dans la police britannique; d'autres fois il s'attache au service d'un chef indigène plus ou moins éloigné, radjah, sahib ou financier, mahajun. Quant aux affaires d'argent, *on a confiance en eux pour quelque crédit que ce soit;* néanmoins, comme tous les natifs, lorsqu'ils pourront le faire avec impunité, ils *grappilleront* sans en rougir.

L'homme qui s'éloigne de son village aux conditions de service qui viennent d'être indiquées épargne au loin pour envoyer à la maison. Cet argent comptant solde les achats au bazar, tandis que les grains cultivés par les membres sédentaires nourrissent toute la famille. C'est aussi dans cette classe que l'on trouve les pâtres, les *ahirs* ou *guillahs;* ces derniers sont presque tous des voleurs de troupeaux. Par malheur, dans la dernière partie, *dite respectable,* et qui comprend deux radjpoutes par musulman, se trouvent les partners ou complices des déprédateurs. C'est la plus turbulente et la plus indigne partie du dernier tiers; quand elle n'a pas obtenu d'emploi dans l'armée, elle s'adjoint *aux bandes de dacoïts et de voleurs; or ces bandes, je le crois, sont plus nombreuses, à beaucoup près, que les autorités ne l'imaginent.* N'oublions pas que M. Bingham remplit les fonctions de juge, et qu'il est depuis plusieurs années magistrat honoraire; ce qui lui permet d'être exactement informé.

D'autres classes existent, mais trop insignifiantes pour être notées. Les villes, à leur tour, offrent certaines particularités. Mais c'est ici la peinture du cultivateur du Schahabad méridional; elle pourra du moins servir à montrer pourquoi, lorsqu'on veut obtenir des travaux, ou des matériaux, ou des produits agricoles, les avances à faire sont une indispensable et malheureuse nécessité.

En résumé, s'il faut en croire M. Bingham, la presque totalité, les quatre cinquièmes du peuple de l'Inde se composent des plus honteux vauriens que la terre ait jamais portés.

Avances relatives aux objets qui doivent être exportés.

« Je ferai remarquer, dit notre rigoureux magistrat, que les difficultés et les obstacles sont éprouvés par les personnes mêmes qui font les avances sur des objets qu'on veut exporter. Cela ne peut être autrement avec le peuple que j'ai peint *avec trop d'indulgence.* Tel est aujourd'hui l'état de la législation, qu'il n'y a pas de sécurité pratique pour de petites avances, telles qu'il faut les faire à la dernière classe des cultivateurs. Aussi tous les marchands doivent-ils se ménager les bons offices de quelque possesseur de terres ou de quelque personne influente, choisie pour intermédiaire. Ce moyen entraîne après lui ses suites accoutumées. L'homme du milieu, l'entremetteur, le *middleman*, pour se garantir contre toute perte possible, rançonne à la fois *l'avanceur* et *l'avancé;* il est obligé d'agir de la sorte, autrement il ne pourrait vivre. L'acheteur, à son tour, doit s'assurer d'une telle entremise; autrement, il ne pourrait pas réussir dans son négoce.

« Quant à l'honnêteté, soit du *middleman*, intermédiaire, soit du receveur d'avances, *l'amlah*, on n'imagine pas pour eux un seul moment pareille chose. Avec l'imperfection de nos lois, et surtout avec la marche de l'administration, il paraîtrait impraticable d'avoir recours à la justice, *si quelqu'un était assez confiant pour rêver seulement d'obtenir une heureuse issue à son procès.* Quelle personne assez simple, excepté comme un moyen de terreur employé de temps en temps, concevrait l'idée de poursuivre un délinquant par-devant une cour inférieure, celle du *Mounsiff*, par exemple : la seule abordable pour les petites dettes[1]?

[1] Le lecteur verra, par notre exposé des résultats judiciaires obtenus dans les provinces du Nord-Ouest qui touchent à Schahabad, des faits positifs qui

La dépense des poursuites, et les délais, et les pertes de temps, qui pour les marchands équivalent à de l'argent, surpasseraient dix fois la possibilité très-éloignée de recouvrer la créance. Même en supposant qu'un arrêt condamne le débiteur, en supposant aussi que les officiers du Mounsiff se montrent incorruptibles et veuillent en réalité découvrir la propriété du délinquant, celui-ci sait bien qu'il ne possède rien qui puisse être saisi quand il faudra satisfaire à la sentence.

« L'improbité (*dishonesty*) n'est pas, dans l'Inde, réputée criminelle par la population; elle ne l'est pas aux yeux des camarades du drôle (*of the rogue*) jusqu'au moment où quelque tribunal finit par le condamner. Même alors il n'est pas exclu de la société; *on reconnaît seulement qu'il est un sot* de s'être laissé découvrir. A cela près, il conserve dans le monde le rang qu'il occupait auparavant; en même temps, d'autres fripons, plus coupables, mais non condamnés, rient de sa sottise et se montrent eux-mêmes comme un exemple digne d'être imité.

« Maint zémindar se verrait avec plaisir débarrassé des mauvais sujets de son village. Mais il n'ose agir pour les expulser, parce qu'on l'appellerait à présenter des preuves qu'il ne pourrait pas fournir devant le plus grand nombre des tribunaux actuels de l'Inde, à moins toutefois d'employer la *bribe* envers l'*amlah*, le greffier. Enfin, joignez à ces difficultés tout le temps qu'il lui faudrait perdre pour opérer les plus minces recouvrements.

« Dans les accusations graves portées contre des indigènes, les hommes honnêtes, pourvu qu'ils restent égoïstes et muets, ne sont pas inquiétés. Considérons, au contraire, quel est le sort d'un indigène qui fournit un

démontrent, selon nous, la grande exagération de semblables assertions; mais en les réduisant à leur juste valeur, la réalité reste toujours trop déplorable.

témoignage clair et vrai contre le plus grand misérable, soit dacoït, soit assassin. Dès le moment qu'il accomplit cet acte de probité, il devient une victime expiatoire que la haine de tous les hommes vicieux voue à l'outrage, à la dérision. Si l'individu qu'un juste témoignage a fait condamner appartient à la même caste que le témoin, si de plus le forfait ou le délit, objet du procès, quelque grave qu'il soit, n'est pas rangé par cette caste au rang absolu des crimes, alors l'infortuné témoin, *supposé qu'il soit pauvre*, devra souffrir au delà de ce qu'un Européen pourrait imaginer.

« Voyez, au contraire, la situation du *riche! Il peut commettre même un crime avec impunité*. Personne n'oserait parler contre lui, excepté peut-être la police. Mais les agents de la police sont tous susceptibles d'être corrompus, *bribés;* or, dès l'instant qu'on les aura gagnés à prix d'argent, ils agiront et parleront en faveur du coupable. »

Singulier état des mœurs qui luttent, sans vertu, contre les tendances de l'improbité : excommunication de l'Indien qui n'a plus de crédit.

« Avec un tel état de choses, avec un tel peuple, et vu nos lois actuelles, il est évident, continue M. Bingham, que l'intérêt personnel du débiteur peut seul assurer le remboursement des avances faites par le créancier. Quand ce débiteur est un laboureur, un ryot, il est heureux que l'amour de son foyer, la passion de rester dans son village et le besoin de vivre au milieu de ses compatriotes agissent de concert pour le pousser vers l'honnêteté, par un stimulant qui devient à la fin irrésistible.

« Cet homme sait une autre chose : s'il manque, *tout à fait*, à tenir les conditions d'un engagement qu'il aura pris, il ne trouvera plus d'avances monétaires. Or, ne plus en trouver équivaut, par défaut absolu d'argent, à l'interdiction des cérémonies indispensables et coûteuses de son mariage ou du mariage de ses enfants; il se voit dans l'impossibilité de faire face aux frais qu'exigeront les funérailles de ses proches, etc. Par cela seul, *il va subir l'excommunication;* c'est qu'en effet, dans chaque occasion consacrée par l'usage, si les individus de sa caste ne sont pas *amplement régalés par lui*, aussitôt ils le frappent d'interdit et le repoussent de leur société.

« Ainsi retranché de leur confrérie, pour y rentrer, il vendra tout ce qu'il possède; il engagera tout ce qu'il espère gagner; il empruntera sans calculer un moment à quelles conditions. Car l'interdit social qui pèse sur lui ne sera levé que quand il aura démontré complétement, par le gaspillage de tout ce qu'il peut gagner, quêter, emprunter, qu'il ne saurait dépenser davantage pour faire manger et boire les personnes de son rang : ces derniers alors daigneront le considérer de nouveau comme digne d'appartenir à leur compagnie.

« Un homme peut faire semblant de mépriser un pareil interdit, et probablement l'infortuné jouera ce jeu pendant quelque temps; mais, dans l'Inde, les cérémonies et les superstitions s'entrelacent à tel point avec la vie journalière, avec les sentiments des paysans, soit hindous, soit musulmans, qu'une indifférence pareille ne saurait longtemps persister. Même en supposant que l'indigène puisse mépriser les liens qui l'enlacent de toutes parts, bientôt il finit, à l'exemple de son bœuf, par replacer sa tête sous le joug. Indiquons un dernier trait de son caractère : il a si peu de prévoyance, il sait si peu ce qu'est *l'épargne*, qu'il devient un homme sans ressource, à moins d'avoir un prêteur vers lequel il puisse aller pour obtenir de temps à autre quelque avance d'argent. Je le répète, c'est le seul moyen pour que *ses cérémonies, mariages, funérailles, etc.* ne deviennent pas impossibles; pour qu'en conséquence il ne perde pas *son honneur,* et tout avec cet honneur.

«Afin d'échapper à tant de malédictions, je le répète encore, je ne connais rien qu'il ne fasse et rien qu'il ne promette. De moralité ni d'honnêteté, il n'en a pas la moindre idée; mais il a l'idée de sa caste perdue. Il sait ce que pèse l'opprobre de se voir interdire la fréquentation de ses égaux. *C'est l'excommunication immédiate et complète;* attendu qu'il ne peut, à partir d'un tel moment, ni se marier, ni marier les siens, ni fréquenter ses pareils. Dans un temps donné, cette appréhension, toujours croissante, le tirera de l'apathie; elle le fera travailler avec vigueur; elle lui donnera, pour le moment indispensable, *un degré d'honnêteté qui,* d'ailleurs, *est effroyablement en opposition avec sa nature :* honnêteté dont autrement il serait incapable.

«Voilà comment sont remplis, à la fin, *les trois quarts* peut-être des obligations qu'il a contractées; presque toutes le sont *plus tard* qu'à l'époque fixée pour y satisfaire. Quant à la portion qu'il laisse en souffrance, on ne le force à l'exécuter qu'en exerçant à son égard une pression, tantôt douce, tantôt rude, mais *presque toujours illégale, et qui pourrait même être réputée punissable.* Cependant l'homme ainsi pressé ne se plaint ni de l'un ni de l'autre mode coercitif; car le ryot qui voudrait se plaindre sent qu'il est coupable *aux yeux de sa classe.* D'un autre côté, se dit-il, *l'avanceur,* s'il est un natif, pourrait avoir assez de ruse pour diriger contre le débiteur l'influence irrésistible de la caste, au moment de faire honneur à l'avance. L'emprunteur sent aussi qu'il doit regagner *sa demi-bonne renommée* avant qu'aient lieu ses noces futures; autrement *toute avance nouvelle*, qui, seule, pourrait lui faire soutenir l'honneur de son nom, lui ferait défaut.

« Revenons à la question que Manchester avait posée sur *les avances* qu'il convient ou qu'il ne convient pas de faire aux ryots. Hors le cas d'un propriétaire aux prises avec ses tenants, les derniers vingt-cinq pour cent peuvent être inscrits dans la colonne douteuse des *pertes et profits*. Les pertes réelles des propriétaires s'élèvent souvent à la moitié de ce dernier déficit. Dans tous les cas, c'est autant de charge extraordinaire imposée sur les objets qui seront vendus pour le compte de l'exporteur.

« A dire vrai, nous trouvons que les avances, telles qu'on les fait maintenant afin d'obtenir des produits, sont dans un état presque semblable à l'état de nature le plus sauvage, et ne peuvent pas enfanter un commerce sain (*wholesome*). Néanmoins, l'intervention des fonctionnaires, bureaucrates ou théoriciens, serait encore plus déplorable que les dangers, dangers avoués, qu'on voudrait s'efforcer de prévenir. »

Résumé tranchant du planteur anglais.

« Le caractère des natifs n'est pas compris parmi nous, et nos meilleures lois n'atteignent pas la masse du peuple. Ce peuple ne peut les comprendre; pas plus que nous ne comprenons le système de ses idées.

« *Sur vingt ans de séjour dans l'Inde, j'en ai passé douze à la campagne, et sans avoir eu d'Européen pour voisin à six lieues autour de moi; or, je connais moins les indigènes que je ne croyais les connaître il y a douze ans.* C'est pourquoi, j'en suis convaincu, *il est inutile que nous essayions de les pénétrer.* Nous sommes au plus cent cinquante mille, tandis qu'ils sont deux cent cinquante millions[1]; chez ces der-

[1] Tous ces nombres sont *énormément* exagérés; mais en les réduisant à

niers il existe au moins *cent mille instincts ou sentiments divers*. Tous ces sentiments, tous ces instincts, sont concentrés, sont isolés dans certaines classes, dans certaines tribus; et les sentiments d'une tribu sont à peu près aussi peu connus des autres tribus que de nous-mêmes. Les Indiens n'ont pas d'instinct national, ni de sentiment universel; aujourd'hui, probablement, ils sont plus loin d'avoir un tel sentiment qu'ils ne l'étaient lorsque Clive les combattait à Plassy; plus loin même qu'ils ne l'étaient lorsque Warren Hastings faisait pendre impunément à Calcutta le grand brahmane Nuncomar.

« Il est temps que nous tournions nos regards vers la seule solution qui soit pratique. Cette solution, tous les Indiens l'attendent en dépit de nous. — Enseignons-leur, nous Anglais, *notre propre sentiment*; faisons-leur voir que nous le respectons plus que leurs cent mille façons de sentir et de penser. *Il faudra bien que leur sentiment finisse par se mettre d'accord avec le nôtre*. L'expérience nous l'apprend, ils croient que nous essayons de faire d'eux des chrétiens *quand nous tergiversons* comme gouverneurs, ou juges, ou magistrats, ou marchands, ou planteurs. Mais ils nous comprennent à fond quand nous sommes sérieux, déterminés, pressés et pressants (*when we are in earnest*). Alors ils ne nous accusent pas de vouloir propager le christianisme; ils nous félicitent d'exercer la justice.

« Ce fut seulement parce que j'étais *pressant* (*in earnest*[1])

leur juste valeur, la proportion se rapproche de la vérité, et le raisonnement subsiste.

[1] M. Bingham, qui ne veut pas rendre trop explicite le fond de sa rude pensée, imite ici les philosophes allemands quand ils veulent propager quelque énormité qu'ils craignent de rendre trop claire : ils donnent aux mots qu'ils adoptent des acceptions d'une élasticité nouvelle. Ainsi le planteur anglais emploie cette expression, *in earnest*, dans un sens auquel il attribüe infiniment plus d'énergie et de vrai despotisme que dans l'acception généralement adoptée en Angleterre.

et déterminé qu'ils me comprirent en 1857 et 1858. Si je n'avais pas été l'un et l'autre, *ils m'auraient tué.* C'est un peuple impressionnable et facile à diriger; mais il ne comprend pas nos raffinements. Je le répète, nous devons être à son égard *pressants et déterminés.* Or, avec l'énergie de notre gouvernement actuel, *et je ne lui crois pas la moitié de l'énergie qu'il devrait avoir,* nous pourrions faire des miracles, pourvu que nous fussions, redisons toujours les mêmes mots, pressants et déterminés. *Il faudrait tout d'un coup* (at once) *ne prendre aucun souci de castes, ni de croyances, ni de position sociale, ni de lieu d'habitation,* mais nous poser à notre vraie place, en notre qualité *d'hommes de notre époque.* Alors ils nous suivraient. »

Les principes coercitifs.

« Les natifs reconnaissent aujourd'hui leur infériorité vis-à-vis de nous. Ils se demandent avec étonnement pourquoi nous nous inclinons devant eux, *pourquoi nous consultons leurs préjugés* ou leurs opinions. — Ils connaissent uniquement *la loi de la force;* ils avouent que nous avons en main *le droit*[1] *et la force aussi.* Ils nous croiraient, si nous ne tentions pas d'argumenter avec eux et de consulter *leurs préjugés* dans toutes nos mesures. Ils avouent notre équité, et voudraient être plutôt jugés par l'Européen le plus corrompu que par le plus estimé de leurs compatriotes. Mais ils se méfient de nos demi-mesures; ils ne peuvent pas les comprendre, et par conséquent elles sont pour eux autant d'objets de soupçon. Si nous consultons leurs instincts, comme je l'ai dit plus haut, ils en ont cent cinquante mille, et tous contradictoires; chacun de ces

[1] S'ils ne connaissaient que la loi de la force, ils ne connaîtraient pas *le droit,* même celui du conquérant : *si droit il y a.*

instincts, pris en particulier, cent millions d'individus ne le comprennent pas. Mais quand nous choisissons pour conseiller NOTRE INSTINCT À NOUS, il est compris dans toute l'Inde *et devrait être la loi de la terre pour le monde entier.* »

Nos observations sur les justes limites à poser entre le peuple exploitant et le peuple exploité.

J'ai voulu montrer dans sa nudité la plus parfaite *le planteur d'indigo*, qui brûle de devenir *planteur de coton* pour Manchester. Je l'ai laissé parler lui-même, sans affaiblir, sans abréger ses raisonnements, sans rien retrancher à ses prétentions, à ses désirs. Cédez à ses pareils les biens *confisqués* à la suite d'une guerre antinationale et sociale; cédez à la fois les terres et les hommes, sans doute, attachés à ces terres; cédez-les avec les droits explicites, et surtout avec les droits implicites du zémindar et du planteur; cédez-les, et que rien ne vous arrête. Quel mépris de tout un peuple! L'Indien, que vous appelez *misérable brute*, et vous affirmez *qu'il est à peine un homme*, l'Indien qui s'accorde avec ses pareils pour chérir le vol, n'a, selon vous, rien en commun sur tout le reste avec les pensées de ses compatriotes. Ces hommes-là diffèrent d'origine, de classes, de castes, de mœurs et de religion; profitez-en, et foulez sous vos pieds cette myriade de diversités. Ne consultez que votre sentiment à vous, votre intérêt à vous; ne consultez surtout que votre victoire et votre force!

Votre force! Ah! sans doute, voilà la fatalité, la nécessité terrible comprise par tous les vaincus, comprise surtout le lendemain d'une révolte étouffée dans le sang de cent mille cipayes égorgés : les uns à l'heure du combat; les autres après le combat, pour le besoin de la vengeance à froid et de l'intimidation illimitée.

Hommage à l'ancienne et très-honorable Compagnie britannique des Indes orientales.

J'ose espérer que la sagesse du nouveau gouvernement de l'Inde britannique imitera, du moins de ce côté, la modération et l'humanité de l'honorable, et j'ajoute ici de l'illustre Compagnie des Indes orientales; car cette association, aujourd'hui privée de l'empire, n'a jamais cessé d'ordonner, quel qu'en fût le motif intéressé, le respect pour les coutumes, pour les mœurs, pour les préjugés, si tout cela vous semble préjugés, et pour les religions de tous les peuples de l'Inde.

Appel à la sagesse, à l'humanité de Manchester.

Avant de quitter un sujet qui doit influer puissamment sur le bonheur ou le malheur d'une grande partie du genre humain, soit dans l'Orient, soit dans l'Occident, il me sera permis de présenter une seule observation.

Si Manchester disait aux planteurs de coton dans l'Inde : « Entreprenez hardiment et n'épargnez aucun sacrifice. Produisez aux conditions les meilleures que vous puissiez obtenir avec le climat, le sol et les cultivateurs de l'Orient. J'accepterai vos récoltes, *au prix nécessaire;* et je vous garantis, pour un temps qui vous suffise, un bénéfice raisonnable, *un minimum justement rémunérateur,* » alors les amis de l'Hindoustan seraient rassurés sur l'avenir de la nouvelle culture et sur le bien-être des pauvres cultivateurs. Mais si les ports des États confédérés de l'Amérique s'ouvrent une fois, et je ne puis pas supposer qu'ils tarderont très-longtemps à s'ouvrir; si Manchester aussitôt se tourne de ce côté pour obtenir en quantités illimitées, *au plus bas prix qu'il se pourra*, l'inépuisable et merveilleux coton des rives du Mississipi; si de plus, recourant à ses maximes absolues, impitoyables, de concurrence effrénée, elle dit à ses entrepreneurs de cultures en Orient : « Soutenez sur-le-champ, et comme vous le pourrez, la lutte libre et complète avec la robuste race noire, laquelle semble créée pour braver la zone torride. Du jour au lendemain, luttez, sans la moindre protection, contre cette race *admirable dans sa force, laborieuse par contrainte, nourrie largement et savamment dirigée*, race pour laquelle le coton est le succès par excellence; luttez contre elle avec les natifs efféminés de l'Inde orientale; faites-les mourir en Asie comme les natifs de l'Inde occidentale mouraient en Amérique à l'époque où Las Casas réclamait, au nom de l'humanité, le travail des noirs entre les tropiques; » si Manchester parle ainsi, soyons-en sûrs, le cultivateur du coton dans l'Hindoustan passera par des épreuves plus cruelles encore que le cultivateur de l'indigo dans le même pays. Déclarons-le hautement, par amour de l'humanité, *cette concurrence, véritablement à mort*, ne pourrait être soutenue qu'en plongeant l'infortuné *ryot* dans un excès de misère et de dégradation qui le pousserait à grands pas vers la tombe.

Il serait sage à la fois et généreux que le Gouvernement se proposât et résolût à l'avance, avec des chances moins incertaines et moins cruelles, un problème dont l'heureuse solution touche de si près à l'avenir de tant de millions d'humains.

Parallèle du bienfaisant Cleveland et des âpres planteurs.

Afin de montrer que la nature n'a pas séparé les vainqueurs et les vaincus par la ligne infranchissable que suppose M. Bingham, je veux offrir aux esprits les plus modérés de l'Angleterre un simple rapprochement qui se présente de lui-même dans la partie de l'Hindoustan que nous parcourons. Songez à votre noble Cleveland, qui s'était pris d'estime pour les *Punharries à demi sauvages*, et qui leur inspira les vertus dont il avait noblement jugé leurs âmes susceptibles! Voyez si le musulman, si l'Hindou de la plaine, comme l'idolâtre des montagnes, *ne comprenaient pas* sa bienfaisance magnanime autant que lui-même *comprenait leurs cœurs, leurs instincts et leurs meilleurs sentiments!* Jugez-en par son mausolée, tribut collectif et spontané de tous ces indigènes; jugez-en par la durée de leur culte si touchant en l'honneur de sa mémoire.

Et voici qu'un planteur anglais, enrichi, je crois, par l'indigo, qualifie de misérables brutes, auxquelles il refuse presque le nom d'hommes, ce peuple civilisé depuis trois mille ans, que la vérité nous présente comme étant capable de tant d'efforts d'intelligence, de tant d'actes de courage et parfois aussi de vertus : vertus qu'il déploie lorsqu'on a le cœur de lui faciliter la voie du bien, du beau et de l'honneur! Franchement, le coton, *même apprêté pour Manchester* et par tous les planteurs du monde, le vil coton serait trop cher, au prix dont on voudrait le faire payer à l'humanité.

District de Sarun.

Le seul district du collectorat de Patna que nous n'ayons pas encore décrit est celui de Sarun; situé sur la rive gauche du Gange, il s'étend vers le nord jusqu'à la frontière du royaume de Népaul. Il est limité du côté de l'est par le Tirhout et n'est séparé que par le Gange des districts de Patna et de Schahabad. Quoique ce pays soit vraiment aussi fertile que ces deux districts et celui de Tirhout, il est beaucoup moins peuplé. Afin d'expliquer cette affligeante disparate, il faut remonter à la famine de 1770, qui fit périr près de la moitié des habitants. Pour ajouter à ce fléau, pendant un grand nombre d'années les terres qui composaient les zémindaries furent affermées à des entrepreneurs à la fois ignorants et cupides; alors les ryots s'expatrièrent en foule, et le pays devint presque désert. Plus tard, on a restitué la terre aux premiers zémindars; un grand nombre des habitants, exilés volontaires, sont revenus dans leurs villages. En conséquence, la population a recommencé de suivre sa progression naturelle; mais, jusqu'à ce jour, elle est restée bien loin du développement acquis dans les autres divisions de la province.

PAYS DE SIKKIM ET DE DARJIELING.

En 1817, le pays de Sikkim fut conquis par les Anglais sur le royaume de Népaul. Il a pour frontières, à l'occident, ce qui reste de ce royaume; au nord, la crête des Himâlayas et le Tibet; à l'orient, le Bhoutan; au midi, le district de Rungpour, qui fait partie du Bengale.

Territoire et population.

Superficie	432,512 hectares.
Population	61,776 habitants.
Population par mille hectares	143

Le Sikkim, ainsi qu'on le voit, ne possède qu'une population très-clair-semée. Comme une conséquence, ou, pour mieux parler, comme un effet nécessaire de cette dissémination, son agriculture et son industrie sont dans l'enfance. A peine ferions-nous mention de ce pays s'il ne présentait pas trois grands avantages qui tiennent à sa position : le premier, d'offrir des sites très-élevés, très-sains et parfaitement convenables pour y rétablir les santés affaiblies par un long séjour dans les basses régions de l'Inde; le second, de contenir des territoires favorables à la production du thé; le troisième, de procurer, à travers les Himâlayas, un des passages les moins difficiles pour commercer avec la capitale du Tibet. Nous appelons sur ces trois points l'attention du lecteur.

Montagnes de Darjieling : hospice ou sanatarium *qu'elles renferment.*

Guidé par son amour de l'humanité, lord William Bentinck, lors de son heureux gouvernement, tournait ses regards vers les lieux les plus convenables où l'on pût envoyer les militaires et les serviteurs de la Compagnie, quand ils étaient affaiblis par un service trop pénible et par un long séjour dans les plaines du Bengale, aussi fangeuses que brûlantes.

Il fut le premier à signaler, dans le pays de Sikkim, l'importante position de Darjieling, presque identiquement située sous le méridien de Calcutta, et sur l'un des versants des Himâlayas les moins éloignés de cette capitale.

Quand les Européens sont transportés tout à coup d'une zone tempérée et très-septentrionale dans un pays beaucoup plus rapproché de la zone torride, non-seulement que la basse, Égypte mais qu'une grande partie de la haute Égypte, il ne faut pas s'étonner que leur constitution soit soumise aux plus rudes épreuves. Par l'effet graduel du temps, leur tempérament est affaibli, puis altéré, puis détruit : il l'est, d'un côté, par des chaleurs excessives durant le jour, et par leur contraste avec la fraîcheur des nuits, fraîcheur si funeste à l'imprudent qui ne prend pas, pour s'en garantir, les précautions les plus sérieuses et les plus constantes; il l'est, de l'autre côté, par l'extrême humidité d'un immense pays de plaine inondé pendant une grande partie de l'année, et, quand vient la sécheresse, empoisonné par les miasmes délétères qui se dégagent des terrains brusquement asséchés.

Même avec les soins les plus attentifs, avec la vie la plus sobre et la plus réglée, l'on ne parvient pas toujours à se préserver de ces atteintes du climat, insensibles chaque jour, mais dont la répétition finit par produire les conséquences les plus redoutables.

Qu'on juge donc de l'effet d'un pareil climat sur des militaires qui trop souvent sont logés à l'étroit et qui respirent un air non moins vicié qu'embrasé; sur des soldats assujettis à des exercices, à des marches, à des bivouacs, à des gardes de nuit en plein air, à des travaux qui doivent être accomplis malgré les dangers que nous venons de signaler, à des travaux qui doivent l'être par des hommes imprévoyants, toujours peu soucieux de surveiller, de ménager leur santé. D'eux-mêmes ils la détruisent, en se livrant à des excès de toute nature et maintes fois en obéissant aux instincts les plus brutaux.

Il faut veiller au moment où la santé des hommes commence à perdre son équilibre, où le sang s'appauvrit, où les fonctions digestives se dérangent, où des organes tels que l'estomac, les poumons, le foie, sont tour à tour attaqués. C'est la vie que l'on sauve alors, c'est la santé que l'on restaure quand on transporte tout à coup les personnes si dangereusement atteintes dans un séjour réparateur, où la température est égale et douce, où l'air conserve une pureté tout alpestre et rend aux organes vitaux leur élasticité et leur énergie primitive.

Voilà le bienfait que peut produire l'habitation des montagnes et que promettent les hautes régions de Darjieling.

Il ne suffit pas que des mesures nouvelles soient d'une évidente utilité, et qu'un personnage tout-puissant les émette pour la première fois soixante et dix ans après qu'un grand intérêt national aurait dû les faire naître; il faut encore un certain temps pour qu'elles soient enfin mises en pratique.

Création militaire de l'établissement : colonisation progressive.

Près de dix années ont été perdues avant qu'on ait fait suivre d'effet la précieuse indication de lord Bentinck.

C'est seulement en 1840 qu'on a construit sur les hauteurs de Darjieling les édifices nécessaires pour former ce que les Anglais appellent un *sanatarium :* un lieu consacré pour rétablir la santé des militaires attachés au service de la Compagnie des Indes.

Le major Hubert et le colonel Lloyd avaient été les préparateurs de cet établissement. Dans leurs rapports, ils faisaient comprendre qu'un pareil bienfait, plus que toute autre institution, attacherait au séjour de l'Inde les familles de militaires, de colons et de financiers qui n'affrontent qu'à regret les périls d'un si redoutable climat.

On résolut de ne rien ménager pour réaliser à Darjieling une institution modèle en faveur de l'armée indobritannique. C'est ce qu'on fit en établissant un hospice, ainsi qu'un cantonnement militaire, dans un endroit appelé *Jellapahar.*

Établissements civils.

De riches particuliers, excités par un tel exemple, voulurent à leur tour se préparer des résidences d'été pour rétablir ou fortifier leur santé près de cette heureuse position. Bientôt une population civile s'aggloméra d'elle-même, comme elle s'est agglomérée autour de nos bains des Pyrénées les plus célèbres, à Baréges, à Cauterets, aux Eaux-Bonnes, etc.

Lorsque les Anglais s'établirent sérieusement à Darjieling, outre la bonté du climat, l'argent répandu par les visiteurs eut bientôt attiré des familles du Népaul, du Bhoutan et de la partie de Sikkim encore indépendante. Dans une région de montagnes qui jusqu'alors était presque inhabitée, une attraction nouvelle et puissante se fit sentir aux indigènes. Parmi les natifs que nous venons d'indiquer, les uns se présentaient pour faire un service de domesticité ou de police inférieure; d'autres offraient de se livrer à des travaux agricoles; d'autres apportaient des provisions afin de les vendre; d'autres concouraient à la bâtisse des maisons, à toute espèce de travaux publics, au transport des produits de la plaine sur les montagnes, etc. L'ensemble présentait le spectacle d'une admirable activité.

Voici quel en fut l'effet. A l'époque où commencèrent les travaux, en 1840, le district de Darjieling était presque sans habitants. Huit ans après, il en comptait près de cinq mille; et les deux dernières années, 1847 et 1848, avaient suffi pour doubler la population.

Par son élévation de 2,100 à 2,400 mètres au-dessus de la mer, ce district est incomparablement plus sain que le Bengale inférieur, et pourtant il ne l'est pas encore autant que la France et l'Angleterre. Les hivers y sont froids; les étés y sont pluvieux, ce qui les rend moins agréables pour les Européens. La hauteur moyenne de l'eau qui tombe chaque année dans le pays de Sikkim n'est pas moindre de 3 mètres 66 centimètres. Cependant, remarquons-le bien, quand on habite à 2,000 ou 2,400 mètres d'*altitude* (on appelle ainsi la hauteur verticale au-dessus du niveau des mers), et quand on est seulement à trois degrés de la zone torride, les inconvénients de cet état hygrométrique sont considérablement atténués par la puissance du soleil.

Singulière légèreté dans la fixation d'un lieu supposé salubre pour cantonnement militaire.

Nous saisissons avec plaisir toute occasion de signaler le génie créateur et le talent d'amélioration qui sont propres à la race britannique. Cependant il ne faut pas croire que les Anglais s'appliquent toujours à faire usage de ces deux rares facultés; les travaux que nous décrivons en sont un exemple.

On avait trouvé fort imparfait et trop incomplet le premier établissement militaire à *Jellapahar.*

Sinchal. — On choisit dans le voisinage la position de *Sinchal*, position très-élevée, qui présentait un beau plateau sur lequel on exécuta les constructions indispensables pour loger un corps de troupes; c'est ce que les Anglais appellent *un cantonnement.* On bâtit aussi pour les officiers trente-quatre cottages séparés, qu'on appelle *bengalos;* on désigne ainsi des pavillons dont l'architecture a le cachet des constructions qui conviennent au Bengale. Enfin, à l'établissement militaire on joignit un hôpital et toutes ses dépendances. Les travaux coûtèrent

750,000 francs, dans un pays où cependant la pierre est pour rien et la main-d'œuvre à vil prix.

Ces bâtiments achevés, on s'est pris à réfléchir que le plateau de Sinchal, se trouvant entouré presque de tous côtés par une vaste plaine humide, est exposé par là, soit aux épais brouillards, au *mist écossais*, soit à l'abondance de la pluie, beaucoup plus que ne l'était l'ancien cantonnement, et que tout autre sommet des montagnes plus ou moins voisines.

Le rapport publié par le gouverneur du Bengale, en faisant cet aveu pénible, ajoute : « La convenance d'abandonner les établissements nouveaux et de construire à demeure un autre cantonnement sur quelque sommité plus avantageuse, à proximité de Darjieling, cette convenance est soumise à l'examen du gouvernement général. En attendant, il est nécessaire qu'on fasse habiter les casernes déjà bâties; il faut qu'on les soumette à l'expérience de leur effet sur la troupe, en les faisant habiter au moins pendant une saison, avant qu'on s'aventure dans un nouvel ordre de dépenses[1]. »

Culture du thé dans le pays de Sikkim.

D'après les idées du savant docteur Hooker, on peut étendre cette culture non-seulement au pays d'Assam, mais au pays de Sikkim, et de là jusqu'au bassin de l'Indus, dans une longueur totale de 500 à 600 lieues, sur le versant méridional des Himâlayas.

J'ai sous les yeux une carte[2] publiée avec le premier

[1] *Statement exhibiting the moral and material progress and condition of India during the year 1859-60.* Part. II.

[2] On doit cette carte à M. G. Berlase Tremenheire, général du génie dans

rapport du célèbre Comité d'enquête sur la colonisation de l'Inde; elle présente l'indication coloriée des terrains propres aux principales productions. La teinte indiquant les terrains qui conviennent à la culture du thé se développe, en effet, suivant une zone de 560 lieues d'étendue sur les pentes méridionales des Himâlayas.

Les habitants du pays de Sikkim, même avant 1848, montraient un désir toujours croissant de faire usage du thé; il en était de même des Indiens habitants de Calcutta. Le développement de ce goût chez les indigènes offrirait un immense avenir à la culture de cette plante. L'avantage serait doublé par les consommations possibles au nord de la grande chaîne de montagnes.

En examinant avec attention les explications données par le docteur Hooker au Comité d'enquête sur la colonisation, j'ai remarqué particulièrement la question et la réponse consignées au n° 90 : « Quels sont envers nous, Anglais, les sentiments des natifs? — Les habitants nous sont très-favorables; ils désirent depuis longtemps que nous prenions pour nous le pays entier de Sikkim. Je crois qu'à présent le radjah serait charmé si nous avions la volonté de nous l'approprier. » (Sans doute en payant, et largement, l'appropriation.)

Les observateurs des progrès de l'Inde britannique ne pouvaient pas voir autrement qu'avec un vif intérêt les thés du pays de Sikkim paraître pour la première fois, en 1862, dans une Exposition universelle. L'association établie à *Hopetown*, LA VILLE DE L'ESPÉRANCE, à Darjieling, exposait ses produits sous les noms de thés Pékou, Souchong, Hyson, etc.

l'Inde; les dépositions qu'il a faites dans l'Enquête sur la colonisation sont d'un esprit judicieux et d'un profond observateur.

Des voies de communication nécessaires au pays de Sikkim.

En créant une colonie sanitaire à Darjieling, parmi les premiers besoins qui se font sentir, il faut compter la construction d'une route directe et facilement praticable entre la station sanitaire et Calcutta.

On a commencé par ouvrir une route en simples terrassements. Cette ligne, en partant de la Cité des palais, va d'abord à Baraset, puis à Kishnighur, ville importante du district de Nuddéa; à Burhampour, port inférieur de la grande cité de Mourschedabad, et depuis cette cité jusqu'au bord méridional du grand Gange. En face, et de l'autre côté du fleuve, à Burgotchie, la route reprend, toujours en suivant la ligne presque directe du sud au nord; elle passe à Dinagepour, chef-lieu d'un district financier, puis à Titalya, vers le pied des derniers versants des Himâlayas. A ce point, on n'est plus, à vol d'oiseau, qu'à seize ou dix-sept lieues de Darjieling.

On a, dans ces derniers temps, commencé l'exécution d'une entreprise avantageuse au plus haut point pour cette colonie; c'est une route macadamisée, longue seulement de quarante lieues, et qui part des bords du Gange presque en face de Golgong. Elle offrira la voie la plus courte pour atteindre en ce point le grand chemin de fer oriental, qui met en communication Calcutta, Bénarès et Delhi.

Dans une époque encore éloignée, quand la richesse et la population auront fait de nouveaux et grands progrès, on trouvera des ressources suffisantes pour construire un chemin de fer qui, partant de celui que nous venons de rappeler, montera jusqu'à Darjieling. Alors, en deux jours au plus, on pourra, du climat brûlant de Calcutta, passer à la région réparatrice et tempérée de Darjieling.

Continuons à diriger nos regards vers la direction du nord, et considérons quels sont, de ce côté, les intérêts de l'empire britannique.

Commerce de l'Inde avec le Tibet, par la voie de Sikkim.

Warren Hastings, cet homme d'État que ses talents pour le commerce élevèrent au rang de gouverneur général, fut le premier qui désira franchir la barrière des monts Himâlayas; il voulait établir par cette voie le négoce de l'Inde avec le Tibet et toute l'Asie centrale. Deux fois, en 1774 et 1783, il renouvela ses tentatives.

En 1783, il fit explorer le Tibet par M. Turner, qui lui rendit un compte merveilleux *de l'or natif qu'on y trouvait presque à fleur de terre, et dans une extrême abondance.* Les habitants de ce pays appréciaient les lainages britanniques, et pouvaient ainsi les payer largement avec le plus précieux des métaux. Un obstacle inattendu ne permit pas de réaliser ces grandes espérances.

Les Chinois s'établissent des deux côtés des monts Himâlayas.

En effet, bientôt les Chinois, qui s'avançaient toujours vers l'occident et le midi, étendirent leur suzeraineté de la Tartarie et du Tibet jusqu'au sommet des Himâlayas. Ils portèrent plus loin les bornes de leur empire : ils établirent leur domination sur le versant qui fait partie de l'Inde, et les peuples du Bhoutan devinrent leurs tributaires.

Par une bizarrerie inexplicable, les Chinois permettaient aux Anglais d'arriver par mer afin de commercer avec l'empire du Milieu et leur interdisaient tout négoce par terre; en même temps ils permettaient aux Russes de trafiquer avec eux par terre et leur interdisaient tout commerce par mer. Leur inconséquence ouvrait à chacun la voie par laquelle il est le plus redoutable, et lui fermait la voie par laquelle il est le moins à craindre.

L'empereur de la Chine, en sa qualité de *suzerain*, exigea des Tibétains que sous aucun prétexte ils n'admettraient les Anglais dans leur pays; il décida que les passages des Himâlayas seraient fermés aux Occidentaux, envahisseurs de l'Hindoustan.

A titre de savant voyageur, et par faveur spéciale, le docteur Hooker reçut la permission de suivre un très-court chemin dans un vallon tibétain, afin d'éviter un long détour sur le territoire britannique; mais il ne put pas obtenir d'aller à L'hassa.

L'interdiction de tels rapports devint encore plus regrettable aux yeux des Anglais, quand ils eurent pénétré dans le pays de Sikkim. En effet, ce pays offre un des passages les moins difficiles pour traverser les Himâlayas et les plus directs pour communiquer entre Calcutta et la capitale du Tibet. A vol d'oiseau, la distance de Darjieling à L'hassa, cette capitale, est seulement de cent lieues.

Heureusement les Chinois n'empêchent pas les Tibétains de traverser les Himâlayas et d'apporter leurs produits jusqu'aux frontières de l'Inde britannique.

Importante occasion manquée par l'Angleterre.

Dès 1859, la Commission d'enquête pour coloniser l'Inde avait tourné ses vues de ce côté, et j'ai remarqué la question que le président, M. W. Ewart, posait alors au savant docteur Hooker : « *Pensez-vous que nous devrions insérer dans nos traités avec la Chine la faculté de commercer au delà des Himâlayas?* — Réponse : Cela serait d'une extrême importance; en peu de temps, le thé produit par les Anglais au midi de ces monts deviendrait le seul thé consommé dans le Tibet oriental. »

Comment, quelques mois après un si formel avertissement, le très-habile ambassadeur britannique à Pékin n'a-t-il pas profité d'une pareille invitation?.....

Il est au plus haut degré regrettable pour l'Angleterre que lord Elgin, à qui les Chinois ne pouvaient rien refuser après nos communes victoires de 1860, n'ait pas obtenu la liberté des communications avec le Tibet, à travers les Himâlayas.

Les routes ouvertes de Calcutta jusqu'en Sikkim auraient offert la voie la plus directe pour traverser les Himâlayas, descendre de ces monts vers le Brahmapoutra supérieur, et de là gagner L'hassa, centre du Tibet, qu'on aurait à la lettre inondé de produits anglais.

Foire internationale.

Dès les premiers temps où la Compagnie des Indes fit l'acquisition du pays de Darjieling, elle envoya pour étudier cette contrée le savant docteur Campbell, homme plein d'énergie et d'activité.

On doit à cet habile colonisateur l'établissement d'une foire périodique à l'usage des tribus montagnardes.

En 1848, elle était déjà très-fréquentée par les Tibétains; ils y conduisaient leurs petits chevaux, leurs soieries, leurs tissus, les toisons célèbres de leurs chèvres, leur ambre, leur musc et leur borax; ils recevaient en échange les produits de l'Inde et des lingots d'argent.

En quinze jours, on pourrait aller de Darjieling à L'hassa avec de bons mulets et des charges légères; mais ordinairement on met trente jours à faire ce voyage. La distance, avec ses sinuosités, est d'environ cent quarante-cinq lieues; par conséquent, on parcourt à peine cinq lieues chaque jour. C'est bien peu; mais il faut sans cesse monter et descendre, en suivant la route la plus tourmentée de la terre. Dans certains endroits, elle n'est formée que par des planches ou madriers posés contre des rochers, sur le bord des précipices; heureusement ces passages sont courts. Ajoutons que la route entière pourrait être rendue beaucoup moins mauvaise avec assez peu de dépense.

Quelques notions sur le commerce avec le Tibet.

Les objets les plus précieux et les objets les plus communs se réuniraient pour composer la grandeur du commerce entre les vastes contrées que séparent les Himâlayas.

On est allé jusqu'à penser que le Tibet, pour l'abondance de l'or, doit être considéré *comme une nouvelle Australie*, que le génie britannique exploiterait avec enthousiasme.

La toison propre à faire les châles, et qu'on demande au Tibet, est le même duvet de chèvres qui sert à faire les célèbres tissus de Cachemire.

C'est du Tibet que provient la plus grande quantité de borax qu'aucun pays livre au commerce du monde.

Le borax, une des grandes richesses naturelles du pays qui fixe nos regards, est employé pour donner l'émail à la porcelaine. Plusieurs industries s'en servent comme d'un fondant, et la médecine en fait usage.

Aujourd'hui, presque tout le sel consommé dans les Himâlayas est apporté du Tibet; on le transporte avec d'énormes fatigues à dos d'hommes, d'enfants et d'animaux. Le sel qu'on se procure par un moyen si pénible est extrait des grands lacs qui sont situés à quinze ou vingt jours de marche au delà du Sikkim. Si l'on exécutait le chemin de fer dont on a conçu la pensée entre Calcutta et Darjieling, il permettrait de vendre en grande quantité du sel envoyé de l'Inde et même de l'Angleterre jusques au Tibet; les Tartares le préfèrent de beaucoup au leur.

Tous les bois qu'emploient les Tibétains sont tirés, avec une peine infinie, du versant méridional des Himâlayas; une route meilleure, ouverte à travers ces monts, en faciliterait le transport et celui d'un grand nombre d'autres produits.

Sur la frontière, on perçoit des droits de douane au profit du gouvernement de L'hassa; mais la contrebande est considérable, et les employés sont là, ce qu'ils sont dans toute l'Asie, extrêmement corrompus.

Marché sur le territoire tibétain.

Les Tibétains trafiquent librement avec les Indo-Asiatiques qui ne sont pas sujets de l'Angleterre, tels que les peuples du Népaul et du Bhoutan. En même temps, il existe au Tibet un marché très-important pour les marchandises britanniques. Ce marché pourra bientôt recevoir un objet d'échange envoyé par les Anglais, et de la plus haute importance : nous voulons parler du thé britannique, cultivé maintenant avec un si grand succès en Assam, à Darjieling, etc.

Dans la Tartarie et dans l'Asie centrale, l'importation de ce genre de produits est si considérable, que les briques de thé, subdivisées en certaines proportions ou gardées entières, *sont employées comme monnaie courante* afin d'opérer des payements de toute nature.

Avant d'arriver à L'hassa, le thé, pour venir du fond

de la Chine, doit parcourir douze à quinze cents lieues, et c'est un rebut détestable qui supporte les frais d'un si long voyage. Les Tibétains attachaient un prix extrême aux échantillons du thé dont leur faisait présent le docteur Hooker, et qui provenait du pays d'Assam; ils le trouvaient très-supérieur à celui que les Chinois leur apportent.

ROYAUME DU NÉPAUL.

Le royaume du Népaul a pour limites : au levant, le pays de Sikkim; au midi, l'ancien royaume d'Oude; au couchant, le Koumaôn, autre conquête britannique; enfin, au nord, la crête des monts Himâlayas. Cette contrée a deux cents lieues de longueur, mesurées parallèlement à cette crête, sur une largeur moyenne d'environ quarante lieues.

Parmi les monts les plus élevés qui s'élèvent aux confins septentrionaux du Népaul, on doit compter :

	Hauteur au-dessus de la mer.
Le mont Everest	8,840 mètres.
Dwalaghiri	8,485
Jumnoutry	7,772
Dhaïbun	7,541
Api peak	6,949

Il s'en faut de beaucoup, comme on va le voir, que la population du Népaul corresponde à son étendue.

Territoire et population.

Superficie	15,432,100 hectares.
Population approximative	2,000,000 habitants.
Population pour mille hectares	129

En Europe, nous ne trouvons que la Suède[1] et la

[1] Suède : 76 habitants pour 1,000 hectares.

Norwége dont la population comparative soit encore plus faible et plus disséminée que celle du royaume du Népaul, très-vaguement évaluée, mais dont la faiblesse numérique ne fait l'objet d'aucun doute possible.

Le Gange prend sa source dans ce pays. Une étroite chaîne himâlayenne le sépare des sources de l'Indus et du Brahmapoutra, entre le 20e et le 21e degré de latitude, entre le 100e et le 101e degré de longitude.

Toutes les autres rivières qui fertilisent le Népaul sont des affluents du Gange. Deux d'entre elles traversent la plus grande épaisseur des Himâlayas et prennent leur source sur les plateaux très-élevés du Tibet; elles pénètrent dans l'Inde par des coupures naturelles incroyablement abruptes.

Les habitants du Népaul font usage de la chute des eaux courantes, qu'ils savent presque partout employer pour faire marcher de nombreux moulins à blé. Ils ne semblent pas soupçonner combien d'autres services pourrait leur rendre cette puissance hydraulique mise à leur disposition par la nature.

Notions recueillies par le docteur Francis Buchanan.

Jusqu'au commencement du XIXe siècle, le Népaul était presque inconnu des Européens. Combien peu de personnes en Occident étaient informées que, dès l'année 1767, le chef des Gourkhas, montagnards himâlayens, avait ajouté ce pays à son état héréditaire et pris le titre royal de Maharadjah, de grand Radjah du Népaul!

Lorsque le marquis Wellesley eut extorqué du vizir d'Oude les provinces du Nord-Ouest, dans le bassin du Gange supérieur, les possessions de la Compagnie des Indes se trouvèrent contiguës au royaume du Népaul.

Ce fut alors que le gouverneur général employa le docteur Francis Buchanan à recueillir des matériaux sur cette contrée. Seize ans plus tard, ces documents ont été publiés sous le titre suivant : *Compte rendu sur le Royaume du Népaul et sur les territoires annexés à cet État par la maison de Gourkha*[1].

L'ouvrage contient des notions précieuses sur l'état physique du pays, sur l'agriculture et sur les mœurs des habitants. Je ne pouvais puiser à meilleure source.

Les trois peuples du Népaul.

Dans le Népaul actuel, il faut distinguer trois populations fort différentes : 1° les conquérants Gourkhas, que nous avons déjà cités et sur lesquels nous reviendrons dans un moment : le pays qu'ils habitent est le plus avancé vers le nord-ouest ; 2° les Newars, habitant les plateaux intermédiaires de l'ancien Népaul, entre les montagnes himâlayennes et la plaine du Gange supérieur : cette population se compose en partie d'Hindous et de musulmans émigrés de l'Inde ; 3° les tribus plus ou moins sauvages confinées dans les vallons habitables des montagnes supérieures : comme les Gourkhas, ils appartiennent à la race tartare ou tibétaine, ils en ont la stature et la physionomie. Ces montagnards sont principalement pasteurs, et les habitants des terres inférieures sont principalement agriculteurs. Sous ce dernier point de vue, les Newars tiennent le premier rang : la magnifique plaine qu'ils habitent est passablement cultivée, très-fertile et très-peuplée ; c'est au centre de cette plaine que s'élève la capitale du royaume.

[1] Un volume in-4° ; Édimbourg, 1819. Un autre livre sur le même sujet avait été déjà publié par le colonel Kirkpatrick.

Notions spéciales sur les Gourkhas.

Au temps de sa plus grande puissance, le royaume du Népaul s'étendait jusqu'au Pendjâb, c'est-à-dire au bassin de l'Indus et des cinq rivières. Dans la partie qui se rapprochait de ce bassin vivait une population plus belliqueuse et plus féroce que les autres; elle habitait le pays de *Gourkha*, et ses soldats sont eux-mêmes connus et redoutés dans l'Inde sous ce nom de Gourkhas. Vers le milieu du siècle dernier, tandis que les Anglais conquéraient le Bengale, le radjah de ce pays conquérait de proche en proche une foule de contrées indépendantes et finissait par envahir le royaume du Népaul.

Dans les vallons des Himâlayas, les Gourkhas ont été les premiers à s'armer de fusils. Cela nous explique la rapidité de leurs conquêtes lorsqu'ils ont attaqué les tribus arriérées qui peuplaient les régions limitrophes. Ils ont également montré, dans ces derniers temps, leur aptitude à s'organiser d'après l'exemple des troupes européennes et des régiments réguliers de cipayes.

Les deux peuples conquérants, les Anglais et les Gourkhas, ne pouvaient pas manquer, en devenant voisins, d'être ennemis. Ils se sont livré des combats acharnés; et nous avons vu sous le gouvernement de lord Amherst que, même pour les forces britanniques, les montagnards népaulais n'étaient pas des antagonistes qu'il fût permis de dédaigner. Les Gourkhas, poursuivant toujours leurs conquêtes, finirent par attaquer les frontières nord-ouest des pays soumis à la Compagnie des Indes; c'était en 1814 qu'ils s'essayaient contre les districts de Gorruckpour et de Sarun. Plus au nord-ouest, ils ont remporté des victoires sanglantes sur des troupes indo-britanniques. Il a fallu, pour triompher d'eux, choisir un des officiers supérieurs les plus habiles et les plus intrépides, sir David Ochterlony, qui devint général sur le champ de bataille; nous avons fait remarquer la statue de ce héros érigée sur la grande esplanade de Calcutta.

Grâce à la puissance de la discipline et de la tactique, les Européens devaient l'emporter; ils ont fini par conquérir tout le pays compris entre le Gange et la rivière, affluent de ce fleuve, la plus avancée vers le nord-ouest. La conquête fut faite en 1815, et la paix en 1816.

Nous verrons, lors de la dernière rébellion, quel rôle important ont joué, comme auxiliaires des Anglais, les Gourkhas conduits par le maharadjah Jung Bahadour. Ce prince, en attaquant les révoltés du pays d'Oude, espérait comme récompense quelque grande cession de territoire; mais les Anglais n'ont daigné lui concéder que les jongles pestilentiels où s'étaient réfugiés les débris de l'armée d'Oude en 1858. Ils se sont bornés à décorer un chef souverain avec leur grand cordon de l'ordre du Bain, en y joignant ce qu'ils ont appelé *l'ordre céleste de l'Étoile*. Enfin, pour dérision plus marquée, au prince indépendant, et le plus puissant aujourd'hui dans l'Inde, ils ont accordé le titre d'un simple baronnet anglais. Le maharadjah du Népaul pourra désormais s'appeler à perpétuité *sir* Jung Bahadour; et s'il lui plaît d'avoir une épouse, au lieu de lui donner le titre de reine ou de sultane, il l'appellera *lady* Bahadour! C'est ainsi que l'épouse de l'excellent jardinier Paxton, en souvenir du Palais de cristal fait à l'image d'une serre, s'appellera pour jamais *lady* Paxton.

Catmandou, capitale du royaume.

Si Catmandou, la capitale du Népaul, n'était pas située

au centre d'une vaste plaine fort élevée au-dessus de la mer (1,372 mètres), son climat serait celui d'un pays très-chaud, car sa latitude est presque celle de Siout, à cent lieues au midi du Caire.

Situation : latitude, 27° 42'; longitude, 82° 39'45" Est de Paris.

En réalité, la position de Catmandou participe de la douceur de climat qu'offre Mexico, ville qui compense avec tant d'avantages sa position dans la zone torride par une altitude encore plus considérable.

Malgré les bienfaits du climat, la population de Catmandou est peu considérable; elle n'a guère plus de trente mille habitants et celle des autres villes du royaume est beaucoup moindre. Il est remarquable que cette capitale ne soit pas située sur les bords d'une des grandes rivières entre lesquelles les gouvernants étaient maîtres de choisir; ils l'auraient par là mise en relation commerciale immédiate avec la populeuse et riche vallée du Gange.

Quoique les Hindous, en émigrant au Népaul, aient porté leur culte dans cette contrée, ils n'ont pas pu chasser entièrement le bouddhisme, religion des aborigènes. Aussi voit-on les temples de cette secte s'élever dans la capitale à côté de ceux où président les brahmanes.

Les édifices de Catmandou, privés et publics, doivent beaucoup, pour la durée et la solidité, à l'excellence d'une argile dont la vaste couche enrichit la grande plaine environnante. La pureté de cette matière permet de faire des briques, des tuiles, ainsi que des poteries de qualité supérieure. Les ouvriers la moulent avec art et la font servir aux ornements variés de l'architecture.

Les maisons ont, en général, trois étages et quelquefois quatre; leurs façades sont revêtues de carreaux d'argile, recouverts d'un vernis métallique dont l'éclat et la couleur plaisent à la vue. Le rez-de-chaussée, qui sert de cuisine, est sans fenêtres, afin qu'aucun passant n'y puisse jeter des regards indiscrets. Les étages supérieurs ont des fenêtres fermées avec des volets en bois *inamovibles;* ils sont découpés en général avec beaucoup d'élégance et de finesse pour permettre l'entrée de l'air et de la lumière, tout en ne permettant pas aux regards lancés des édifices voisins de pénétrer dans cette partie de l'habitation.

Au second étage, les fenêtres sont extrêmement larges; elles éclairent un balcon saillant, mais clos, où le maître de la maison, assis dans cette espèce de vérandah, passe une partie du jour à contempler, sans être vu, le spectacle de la rue.

Je crois devoir présenter ces détails, minutieux en apparence, mais qui font connaître tout à la fois les arts et les mœurs.

Les régions et les productions du Népaul.

La frontière septentrionale du royaume atteint à de telles hauteurs qu'elle est couverte de neiges et de glaces perpétuelles, sous une latitude qui n'est pourtant qu'à cinq degrés de la zone torride. Plus bas commence la région des forêts, et celle-ci, dans la partie supérieure, ne contient que des arbrisseaux rabougris; mais les arbres deviennent plus variés, plus grands et plus beaux à mesure que l'on descend, comme on l'observe en Europe au sein des régions alpestres. Dans la partie élevée, et par conséquent assez froide, on trouve les arbres résineux, puis le chêne, le châtaignier, le noyer, le frêne, etc. dans la région inférieure, ce sont des saules magnifiques, des bambous, des figuiers gigantesques et diverses espèces d'arbres propres au climat de l'Inde.

Au-dessous des forêts sont les terres cultivables. Quand la main de l'homme n'en change pas la végétation, elles produisent une herbe longue et dure, d'une qualité si médiocre que le bétail qui s'en nourrit n'a qu'une maigre apparence et ne dépasse pas des proportions chétives.

Dans les vallons élevés et sur la croupe des montagnes les pasteurs du Népaul conduisent de nombreux troupeaux, qu'alimentent des plantes fourragères qui conviennent mieux au pâturage, parce qu'elles sont moins coriáces et plus nutritives.

Dans un pays où la population est si peu nombreuse, il ne faut pas s'étonner de voir que les forêts et les pacages naturels sont libres pour tout le monde, et que nul particulier n'en soit le maître exclusif. Cependant certaines forêts, à titre de royales, sont réservées pour les chasses du souverain, quand il lui plaît de poursuivre l'éléphant, le tigre, le léopard, l'ours, le sanglier, le cerf, etc.

La frontière méridionale du Népaul est terminée par une rangée de collines à peu près parallèle à la grande chaîne des Himâlayas et par des jongles si malsains, qu'on peut presque les regarder comme inhabitables. L'éléphant et d'autres bêtes plus féroces ne sont pas affectés par ce méphitisme de l'air; malheureusement ces animaux s'y multiplient beaucoup trop pour les champs des pays limitrophes, dans lesquels ils portent de tous côtés la terreur et la dévastation.

L'État de Népaul et l'État d'Oude, rivaux naturels, se sont toujours disputé ces vastes jongles, d'où la dernière puissance tirait, en 1818, les trois cents éléphants qu'elle donnait à la Compagnie des Indes, précisément pour faire la guerre au Népaul; nous verrons ce dernier royaume prendre contre le peuple d'Oude une cruelle et terrible revanche.

Au midi des jongles, on appelle *turianies* ou *téraïs* les terres basses qu'on peut cultiver, et qu'on cultive, non pas avec la charrue, mais avec une espèce de pioche à court manche. L'homme ne peut s'en servir qu'en se penchant vers la terre de la façon la plus fatigante : aussi, d'ordinaire, préfère-t-il travailler assis, ce qui ne permet qu'un emploi bien partiel de ses forces. Telle est, dans cette contrée, l'imperfection du premier des arts.

Près de la moitié des basses terres est consacrée à la culture du riz; on cultive aussi le maïs, le froment et l'orge dans les terrains les moins bas; enfin, dans les parties les plus chaudes on plante la canne à sucre, le gingembre, le cardamome, l'oranger, l'arbre qui donne le cachou, etc.

Industrie et commerce du Népaul.

Il ne faut guère demander au Népaul des produits d'industrie perfectionnés : la plupart des métiers y sont dans la même enfance que l'agriculture.

Usage de la soie et du coton. L'origine tibétaine d'une partie de la population est démontrée par l'habitude qu'ont les classes les plus élevées de porter des vêtements de soie; les tissus destinés à ces vêtements leur sont apportés de la Chine. Le commun peuple porte une forte toile de coton, comme le peuple chinois.

Les habitants du Népaul font deux commerces très-distincts, dans deux directions opposées.

Commerce avec le Tibet. Du côté du nord, ils traversent les monts Himâlayas par deux ou trois défilés, les moins difficiles de tous, pour arriver dans le Tibet. Ils tirent de ce pays les soieries de la Chine que nous venons de mentionner, des troupeaux, des queues de chowry, du borax, du sel ammoniac, du mercure et de l'or; en échange, ils vendent aux Tibétains leurs produits naturels, ceux de l'Inde et quelques produits fabriqués par les Anglais.

Commerce avec l'Inde. Un plus grand commerce est fait par les habitants du Népaul avec le nord de l'Inde et le Bengale. De ce côté sont exportées des défenses d'éléphants, et, sans doute aussi, des éléphants. Il faut citer les bois de construction, qu'on fait descendre par les grandes rivières; des peaux, en général à l'état brut; de la cire et du miel, des oranges qui sont renommées pour la délicatesse de leur goût, des ananas délicieux, du poivre long, de la cannelle, du cardamome, du cachou, du turméric, etc.

Les anciens Népaulais ont évidemment une origine tartare, qu'on distingue toujours dans les traits de leur figure. Avec le temps ils se sont plus ou moins mêlés aux races de l'Inde; ils ont adopté la religion des Hindous, quoiqu'on trouve encore chez eux quelques bouddhistes.

Nous avons distingué deux genres de tribus: les Newars, répandus dans la partie centrale, le Népaul proprement dit, sont les habitants les plus avancés; ils vivent dans la plaine, ils cultivent le mieux la terre, et leurs progrès sont le plus sensibles dans les arts : sur leur territoire est située la capitale du royaume. Les montagnards sont encore à l'état presque sauvage et menacent perpétuellement de déprédations et de cruautés les habitants des basses terres: on dirait l'Écosse avec ses deux divisions si tranchées dans le moyen âge.

Quelques industries du Népaul.

Nous avons fait une attention particulière aux produits du Népaul envoyés à Londres par le maharadjah des Gourkhas, le célèbre Jung Bahadour; c'est lui qu'on a vu se distinguer lors de la grande rébellion, avec ses soldats à demi sauvages, aussi remarquables, comme leur chef, par la valeur que par la cruauté.

Ce prince guerrier possède un arsenal dans lequel il fait fabriquer non-seulement les armes en usage parmi les peuples indiens, mais les armes les plus perfectionnées des Européens. Il s'est fait un juste sujet d'orgueil de présenter, parmi les fabrications de ses ouvriers d'artillerie, une carabine qui se charge par la culasse; il a fait confectionner des fusils rayés à piston, dont l'invention est française, avec la modification légère apportée par les Anglais dans leurs *fusils d'Enfield.*

Le maharadjah Bahadour ne pouvait pas oublier les tissus communs fabriqués pour le peuple, les uns en coton, qu'on appelle *bangra,* les autres confectionnés avec des fibres d'ortie. Ces derniers offrent aussi des produits d'une grande finesse pour les classes supérieures; mais ils ne sont fabriqués qu'en très-petite quantité.

Bahadour a présenté le spécimen des teintures variées en usage dans son pays et leur application remarquable aux peaux préparées; il a présenté des garances, fort cultivées dans le Népaul.

Papier du Népaul. Son aspect est grossier; ses qualités sont d'être durable, tenace et difficile à déchirer. On en fait usage pour opérer des filtrations; on s'en sert avec avantage pour envelopper et conserver les objets qu'il importe de garantir contre l'humidité extérieure. Même après avoir été mouillé et saturé d'eau, pourvu qu'on le laisse bien sécher, il ne perd pas sa ténacité première. Comme il se conserve longtemps sous un climat à la fois humide et brûlant, où tant de choses sont détruites avec promptitude et surtout par les insectes, on a supposé qu'en le préparant on mêlait de l'arsenic avec sa pâte; c'est une erreur, car dans le Népaul la vente de l'arsenic est interdite et même punie par une forte amende.

Le papier du Népaul est fait avec les fibres du *Daphne laureola*, arbuste analogue au laurier et dont toutes les variétés sont employées à cet usage. Quoique les feuilles, les fibres et les fruits de cet arbuste soient plus ou moins vénéneux, le papier ne semble pas avoir contracté ce caractère; en effet, des animaux que l'arsenic empoisonne, les rats par exemple, le rongent sans en souffrir.

Jung Bahadour a fait connaître aussi des objets plus ou moins relatifs aux cérémonies religieuses ainsi qu'aux usages civils du Népaul : un vase de cuivre réservé pour apporter l'eau consacrée dans les fêtes; une lampe de bronze posée sur un éléphant comme sur un socle, etc.

A côté des objets qui se recommandent par l'utilité publique ou privée, il a cru devoir montrer ceux qui désignent la puissance. Il a d'abord présenté les insignes de la royauté, tels que l'Inde les offre aux respects des peuples; ensuite il a montré des objets d'une vanité moins grandiose en faisant connaître quelques-uns des nombreux usages auxquels sont appliquées les plumes de paon chez les classes supérieures du Népaul : on s'en sert pour confectionner des ombrelles royales ou parasols, des chasse-mouches, des paniers ornés, etc.

LE CI-DEVANT ROYAUME D'OUDE.

Dans la première partie de cet ouvrage, nous avons attiré toute l'attention du lecteur honnête sur les malheurs et la spoliation du royaume d'Oude. Nous ne voulons pas recommencer à traiter un sujet si lamentable, et qui contriste les amis de l'honneur britannique. Bornons-nous à présenter quelques notions positives sur un pays désormais privé de son indépendance.

Ce beau royaume, dont la splendeur attractive avait séduit l'Angleterre, et qu'elle a courbé sous sa loi, ne forme plus aujourd'hui qu'un *commissariat provincial.* Dans le compte rendu des progrès moraux et matériels du grand empire absorbant, le peuple subjugué du pays d'Oude occupe un modeste chapitre XIII, perdu dans une IVe et dernière partie. J'ai consulté soigneusement ce chapitre, afin de voir par quelles mesures on croit pouvoir consoler une nation d'avoir perdu l'autonomie et la liberté.

Un des premiers soins des nouveaux dominateurs est d'avoir fait étudier, par leurs administrateurs du civil et de la police, le chiffre auquel on peut porter la population du royaume, population qu'on n'avait encore évaluée très-imparfaitement qu'à cinq millions d'âmes. Les moyens étaient nécessairement approximatifs, le lendemain d'une conquête qui laissait après elle tant d'agitations, de troubles et de méfiances. Le résultat a fait voir cependant qu'il faut élever ce nombre entre six et sept millions d'habitants. Nous imiterons le Commissaire administrateur suprême; et, dans la crainte de tomber dans l'exagération, nous ne porterons qu'à six millions le nombre des habitants du ci-devant royaume d'Oude.

Territoire et population.

Superficie....................	6,475,630 hectares.
Population....................	6,000,000 habitants.
Population par mille hectares....	927

Une population plus condensée que celle de la France, de l'Italie, de l'Espagne, de la Prusse et de l'Autriche n'indique pas un pays où l'agriculture ne sait tirer qu'un faible parti de la terre.

Lorsqu'en 1824 lord Heber visita le royaume d'Oude, il porta témoignage en faveur de ses cultures. « J'eus plaisir, dit-il, en dépit de tout ce qu'on rapportait contre cet État, à voir ses vastes plaines si complétement cultivées. Si l'on admettait que le pays eût souffert autant d'oppression qu'on le prétendait, nous n'aurions pas pu rencontrer dans les champs un peuple si nombreux et déployant une si grande industrie. » (*Indian Journal.* Chap. xv, *Cawnpour to Lucknow.*)

Hydrographie et cultures du royaume d'Oude.

Trois principales rivières traversent le pays d'Oude : toutes trois, descendant du nord au midi, prennent leur source dans la chaîne des Himâlayas; toutes trois vont verser leurs eaux dans le Gange. La première qu'on rencontre, lorsqu'on vient de l'orient, est *la Rapti*, laquelle, en sortant du royaume d'Oude, traverse la province anglaise de Rungpour, déjà décrite p. 246. La rivière qui vient ensuite, celle du plus long parcours, est *la Gogra*, qui prend sa source dans le Tibet, et qui traverse le royaume du Népaul dans sa plus grande largeur. *La Gomti*, troisième rivière, baigne les murs de Lucknow, la capitale, et se jette dans le Gange à peu de distance au-dessous de Bénarès.

Ces trois artères principales reçoivent les tributs d'une foule de cours d'eau secondaires, qui contribuent à répandre la fertilité dans tout le royaume; ce pays, en comptant pour rien des inégalités légères, présente une immense plaine qui, dans sa partie supérieure, se termine au plus bas étage des monts Himâlayas. A cette limite commence le pays de Népaul, qui s'élève par degrés jusqu'à la crête des plus hautes montagnes.

Irrigations désirables. La nature, on le voit, s'est complu à distribuer partout les eaux naturelles dans une fertile contrée; mais, jusqu'ici, les hommes sont loin d'en avoir tiré le parti le plus désirable par un système d'irrigations intelligentes et méthodiques. Voilà l'une des entreprises que le Gouvernement britannique devrait accomplir pour faire oublier ou du moins pardonner quelque peu son usurpation.

Jardins modèles. Aux communs travaux agricoles le nouveau gouvernement a pensé qu'il convenait d'ajouter ceux d'une meilleure horticulture. Dans chaque district, il a prescrit d'établir des jardins modèles, dont les frais sont payés sur les revenus locaux. Ces jardins doivent servir à l'introduction des espèces les plus utiles parmi les plantes, les arbres et les arbustes nouveaux; ils fourniront des semences et des plants aux riches propriétaires, en leur enseignant les moyens de varier et de perfectionner leurs cultures. On prévoit déjà l'époque où ces pépinières publiques seront plutôt une source de revenus que de dépenses.

Les productions principales. Les plus riches produits de l'Inde abondent dans le pays d'Oude : non-seulement le riz, le froment, l'orge et beaucoup d'autres céréales, mais aussi le sucre de canne et l'indigo, le pavot qui produit l'opium, le chanvre qui produit le hatchisch, les plantes oléagineuses, etc. Le salpêtre efflorescent n'abonde que trop dans une grande partie du territoire; défavorable à l'agriculture, il est pour le commerce un objet d'exploitation.

Les habitants.

Par l'effet de longues guerres intestines, les habitants

avaient contracté l'habitude de porter sans cesse des armes offensives; le laboureur, alors même qu'il conduisait la charrue ou qu'il récoltait ses moissons, apportait avec lui son bouclier, son sabre et souvent son mousquet. Aujourd'hui le dominateur veut que, sans distinction, tous les habitants soient désarmés. Il les a privés de leurs moyens de défense, et cette privation, qui blesse leur orgueil, surtout après la défaite, est une de celles qui leur rendent le plus amère la perte de leur indépendance.

La race des hommes est superbe; c'est en grande partie la race militaire des Radjpoutes, la tribu guerrière que les Hindous appellent *Ksathrya*. Ce peuple est de haute stature, admirablement proportionné, et robuste autant que courageux.

Les taloukdars. Le territoire était divisé féodalement entre des chefs appelés taloukdars, chargés de payer l'impôt territorial; la plupart vivaient au fond de leurs forteresses, construites et cachées au milieu de jongles et de forêts presque impénétrables.

Lors de la dernière insurrection, le gouverneur général comte Canning, dans le dessein de les réduire par la peur de perdre leurs biens, annonça que leurs propriétés seraient irrévocablement confisquées s'ils persistaient dans leur révolte, c'est-à-dire dans la défense de leur nationalité.

Une grande partie de l'armée britannique allait chercher dans le royaume d'Oude les plus belles recrues pour entretenir ses corps de cipayes; leur temps de service expiré, les vétérans obtenaient une pension qu'ils étaient heureux et fiers de consommer au sein de leurs familles. En un mot, le peuple d'Oude était pour les États indo-britanniques ce que, à partir de Henri IV, le peuple helvétique était pour la France : une pépinière de soldats aussi braves que fidèles.

Le territoire entremêlé de jongles et de forêts qui forme la frontière entre les royaumes d'Oude et de Népaul, au pied des monts, est incroyablement malsain, et, pour cette raison, très-faiblement peuplé; il est désigné sous le nom de *Téraïs*. C'est dans cette partie qu'abondent les grands animaux sauvages, et qu'on va chasser, afin de les réduire en captivité, les plus précieux de tous.

Quand on voit qu'au temps de la guerre des Anglais contre le roi du Népaul, le vizir d'Oude a pu, dans une seule occasion, faire présent de trois cents éléphants à la Compagnie britannique, il faut en conclure que les forêts de ce pays nourrissent en grand nombre ces puissants animaux, qui, pour subsister à l'état sauvage, avant qu'on les capture, ont besoin de trouver des pâturages d'une extrême étendue.

Aoudhe, la capitale de l'ancien royaume d'Ayodhya.

Sur la rive gauche de la Gogra s'élève la ville d'*Aoudhe*, qui fut autrefois la capitale du *royaume d'Ayodhya*.

Latitude, 26° 48'; longitude, 79° 44', Est de Paris.

Elle était, dans l'antiquité, l'une des villes les plus saintes aux yeux des Hindous, et célèbre à la fois pour sa grandeur ainsi que pour le nombre de ses habitants. C'était la cité chantée dans les poëmes sacrés sous le nom d'Ayodhya, cité sur laquelle régnait Rama, le dieu transformé qui, dans un de ses *avatars*, avait étendu ses conquêtes jusqu'à l'île de Ceylan.

La ville moderne, appelée par corruption Aoudhe, ou simplement Oude, est encore assez populeuse; mais elle a perdu pour jamais les sources de l'opulence et de la splendeur. Au lieu de temples et de palais admirés des peuples, elle n'offre plus que d'informes ruines. Néanmoins, telle est la puissance des grands souvenirs, que de nombreux pèlerins viennent adorer les derniers vestiges des monuments que l'antiquité la plus reculée avait érigés en l'honneur de Rama, le triomphateur, et de Sita, sa poétique épouse.

Faïzabad, la capitale du viziriat d'Oude.

Faïzabad, ville moderne, s'élève aussi sur les bords de la Gogra, dans le voisinage de l'antique cité. Faïzabad signifie *le séjour de l'abondance;* et son nom même, persan d'origine, suffit pour nous rappeler que sa fondation, ou du moins sa magnificence, était postérieure à la conquête musulmane. Elle est encore aujourd'hui le centre d'un commerce actif pour les produits du royaume d'Oude qui descendent la grande rivière Gogra et qui, par les eaux du Gange, sont envoyés à Calcutta.

Depuis l'annexion de cet État à leur empire, les Anglais ont établi sur la ligne de navigation que nous venons d'indiquer un service de bateaux à vapeur qui communique entre Faïzabad et la Cité des palais.

Faïzabad avait été la capitale d'un gouvernement considérable que le vizir d'Oude administrait au nom des empereurs de Delhi. Ce puissant ministre de l'empereur de Delhi avait construit dans la ville un palais somptueux, qui ne devait pas rester longtemps une habitation princière.

En 1775, le vizir d'Oude transféra son séjour à Lucknow, qui devint et resta la dernière capitale de ce pays.

Lucknow, la dernière capitale du viziriat d'Oude, et plus tard du nouveau royaume.

Lucknow, sous tous les rapports, la plus considérable

et la plus opulente ville du pays d'Oude, est bâtie sur la rive droite de la Gomti, c'est-à-dire à l'occident de cette rivière.

Situation : latitude, 26° 21'; longitude, 78° 30', Est de Paris.

A l'origine du siècle, on évaluait à trois cent mille le nombre des habitants de Lucknow. En cinquante ans de paix intérieure, les richesses de la cour et celles des grands, employées à construire des palais nombreux et splendides, n'avaient pu qu'accroître cette capitale, et la rendre à la fois plus florissante et plus peuplée.

On était déjà frappé de son luxe et de ses monuments d'après la description qu'en donnait, il y a quarante ans, le scrupuleux W. Hamilton. Le tableau qu'il a présenté de ses parties principales n'est point parfaitement exact, ni développé dans l'ordre le plus lumineux; nous essayerons d'être plus fidèle et plus clair.

Premier quartier, ou ville du commun peuple.

Dans la vaste plaine où l'on a bâti Lucknow, le quartier habité par le commun peuple occupe la plus grande partie de l'espace que couvre cette cité. Chose étrange, ce quartier, bien qu'il soit celui des fabricants et des marchands, ne se déploie pas sur le bord de la belle rivière Gomti, si favorable au commerce et si nécessaire à l'alimentation publique; il n'avoisine cette rivière que dans un espace d'assez peu d'étendue et du côté d'amont. Ce n'est pas pour la population active et laborieuse qu'on a réservé la région inférieure et la plus favorable à la navigation.

Dans la première et majeure partie de Lucknow sont situés presque tous les bazars, remplis de produits étrangers et nationaux. Quoiqu'ils renferment beaucoup de richesses, leur construction n'a rien de remarquable. Les rues, étroites et tortueuses, sont encore enlaidies, suivant l'usage de l'Inde, par la saleté la plus repoussante. Trois cent mille habitants sont concentrés dans un espace ayant six kilomètres de longueur, trois de largeur, et douze cents hectares de superficie. Il y a donc à peu près un habitant par quarante mètres carrés, y compris la voie publique et les monuments. Un tel espace doit paraître incroyablement resserré, si l'on songe que le plus grand nombre des maisons n'ont pas même un étage au-dessus du rez-de-chaussée.

Un magnifique pont en pierre, qui ne compte pas moins de onze arches, se fait remarquer par son style antique et pittoresque; il établit la communication entre le nord de la ville et la rive orientale de la Gomti.

Après la prise de Lucknow par le général sir Colin Campbell, les Anglais, beaucoup moins épris de la beauté d'une cité conquise que des moyens de la tenir en respect, ouvrirent en ligne droite, et suivant l'axe du pont, une vaste percée; par ces simples conditions, d'être longue, d'être droite et d'être large, elle sera la seule belle rue de l'ancien Lucknow. Aux yeux du conquérant, son mérite principal sera d'être, d'un bout à l'autre, enfilable par les canons qui commandent le pont en pierre. Dix-huit mois après le siége, on n'avait pas encore enlevé tous les décombres des quartiers que le feu des assiégeants avait foudroyés.

Les premiers nababs ou vizirs qui choisirent Lucknow pour capitale du grand gouvernement d'Oude érigèrent leurs palais, leurs mosquées et leurs tombeaux entre la cité bourgeoise et la rivière, au-dessous du superbe pont qu'ils firent construire. Ces monuments, qu'on appellerait anciens dans l'Inde moderne, quoique leur fondation n'ait pas plus d'un siècle, ces monuments, comme le premier pont que nous vénons d'indiquer, sont d'un style purement oriental, et dignes de frapper l'attention des voyageurs.

Au milieu de ces édifices, on cite surtout le magnifique mausolée de l'*Imâm Bara,* avec sa mosquée et la porte grandiose en avant de la cour d'enceinte. Ce mausolée est aussi celui de l'ancien vizir Açaf-ud-Daula, le prince qui choisit Lucknow pour en faire sa capitale. Suivant l'usage musulman, sa tombe est sans cesse illuminée par un très-grand nombre de flambeaux. Là, des fleurs souvent renouvelées jonchent le sol et des prêtres de l'islam accomplissent un service régulier : le jour et la nuit, ils font entendre des chants en l'honneur du prince, de l'imâm béatifié, et du Dieu dont Mahomet est le prophète. Ajoutons que, sans cesse, des pains frais et délicats, dont la farine est fournie *par l'orge bénie de la Mecque*, sont déposés comme un oblat sur les tombeaux du saint et du vizir; ils servent ensuite à la nourriture des zélés *moulvies*, desservants et conservateurs du monument et de la mosquée dont elle est l'appendice.

Un grand pont en fer érigé par les rois d'Oude à Lucknow.

A la distance d'un kilomètre au-dessous du pont en pierre, il y a trente ans que le roi d'Oude, jaloux d'introduire dans son nouveau royaume les nouveautés des arts britanniques, a fait ériger *un pont en fer* dont toutes les parties avaient été confectionnées en Angleterre. C'est à partir de ce pont que nous allons trouver le quartier nouveau, celui de la cour et des grands; quartier défiguré plutôt qu'orné par l'architecture des Occidentaux, appliquée sans goût et médiocrement adaptée aux besoins, aux mœurs de l'Orient.

Les grands de Lucknow ont pris l'habitude d'ériger devant leurs maisons, distribuées suivant les coutumes des Asiatiques, des façades empruntées aux palais d'Italie, et qui n'annoncent en rien les intérieurs qu'elles masquent et déguisent, au lieu d'en être la manifestation fidèle.

Le pont en fer avait eu pour destination première de communiquer avec un parc du grand roi, le *Padischah-bagh*, entouré de hautes murailles flanquées de tours aux quatre angles. Cette résidence, délicieuse en été, c'est-à-dire presque en tous temps lorsqu'on habite à trois degrés de la zone torride, cette résidence offrait en merveilleuse abondance des fontaines, des ruisseaux, des eaux jaillissantes, de frais jardins et de beaux ombrages; au milieu de ces enchantements, on voyait un palais de médiocre étendue, mais agréablement situé, comme le Petit Trianon auprès de Versailles; enfin, pour ajouter au prix de l'ensemble, une ménagerie curieuse réunissait des léopards, des tigres, des hippopotames et des rhinocéros qu'on citait pour la grandeur de leur espèce.

Au-dessous du pont en fer, la Gomti fait un circuit immense et de la figure la plus irrégulière; elle descend d'abord au sud-ouest, tourne brusquement et droit vers l'orient, revient ensuite vers le midi en faisant d'amples sinuosités, forme un dernier coude et continue sa route en s'éloignant vers l'orient.

Si l'on tire une ligne droite du pont de pierre à ce dernier coude, tout l'espace compris entre cette ligne et la rivière offre une plaine parsemée de riches villas, de bosquets, de champs cultivés et de jardins de plaisance.

Second quartier : celui des princes et des palais de Lucknow.

Le quartier qu'il nous reste à décrire s'appuie, à l'occident, sur la ligne droite que nous venons de tracer, et remplit tout l'espace qui se trouve au sud-est de la cité qu'habite le populaire.

Lorsque les Anglais, en mars 1858, sont venus faire le siége de Lucknow, ils ont conduit leur armée précisément au coude inférieur de la Gomti. De là, suivant pour ligne principale de leur attaque la droite directrice que j'ai tracée, ils ont assailli de proche en proche tous les monuments, toutes les défenses que présentait le dernier et nouveau quartier, le seul qu'il nous reste à décrire.

Prenons pour guides les assiégeants; voici dans quel ordre se sont offerts à leurs coups les principaux postes qu'ils ont forcés, en remontant vers le nord-ouest.

La villa du général français Martin.

Ils ont envahi d'abord, à l'orient de la droite directrice, la grande *villa* connue sous le nom de *Constantia;* villa dessinée, plantée, bâtie par le général français Claude Martin, qui rendit aux rois d'Oude des services essentiels. Ce qui nous porte à mentionner cette création, dont les ornements d'architecture et surtout ceux de sculpture étaient d'un goût très-contestable, c'est la noble fondation qu'elle renfermait et qui portait, comme celle de Lyon, le nom de *la Martinière*. Généreusement dotée par le guerrier que rappelle ce nom justement populaire, son objet était de procurer un enseignement gratuit aux *enfants des soldats*.

Un mot officiel, dit en passant, m'a fait voir que les Anglais mêmes apprécient ce bienfait, sans le respecter.

Dans son rapport sur l'état matériel et moral du royaume d'Oude, l'administrateur qui remplace aujourd'hui le roi détrôné s'exprime ainsi : « Le commissaire en chef espère qu'on pourra rendre cette noble institution (le collége de la Martinière) propre à développer l'*éducation des enfants des grandes familles.* » Ainsi qu'on le voit, l'institution conçue pour les enfants d'une armée anéantie, et qu'on se soucie peu de voir renaître, va tourner au bénéfice d'une ombre d'aristocratie, qui garde ses biens fonciers après avoir perdu pour jamais sa grandeur politique.

La Martinière est adjacente au grand parc royal appelé *Dilkouscha,* qui s'étend à l'occident et se termine, du côté de Lucknow, par un canal. Les indigènes, quand approcha le siége qu'ils redoutaient, prolongèrent ce canal jusqu'à la rivière Gomti. Les déblais de ce vaste fossé leur ont servi pour ériger du côté de la ville un épais rempart en terre. Tel était, de ce côté, le système de leur défense improvisée et trop peu redoutable.

Le canal franchi, nous trouvons devant nous une porte monumentale, érigée sur l'axe de la rue tout européenne, droite et spacieuse, qui conduit au palais du roi, au *Kaiserbagh.* Si j'en crois le plan d'attaque rapporté par M. Howard Russell, l'espace qu'occupaient le palais et les jardins du souverain égalerait, pour la longueur, toute la distance de la colonnade du Louvre à l'obélisque qui décore la place Louis XV, et, pour la largeur, trois fois l'étendue du palais des Tuileries. Je l'avouerai, j'hésite à regarder comme véritables de si vastes dimensions.

Dans les beaux temps du royaume d'Oude, les hôtels de la rue que nous venons de désigner étaient habités par les princes de la famille royale et par les grands officiers du royaume et de la cour.

A l'orient de cette rue princière, on voyait la construction massive où logeait le proconsul britannique désigné sous le titre modeste et redouté de Résident.

Le Begum-Khotie, palais des reines-mères ou veuves.

C'est un usage adopté dans l'Inde par les cours musulmanes de réserver un palais isolé pour l'habitation de la mère et des veuves du monarque décédé. Ce palais s'offrait le premier à l'orient de la grande rue monumentale. C'est là que, à l'époque où le royaume d'Oude prit les armes pour reconquérir son indépendance, habitait la sultane héroïque, *la Begum*, mère d'un fils du roi détrôné. Comme une autre Marie-Thérèse, elle combattait, au milieu de sujets fidèles, au nom de son jeune fils et du roi même, prisonnier à Calcutta; elle était accompagnée par le prêtre musulman, le *moulvie*, qui la conseillait et risquait sa vie, comme elle, pour la plus nationale de toutes les causes.

Le vaste palais appelé *Begum-Khotie* était naturellement défendu par le canal et le rempart dont nous avons marqué la direction.

Après que les assaillants eurent franchi les premiers obstacles et pris de vive force ce palais, ils jetèrent dans le fossé qui le protégeait au sud les cadavres des nombreux cipayes tués ou blessés pendant l'assaut. On les lançait tout palpitants du haut des fenêtres; ensuite on les recouvrait d'un peu de terre. Cet effroyable remblai formait une rampe qu'il fallait franchir pour visiter le palais.

La prise de l'édifice que la sultane habita n'avait pas eu lieu sans vengeance suprême. Un capitaine, assassin des fils désarmés de l'empereur de Delhi, espérant pour ce crime tous les honneurs que peut décerner un pouvoir si bien servi, avait été blessé mortellement lorsqu'il pénétrait dans les intérieurs; il avait survécu vingt-quatre heures, en proie au désespoir de périr sans avoir reçu *le prix d'honneur* qu'il ambitionnait comme un juste salaire du plus honteux, du plus infâme des forfaits.

Je ne connais rien d'aussi saisissant que l'assaut et le saccage du palais de la Begum, décrits par M. Howard Russell, témoin oculaire. Il entre, à la suite du général victorieux, en passant sur le pont de cadavres que je viens de signaler, et soudain s'offre à ses regards la lutte dernière engagée dans l'enceinte du palais. Les vainqueurs avaient pénétré par trois côtés à la fois dans les vastes cours : le combat, loin de finir, se poursuivait dans tous les intérieurs avec un incroyable acharnement. Cependant l'inébranlable solidité d'un régiment européen, le 93ᵉ, et la fureur des sauvages Sikhs surmontaient toutes les résistances. De cour en cour et d'édifice en édifice, les cipayes étaient écrasés ou refoulés; mais ils ne cédaient qu'en laissant pour obstacles des monceaux de leurs morts et de leurs blessés. Quelle scène d'horreur survivait au combat! J'ai besoin d'affirmer que je ne suis ici qu'un traducteur littéral : « Dans les salles où gisaient encore des cipayes immolés, leurs cadavres brûlaient avec lenteur sous leurs uniformes de coton; leur peau craquait et leur chair rôtissait, c'est le mot, dans sa propre graisse. Au-dessus des cadavres, il s'élevait une faible vapeur à teinte bleuâtre et d'une odeur nauséabonde; elle étendait un voile à travers lequel ce spectacle effrayant ne pouvait qu'être obscurément entrevu. Ah! ces chambres nous présentaient des tableaux d'une horreur inexprimable [1]. »

Les édifices principaux, le palais de la Begum, la mai-

[1] Afin qu'on ne m'accuse pas d'ajouter à l'atrocité de la description, je crois devoir donner ici le texte de l'original; quatrième édition, page 313 : « The scene was horrible. The rooms in which the sepoys lay *burning slow* in their cotton cloths, with their *skin crackling* and their flesh roasting literally

son des repas militaires (*mess-house*), la principale mosquée et surtout le palais du roi semblaient autant de forteresses entourées de remparts; toutes leurs ouvertures, condamnées, étaient percées d'embrasures pour le service de l'artillerie défensive. Ces véritables châteaux forts se trouvaient reliés par des rues qui formaient comme des courtines défensives; les murailles des maisons et des palais étaient crénelées à tous les étages, et d'innombrables cipayes faisaient un feu perpétuel à travers ces meurtrières. Les fusées à la Congrève et les obus de l'assiégeant répondaient à ces feux et propageaient les incendies.

C'était le premier de ces forts, le palais de la Begum, qu'on avait pris le 11 mars 1858.

Le 12 mars, afin d'éviter les dangers de la voie publique, on chemine par la sape à travers les habitations, parallèlement à la grande rue *Huzrugunny;* c'était la rue même où le vaillant Havelock avait éprouvé tant de pertes, quand il avait secouru les Anglais retranchés dans le palais ou plutôt la forteresse de la Résidence.

La grande Mosquée.

Pendant toute la journée du 13 mars, on tire pour faire brèche à coups de canon dans les épaisses murailles de la grande mosquée, à laquelle, je ne sais si c'est avec raison, M. H. Russell donne aussi le nom de l'Imâm Bara. Lors de l'assaut, la sainteté du lieu n'arrête pas les vainqueurs; tous les vases, tous les lustres, toutes les décorations fra-

in its own fat, whilst a light bluish vapoury smoke of disgusting odour, formed a veil through which the dreadful sight could be dimly seen, were indeed chambers of horrors ineffable. »

giles, sont brisés impitoyablement, et leurs débris, en couche épaisse, jonchent le pavé du sanctuaire.

La Prise du Kaiserbagh.

Le 14 mars 1858, par un coup d'audace de quelques soldats, l'enceinte du palais du roi se trouve forcée; le Kaiserbagh est envahi, *sans que le général en chef l'ait ordonné ni prévu.*

Pour nous former une idée des richesses que renfermait le palais des rois d'Oude, joignons-nous au célèbre correspondant du *Times;* pour mieux remplir sa mission, il pénètre dans le Kaiserbagh, à la suite des combattants, le jour même que nous venons de citer :

« En longeant un mur crénelé, nous pénétrons par une porte monumentale, et nous voici dans la première cour de ce palais. Nous la traversons, ainsi qu'une seconde, au milieu de la plus ardente fusillade : c'est la lutte dernière entre les vainqueurs et les vaincus. Nous pénétrons dans une place immense que dessinent les façades de nombreux édifices qu'on dirait, pour leur style, des villas d'Italie; là, des bouquets d'orangers, des fontaines, des statues, s'entremêlent aux monuments. C'est au milieu de ce riant séjour et dans ces palais, autrefois si paisibles, c'est là que l'enfer allume tous ses feux. Quel spectacle étrange et plein de douleur! De chaque fenêtre partent les coups que les défenseurs dirigent sur les assaillants. Sans être arrêtés par un tel danger, ces derniers se ruent en foule contre chaque porte extérieure; ils l'enfoncent et se précipitent dans les appartements pour y renouveler une lutte corps à corps et désespérée. Le sang coule à flots; il souille toutes les richesses et déshonore les chefs-d'œuvre. L'ardeur du combat et la soif des trésors rendent insensés les soldats, qui n'avaient été jusqu'alors que furieux. Ils sont, à la lettre, enivrés par la frénésie du pillage; ils voudraient tout prendre. Les uns sortent chargés de glaces, de cristaux et d'autres objets aussi brillants, aussi fragiles; souvent, par dépit, ils les brisent sur le pavé, pour courir à la proie d'un butin non moins précieux, mais plus facile à porter au loin sans accident. D'autres se mettent à l'œuvre avec la pointe du sabre ou de la baïonnette, afin d'arracher des pierres précieuses enchâssées dans les meubles, dans les armes et dans les harnais d'apparat que le hasard fait tomber sous leur main. D'autres encore, pour être plus sûrs de leur butin, roulent autour de leur corps des brocarts d'argent et d'or.

«Nous pénétrons dans une salle abandonnée ou dédaignée par les pillards. Elle est, à la lettre, encombrée de caisses remplies de porcelaines soigneusement arrangées et de coupes précieuses emballées avec art; d'autres caisses contiennent des objets de moindre volume et de haute valeur pour le service et l'ornement des tables royales.

«Quatre voleurs en uniforme pénètrent par cette salle, et, de proche en proche, ils achèvent de parcourir le garde-meuble; ils brisent toutes les serrures pour porter la main sur tous les trésors; tour à tour ils ressortent, leurs casquettes ou leurs shakos remplis de joyaux. D'autres emportent des cassettes où sont conservées des armes incrustées d'or et de pierres précieuses. Un de ces déprédateurs trouve une chaîne d'émeraudes et de diamants qu'il veut *nous donner* pour cent roupies (250 fr.); mais nous n'avons pas un penny, pas un anna dans notre poche. On lui promet dix livres, vingt livres, cent livres sterling, pourvu qu'il vienne les toucher au quartier général; le soldat dépité, qui veut de l'or à l'instant même, rejette au fond de sa coiffure l'admirable collier qu'il ne peut vendre sur place, et court derechef au pillage. Plus tard, ce joyau magnifique lui sera payé par un lapidaire 187,500 francs! Ce n'est là qu'un épisode.

«Il est impossible de peindre dans toute sa vérité ce spectacle de désolation. A mesure que les soldats saccagent le garde-meuble, ils jettent par les fenêtres tout ce qu'ils ne peuvent pas emporter sur eux. Une vaste cour est encombrée de vêtements aux riches broderies, de tapis, de tentures, de tissus mélangés d'or et d'argent, d'écharpes, de voiles et de châles destinés à la parure du monarque et des personnes de sa cour, de bannières et d'étendards, de tambours, de clairons et d'autres instruments guerriers, d'armes à feu, de lances et de boucliers : tout est jeté pêle-mêle avec des services d'argenterie, des meubles, des tableaux et d'autres objets sans nombre dont se compose le luxe des rois les plus opulents. Au milieu de la cour ainsi remplie, quelques pillards plus avisés et plus destructeurs que les autres allument un feu concentré pour y consumer les tissus et les ustensiles les plus précieux, afin d'en retirer quelque lingot d'or ou d'argent. Ils brisent stupidement des armes rares, dans l'espoir d'en arracher quelque joyau qui brille à leurs yeux; ils brisent ce dont même ils ne peuvent rien retirer, pour obéir à la passion, au bonheur de détruire, qui saisissent l'homme en ces détestables moments. Ils lacèrent les peintures qu'ils ne pourraient pas emporter ou les jettent dans les flammes; et les meubles les plus rares éprouvent le même sort.

«Afin de fuir ce spectacle infâme, il nous faut passer sur des cipayes morts ou mourants dont les appartements et les cours sont jonchés; beaucoup d'entre eux brûlent comme les cadavres du palais de la Begum, avec leurs vêtements *enflammés par la poudre des armes à feu.*

« Nous nous précipitons hors du palais, et nous voici dans la rue dite *Huzrugunny*, la magnifique rue des princes, naguère si resplendissante ; là, les spoliateurs en espérance, aussi furieux, aussi dévorants que des vautours, forment un rassemblement compacte qui frémit à la pensée de ne pas pouvoir, au moment opportun, pénétrer assez tôt dans le palais pour prendre part au saccage : on dirait les oiseaux funèbres qui tournoient avec impatience au-dessus des champs de carnage, appelant la fin de la lutte pour dévorer les victimes d'un combat trop prolongé. »

Combien n'est-il pas à désirer que l'empire britannique, justement jaloux de sa propre gloire, abolisse pour jamais cet odieux privilége de la destruction et du pillage, qu'il accorde *comme un droit* à ses armées lors de la prise des places. Ce privilége insensé conduit à des scènes déplorables, où les plus beaux chefs-d'œuvre des arts sont souvent détruits par une soldatesque effrénée, laquelle, en définitive, retire si peu de fruits des richesses dont elle anéantit la plus grande et souvent la plus précieuse partie.

Dans le volume où nous traitons *des forces de la Chine*, nous avons fait voir que, sur la simple invitation de l'ambassadeur français, les alliés de France et d'Angleterre s'abstinrent de mettre la main sur les richesses publiques et privées de l'opulente ville de Canton. Cet exemple devrait toujours être suivi par les armées des peuples policés[1].

Administration du pays d'Oude après la pacification.

Après les deux années pendant lesquelles les habitants

[1] Voyez dans le IIIe vol. sur la force de la Chine, la belle proposition du baron Gros, notre ambassadeur, et son heureux effet pour empêcher le pillage des palais et des temples de Canton.

du royaume d'Oude ont défendu leur liberté, des maux infinis restaient à réparer, et l'on avait à faire de nombreux efforts afin d'établir la confiance, s'il se pouvait.

Pour ajouter aux malheurs de l'annexion et des combats, la population avait été désolée par le choléra; au printemps de 1859, dans cinq beaux districts, ce fléau redoutable avait fait périr 65,000 habitants.

Après les efforts tentés par le peuple d'Oude pour s'arracher à l'annexion, un certain nombre de sujets, plus paisibles que les autres, avait fui loin des champs de bataille; mais aussitôt que la lutte a cessé, ils sont revenus dans leurs villes et leurs villages.

Les cipayes originaires du royaume d'Oude, ceux qui s'étaient révoltés pour passer du côté de leur patrie, redoutaient l'inexorable vengeance du vainqueur; après avoir combattu vaillamment, ne pouvant plus tenir la campagne, ils émigrèrent en masse dans le royaume du Népaul.

En considérant combien d'entre eux étaient morts dans les siéges et les batailles, les Anglais ne pensaient pas que le nombre de ces émigrants armés fût supérieur à sept mille. Mais, lorsqu'on a pu recevoir des informations moins vagues, on s'est assuré que plus de vingt-cinq mille hommes, débris de l'armée nationale, s'étaient réfugiés dans les jongles et dans les forêts du Népaul, sur la frontière du royaume d'Oude.

Le célèbre maharadjah Jung Bahadour, après avoir conduit ses Gourkhas au secours des Anglais, au lieu de se borner à désarmer les réfugiés, n'ayant pas même l'idée qu'on pût avec honneur exercer le droit d'asile et sauver la vie à des vaincus, s'est empressé de remettre au vainqueur tous les combattants malheureux qui n'ont pas eu l'art de se rendre introuvables au fond des forêts ou de rentrer en secret dans leur pays natal.

Il est intéressant de traduire ici le rapport publié sur les progrès moraux du pays d'Oude pour l'exercice 1859-60 :

« Le plus grand nombre des rebelles avaient été remis aux autorités britanniques par Son Excellence le maharadjah Jung Bahadour, après avoir achevé de les expulser de son territoire, en décembre 1858; c'étaient en grande partie des cipayes appartenant aux *régiments massacreurs*[1]. » A leur égard, le commissaire en chef jugea préférable de rester fidèle à la marche qu'il avait déjà suivie. Leur nombre l'embarrassait : ce fut au point que, même parmi les soldats qui provenaient des régiments que nous venons de mentionner, il ordonna de ne garder en prison que ceux au sujet desquels on avait un espoir raisonnable (*a reasonable expectation*) d'obtenir la preuve suffisante de leur culpabilité. Les autres, pour lesquels on n'avait pas même l'espérance de prouver leur criminalité, furent adressés aux zémindars de leurs villages, en chargeant ceux-ci, sous leur propre responsabilité, de les livrer aux juges, si plus tard on voulait les *repoursuivre*.

Afin de mieux trouver tous les coupables, on en avait confié la recherche au surintendant de la poursuite *des thugs et des dacoïts*, comme on emploie les piqueurs expérimentés pour découvrir dans les forêts les bêtes féroces que la chasse doit atteindre et frapper. Cependant, dit le rapport, « *no great success has attended this operation;* » peu de succès a suivi cette opération. On comprendra la difficulté d'avoir la preuve d'un délit personnel; car les cipayes, par esprit de corps, ne veulent pas fournir de témoignages qui pourraient causer la mort de leurs frères d'armes. D'ailleurs, ces hommes s'étaient enrôlés *à dessein* sous de faux noms, en se donnant de faux lieux de nais-

[1] « *The massacre regiments :* » telle est l'expression passionnée qu'emploie le commissaire en chef, deux ans après la pacification.

sance; on a trouvé souvent impossible de saisir les traces mêmes de ceux contre lesquels les preuves les plus convaincantes étaient acquises par investigation judiciaire. Qu'en est-il résulté? Sur deux cent dix-sept prévenus saisis et soumis à l'examen, on a pu seulement en livrer cinq à la prison pour être jugés au criminel; cinq autres ont été renvoyés dans les districts les plus rapprochés de leurs crimes et de l'habitation des témoins à charge. On s'est trouvé dans la nécessité d'en relâcher cent quatre-vingt-quatorze, et treize étaient morts avant d'arriver à ce résultat: c'est-à-dire que treize étaient morts dans les cachots, avant qu'on eût décidé s'ils étaient coupables ou s'ils ne l'étaient pas!

Voici maintenant la consolation pour un succès si restreint. « Sans doute, les efforts de l'année dernière n'ont pas produit un grand nombre de condamnations; cependant un nombre considérable de témoignages s'est trouvé réuni, lequel a clairement établi les noms des acteurs essentiels dans presque tous les massacres principaux; un pareil travail sera plus tard de la plus grande utilité pour faire droit à leur égard, » c'est-à-dire pour les pendre.

Moyens de police et de gouvernement.

Armée de police militaire. — Laissons de côté ces sombres opérations de la vindicte, poursuivies après la victoire, et faisons connaître pour l'avenir les autres mesures de sûreté publique. Au premier rang, il faut compter ce que les Anglais appellent *la police militaire.*

Organisation de la police militaire. — On a d'abord mis sur pied, pour cette force, cinq régiments de cavalerie, qui présentaient 4,000 sabres, et quatorze régiments d'infanterie, qui contenaient 10,976 hommes de combat, *fighting men*. Si l'on veut employer le mot propre, sans aucun détour, c'était *une armée d'occupation*, laquelle réunissait à son action militaire une action prévôtale. La dépense excessive de ces corps a contraint d'en diminuer le nombre et l'effectif. La rébellion étouffée, on les a réduits à des fonctions qui sont en partie civiles et qui peuvent être comparées à celles de notre gendarmerie.

Malgré cette réduction, la police militaire du royaume comprend encore un régiment à cheval de 1,405 sabres et treize régiments d'infanterie comptant 7,813 hommes. On doit ajouter à cet effectif trois *extra-régiments*, un de cavalerie et deux d'infanterie, maintenus sur pied pour surveiller les frontières en face du Népaul; leur mission spéciale était de tenir en échec les derniers restes des forces rebelles qui s'étaient réfugiées dans les forêts limitrophes. Dès 1859, on a jugé que ces corps d'observation cessaient d'être indispensables.

Part de l'étranger dans le personnel de la police militaire. — Ce qu'il faut remarquer, c'est qu'on a formé principalement la police organisée en corps militaire avec des soldats étrangers au peuple ainsi qu'à la religion du royaume d'Oude; on a surtout choisi *des Sikhs*, ennemis mortels des cipayes, et transportés des bords de l'Indus aux bords du Gange pour tenir en sujétion les brahmanes et les mahométans du ci-devant royaume d'Oude.

Désorganisation et réorganisation de la police rurale.

Un certain nombre d'administrateurs britanniques, en cela trop semblables à ceux d'autres peuples fort avancés, appliquent souvent avec une incroyable suffisance et la plus étrange légèreté des systèmes qui ne conviennent qu'à leur pays. Après l'annexion du royaume d'Oude, on s'est empressé, sans nécessité, de supprimer le système excellent de la police rurale, tel qu'il existait depuis des siècles dans cette contrée. Les Anglais avaient voulu que les gardes champêtres reçussent des appointements *en argent*, sur le pied de 6 ou 7 p. o/o ajoutés au revenu territorial perçu par l'État; cela détachait en réalité les gardes ruraux de leurs villages respectifs pour les rattacher aux agents du fisc.

De temps immémorial, Oude avait joui d'un système de garde rurale véritablement populaire. *Le choukidar*, le garde champêtre de chaque commune, était héréditaire, et jouissait en paix de ce privilége infiniment estimé. Il avait pour émoluments le revenu d'un lot de terre affranchi d'impôt, sans compter *un quantum modéré* prélevé sur les récoltes et quelques dons gratuits, *gratuities*. On entretenait une famille entière avec moins de charge réelle qu'on n'aurait pu le faire en payant une somme fixe. Les frères et les enfants du garde héréditaire l'aidaient à remplir les divers devoirs attachés à son emploi. Ainsi, tandis que l'un faisait les rondes de nuit autour des habitations, un autre veillait aux récoltes sur pied ou fraîchement moissonnées et gisantes encore au milieu des champs. Ajoutons qu'après trois ans d'expérience, l'Administration britannique a reconnu qu'il fallait permettre aux populations de revenir à leur ancien système. En même temps, le nouveau gouvernement va laisser aux villages le choix de leurs gardes et la surveillance des délits de médiocre importance. Par une autre mesure excellente, il accorde aux grands propriétaires, taloukdars ou zémindars, une autorité suffisante pour réprimer de telles contraventions. A titre de magistrats, sur leurs propres domaines, ils exerceront un premier degré de répression, très-avantageux au maintien de l'ordre public.

Poursuite des principaux délits et des crimes réservés à l'action britannique.

Comme nous venons de l'indiquer, on a cessé de mêler l'administration britannique avec la répression des petits délits commis entre indigènes, en restituant aux villages leur juridiction héréditaire, juridiction dont la perte avait rendu particulièrement impopulaire l'intervention européenne. Il est notoire, dit à ce sujet le Commissaire principal, que dans les États indigènes où le peuple conserve sans restriction sa police villageoise *les petits larcins sont rares*. Il est, au contraire, un autre fait incontesté et lamentable : quoique sous le régime britannique les crimes principaux aient diminué, heureux résultat d'une surveillance générale plus vigoureuse et plus active, cependant les petits vols et les délits analogues ont beaucoup trop augmenté. Voilà la plus fâcheuse tache de l'administration anglaise, aux yeux des classes les moins riches; classes, en effet, qui souffrent le plus de ces maux toujours trop grands pour les fortunes médiocres.

La police actuelle de Lucknow, la ci-devant capitale, est organisée sur le même plan que la police de Londres et rend les mêmes services.

Revenu territorial.

En s'emparant du royaume d'Oude, un des premiers soins des Anglais a porté sur la conservation, sans affaiblissement, de tous les revenus publics. Dès l'année 1859, les pertes inévitables que la rébellion faisait éprouver au Trésor se trouvaient réparées, et voici quelle était la contribution foncière pour les quatre divisions territoriales :

DIVISIONS TERRITORIALES.	IMPÔT DEMANDÉ.	SOMMES PERÇUES.	ARRIÉRÉ POUR CENT.
	R.	R.	
Lucknow	2,778,357	2,738,162	1f $\frac{45}{100}$
Kyrabad	2,817,926	2,790,901	0 $\frac{95}{100}$
Baraitche	1,974,012	1,953,200	1 05
Faïzabad	2,799,813	2,793,585	0 22
Totaux	10,370,108	10,275,848	0 99

Certainement, au point de vue de la fiscalité, il serait difficile d'obtenir un résultat plus satisfaisant pour la partie prenante, puisque celle-ci recouvre, dans l'année, les quatre-vingt-dix-neuf centièmes de l'impôt demandé.

Prédilection du fisc pour les grands propriétaires.

Le Gouvernement anglais s'applaudit beaucoup d'un tel résultat; il l'attribue à ce motif que ses percepteurs n'ont à traiter qu'avec un nombre limité de grands propriétaires, au lieu d'être en présence d'*une myriade* de *petites gens* qui posséderaient toutes des parcelles de terre. Les premiers, dit-il, lorsque les récoltes viennent à manquer, ont pardevers eux d'autres ressources; et, pour surcroît d'avantages, ils mettent leur orgueil à solder leur tribut avec ponctualité. Les derniers, au contraire, dépendent uniquement de leurs moissons, et ne peuvent puiser à nulle autre source pour trouver l'argent nécessaire au payement de ce qu'ils doivent à l'État.

Des spiritueux au point de vue de la fiscalité. Le Gouvernement a mis l'un de ses premiers soins à supprimer *les alambics* possédés par des particuliers. Il l'a fait, non point par amour de la tempérance, mais afin d'établir *en monopole* la distillation des eaux-de-vie indigènes. Sur la liqueur la moins alcoolique le fisc gagne 55 francs par hectolitre, et sur la plus alcoolisée il gagne 100 francs : imposition énorme quand le travail est à si bas prix, et quand le grain qu'on distille est à si bon marché.

Parallèle des dépenses et des recettes dans le royaume annexé.

A côté des revenus publics, il est intéressant de présenter le chiffre des dépenses, dans la première année qui suit la pacification :

Dépenses locales, y compris l'armée de la police	22,603,802 fr.
L'armée et les travaux publics	14,831,305
Essais faits à la monnaie	373,890
Approvisionnements militaires	4,040,018
Déboursés pour l'Angleterre et le Bengale	129,001
Balance de caisse au 1er mai 1860	2,561,554
Dépense totale 1859-1860	44,539,570
Recettes de la même année	10,275,828
DÉFICIT	34,263,742

Ce déficit, plus que triple du revenu, est d'autant plus remarquable que, pour faire face aux dépenses du pied de paix, il a fallu supprimer la plupart des travaux publics d'intérêt purement civil et commercial ; tout était absorbé par les besoins militaires.

Une des dépenses les plus considérables doit se rapporter aux fortifications de Lucknow, qu'on veut entourer de *forts détachés;* ces forts serviront moins contre les ennemis extérieurs que pour tenir en respect et foudroyer au besoin les habitants.

Éducation publique.

La pénurie des finances ne permettait pas, dans la troisième année d'annexion, de rien faire encore pour l'éducation du peuple. On se contentait d'une subvention donnée aux écoles supérieures, celles qu'on a tâché d'organiser *pour les fils des zémindars* et de la demi-noblesse, *gentry*, en exigeant surtout qu'on enseignât la langue anglaise. On a créé de telles écoles à Sîtapour, à Pertâhgurh, à Faïzabad; citons avec un juste éloge un don généreux fait en leur faveur par le maharadjah Maun Sing, l'un des seigneurs du pays d'Oude que les Anglais n'ont pas pu pendre, grâce au bénéfice d'une capitulation.

Effets de la guerre civile sur les écoles populaires défrayées par les zémindars ou taloukdars.

L'entretien de ces écoles fait infiniment d'honneur aux grands propriétaires du royaume. Le tableau suivant est un témoignage des funestes effets de la guerre :

	Années.	Écoles.	Élèves.
Guerre civile.	1857-58...........	989	15,485
Paix.......	1858-59...........	2,651	63,705

Ainsi que nous le voyons par ce tableau, la détresse éprouvée par les taloukdars pendant le soulèvement du pays d'Oude avait énormément réduit le nombre des enfants instruits dans les écoles défrayées par ces puissants propriétaires; mais dès la première année de pacification ils s'empressent de quadrupler leurs sacrifices, et le nombre des enfants du peuple instruits à leurs frais se multiplie dans la même proportion. Tel est pourtant l'état social de ce royaume d'Oude, objet de déclamations si violentes quand il s'agissait d'en prononcer l'annexion, sous le prétexte du très-grand bonheur qu'on voulait procurer au peuple.

Désarmement du peuple et des taloukdars.

Aussitôt après que la victoire eut été remportée sur le royaume annexé, on mit autant d'activité que de rigueur à désarmer les petits et les grands.

Déjà l'armée conquérante, en 1858, avait capturé beaucoup d'armes, mais sans qu'elle en tînt un compte régulier. Voici l'état des saisies opérées depuis cette époque jusqu'au commencement de 1860 :

Canons	714
Armes à feu portatives	191,793
Armes blanches	578,491
Lances	51,080
Armes diverses non spécifiées	642,137
TOTAL des armes confisquées	1,464,215

Pour apprécier l'importance d'un semblable désarmement, il suffit de faire observer que le pays d'Oude ne contient pas deux millions d'hommes en état de porter les armes.

Le commissaire général *se complaît* à penser que ce désarmement de tout un peuple n'a fait naître contre le gouvernement dominateur aucune impopularité qui soit durable : c'est bien peu connaître l'orgueil des Orientaux, même en comptant pour rien leur patriotisme.

Les grands propriétaires et les seigneurs, les taloukdars ou zémindars du royaume d'Oude, possédaient 1,635 forts ou forteresses, dont la plupart étaient défendus avec des canons. Ces résidences armées, le Gouvernement les a fait toutes démolir, à l'exception de 50 qu'il a réservées pour divers services publics ou civils ou militaires.

Les remparts, les bastions, ont été complétement jetés bas et les fossés comblés; les bois protecteurs au fond desquels ces fortifications étaient érigées ont été détruits dans un rayon de 400 mètres autour de chaque ancien fort des taloukdars. En citant ces exécutions, le commissaire général déclare avec orgueil que, dans peu d'années, les voyageurs qui visiteront le pays d'Oude auront peine à découvrir les traces d'un seul endroit jadis fortifié... .

Sort définitif de l'aristocratie des taloukdars.

L'armée défensive du pays d'Oude exterminée, le pays entier occupé, le peuple désarmé, les forteresses des seigneurs démolies, il restait à prononcer sur le sort de l'aristocratie des taloukdars, précipitée dans l'impuissance. On avait confisqué les biens des plus ardents à la résistance et de ceux qui s'étaient signalés par des actes inhumains.

Le vainqueur comprit qu'il fallait s'arrêter dans la vengeance à l'égard de cette aristocratie qui n'avait fait que combattre avec le peuple et verser comme lui son sang pour s'efforcer de reconquérir, d'un commun accord, l'indépendance nationale.

Le vice-roi, comte Canning, fut trop heureux de faire oublier sa redoutable proclamation, d'après laquelle tous les grands qui ne s'empresseraient pas de déserter la cause de leur pays devaient être dépouillés de leurs domaines et plongés dans la pauvreté. Instruit par la réprobation que la métropole ne put s'empêcher d'exprimer, même dans le moment où les passions étaient le plus enflammées, il prit des mesures directement contraires, et plus conformes, je le crois, à son naturel; il voulut les confirmer lui-même au milieu des vaincus.

Aussitôt que la révolte eut été réprimée, le vice-roi fit annoncer qu'il se transporterait de sa personne à Lucknow, dans la capitale du pays asservi; le peuple fut prévenu qu'il y tiendrait une Cour plénière, *un Durbar*, où seraient conviés tous les grands de l'ex-royaume.

Parmi les possesseurs des seize cents forts attaqués et démolis, cent cinquante des principaux comparurent; on leur annonça qu'on rétablissait, et qui plus est, *à perpétuité*, l'ancien privilége des taloukdaries, c'est-à-dire la possession de toutes les terres par les grandes familles qui s'en trouvaient détenteurs quand a péri la nationalité du pays d'Oude.

Afin de commencer à réaliser cette décision suprême, des diplômes spéciaux de possession furent délivrés par le vice-roi, séance tenante, à tous les seigneurs présents au Durbar. L'antique aristocratie reçut de la sorte, à titre de pardon, les biens dont elle s'était montrée non pas indigne, mais vraiment digne en combattant pour l'indépendance nationale.

Les vainqueurs croient toujours comprendre les vaincus dès le lendemain de la victoire, et surtout le lendemain de ce qu'on ose appeler le pardon. Je traduis le compte moral et matériel, dans la partie qui se rapporte à cette mesure capitale, avec les termes qu'a cru devoir employer le Commissaire général, administrateur du grand pays déchu qui naguère était le royaume d'Oude. M. l'administrateur s'exprime, comme un monarque, à la troisième personne : « Le commissaire en chef[1] a tra-

[1] « The chief Commissioner has since traversed every district in Oude, and made personal acquaintance of almost every landholder of consideration

versé tous les districts; il a fait la connaissance personnelle de presque tous les seigneurs considérables. Il déclare *qu'il ne peut pas se tromper* sur leur esprit, à partir de la grande Cour plénière. *Il est convaincu* que les taloukdars ont été gagnés complétement par la politique généreuse adoptée à leur égard, et qu'ils se réjouiraient qu'une opportunité se présentât de déployer leur reconnaissance envers le Gouvernement. M. le commissaire *est tout à fait convaincu*, si l'on avait besoin de leurs services militaires, que ces services, ils les rendraient *avec enthousiasme.* »

Lorsque Napoléon le Grand expiait sa tendresse envers ses frères par le désespoir de ne pas pouvoir, malgré ses leçons et son génie, leur infuser l'art si difficile de régner avec supériorité, il disait au plus débonnaire, à peine installé sur le trône de Naples : « Déjà, mon frère, vous croyez à votre popularité, et vous comptez sur les grands ! Si j'éprouvais un revers, les courtisans de votre fortune se tourneraient *tous* contre vous. » Qu'aurait-il dit si ce frère, au lieu d'être entré sans violence et sans efforts dans sa capitale, s'était permis de la traiter comme Lucknow, d'en profaner les temples, d'en piller les palais, d'en bombarder, d'en brûler les maisons, d'inonder de sang la cité, de désarmer le peuple après la défaite, et de démanteler d'un bout à l'autre du royaume les forteresses des seigneurs? Aurait-il permis que son lieutenant, émerveillé, eût la simplesse de croire à l'enthousiasme de ses ennemis de la veille devenus tout à coup impatients de lui témoigner leur reconnaissance et personnelle et nationale ?

in it, and *he cannot be deceived on this point.* He feels assured that the taloukdars have been *completely won over* by the generous policy pursued towards them, and they would rejoice at an opportunity of displaying their gratitude to Government. If their military services were required, the chief Commissioner *is convinced* that these would be rendered *with enthusiasm.* » (*Moral progress of India : Oude. 1859-60.*)

L'Angleterre n'a voulu céder aucune partie habitable du pays dont elle a, suivant sa pensée, gagné les chefs; elle a laissé seulement au Népaul des jongles en litige et les terrains situés au pied des monts : régions dont le séjour est mortel et qui, primitivement, appartenaient à cet allié. C'est là tout l'abandon qu'on a fait à l'ambitieux Jung Bahadour, incroyablement déçu dans ses espérances.

État numérique des troupes régulières composant le pied de paix dans le pays d'Oude.

Voici quelle est, sans compter les corps de la police, la force de l'armée proprement dite employée pour garder la vingt-troisième partie des peuples conquis dans l'Inde et la trente-troisième partie des territoires dépendants, à quelque titre que ce soit, de la domination britannique :

Artillerie	996
Cavalerie	3,275
Infanterie	8,008
Force totale	12,279

Cette force est loin de paraître exagérée; mais il faut observer que les grands cantonnements militaires d'Allahabad, de Cawnpour et de Mirut ou plutôt Mirat, sur les bords du Gange, sont toujours en observation et prêts à recommencer l'invasion au moindre symptôme de rébellion.

Après avoir présenté nos considérations et les faits qui les appuient sur les pays et les peuples qui confinent à la fois du côté des Himâlayas, le Bengale et les provinces du nord-ouest, nous allons parcourir cette dernière partie de l'empire indo-britannique.

SOUS-GOUVERNEMENT DES PROVINCES DU NORD-OUEST.

C'est principalement par leur position géographique, mise en regard de Calcutta, qu'on appelle ainsi des provinces dont l'extrémité la plus éloignée de cette capitale en est à deux cent cinquante lieues dans la direction du septentrion au midi et à trois cent vingt lieues dans la direction de l'orient à l'occident; la distance maximum est de quatre cents lieues dans la direction du *nord-ouest.*

La grandeur démesurée de ces distances, l'étendue considérable du territoire et la population nombreuse qui l'habite ont fait penser qu'il ne convenait pas de conserver un tel excès de centralisation gouvernementale. En conséquence, on a fait des provinces que nous signalons un gouvernement subordonné, mais distinct; son centre politique, au lieu d'être Calcutta, fut d'abord *Agra*, ville peu distante de *Delhi*, l'ancienne et célèbre capitale des empereurs indo-mogols; c'est maintenant Allahabad.

TERRITOIRE ET POPULATION DU SOUS-GOUVERNEMENT DU NORD-OUEST.

PROVINCES.	TERRITOIRE.	POPULATION.	HABITANTS par MILLE HECTARES.
	hectares.	habitants.	habitants.
Bénarès	5,111,674	9,439,310	1,846
Allahabad	3,100,362	4,524,508	1,460
Agra	2,408,084	4,373,227	1,816
Rohilconde	3,219,388	5,198,499	1,614
Mirat	2,586,000	4,522,165	1,748
Delhi	2,235,859	2,194,521	981
TOTAUX	18,661,367	30,252,230	1,621

Tous les états de territoire et de population dont le tableau qui précède est le résumé ont été dressés pour les provinces du nord-ouest avec un soin plus grand qu'on ne paraît en avoir apporté pour les provinces du Bengale et de Béhar. Au lieu de ne donner que des évaluations grossières exprimées avec un grand luxe de zéros, ce qu'on appelle des *nombres ronds*, ils donnent des chiffres plus détaillés résultant d'appréciations plus attentives.

Les mêmes dénombrements présentent une double division qu'il est infiniment à regretter qu'on n'ait pas suivie pour le Bengale; ils expriment séparément les habitants qui sont adonnés, d'une part, à l'agriculture, de l'autre, à l'ensemble des professions différentes et de toute nature. Dans ces deux catégories ils distinguent : en premier lieu, les Hindous, qui composent la grande majorité; en second lieu, les mahométans, réunis aux individus de toutes les autres croyances, idolâtres, parsis, hébreux et chrétiens. De là résulte le tableau suivant :

RÉPARTITION DU PEUPLE, DANS LES PROVINCES DU NORD-OUEST, PAR PROFESSIONS ET PAR CROYANCES.

PROVINCES.	CLASSE AGRICOLE.		CLASSE NON AGRICOLE.		POPULATION TOTALE.	
	Hindous.	Musulmans	Hindous.	Musulmans	Hindous.	Musulmans
Bénarès....	6,341,619	470,625	2,072,813	554,253	8,414,432	1,024,878
Allahabad..	2,707,926	150,933	1,389,747	275,902	4,097,673	426,835
Agra......	2,794,997	125,994	1,189,986	262,250	3,984,983	388,244
Rohilconde.	2,994,123	504,245	1,023,443	676,688	4,017,566	1,180,933
Mirat.....	1,771,574	341,700	1,806,845	602,046	3,578,419	943,746
Delhi.....	1,088,161	300,344	524,159	281,857	1,612,320	582,201
TOTAUX.	17,698,400	1,893,841	8,006,993	2,052,996	25,705,393	4,546,837

Si l'on ôtait les tribus à demi civilisées, qui sont encore idolâtres, les juifs, les parsis et le très-petit nombre de chrétiens dispersés dans les provinces, on ne changerait pas sensiblement, dans le tableau qui précède, les nombres que contiennent les colonnes placées sous le titre de musulmans : aussi dans notre parallèle des deux principales croyances, et sans craindre d'erreur sensible, nous rapportons aux mahométans le nombre des individus qui n'appartiennent pas aux classes hindoues.

Comptes rendus par le gouvernement des provinces du Nord-Ouest.

Depuis que le parlement d'Angleterre a retiré la direction suprême des affaires à la Compagnie des Grandes Indes, direction ayant eu le mystère pour règle absolue ou du moins pour objet ardemment désiré, l'Administration britannique a posé comme principe de ses opérations une règle directement opposée. Dans son empire oriental, comme au sein de la métropole, la nation a voulu que la publicité devînt à la fois la règle constante et le moyen de contrôle.

Chaque année, le vice-roi, les lieutenants gouverneurs et les gouverneurs de chaque Présidence sont tenus de rédiger un Exposé complet de leurs actes officiels et de leurs mesures administratives. Ces Comptes rendus, rédigés d'après un plan général et méthodique, sont adressés à Londres, au ministre d'État chargé de l'Inde-orientale; ensuite le ministre les présente au Parlement, lequel en prescrit aussitôt *la publication*.

Les Comptes dont il s'agit ne sont pas tous rédigés avec la même étendue, ni rehaussés par des observations de la même importance. Au milieu de ces documents nous avons distingué, pour leur développement et leur intelligence, ceux qui concernent les provinces du nord-ouest. Le dernier exercice dont ils exposent les résultats commence le 1er juillet 1859 et finit le 1er juillet 1860.

Il va nous fournir le sujet de réflexions qui conduisent à notre but : c'est de faire connaître le sort des populations et le génie du pouvoir qui les régit.

Administration de la justice.

Une statistique judiciaire, mieux entendue pour les provinces du nord-ouest que pour les autres sous-gouvernements, indique la nature et le nombre des causes et des jugements tant civils que criminels.

Cette statistique, attentivement étudiée, montre l'effet des perturbations profondes occasionnées par la guerre intestine dont les provinces du nord-ouest ont été le lugubre théâtre en 1857 et 1858.

Nombre de causes introduites.

Avant la guerre civile, en 1856	74,661
Pendant la guerre civile, en 1858	42,585
Après la guerre civile, en 1859	68,064

A coup sûr, on ne croira pas que, pendant la rébellion, les pays insurgés étaient entrés tout à coup dans un état d'innocence qui rendait beaucoup plus rares les crimes et les délits; au contraire, le cours de la justice était en grande partie interrompu par le crime et la violence : ainsi nous est expliquée la diminution soudaine du nombre des causes. En 1859, le vigoureux exercice des lois et les moyens ordinaires de répression n'étaient pas complétement rétablis : voilà pourquoi le nombre des procès et des poursuites est encore d'un douzième au-dessous de l'état régulier du premier temps de paix, en 1856.

VALEURS TOTALES ET MOYENNES DES INTÉRÊTS EN LITIGE DANS LES PROVINCES DU NORD-OUEST.

TRIBUNAUX des DIVERS DEGRÉS.	NOMBRE DE CAUSES jugées.	VALEURS EN LITIGE.	TOTAL DES FRAIS.	VALEURS MOYENNES		
				EN LITIGE.	FRAIS.	
		Fr.	Fr.	Fr.	Fr.	P. 100.
Mounsiffs.....	65,094	9,554,220	1,755,263	148	28	18 $\frac{43}{100}$
Sudder Amîn..	1,962	1,873,925	306,356	1,121	163	15
Princip. Sudder Amîn...	6,693	13,654,960	1,614,636	3,183	336	11 $\frac{2}{3}$
Les Juges supér.	2,614	8,507,740	435,946	3,581	181	11 $\frac{2}{3}$
TOTAUX...	76,363	33,590,845	4,112,201	431	56	13

Ce tableau sera pour nous le sujet de plusieurs observations essentielles. Puisque les procès traduits et jugés devant le moindre tribunal roulent sur des réclamations qui ne surpassent pas 148 francs, *en valeur moyenne*, il faut que le plus grand nombre soit d'une valeur de beaucoup inférieure à cette faible somme. Il n'est donc pas vrai de prétendre qu'il est impossible d'obtenir justice dans l'Inde toutes les fois qu'il s'agit de dettes qui sont peu considérables.

Si la justice au Bengale et dans le district de Schahabad, qui touche aux provinces du nord-ouest, n'est pas incomparablement plus mal rendue que dans les provinces du nord-ouest, les reproches formulés par M. Bingham, le magistrat honoraire, page 310, paraissent donc extrêmement exagérés; nous sommes heureux de pouvoir en offrir ici la preuve officielle. Pour rester d'ailleurs dans les bornes de la stricte vérité, ajoutons : la démonstration que nous présentons ici ne signifie pas que bonne et complète justice soit faite dans tous les cas, ni même dans le plus grand nombre des cas. Il faut avouer que les abus sont énormes, que la procédure est beaucoup trop dispendieuse, et que *les frais de corruption*, qui ne peuvent pas être écrits dans les comptes dressés par la justice même, ces frais sont malheureusement nombreux, et toujours trop considérables.

Tirons une autre conséquence du tableau qui fait l'objet de nos réflexions. Si, dans les cinq sixièmes des procès soulevés pour des sommes qui ne montent pas, valeur moyenne, à 150 francs, les Indiens avaient la sagesse de s'arranger à l'amiable, en s'abstenant de plaider, ils gagneraient, par ce seul fait, *dix-huit pour cent*, l'un sur sa dette ou l'autre sur sa créance. Un si grand bénéfice, ils l'obtiendraient, redisons-le, sans compter d'autres frais que la justice ne saurait porter en ligne de compte, lesquels frais servent à corrompre soit les témoins, soit les bas employés qui pullulent alentour des tribunaux de l'Hindoustan.

Il faut que l'habitude de la réflexion et du calcul ait fait de grands progrès chez l'universalité d'un peuple avant qu'elle arrive à prendre pour règle de sa conduite des conseils qui sont pourtant si simples et si convaincants. Ainsi, dans nos campagnes du Mans et surtout dans notre Normandie, ce beau pays de sapience et de finesse, où l'intérêt personnel est si bien entendu, les habitants ne se sont déshabitués de plaider énormément que depuis fort peu d'années. Ils n'en sont plus à se réjouir que la fortune amie leur envoie, comme ils le disaient avec une sorte de volupté, *un bon petit procès de Dieu!*

Le compte rendu fait connaître les nouvelles mesures qu'on propose de prendre afin d'obtenir un corps plus respectable de juges civils indigènes.

De la justice criminelle.

Pour le criminel, comme pour le civil, le nombre des procès et des accusés, avant la rébellion, était jadis beaucoup plus considérable qu'en 1859, première année du retour à la paix intérieure. La justice, violemment interrompue en 1857 et 1858, n'avait, dans la première année de pacification, qu'imparfaitement repris son empire et retrouvé ses moyens d'atteindre les coupables. C'est ce que démontrent les chiffres suivants :

Années.	Nombre de procès;	d'accusés.
1855	48,890	101,798
1859	36,767	72,447

Un autre fait important nous montre avec quelle rare activité sont conduits les procès criminels dans les provinces du nord-ouest. Sur mille accusés mis en jugement pendant l'année, il en restait seulement à juger, au dernier jour de l'année 1855, *quarante-trois;* et *quarante-six* au dernier jour de l'année 1859.

Châtiments corporels.

Depuis la rébellion, en vertu de lois plus efficacement répressives, la *peine du fouet* a pris plus souvent que par le passé la place de la prison. Chez les peuples de l'Orient, pareille substitution ne déplaît pas toujours au peuple.

Personnes condamnées au fouet	en 1855.....	1,372
	en 1859.....	4,242

Pour les délits infamants, les magistrats anglais préfèrent la peine corporelle à la prison, et probablement la populace indigène partage cette opinion.

De la justice et de la police militaires.

Une innovation très-importante est la création d'une police militaire, exercée par des bataillons réguliers que l'on pourrait comparer à notre gendarmerie à pied, mais qui n'est pas, à beaucoup près, aussi disséminée.

Ce corps fut créé pour suffire aux terribles nécessités de la guerre civile allumée en 1857 et 1858. Il a rendu les plus grands services en 1859; il a contribué très-efficacement à rappeler, dans les provinces naguère en révolution, l'ordre public et le respect soit des propriétés, soit des personnes. Ajoutons que l'esprit de corps et la discipline militaire portent un remède sensible à l'imperfection ainsi qu'à la corruption de la police exercée par des agents civils isolés, qu'on est contraint de recruter parmi les indigènes de très-bas étage, les seuls qui veuillent accepter ces postes infimes.

Afin de poursuivre les révoltés qui, défaits en bataille rangée, se sont réfugiés dans les jongles et les bois, on en a percé les épais fourrés, dans certains districts importants, par des allées rectilignes ayant *la largeur énorme de cent cinquante à deux cents mètres*. C'est ainsi qu'en Europe, dans les forêts réservées aux chasses des souverains, on perce en ligne droite de larges avenues pour mieux découvrir et plus aisément atteindre les bêtes fauves sur lesquelles on veut courir.

Désarmement des populations.

Une des plus graves opérations exécutées par la police militaire, c'est le désarmement de populations qui même en temps de paix, par point d'honneur et par précaution personnelle, se faisaient une obligation, un plaisir et surtout un honneur de sortir toujours armées.

Voici le résultat du désarmement de toutes les classes d'habitants :

Parallèle des armes supposées entre les mains du peuple avec les armes confisquées, par mesure générale, depuis l'origine de la mesure jusqu'au 30 juin 1860.

Armes séquestrées	Bouches à feu	795
	Armes à feu portatives	307,372
	Cimeterres	1,421,223
	Lances, épieux	664,015
	Poignards, armes pouvant donner la mort	1,215,275
Total des armes enlevées aux habitants		3,608,680
Armes supposées existantes		5,027,705
Armes dont l'autorité n'a pas pu s'emparer		1,419,025
Indigènes du nord-ouest en état de porter les armes		8,500,600

Tentatives du pouvoir pour réprimer le vol et la tendance au vol.

Dans l'Inde, la grande difficulté pour les délits de simple vol, c'est la connivence ou tout au moins la tolérance du bas peuple, qui vit sans répugnance en compagnie des malfaiteurs, qui profite souvent des vols commis, et qui se garde surtout d'en rien révéler, tant que les déprédateurs ne poussent pas leurs forfaits jusqu'à la torture ou l'assassinat. Encore, dans ces derniers cas, il arrive presque toujours que la peur l'emporte sur l'indignation, et prive l'autorité des renseignements et des témoignages essentiels à la condamnation des criminels.

On a soumis au Conseil législatif de l'Inde un projet

de loi dont l'objet est de rendre moins inefficace le concours des propriétaires, zémindars ou taloukdars, soit pour découvrir, soit pour arrêter les malfaiteurs qui portent atteinte aux propriétés, ainsi qu'à la sûreté publique.

Afin d'intéresser le peuple à la conservation des édifices nationaux et des travaux publics utiles, on condamne aujourd'hui les habitants à contribuer, dans une certaine proportion, pour relever les constructions que la rébellion a détruites et qu'ils auraient pu sauver de la ruine.

Chose remarquable, l'infanticide est, en général, moins commun qu'avant la guerre civile : excepté toutefois dans la division de Bénarès, de cette ville où de plus abondantes lumières devraient cependant rendre plus rares les crimes d'une si détestable nature.

Des prisons.

La guerre civile avait eu pour premier effet d'arracher aux prisons tous les condamnés et les accusés : 29,217 avaient été mis en liberté par les insurgés ou s'étaient délivrés eux-mêmes. La révolte étouffée, on en a repris près d'un sixième. Un sur dix-huit environ *s'est présenté de son chef*, apparemment à défaut de moyens d'existence. La justice, en tout, a recouvré 6,221 anciens prisonniers.

Sur les trois quarts des fugitifs soustraits à la répression ainsi qu'à l'autorité du bon exemple, un nombre très-considérable s'était joint aux révoltés; les uns ont péri les armes à la main, d'autres sont morts de misère et de faim après la défaite. Il existe encore aujourd'hui beaucoup de malfaiteurs, qui par la fuite se sont mis hors la loi, et qui ne peuvent subsister qu'en ayant recours à la déprédation. L'autorité finira par les atteindre.

Dans les prisons rebâties ou réparées, on commence à

remettre en vigueur une discipline sévère, incessante et persévérante. C'est le seul moyen d'améliorer l'état moral du prisonnier, ou du moins d'empêcher qu'il ne devienne de plus en plus vicieux.

Enseignement des prisonniers.

Dans chaque prison se trouvent des ateliers dirigés par un entrepreneur qui montre aux détenus un certain nombre d'industries; on préfère surtout les industries textiles. Ce travail, imaginé pour assurer l'avenir des ouvriers lorsqu'ils seront libérés et pour leur donner des habitudes régulières, est infiniment préférable aux corvées du dehors, où l'on conduit un certain nombre d'entre eux sur les travaux publics, comme nos anciens forçats.

Dans les prisons existent des écoles élémentaires pour enseigner quelque chose comme la lecture et l'écriture aux détenus; mais, jusqu'à ce jour, les résultats obtenus sont, il faut l'avouer, infiniment peu considérables.

Détenus sachant lire et écrire avant leur condamnation.	916
Détenus ayant appris à lire et à écrire *depuis leur condamnation*.	40
Nombre total des détenus.	13,014

Ce tableau suffit pour nous indiquer en premier lieu combien est petit le nombre des habitants qui savent lire et écrire dans les provinces du nord-ouest; car il n'est pas vrai que parmi les condamnés se trouvent en moindre proportion que parmi les innocents ceux qui ne possèdent pas ces éléments de l'instruction primaire. Nous voyons, en second lieu, combien peu les prisons remédient à l'ignorance en faveur des pauvres détenus.

Par opposition à ces résultats, d'une petitesse véritablement microscopique, obtenus pour instruire les détenus, il est curieux de considérer la grandeur du traitement de M. le directeur général des prisons du nord-ouest.

Exemple très-remarquable du traitement des principaux fonctionnaires : M. l'inspecteur général des prisons d'un sixième des peuples de l'Inde[1].

Spécification des allocations.	Pendant quinze ans.	Pendant un an.
Salaires de M. l'inspecteur........	1,174,755f	78,317f
Frais d'établissement *idem*........	199,395	13,293
Frais de tournée *idem*...........	74,325	4,955
Frais d'impression..............	45,135	3,009
Diverses petites dépenses.........	9,975	665
Total pour M. l'inspecteur général.	1,503,585	100,239

Chaque prisonnier, nourriture, garde, médicaments, literie, etc. coûte par an 111 francs 33 centimes.

Par conséquent, M. l'inspecteur général coûte à lui seul au trésor public autant que *neuf cents* des prisonniers qu'il a mission d'inspecter.

Dans les beaux temps de la république d'Athènes, un polémarque, un général, ne coûtait pas plus que *quatre soldats;* certainement, c'était trop peu. Mais alors le petit peuple de l'Attique, vainqueur du roi des rois à Marathon, à Salamine, à Platée, bâtissait les Propylées, l'Odéon, les temples de Thésée et de Minerve, qui sont depuis vingt-deux siècles l'admiration de la postérité et dont n'approche aucun monument de l'empire indo-britannique. Faut-il s'étonner que dans cet empire, avec le système des *traitements monstres* qui survivent aux plus graves révolutions, les financiers consommés, ceux qui

[1] Appendix n° 6. Statement A, p. 67, part. IV. Moral and material progress, etc. 1859-60.

s'élèvent à l'art de pressurer avec le plus d'efficacité le contribuable, n'aient pas encore obtenu, quoique en pleine paix, d'égaler la recette à la dépense? C'est le contraire, s'il arrivait, qui devrait sembler miraculeux.

Revenu du Gouvernement levé sur le produit des terres.

Les pluies de l'année 1859 ont été partout défavorables, insuffisantes, irrégulières; les récoltes ont été très-médiocres; des souffrances infinies en sont devenues la conséquence pour les provinces du nord-ouest.

D'ordinaire, la province de Rohilconde exporte des blés. En 1851, il fallut l'en approvisionner; on fut réduit à l'échange des céréales importées avec le sucre produit dans la province.

Malgré ces circonstances peu favorables, les revenus publics sont rentrés avec une régularité qui fait voir quelle est la puissance des moyens de coercition financière employés par les Anglais. On en jugera par le revenu territorial, à beaucoup près le plus important de tous :

Somme demandée aux contribuables en 1858-59..	104,649,955f
Somme perçue dans l'année..................	102,205,543
ARRIÉRÉ (moindre de 2 ½ p. 100)...	2,444,412

Sans nous étendre davantage sur les finances, nous présenterons le parallèle des diverses natures de revenus perçus en 1858-59 et 1859-60.

TABLEAU COMPARÉ DES DIVERSES SOURCES DE REVENUS DES PROVINCES DU NORD-OUEST POUR DEUX EXERCICES CONSÉCUTIFS.

NATURE DES IMPÔTS.	1858-59.	1859-60.
	Fr.	Fr.
Revenu foncier	98,219,065	102,205,542
Akhbari	4,200,365	5,323,117
Timbre	2,606,740	3,422,020
Sayer	280,645	272,367
Douanes	9,170,535	10,175,537
TOTAUX	114,483,350	121,398,583

Des écoles consacrées à l'enseignement du peuple.

Je terminerai ces informations générales sur les provinces du nord-ouest par l'indication des moyens d'instruction offerts au peuple.

La première classe d'institutions, comparables à nos plus modestes écoles, est connue sous le nom d'*hulcah-bundi.* Les sept huitièmes d'entre elles sont défrayées par les zémindars; elles nous présentent les résultats suivants :

Enseignement populaire noblement soldé par les zémindars.

	Écoles.	Élèves.
En 1857-58	989	15,485
En 1858-59	2,651	63,705

La première année était troublée par la guerre civile, et la seconde marquée par le retour de la paix; d'une année à l'autre, le nombre des écoles ouvertes *a presque triplé*, et celui des élèves *a plus que quadruplé.*

Rien ne fait plus d'honneur aux grands propriétaires, aux zémindars, que ce large secours donné par eux à l'enseignement populaire. Ils en seront récompensés par la propagation des connaissances qui rendront leurs travailleurs plus capables de concourir à la richesse commune ainsi qu'à la félicité publique.

Le peuple possède aussi des écoles primaires dont il fait seul tous les frais. Dans l'année de guerre civile 1858-59, elles avaient souffert une forte dépression; mais dès le mois de février 1860 le mouvement progressif devint extrêmement remarquable.

Écoles primaires entièrement défrayées par le peuple.

	Écoles.	Élèves.
En 1857-58	3,915	......
En février 1860	6,646	65,583

On sera surpris de voir qu'à la dernière époque, 1860, en pleine paix, le nombre moyen des élèves ne soit pas tout à fait de *dix* pour chaque école défrayée par le peuple; c'est un nombre dérisoire.

Toutes les écoles que nous venons d'énumérer sont destinées à l'enseignement du sexe masculin; dans une seule ville on a fait une tentative heureuse en faveur de l'autre sexe, et nous aurons soin d'en rendre compte.

Écoles normales.

Mentionnons avec intérêt les écoles normales destinées à former des instituteurs pour l'enseignement élémentaire: création récente, encore trop peu développée, mais qui rendra les plus signalés services. La dépense totale pour former ces utiles précepteurs du peuple est bien peu de chose; elle s'élève seulement à 132 francs par instituteur. On ne saurait trop applaudir à cet établissement.

A côté des écoles indigènes, il faut citer celles que les missionnaires ont fondées pour leurs néophytes; ils élèvent six cent vingt et un enfants, dont l'instruction complète coûte quarante francs par élève : nombre petit à coup sûr, mais qui contient un germe précieux.

Pour faciliter l'enseignement élémentaire, n'oublions pas de citer l'impression faite, aux frais du trésor, de *cent dix-sept espèces de livrets d'école*, tirés en tout au nombre de 803,700 exemplaires, depuis l'année 1857 jusqu'à 1860. C'est immédiatement après la guerre civile qu'on a repris cette bienfaisante publication; la fatalité des temps avait forcé de l'interrompre.

Un inspecteur général à la fois savant et zélé, M. Reid, bien secondé par de simples inspecteurs, a donné l'impulsion à l'ensemble des écoles, soit en tout, soit en partie défrayées par le Gouvernement. Il a compté, dans un même jour de 1860, le nombre total de 151,112 élèves; et dans toute l'année, pendant un temps plus ou moins long, il en a compté 228,000. N'oublions pas de mentionner que, sur ce nombre, le Gouvernement fait les frais pour l'enseignement primaire de 80,000 enfants.

Quelque louables que soient de pareils efforts, le lecteur s'abuserait s'il supposait qu'ils suffisent pour donner les plus simples notions élémentaires à la majeure partie du peuple, dans un gouvernement dont la population n'est pas moindre des neuf dixièmes de la nation française. Jugeons-en par notre exemple. Depuis bientôt un demi-siècle, nous faisons les plus grands efforts; nous comptions, il y a déjà vingt-neuf ans, *trois millions* d'élèves dans nos écoles primaires. Aujourd'hui, cependant, il n'y a pas chez nous plus de la moitié des adultes qui sachent lire et écrire. Que serait-ce donc si dans ce laps de temps nous n'avions réuni dans nos écoles que 230 à 250,000 élèves, c'est-à-dire quinze fois moins qu'il y a vingt-neuf ans? Nous n'aurions probablement pas beaucoup plus d'un adulte sur vingt-cinq à trente qui sût épeler et figurer les vingt-quatre lettres de l'alphabet. C'est à peu près suivant cette proportion que se propage la lumière dans les provinces du nord-ouest.

J'ai fait remarquer à dessein que, dans cette partie de l'Inde, un prisonnier sur quatorze possède ce premier degré d'instruction; si les deux tiers seulement des élèves appartenaient comme en France au sexe masculin, il n'y aurait qu'un vingt et unième des adultes de ce sexe qui sussent lire. Je ne crois pas que les Hindous réputés vertueux, parce qu'ils ne vont pas en prison, soient pour cela ni plus ni moins généralement instruits que les malfaiteurs.

Si Gil Blas, enfermé dans la caverne des voleurs, était devenu leur maître d'école, je ne puis pas supposer que ses leçons, quelque honnêtement qu'il les eût semées sur un pareil terrain, eussent fait germer la vertu; mon esprit se figure involontairement quelles applications intelligentes ses fripons d'élèves auraient faites de leur nouvelle instruction pour multiplier et perfectionner la contrefaçon et la fausseté des écritures.

Dans l'Inde, comme en Europe, c'est l'état moral du peuple qui décide l'usage bon ou mauvais de l'instruction qu'on lui procure. Voilà ce que trop souvent nous oublions, et ce dont il faudrait sans cesse nous souvenir.

Enseignement secondaire et supérieur.

Dans trois districts ou zillahs, le Gouvernement entretient une école secondaire pour l'enseignement simultané de la langue indigène et de l'anglais; son but est de former des sujets pour les écoles supérieures.

Il subventionne de moindres écoles, au nombre de deux cent treize, dans les circonscriptions appelées *tahsili.*

En 1858-59, ces institutions comptaient 11,397 élèves; en 1859-60, elles en comptaient 13,251.

Le Gouvernement, pour ces écoles, dépense cent cinquante mille francs, quarante francs par année à raison de chaque élève : cela n'est pas ruineux.

Enfin, dans cinq autres principaux colléges ou grandes écoles, le Gouvernement fait les frais d'une instruction supérieure.

Voici le nombre des élèves et les villes où sont établies ces institutions principales :

	Années 1858-59.	1859-60.
Bénarès	373	483
Bareilly	202	228
Agra	268	380
Ajmère	154	194
Saugor	335	325

En décrivant certaines villes, j'aurai soin d'y faire apprécier quelques écoles toutes spéciales et d'une grande importance.

Je prie le lecteur de me pardonner les développements dans lesquels j'ai cru devoir entrer pour faire connaître, par des résultats incontestables, la situation des intérêts les plus vitaux des provinces du nord-ouest.

J'ai cité beaucoup de faits honorables, d'un côté pour l'Administration britannique, de l'autre pour un peuple que de si grands malheurs viennent d'éprouver. Puisse-t-il, en sortant de ses souffrances, marcher dans une voie nouvelle de restauration et de prospérité!

Chacune des provinces que nous venons d'énumérer

se subdivise en collectorats. Nous allons examiner ces subdivisions, en commençant par la première province que nous rencontrons en continuant à remonter le Gange.

I. — *Province financière de Bénarès.*

La cité de Bénarès est célèbre depuis une haute antiquité; mais le collectorat dont elle est la capitale n'a pas jusqu'à ce jour attiré suffisamment l'attention des observateurs de l'Inde.

TERRITOIRE ET POPULATION.

COLLECTORATS OU ZILLAHS.	TERRITOIRE.	POPULATION.	HABITANTS par MILLE HECTARES.
	hectares.	habitants.	habitants.
Ghazîpour	564,856	1,596,324	2,826
Bénarès	257,951	851,757	3,302
Mirzapour	1,334,314	1,106,315	828
Juanpour	401,952	1,143.749	2,845
Azimghur	651,618	1,653,191	2,537
Goruckpour	1,900,983	3,087,974	1,624
Totaux	5,111,674	9,449,310	1,846

Collectorat de Ghazîpour.

En continuant de remonter le cours du Gange, au sortir du pays de Béhar, avant d'arriver à Bénarès, nous traversons le collectorat de Ghazîpour, qui s'étend sur les deux rives du fleuve, mais principalement sur la rive gauche.

On ne remarque pas assez l'énorme population de la plupart des collectorats de la province. Dans son ensemble, et pour la même étendue de territoire, elle surpasse très-sensiblement la population aujourd'hui si condensée de l'Angleterre.

L'agriculture du collectorat de Ghazîpour est florissante; elle n'est pas seulement remarquable par l'énorme quantité d'aliments qu'elle fournit. Des cultures élégantes prospèrent dans ses jardins, et les distilleries de ses parfumeurs donnent une eau de rose renommée dans toutes les cours de l'Hindoustan.

Les vastes plaines du district, fécondes et bien arrosées, offraient à l'armée britannique une ressource dont elle s'est empressée de profiter. Auprès de la ville de Ghazîpour, elle a placé des stations suffisantes pour y cantonner trois régiments de cavalerie.

Dans le même collectorat, n'oublions pas de remarquer un haras considérable créé par la Compagnie des Indes. Il y a quarante ans, il pouvait déjà par année fournir au service militaire une remonte de cinq cents excellents chevaux. Ceux des chevaux qui n'étaient pas réclamés par les besoins de l'armée étaient envoyés pour être vendus à Calcutta; on les préférait à beaucoup de coursiers que les Arabes amenaient de leur pays natal.

Ghazîpour, chef-lieu du collectorat, ville grande et populeuse, est située sur la rive gauche du fleuve. Lorsque le pays était gouverné par les vizirs d'Oude, au nom de l'empereur de Delhi, l'un d'eux, Saadat-Aly, s'était construit un palais dans cette cité.

Monument érigé pour honorer la mémoire de lord Cornwallis.

A quelque distance de la ville, on peut voir encore un monument érigé pour honorer la mémoire du sage et bienfaisant Cornwallis. Il mourut à Ghazîpour dans le voyage qu'il avait entrepris pour visiter les provinces septentrionales de son vaste gouvernement.

Collectorat de Bénarès.

Immédiatement au-dessus du district que nous venons de parcourir, on trouve la ville et le district de Bénarès. Bénarès et le territoire qui l'entoure sont déjà très-rapprochés du centre de la puissance exercée par les empereurs mahométans; on pourrait penser que ces conquérants, si zélés propagateurs de l'islamisme, après huit siècles de propagande exercée le cimeterre à la main, ont courbé sous leur culte la majeure partie du peuple subjugué. Ce serait commettre une grande erreur, et le dernier dénombrement officiel suffira pour la dissiper.

Voici comment les cultes et les occupations se partagent entre les deux grandes classes d'habitants.

Tableau comparé des Hindous avec les musulmans, plus les autres habitants étrangers aux croyances hindoues.

	Agriculteurs.	Autres professions.	Totaux.
Hindous..........	418,152	350,964	769,116
Musulmans et autres.	9,027	73,614	82,641
	427,179	424,578	851,757

Le lecteur peut voir qu'au total les musulmans ne font pas le dixième de la population. Il trouvera de plus la confirmation d'une remarque déjà faite par nous sur d'autres contrées de l'Inde : c'est le très-petit nombre des hommes de cette croyance qui daignent s'adonner aux travaux de l'agriculture. Ils ne fournissent pas un laboureur sur quarante, tandis qu'ils fournissent *la cin-*

quième partie des autres professions : c'est donc cette dernière proportion où nous allons les trouver dans Bénarès.

BÉNARÈS, LA VILLE SAINTE DES HINDOUS.

Position géographique : latitude, 25° 3′; longitude, 80° 35′, Est de Paris.

Bénarès est au petit nombre des cités de l'Asie les plus faites pour commander l'admiration du voyageur par un caractère vraiment national, qui se peint à la fois dans la nature du site, l'ensemble et l'aspect étonnant de la population.

La ville s'élève, au milieu d'une immense plaine, sur un plateau qui la commande du côté du septentrion. Une incroyable variété d'édifices ou civils ou religieux s'avance jusqu'à la crête de ce plateau, du côté qui fait face au plus grand fleuve de l'Inde. Du parvis de ces temples jusqu'au bord de ce fleuve, tantôt des rampes adoucies, tantôt d'immenses escaliers à marches de marbre, font descendre, pour ainsi dire, les œuvres de l'art jusqu'aux plus basses eaux que puisse limiter la saison de la sécheresse. Des oratoires, qu'on pourrait appeler des stations aquatiques, des salles de repos et d'autres constructions variées, élégantes, ont, pour ainsi dire, leurs fondations cachées sous l'eau consacrée.

Cette vaste pente qui s'étend au midi de Bénarès, et que décorent tant d'œuvres de l'art, se développe en forme d'amphithéâtre, suivant un bel arc régulier n'ayant pas moins de cinq quarts de lieue d'étendue. C'est au pied d'un si prodigieux assemblage de constructions que se déploie le fleuve consacré par le culte brahmanique. Il faut que l'imagination se figure, dans la partie la plus élevée, les mille temples hindous et les trois cents mosquées musulmanes qui représentent la rivalité des deux grands cultes de l'Inde.

Au premier rang des monuments, du côté du Gange, s'élèvent les palais qu'ont bâtis les plus opulents radjahs de l'Hindoustan, dans l'espoir d'y venir rendre le dernier soupir et d'assurer par là, pour des milliers de mille années, leur résidence au sein des régions célestes, ainsi que Brahma l'a promis à ses plus zélés sectateurs. D'autres grandes constructions sont érigées par les mêmes princes dans un dessein de pieuse hospitalité; elles sont ouvertes aux sujets de ces princes qui viennent en pèlerinage afin d'obtenir aussi leur part de la félicité céleste procurée si facilement par le bienfait des eaux du fleuve.

L'incomparable amphithéâtre que nous venons de dépeindre n'est pas renfermé dans la grande limite des cinq quarts de lieue qu'il occupe au centre. Souvent l'espace manque, dans les bornes de la cité, pour ériger de nouveaux palais, de nouveaux temples et de nouveaux hôtels hospitaliers, accompagnés de leurs indispensables et gigantesques escaliers. Les fondateurs choisissent alors, à proximité de la ville, des sites élevés et gracieux, rapprochés du rivage proéminent et placés au-dessus de la limite où s'arrête le ravage des plus grandes crues. Ils ont soin d'entourer ces édifices de bouquets d'arbres susceptibles d'acquérir de hautes proportions et de présenter les plus beaux ombrages pour abriter les pèlerins.

Par un bienfait de Brahma, ou simplement des brahmanes, dans un rayon de quatre lieues autour de Bénarès la terre est sacrée et prodigue aux pieux Hindous les mêmes bienfaits privilégiés. La rive septentrionale, celle où domine la sainte cité, présente, on le voit, un long espace extérieur que n'a jamais épuisé la piété des princes hindous, même à l'époque de leur plus grand pouvoir et de leur plus grande richesse.

Dans l'immense amphithéâtre que nous venons de décrire, il n'est pas d'instant de la journée, et souvent de la nuit, où des milliers d'indigènes ne montent ou ne descendent les grands escaliers consacrés et ne se plongent dans le Gange. Ce spectacle devient cent fois plus animé lorsqu'arrivent les jours solennels annoncés par l'astrologie religieuse.

Des moyens de construction et des habitations particulières.

Dans Bénarès, la facilité d'obtenir d'excellents matériaux a permis aux riches natifs de construire des temples et des palais, en combinant, comme à Gênes, le marbre et la pierre de nuances vives et contrastées; ces matériaux durables leur ont permis d'ériger de hautes maisons, à six et même à sept étages. Au lieu de toits, elles sont couvertes par des terrasses sur lesquelles les habitants, après le coucher du soleil, peuvent goûter, à ciel ouvert, la fraîcheur d'une atmosphère embrasée pendant le jour; car, si la ville appartient à la zone tempérée suivant les définitions de la géographie, n'oublions pas qu'elle n'est séparée de la zone torride que par deux degrés de latitude.

Les familles princières contiennent dans leur habitation toute leur suite féodale ou domestique, quelquefois jusqu'au nombre de deux cents personnes. Mais dans ce pays où les extrêmes se touchent, souvent, à côté des plus grandes maisons érigées par le luxe et la puissance, on trouve de misérables chaumières où fourmille un peuple pauvre et presque nu. Vers l'année 1800, on comptait environ douze mille maisons construites en pierre contre seize mille cabanes chétivement façonnées en pisé.

Intérieur des maisons ; le Thakour Diwarie.

A Bénarès, chaque famille importante contient un établissement religieux pour le service des cérémonies intérieures qui constituent le culte des pénates. C'est au premier rang un savant brahmane, un pandit, qui, chaque jour, préside aux ablutions ainsi qu'aux bénédictions; il est en même temps le précepteur des enfants. Un autre prêtre est réservé, dans les grandes occasions, pour les cérémonies du mariage et des obsèques. Un troisième préside aux fêtes spéciales, aux *poudjas* des dieux, des *Thakours* révérés dans le *Diwarie*, le sanctuaire domestique.

Comme un charmant spécimen d'élégante architecture, nous avons distingué la maison très-remarquable du riche babou Lala Cachemirie. Rien n'est plus gracieux et plus délicat que l'ornementation des salles intérieures où sont réunis tous les objets consacrés au culte de la famille; c'est un style mauresque très-orné, gracieux et pittoresque. Il rappelle celui du célèbre palais de l'Alhambra, dans la forteresse de Grenade.

Dans la maison si remarquable de Lala Cachemirie, les appartements supérieurs sont recouverts de terrasses horizontales où, dès que le soleil descend sous l'horizon, les femmes et les enfants de la famille viennent respirer, ou, comme on dit dans ce brûlant climat, viennent *manger l'air* rafraîchi par *le tirage* si puissant d'une atmosphère diaphane. C'est là que font leur toilette et que, dans les plus grandes chaleurs, dorment en plein air, sous un dais, les belles habitantes du zénana[1], du gynécée. Afin de sous-

[1] Les substantifs hindous terminés en *a* sont masculins.

traire les femmes aux regards indiscrets du voisinage, chaque terrasse est entourée de murs et de balustrades qui sont décorés par des encadrements, soit de marbre, soit de bois, ciselés avec une extrême délicatesse.

Dans les Expositions universelles de Londres et de Paris, on voyait des lits d'un grand luxe et décorés avec art; les bois étaient plaqués en ivoire habilement sculpté et garnis de riches coussins : les plus beaux ouvrages de ce genre étaient ceux des artistes de Bénarès.

Les monuments religieux.

Des monuments d'un caractère qui n'appartient qu'à la sainte cité frappent le spectateur; des tours élégantes et très-élancées accompagnent les temples. Si hautes qu'elles puissent être, elles sont surpassées en élévation par les minarets de la grande mosquée qu'Aureng-zeb, empereur de race mogole, construisit sur le point le plus élevé de tout Bénarès, comme pour écraser les dieux de l'Inde en dominant leurs monuments. Afin d'ajouter la profanation à l'arrogance, il érigea son temple d'Allah sur les fondations du plus beau temple de *Brahma*.

Les minarets de la grande mosquée dont je viens de parler sont d'une hardiesse qui saisit l'imagination. Je ne puis rapporter qu'avec une espèce d'incrédulité les proportions données par M. Prinseps, membre de la Société royale de Londres, dans sa description figurée de Bénarès. Ces minarets, qui sont en marbre, renferment un escalier en spirale, offrent au dehors trois rangs de balcons saillants et circulaires, et portent à leur sommet une coupole élégante. Il leur attribue une élévation de quarante-cinq mètres; néanmoins, il ne leur donne pour diamètre, à la base, que deux mètres quatre dixièmes, et pour diamètre au sommet que deux mètres deux dixièmes seulement.

Le fût de la colonne grecque la plus élancée n'a de hauteur que dix fois son plus grand diamètre, et les minarets que nous venons de décrire ont en hauteur vingt fois le diamètre de leur base. J'ai peine à concilier cette hardiesse avec une solidité qui puisse résister à des ouragans ainsi qu'aux ravages du temps[1].

Si le nombre des temples était proportionnel aux populations de chaque croyance, les musulmans seraient loin d'offrir dans Bénarès trois cents mosquées, tandis que les Hindous ne possèdent que mille sept pagodes grandes ou petites. En effet, malgré l'appareil imposant des temples d'un culte dominateur, malgré tous les efforts de l'islamisme, malgré le prestige prolongé du pouvoir et de la victoire, malgré le prosélytisme et l'esprit envahissant des sectateurs de Mahomet, sur cent habitants, on ne compte pas dix musulmans dans tout le collectorat de Bénarès.

Les brahmanes ont exprimé par une légende les trois destinées de leur cité. Dans l'âge le plus heureux, au temps où les dieux hindous daignaient quelquefois la favoriser en venant habiter ce séjour favori, les temples, les palais, les maisons mêmes, *étaient d'or*. Plus tard, afin de châtier l'impiété du peuple, Brahma changea cet or en pierre; plus tard encore, et pour le même motif, les deux tiers de la ville, nous l'avons indiqué déjà, n'ont plus été que du chaume et de l'argile.

Mais les brahmanes, à travers de telles métamorphoses, ont conservé, comme un article de leur foi, la superstition que le pieux voyageur qui visite Bénarès,

[1] Il est juste de faire observer que chaque minaret est enchâssé, comme une tourelle d'angle, aux murs extérieurs de la mosquée, à peu près dans la moitié de sa hauteur; c'est l'autre moitié qui seule est isolée.

même en y faisant la moins longue apparition, obtient l'entrée du paradis de Siva. De semblables pèlerinages, lorsqu'ils sont répétés, accroissent les titres des fidèles à la faveur des dieux; enfin les félicités célestes dont chaque Hindou peut obtenir la faveur sont bien plus durables et plus vives lorsque, pour couronner sa pieuse existence, il vient mourir sur le territoire sacré.

Quoique cette ville, qui réunit tous les contrastes, soit depuis trois quarts de siècle soumise à la domination d'un peuple chrétien, spoliateur des spoliateurs musulmans qui l'avaient devancé de huit siècles, les princes hindous n'ont pas cessé d'ériger sur les hauteurs de Bénarès les nombreuses constructions que déjà nous avons mentionnées et qui sont consacrées à leur culte national. Dans notre siècle même, il y a trente années, une princesse de l'opulent pays de Gwalior avait dépensé pour construire un asile de pèlerins religieux, un ghaut et des temples hindous, près de 4 millions de francs; le voyageur qui contemplait ces constructions apprenait que, pour les terminer, il faudrait encore y joindre 5 autres millions : somme prodigieuse dans un pays où le travail de l'homme est quatre fois moins dispendieux qu'en France et six fois moins qu'en Angleterre.

C'est ici le lieu de signaler une des superstitions les plus insensées et les plus déplorables. Les Hindous opulents sont persuadés qu'ils attireraient sur eux quelque malheur s'ils employaient leur richesse pour achever le pieux monument qu'un autre a commencé. Il en résulte la ruine de constructions souvent précieuses au point de vue de l'art, et qui, dès l'origine, offrent ainsi des ruines anticipées.

La fête des lumières.

Si l'on veut jouir d'un magnifique spectacle, il faut se placer sur la rive droite du Gange et, de là, contempler Bénarès quand, aux approches de la nuit, les habitants et les pèlerins célèbrent à l'envi la *fête des lumières.* Alors l'amphithéâtre que couronne la haute cité, ses palais, ses temples, ses mosquées, leurs tours, leurs minarets, leurs coupoles, et les escaliers monumentaux qui descendent jusque sous les eaux du fleuve, tout est illuminé, comme diraient les Italiens, *a giorno.*

Tel est, du côté du Gange, l'incomparable aspect de cette ville que les Hindous, il y a vingt siècles, appelaient déjà, dans leur langue sacrée, la cité splendide : *Kashie.* Son nom profane et populaire de *Bénarès* réunit les noms des deux modestes rivières qui se jettent dans le Gange aux abords de la ville, l'une au levant, l'autre au couchant.

La ville, bâtie sur un vaste rocher, ne peut pas périr par ses fondements; mais, en deçà comme au delà, la terre escarpée, que minent incessamment les eaux du Gange, subit des éboulements qui parfois entraînent avec eux les plus précieux édifices. Si la main d'un gouvernement habile et puissant ne prête pas ici le secours des travaux publics, afin de construire une grande chaussée protectrice, des chefs-d'œuvre d'architecture, qui sont à présent l'orgueil de l'Hindoustan, finiront tous par disparaître. Aujourd'hui que le gouvernement de la reine Victoria remplace dans l'Inde l'administration nécessairement parcimonieuse d'une Compagnie de marchands, cette magnifique entreprise devrait être accomplie; elle ferait un grand honneur à la couronne d'Angleterre.

Un Anglais que j'ai déjà cité, M. Prinseps, a fait paraître un recueil plein d'intérêt où sont données, avec une fidélité précieuse, les principales vues de Bénarès. On y voit la structure variée des immenses escaliers qui conduisent du Gange aux temples, aux palais; on y remarque surtout l'imposante construction de l'observatoire qui fut bâti, il y a plus de deux siècles, par le prince radjpoute qui régnait alors à Jeypour: l'édifice conserve un caractère d'antiquité très-remarquable au point de vue de l'histoire de l'art. C'était pour les indigènes une époque brillante que celle où les fils de l'illustre radjah venaient étudier l'astronomie dans l'observatoire que leur père avait fondé. Ils apprenaient à consulter le ciel avec les grands instruments dus à sa générosité, instruments qu'aucun brahmane, pandit ou non, ne sait plus expliquer.

Il serait digne du Gouvernement britannique de restaurer l'observatoire de Bénarès et de remplacer des instruments qui n'ont jamais été que fort imparfaits par ceux qu'aujourd'hui l'industrie la plus savante et la plus délicate sait préparer pour des observatoires qui reculent les bornes du ciel : instruments qui déjà mesurent géométriquement la distance de notre système solaire aux étoiles qui, pour être les moins éloignées, sont néanmoins séparées de nous par des distances dont s'effraye l'imagination la plus hardie.

Les bayadères ou nautches de Bénarès; leur esprit d'association et leurs talents.

Les bayadères de Bénarès sont renommées pour leurs talents et pour leurs charmes, auxquels sont dues les grandes richesses que les plus célèbres d'entre elles finissent par acquérir. Quelques-unes des maisons qui sont l'ornement de la ville et quelques-uns des temples les plus remarquables par leur magnificence ou leur bon goût ont été construits par d'opulentes bayadères. Ces belles hétaires de l'Asie orientale sont instruites dès l'enfance dans l'art de plaire et de séduire. On achète de bonne heure à des parents pauvres celles dont les attraits et l'intelligence promettent des succès futurs.

Il existe des espèces de communautés de chant et de danse formées par les bayadères elles-mêmes ; les séduisantes partenaires sont obligées de verser au trésor de l'association l'argent qu'elles gagnent dans les fêtes, les danses et les concerts. Chacune d'elles, par son droit d'ancienneté, peut arriver à la direction, à l'administration de la société. Chacune aussi peut sortir de la corporation; mais elle est tenue de rembourser les frais qu'a demandés son éducation. Ce n'est point assez; elle doit y joindre une indemnité pour la perte des profits qu'elle aurait procurés par ses talents en ne quittant pas la gracieuse et lucrative association. N'est-il pas à regretter que les Hindous s'abstiennent d'appliquer à d'utiles et sages entreprises un pareil esprit d'association, qui, si mal employé, fait rougir les bonnes mœurs?

La littérature nationale et sacrée, à Bénarès.

Les plus savants prêtres de Brahma ont naturellement établi leur domicile à Bénarès; c'est là qu'ils donnent leurs leçons.

Il n'y a qu'un moment, j'ai mentionné l'observatoire et ses instruments, qui sont à l'abandon; l'astronomie est délaissée, et j'ai dit à regret qu'on ne trouverait plus dans la cité de brahmanes dignes de s'en servir ou seulement capables d'en faire appliquer l'antique usage.

Au commencement du XIXe siècle, cette ville avait acquis le collége de littérature hindoue institué par *Jonathan Duncan*, qui fut Résident politique auprès du radjah de Bénarès; mais jusqu'à présent ce collége a peu prospéré.

En dehors de cette institution, on portait à trois cents le nombre des indigènes professeurs de la loi sacrée, et jusqu'à cinq mille le nombre de leurs élèves. Ces professeurs, pour ne pas perdre aux yeux de Brahma le mérite qu'ils acquièrent en expliquant les Védas, n'acceptent de leurs élèves aucune rétribution. Mais les souverains qui partageaient leur croyance, ou radjpoutes ou mahrattes, et les pèlerins les plus opulents leur assurent encore des donations suffisantes pour ajouter, par l'opulence du professeur brahmanique, à la dignité de son pieux enseignement.

L'instruction ayant pour objet la loi mahométane a beaucoup moins d'importance et ne peut pas avoir autant d'élèves dans une ville qui ne compte qu'un nombre très-inférieur de croyants à l'islamisme.

Pour un observateur attentif, c'est un spectacle plein d'intérêt de voir, au XIXe siècle, un savant brahmane, le pandit Néhémiah Nila Kantha Sastri Gor, se convertir, dans Bénarès même, au christianisme; de le voir ensuite expliquer et réfuter, dans un savant ouvrage, les *six systèmes de la philosophie indienne*. C'est un autre fait encore plus remarquable de voir un pareil livre attirer l'attention des orientalistes britanniques, et sa traduction faite en anglais par un professeur de Londres, pour être publiée en 1862, à Calcutta[1].

J'ai l'espoir qu'au milieu de la paix qui sera maintenue sur les bords du Gange, notre époque verra renaître dans

[1] *A national Refutation of the Hindu philosophical systems.* 1 vol. in-8°.

ce beau pays une nouvelle activité de l'esprit humain; partout je cherche les symptômes de cette heureuse renaissance, pour les consigner dans mon ouvrage, en appelant de tous mes vœux ce mouvement intellectuel et moral.

Comment la ville sainte fut pillée, puis vendue, puis reprise et gardée par les Anglais.

Sous les successeurs d'Aureng-zeb, un prince indigène, adorateur de Brahma, portait dans Bénarès le titre presque royal de maharadjah; il gouvernait avec douceur et sagesse. En percevant des impôts modérés, il suffisait honorablement aux dépenses d'État, à la grandeur de son rang, et son esprit d'ordre enrichissait le trésor. Cependant les Anglais, après leur usurpation du Bengale et du Béhar, avaient fait de ce prince, en premier lieu leur protégé, et bientôt après leur tributaire: son opulence le perdit. J'ai dit, pages 160 et 161 du volume précédent, les violences commises sur sa personne et contre ses sujets par le gouverneur Warren Hastings. Le souverain fut chassé pour jamais d'une ville dont les citoyens avaient versé leur sang afin de sauver le prince qu'ils adoraient. Mais, au milieu du conflit, les soldats anglo-cipayes pillèrent le trésor du prince en même temps que son palais. Par ce méfait, Warren n'avait plus aucun butin pour transmettre à la Compagnie, qui réclamait à tout prix de quoi payer un magnifique dividende à ses âpres actionnaires. Alors, il vendit au vizir d'Oude Bénarès, la cité sainte elle-même. La condition du contrat fut digne d'un tel attentat au droit des gens. Afin de gorger d'or l'insatiable Compagnie, le vizir dénaturé, obligé d'employer la force, livra les biens, les joyaux de son aïeule et ceux de sa propre mère, en triomphant de toutes deux par la reclusion et la famine.....

. . . .

De ces arrangements sacriléges aucun n'a reçu d'exécution durable, excepté l'argent dérobé pour ne jamais être restitué. Bientôt les Anglais ont fait perdre au vizir d'Oude la suzeraineté mal acquise de Bénarès et se la sont appropriée. Depuis quatre-vingts ans, ils maintiennent dans cette ville la tranquillité et la servitude. Ils y règnent, pour ainsi dire, *par l'ombre de leur nom*, tant sont peu nombreux les fonctionnaires européens que leur politique y maintient. Un juge, un collecteur des finances, quelques employés de la monnaie et de la police, sont comme perdus dans une cité d'un tiers de million d'âmes. A trois kilomètres au dehors de la ville, dans un endroit appelé Séricole, les administrateurs anglais, quelques marchands européens et quelques planteurs de sucre ont établi leurs demeures; il faut y joindre quelques rares missionnaires des États-Unis et d'Angleterre. Voilà les individus chargés de promouvoir la civilisation occidentale dans l'antique séjour aimé de Brahma.

Le commerce et les industries de Bénarès.

Tout n'est pas prière et repos et contemplation dans la cité si justement appelée *la ville splendide*. Beaucoup d'industries fleurissent dans son sein, comme l'agriculture prospère dans son voisinage.

Les étrangers venus des pays les plus divers sont attirés par le commerce dans le saint rendez-vous où l'on voit accourir tant de princes et d'indigènes opulents, où tant de pèlerins affluent à des temps fixes de l'année. Les Arabes, les Persans, les Arméniens, les Tartares, et même les Turcs, apportent à l'envi leurs produits.

Un commerce important qui se fait à Bénarès est celui des chevaux de prix envoyés de Turquie, de Perse et du

Caboul. Il en est qui sont payés jusqu'à 4,000 francs : prix énorme dans un pays où la force physique du manœuvre n'est payée que 5 à 6 francs par mois.

Bénarès est le séjour chéri d'un grand nombre d'arts somptueux et délicats. On admire ses tissus en brocart d'or et d'argent et ses soieries aussi riches que variées; ses broderies sont célèbres et faites avec des fils de métaux précieux, tantôt séparés, tantôt combinés avec la soie et le coton. Ses ouvriers excellent dans l'orfévrerie, l'ébénisterie, la sculpture sur bois et sur ivoire. Des spécimens presque identiques de ces beaux produits figuraient dans le Palais de Cristal, en 1851, et dans le palais plus massif de 1862. On voyait à cette Exposition des écharpes en soie brodée qui valaient jusqu'à 240 francs, prix de Bénarès; un tissu dit *roumal*, qui coûtait 538 francs. Deux fabricants de la cité sainte, Sibhut Chendrabhun et Dubie Peschoud, jaloux de concourir avec l'Occident, se sont présentés comme exposants de ces riches produits, auxquels ils avaient joint une grande variété de broderies d'or et d'argent. Ils présentaient, en outre, des tapis dont les vives et gracieuses couleurs, la variété, la délicatesse et le bon goût justifiaient la renommée artistique de Kashie, *la ville splendide*.

L'art du brodeur sait enchâsser les ailes irisées des plus brillants coléoptères dans l'argent et l'or des brocarts les plus somptueux : cette alliance produit une ornementation presque magique, appréciée même en Occident. Dans d'autres cités de l'Inde on s'efforce d'imiter une si charmante industrie; mais on y paye très-cher les ailes des coléoptères, tandis qu'à Bénarès on se les procure à des prix modérés, et par conséquent aussi les tissus qu'elles embellissent.

Aussitôt que des voyageurs arrivent dans cette ville,

des colporteurs indigènes leur présentent des boîtes remplies de turbans, de châles, de vêtements en soie brodés d'or et d'argent. Ils vendent aussi de pieux rubans tissés d'or et d'argent, sur lesquels sont tracés les noms des divinités hindoues; ces véritables amulettes, portés autour du cou, sont les ornements sacrés qu'on appelle *Junéous*.

Chose qui mérite d'être notée, dans la prison de Bénarès, où l'on entretient une école de tissage, on apprend surtout aux prisonniers l'art de fabriquer des tissus *de façon européenne :* c'est, par exemple, du linge de table en coton, imité d'Allemagne et d'Angleterre; ce sont des tapis, également en coton, imités de Kidderminster, etc. On espère, en propageant ces industries, donner plus de goût aux indigènes pour les produits de l'Occident, et, pardessus tout, pour les produits de la Grande-Bretagne.

Nouvelle culture de l'indigo par les natifs.

Les industriels et les capitalistes de Bénarès, sans s'effrayer de la concurrence britannique, ont repris depuis peu d'années non-seulement la culture mais la fabrication de l'indigo. Leurs produits, inférieurs en qualité, sont vendus moins cher. Pourquoi ne se procurent-ils pas des contre-maîtres européens? Avec un tel secours, ils feraient aussi bien que leurs rivaux et soutiendraient parfaitement la concurrence. C'est à quoi les patriotes indigènes doivent viser dans tous les genres.

Ramnaghur, la rivale des villes européennes.

A Ramnaghur, sur la rive droite, mais à quelque distance du fleuve, s'élève le château fort qu'avait construit le maharadjah de Bénarès, le vertueux Cheit-Sing, qui fut victime de Hastings. Ce prince avait embelli sa résidence avec de vastes jardins; il voulait qu'elle devînt le centre d'une ville considérable et régulière, où de larges rues auraient été bordées de maisons bâties dans un style européen. Deux voies principales, qui se croisent à angle droit, sont les seules parties de son œuvre qu'il ait terminées. On admire encore les sculptures d'une pagode qu'il fit commencer, mais qui reste inachevée.

District de Mirzapour.

Immédiatement au midi de Bénarès, nous trouvons le district de Mirzapour, sur la rive droite du Gange.

TABLEAU COMPARÉ DES RELIGIONS ET DES PROFESSIONS DU DISTRICT DE MIRZAPOUR.

Religions.	Agriculteurs.	Autres professions.	Totaux.
Hindous.........	651,120	380,778	1,031,898
Mahométans, etc..	15,364	59,053	74,417
	666,484	439,831	1,106,315

Ici nous pourrions répéter, avec la même raison, nos observations sur les proportions des hommes appartenant aux diverses croyances, comparées aux professions de l'agriculture et des autres arts; remarquons seulement la très-faible proportion des musulmans.

Le territoire, l'agriculture et le naturel de la population sont à peu près les mêmes dans le pays de Mirzapour et dans celui de Schahabad, qui nous a beaucoup occupé. Nous sommes par là dispensé de nous répéter sur les mêmes sujets.

Temple de la déesse des étrangleurs, à Bendachum, près Mirzapour.

Lorsqu'on part de Bénarès et qu'on remonte le Gange, à six kilomètres avant d'arriver à Mirzapour, on trouve un endroit appelé *Bendachum* et dans cet endroit le triste et fameux temple de *la Déesse Bhawanie;* c'est là que la secte des Étrangleurs vient contracter ses vœux sacriléges, apporter ses offrandes, et rendre grâces de ses forfaits à la sombre divinité.

Des bords du Gange, on monte au temple par un escalier de *quatre-vingts marches.* Quand on arrive au sommet, on pénètre, en premier lieu, dans un bazar formé par deux files de boutiques qui bordent une ruelle incroyablement étroite. C'est là qu'on vend les fleurs préparées en guirlandes, ou chapelets, pour être offertes à la déesse.

Le temple, dont tout atteste l'antiquité reculée, a la forme très-simple d'un rectangle; il est exhaussé par cinq grandes marches d'un escalier qui l'entoure de tous côtés: son toit, en terrasse, est supporté par des pilastres monolithes, largement espacés et *grossièrement travaillés.*

Avant qu'on soit introduit dans le sanctuaire aimé de l'assassinat, les ministres qui le desservent invitent les visiteurs, suivant l'usage oriental, à déposer leurs chaussures, afin de témoigner leur respect pour la déesse. Ensuite, on descend sous terre dans un réduit étroit et sombre, à peine éclairé par la lueur de deux lampes informes; là se trouve la statue de la grande et terrible Bhawanie. L'art grossier d'une époque reculée a supprimé les bras et les mains, et s'est contenté d'un cippe au bas duquel les pieds sont imparfaitement représentés. Cette espèce de statue, taillée dans un bloc de pierre noire, est posée sur un socle épais de même couleur. Les yeux noirs de la divinité, dont le blanc est d'argent mat, ont un éclat, étranger à la vie, qui frappe l'imagination des Hindous. Des guirlandes de jasmin blanc encadrent le front de la déesse et descendent, des deux côtés de sa noire figure, jusqu'à toucher ses épaules. Le bloc informe qui tient lieu du buste et du corps est caché par une robe d'un rouge sombre dont le bas ne laisse apercevoir que les pieds de la statue. De longs chapelets de fleurs votives, très-fréquemment renouvelés, sont passés autour du cou de la déesse, encadrent sa poitrine et descendent par étages jusqu'au bas de sa lourde tunique.

L'idole, ou pour mieux dire son ministre, admet des visiteurs de tous les cultes, pourvu qu'on apporte une offrande en argent dont profitera le prêtre païen qui la décore et qui veille à l'entretien perpétuel du luminaire.

Bhawanie protectrice des auto-da-fé des veuves.

Bhawanie préside à des actes de deux natures, qui toutes deux révoltent l'humanité. Elle est invoquée par les veuves qui veulent être brûlées vives sur le bûcher de leur époux. Avant que celles-ci se jettent dans les flammes, on ceindra leurs poignets avec des bracelets mystiques, tressés en coton rouge et jaune; pour consacrer ces bracelets, il faut que des brahmanes les aient posés sur les épaules de la déesse, car elle n'a ni bras ni poignets pour les porter. Voilà la première attribution de Bhawanie.

Autre protectorat plus criminel : celui des Thugs.

La seconde attribution est plus sombre encore et plus révoltante. Lorsque les étrangleurs, dont nous allons faire connaître le fatal génie et l'organisation, lorsque les *Thugs* ont préparé leurs projets de spoliation et d'assassinat pour une campagne qu'ils veulent commencer, ils viennent prier leur divinité de recevoir leurs présents et d'être favorable à leurs entreprises. Vers la fin de l'année, quand ils auront accompli leurs forfaits, ils reviendront avec la dîme des spoliations, coupable fruit de leurs homicides; ils en feront hommage à Bhawanie; ils la combleront d'actions de grâce, en la suppliant de leur continuer une protection, suprême à leurs yeux.

Ainsi, dans le centre de l'Inde, presque à la porte d'une grande cité, sur les bords du fleuve rendu sacré par des dieux qu'on suppose amis de la vertu, un temple est ouvert, impunément, audacieusement, pour sanctifier deux ordres de crimes. Des prêtres idolâtres président à ce culte de démons; ils attendent, ils réclament leur salaire, d'un côté pour bénir le suicide, de l'autre pour sanctifier l'assassinat. Leurs prières infâmes sont annoncées au son des cloches; elles sont signalées jusqu'aux bornes de l'horizon par une bannière arborée sur *le figuier religieux* qui s'élève à l'entrée du temple, et dont les racines s'enfoncent dans la terre à quatre-vingts marches au-dessus du Gange. Voilà ce que peut entendre et ce que peut voir tout un peuple honnête, et supposé pieux, qui navigue et qui prie en foule sur le Gange. D'abord des princes brahmaniques, puis des musulmans et plus tard des chrétiens ont gouverné l'Hindoustan, sans qu'aucun d'eux ait jeté bas le temple pervers et brisé la statue de la fausse divinité qui déshonore un des pays les plus civilisés de l'Orient. J'ai décrit l'un et l'autre d'après le récit publié par l'épouse *d'un des principaux magistrats britanniques* dans les provinces du nord-ouest; c'était à la fin de 1844, et, depuis cette époque, rien n'a fait connaître qu'on eût anéanti ce monument non moins insensé que barbare.

Organisation des Thugs.

Jusques à ces derniers temps, en aucun lieu de la terre, si ce n'est dans l'Inde, on n'aurait pu trouver une association qui fît de tous les moyens d'immoler avec impunité non-seulement une école méthodique, mais autant d'actes consacrés par une insolente religion, ou plutôt par la plus effroyable perversion du sentiment religieux. Dans la secte dont nous allons expliquer l'organisation mystérieuse et les sacriléges, les prêtres sont à la fois des initiateurs au crime et des professeurs d'immolation. Ils font servir l'action prolongée de l'habitude et l'orgueil insensé du mal à raffiner le crime même; ils élèvent les âmes au-dessus de la peur, et font servir le fanatisme pour aller au-devant du remords, qu'ils empêchent de naître.

D'un bout à l'autre de l'Hindoustan, les associés forment entre eux *un corps social,* pour le moins autant qu'une secte. Ils sont recrutés indifféremment parmi les classes brahmaniques ou musulmanes; mais, avant d'être initiés, *tous répudient leurs premières croyances.* Ils n'adorent plus que leur déesse Bhawanie; ils l'invoquent toujours, et plus que jamais au moment qui précède le dernier supplice. Les mahométans, s'ils se font thugs, peuvent encore lire le *Koran;* mais il ne leur est plus permis de prononcer le nom de celui qui jadis était leur Prophète. Le livre de Mahomet n'est désormais pour eux qu'un *Code civil,* et c'est d'après les prescriptions musulmanes qu'ils règlent leurs successions, leurs mariages, etc.

On a fini par connaître les préceptes et les éléments de succès qui caractérisent l'effrayante et mystérieuse association. Chez les peuples policés, dans beaucoup de cas, un sentiment vil et pourtant salutaire sauve la vie des personnes assaillies et dépouillées par les voleurs même les plus avides : c'est la crainte que les traces du sang répandu et l'aspect d'un cadavre ne servent d'indices pour découvrir les assassins et pour les condamner à mort.

Ici l'on a réduit en théorie, en croyance, l'art d'enlever et nous dirions presque de soustraire la vie au lieu de l'arracher, et les moyens de dérober à la connaissance des hommes non-seulement l'immolation, mais le corps même des victimes. Afin de réussir, il faut, avant tout, que le fanatisme prenne les ordres du destin.

Les présages, les auspices.

Les thugs interrogent l'avenir, dans l'intention d'accomplir avec succès leurs entreprises ; ils ont leurs devins et leurs aruspices. Ils n'entrent pas en campagne et ne livrent pas leurs combats, s'ils n'ont pas obtenu, comme autrefois les Romains allant au pillage des États voisins, des présages fortunés.

Ce n'est pas tout que d'inaugurer superstitieusement leurs entreprises; dans la perpétration du crime, il est des rites sacrés qu'il importe d'accomplir. Il le faut, afin qu'une protection suprême continue, suivant leur superstition, de s'étendre sur leurs desseins, et ne permette pas même au hasard de produire contre eux quelque révélation.

Caractère particulier des assassinats et des sépultures.

Le véritable thug est un meurtrier profès et scientifique; constamment maître de lui-même, il réunit l'expérience et la prudence à l'impassibilité. Il imaginera, il adoptera toutes les combinaisons qui, sans éveiller de soupçons, le peuvent rapprocher de la personne dont il veut faire sa victime. Il aura des adresses infinies pour voyager avec elle, pour manger et pour prier avec elle, en épiant le moment de l'étouffer, nous dirions presque à son insu, sans qu'elle ait rien soupçonné. Il ne doit jamais verser le sang, parce que le sang laisse toujours après lui quelque trace dangereuse. En se privant de porter des armes offensives, il fait naître une plus grande confiance; et ses mains, savamment exercées, suffisent pour étrangler à l'improviste même l'homme le plus robuste. Si les seules mains ne suffisent pas, au moyen d'une manœuvre longtemps apprise, un simple mouchoir est lancé, rapide comme l'éclair; puis, en un clin d'œil, il est serré par le thug autour du cou de sa victime. Pour que le succès soit complet, et flatteur, il faut qu'on n'entende pas le moindre cri.

Le khodalie, l'instrument de fossoyeur.

Le meurtre accompli, le mort dépouillé, le thug creuse une fosse avec l'outil mystérieux, le *khodalie*, qu'il porte caché sous ses vêtements. Il ensevelit avec soin le cadavre; puis il aplanit, il foule aux pieds la terre dont il vient de le couvrir. Sur cette terre, il fait un feu qui la dessèche sur un assez grand espace, afin qu'elle ne paraisse pas fraîchement remuée et qu'un passant ou l'autorité, mis en éveil, ne soient pas tentés de fouiller en ce lieu pour y chercher le corps d'un voyageur depuis peu de temps disparu.

Comme on doit prévoir tous les cas, et dans l'intention d'écarter les moindres indices, il arrive assez souvent que des complices, apostés à quelque distance du lieu fixé pour consommer le crime, battent du tambour ou chantent en chœur. Grâce à ce moyen, aucun cri ne pourrait être entendu si, par impossible, il en échappait à la victime quand vient le moment de l'immolation.

En France, il y a quelques années, les assassins de Fualdès, employant le secours d'une vielle organisée qui semblait jouer pour les passants, avaient imité cette adresse des thugs, dans la ville de Rodez.

La multiplicité, la diversité des crimes de cet ordre sont révélées par la richesse de la langue particulière à ce peuple d'assassins. Ils ont des mots propres différents pour désigner les divers rapports et les conditions respectives des victimes et des sacrificateurs; ils ont des termes particuliers pour indiquer combien de personnes sont étranglées dans un même coup de main, depuis une jusqu'à six : cet idiome est compris par les thugs dans toutes les parties de l'Inde, où sont parlées tant de langues étrangères les unes aux autres. Ils emploient aussi certaines expressions du langage ordinaire, lesquelles, prononcées sans affectation au milieu du discours, leur servent pour se reconnaître, *et pour ne pas s'étrangler les uns les autres.*

Enseignement de l'assassinat; l'exercice et les honneurs du mouchoir.

La communauté compte ses vétérans, *ses étrangleurs émérites;* ceux-ci deviennent, quand ils ont passé l'âge mûr, les précepteurs d'une jeunesse espoir du crime. Ils la façonnent *à l'exercice du mouchoir,* par des tentatives simulées qui leur apprennent à ne jamais perdre leur présence d'esprit, à conserver un visage impassible et, dans toutes les circonstances, à rester maîtres d'eux-mêmes. Quand les élèves ont acquis une certaine adresse aux répétitions de pur apprentissage, on les met à l'œuvre, en leur ménageant des victimes faibles et de facile surprise.

Aucun thug ne doit étrangler de victime *réelle* avec un mouchoir *qui n'ait pas été consacré et conféré par un prêtre de Bhawanie.*

Après qu'un novice a passé par les différents degrés de l'art, après qu'il a fait ses preuves de dextérité, de résolution, d'énergie, et de ce que les Anglais appelleraient *hard breastedness*, la dure trempe du cœur, le prêtre lui décerne en grand apparat le *mouchoir d'honneur*. La Société des thugs est réunie, afin qu'en sa présence le pontife procède à cette importante solennité. Au néophyte, qui donne enfin beaucoup plus que des espérances, il rappelle les personnes de sa famille qui se sont signalées par l'usage qu'elles ont fait de cet instrument de destruction; il célèbre ainsi les exploits et presque la noblesse de sa maison. Il lui fait connaître tout ce que ses amis attendent de son origine, de son courage et de sa conduite future. L'initiateur implore la puissante Bhawanie, afin qu'elle favorise la louable ambition du néophyte, et seconde la vaillance qu'il va déployer en vouant son courage au service de la déesse : on croit assister à la réception religieuse de quelque chevalier du moyen âge.

Cette réception devient pour le nouvel adepte, dans l'estime de ses complices, un brevet attestant ses qualités supposées morales. Elle n'est pas, d'ailleurs, un stérile honneur; la consécration qu'il vient de recevoir lui garantit *une plus grande part de prise* après chaque immolation. Il est alors réputé *Bari Chati*, le brave au cœur inébranlable.

Les associations se recrutent souvent jusque dans les rangs de l'adolescence. On voit des sujets, d'une férocité prématurée, qui reçoivent le grand prix du mouchoir d'honneur avant d'avoir atteint leur vingtième année : tant ils montrent déjà, dans la part qu'ils prennent au crime, les qualités qu'on attend d'eux.

En s'essayant à ce noviciat terrible, les hommes qui ne parviennent pas à déployer une assez grande force de caractère restent toute leur vie des espèces de *Choukidars decoïts*, des veilleurs de grands chemins, des épieurs de victime, des creuseurs de fosse et des porteurs de cadavre : ce sont *les frères lais de l'assassinat.*

Lorsqu'une troupe de thugs est sur le point de partir afin d'exécuter une de ses entreprises, le chef de l'expédition reçoit des mains du prêtre de Bhawanie, *comme un bâton de commandement*, le pic portatif, le *khodalie*, que l'assassin portera caché sous ses habits et qui servira pour creuser la fosse des voyageurs étranglés.

Si l'on employait un autre instrument, quel qu'il pût être, il en résulterait, suivant la superstition des sectaires de Bhawanie, par un châtiment du ciel, la découverte de la victime ensevelie suivant un mode interdit par les rites.

Les thugs sont encore asservis à d'autres superstitions étranges. Lorsque leurs victimes sont enterrées dans les fosses qu'on creuse avec l'instrument sacré, *cela suffit pour que leur âme ne puisse jamais sortir de la fosse*, ni les poursuivre avec son fantôme, ni s'adresser aux vivants afin qu'ils jugent et condamnent les meurtriers.

Quand vient le terme de la campagne, une stricte équité préside au partage du butin qu'ont rapporté les associés d'une même troupe. Avant tout, ils prélèvent, avec respect et reconnaissance, la part qui revient à leur Divinité. Il le faut; car sans cela les complices ne pourraient plus compter sur la continuation de ses faveurs, et bientôt leurs attentats, mis à découvert, seraient punis par la vindicte des lois.

Le pèlerinage annuel au temple de Bhawanie. — Tous les ans, vers le mois de janvier, l'affluence redouble sur les bords du Gange, à Bendachum, dans le temple de Bhawanie. Les thugs, ses fidèles adorateurs, apportent alors au pied de sa statue les fleurs, blanches comme le lis, dont ils couronnent sa tête et décorent son sein. Ils y joignent les tributs recueillis dans l'année qui vient de finir et les offres votives présentées pour assurer d'heureux succès à l'année qui va commencer.

Les Thugs en présence de la justice.

Chez ces hommes endurcis au crime par l'éducation, par l'exercice et par le fanatisme, ce qu'il importe que nous fassions remarquer, c'est leur sang-froid en présence de la justice, c'est leur fortitude au milieu des tortures et leur complète indifférence au moment du dernier supplice. Ils ignorent également la honte et le repentir; ils ne sont pas abattus par l'appréhension d'une mort infâme et prochaine. Le croira-t-on? loin de redouter les justes châtiments d'une autre vie, c'est la félicité suprême que l'échafaud ouvre à leur détestable espérance!

Voilà donc jusqu'à quel degré de perversité et jusqu'à quel renversement des derniers remparts de la conscience on peut conduire quelques hommes de choix, au milieu d'un peuple immense!.....

Si les Indiens employaient pour conquérir leur liberté la dixième partie de l'activité, du sang-froid et de l'intrépidité que les thugs mettent à braver l'exécration universelle, toutes les puissances de l'Europe, au lieu d'une seule, ne suffiraient à les tenir sous le joug, ni par force ni par adresse.

Comment les Thugs se préparent à mourir et supportent le supplice.

Jetons un dernier regard sur ces hommes pervertis dès l'adolescence, instruits à donner savamment la mort, en la bravant pour eux sous toutes les formes; rendus insensibles à tous les sentiments, à tous les intérêts, ainsi qu'à toutes les croyances des populations au milieu desquelles ils forment un État hostile et secret. Faisons voir, par un exemple qui frappera plus que de vaines assertions, avec quelle impassibilité ces étranges malfaiteurs, ainsi que nous venons de l'annoncer, savent subir le châtiment de leurs crimes :

En 1830, onze thugs emprisonnés *depuis huit ans*, sans rien avouer, sont enfin convaincus d'avoir étranglé *trente-cinq voyageurs* dans le simple cours d'une de leurs campagnes. Au bout de ce temps, à force de recherches, et malgré les précautions dont nous avons expliqué le raffinement, la justice finit par découvrir les lieux écartés où les trente- cinq cadavres gisaient ensevelis dans la direction qui conduit de Saugor à Bhopaul, province de Malwa. Alors tous ces criminels sont condamnés à mort.

Au jour fixé pour l'exécution de leur sentence, dès le lever du soleil, on les tire de la prison pour les conduire à l'échafaud. Avant de paraître en public, *ils se sont décorés avec des guirlandes de fleurs* semblables à celles dont tous les ans ils parent leur déesse; ils marchent en bon ordre et d'un pas ferme jusqu'au lieu désigné pour leur supplice. D'eux-mêmes ils se placent en ligne chacun vis-à-vis de la corde qui l'attend. Tous alors, levant leurs mains vers le ciel, ils s'écrient : « Gloire au temple de Bendachum! Gloire à la déesse Bhawanie!... » Les onze condamnés font entendre les mêmes invocations; et, pourtant, quatre d'entre eux *sont musulmans*, un cinquième *est issu de la caste des brahmanes*, et les six autres appartiennent à la fière et noble race des Radjpoutes, la *seconde caste supérieure dans les rangs des peuples de l'Hindoustan.*

Ces criminels montent à l'échafaud avec décence et sérénité. Chacun prend à deux mains son nœud coulant et le passe avec calme autour de son cou; puis, répétant le cri de « Gloire à Bhawanie! » ils achèvent sur leurs personnes les fonctions de bourreau. Endurcis dans le crime, ils montrent autant de sang-froid, en s'exécutant eux-mêmes, que s'il s'agissait d'étrangler une de leurs victimes.

Quand on leur avait signifié leur sentence, on les avait interrogés pour savoir s'ils désiraient adresser à leur juge l'expression de quelque souhait. Ils demandèrent d'abord que, pour chacun d'eux qui devait mourir, on délivrât cinq prisonniers; mais cette rançon ne leur fut pas accordée. Ils demandèrent ensuite qu'on leur donnât quelque monnaie, afin de la distribuer aux simples pauvres, à ceux qui, n'ayant rien à perdre, ne leur avaient jamais inspiré le désir de les étrangler : ils obtinrent cette faveur.

Depuis plus de vingt années, le Gouvernement britannique a redoublé de soins et d'activité pour rechercher partout les thugs et pour en poursuivre avec opiniâtreté les bandes, qui parfois se composent de trente et de quarante conjurés. La police européenne s'est efforcée d'étudier leurs habitudes, leurs pensées, leurs sentiments; elle a tout fait pour découvrir leurs refuges, afin de tarir la source de crimes si souvent insaisissables. J'ai cité dans le volume précédent le colonel Sleeman, qui s'est distingué dans ces recherches et dans ces répressions, auxquelles un ami de l'humanité ne saurait trop applaudir.

Respect calculé des thugs pour les Européens. — La pensée généralement répandue que, s'il le fallait, les Anglais bouleverseraient l'Inde tout entière afin de retrouver le cadavre *d'un des leurs* et venger son assassinat, cette pensée détermine les thugs *à ne jamais étrangler les Européens :* ce pourraient être des Anglais.

Tolérance des États indigènes à l'égard des Thugs.

Les gouvernements imparfaits et faibles des Hindous et des musulmans sont loin d'imiter celui de l'Angleterre dans la répression d'une nature d'attentats qui, plus que toute autre, atteste l'imperfection des États indigènes et l'indigne apathie de leur autorité répressive.

Il est incroyable et déplorable de voir avec quelle sécurité les thugs vivent, et je dirais presque *se pavanent*, dans certaines régions au centre de l'Inde.

Voici ce que reproduisait, en 1830, la *Gazette officielle de Calcutta*, d'après un autre journal : « Sur le territoire occupé par les chefs indépendants du pays de Bundelconde, dans les États de Scindia et de Holcar, un thug sent qu'il jouit de la même liberté et d'autant de sécurité que des matelots anglais joyeusement attablés dans une taverne, sur le bord de la Tamise.

« Il retrouvera probablement la même situation s'il se réfugie dans la province de Nagpore, aujourd'hui que cette province a cessé d'être soumise à la suprême inspection du pouvoir britannique[1]. »

Triste et nouvelle confiance affichée par les thugs même sur le territoire britannique. — « Mais les thugs ne se tiennent pas seulement sur le territoire des chefs indigènes; ils deviennent chaque jour plus nombreux sur le nôtre. Souvent on les trouve vivant avec le plus grand confort et la plus parfaite tranquillité dans les chefs-lieux mêmes où réside notre pouvoir judiciaire. Depuis peu d'années, on sait qu'ils ont formé plusieurs *établissements* à l'est du Gange, en des lieux qu'auparavant ils se contentaient de visiter

[1] Depuis l'époque ici mentionnée, le pays de Nagpore est rentré, pour ne plus en sortir, sous la domination absolue de l'Angleterre.

par occasion pendant les écarts de leurs expéditions annuelles. »

Quelques observations sur une Déesse Bhawanie de l'Occident et surtout de l'Angleterre.

Les gouvernements occidentaux sont aussi fiers que satisfaits en voyant des associations si dépravées, et mues par de si bas motifs, n'affliger que des pays idolâtres et d'une civilisation qui permet de pareils outrages à la raison, à l'humanité, à Dieu même. Cependant, de nos jours, l'Occident s'est fait à son tour une déesse Bhawanie. Il s'est procuré d'autres thugs affiliés *au culte d'un droit nouveau;* et quel droit infâme!

Ces mystérieux assassins procèdent à leurs entreprises avec des armes de jet autrement terribles que l'emploi d'un frêle mouchoir et l'étranglement d'obscures victimes. L'immolation fanatique des princes, des rois et des empereurs, fût-ce au milieu d'une foule décimée dans l'espoir d'atteindre les victimes les plus illustres, ce crime a trouvé dans notre Europe des séides et des martyrs couronnés aussi par des guirlandes de fleurs et célébrés par des médailles commémoratives.

Chose encore plus incroyable! cette Angleterre qui se proclame avec si peu d'hésitation et de modestie la plus morale entre toutes les nations, elle qui s'enorgueillit de poursuivre dans les derniers recoins de l'Hindoustan l'assassinat mystérieux sanctifié par le thughisme, l'Angleterre le couve dans son propre sein. Son orgueil national sanctifie et pousse à l'extrême *la superstition du droit d'asile;* elle fait de son territoire l'immense temple de la Bhawanie européenne, inviolable même quand il s'agit de révolter des États étrangers et d'immoler des princes amis. Nous avons vu son Parlement[1] se soulever à la pensée qu'on osât lui demander de mettre un obstacle à de semblables attentats, et jeter à bas un ministère qui s'honorait en proposant une ombre de répression, ou simplement une ombre de mesure préventive. Ce n'est point assez : des jurés, choisis impartialement dans la masse du peuple, la main posée sur leur conscience de chrétiens, ou du moins d'Anglais, déclarent innocent (*not guilty*) le recrutement des assassins fait à prix d'or dans leur propre pays et même avec l'or de leur pays; ils absolvent la confection préméditée des bombes homicides[2], fussent-elles destinées à l'assassinat d'un illustre allié, fussent-elles préparées pour le meurtre effectif de quatorze victimes, parmi cinquante blessés, hommes, femmes, enfants, et tous frappés dans l'espoir d'atteindre une tête auguste !.. L'Orient, à son tour, aurait sujet de s'émerveiller s'il savait à quel point les peuples du monde moderne ont trouvé l'art de dépasser sa hideuse école de forfaits étroits, obscurs, et qui sont sans portée sur les destins du monde.

Après avoir écrit ces lignes, je trouve un sujet non moins grand de surprise. Dans les crimes commis à Londres la nuit, le soir et même le jour, l'étranglement s'ajoute au vol et devient un moyen chéri d'assassinat. La terreur saisit les deux sexes. Les hommes inventent des colliers qui puissent résister soit au mouchoir, soit au lasso; et les femmes ajoutent à leurs joyaux un sifflet d'argent, pour faire entendre au loin leur appel désespéré.

Que dirait maintenant le peuple de Londres si, près

[1] Voyez les débats parlementaires de l'année 1858 et rendons hommage au ministère qui succomba dans une si noble tentative.

[2] Procès de Bernard. Dernièrement ce misérable mourut de mort naturelle à Londres, où les thugs européens lui firent de sombres et publiques obsèques.

de Westminster ou près de Saint-Paul, on érigeait un asile national, où les voleurs et les étrangleurs pourraient impunément se réfugier après chaque attentat; en sortir impunis pour recommencer leurs étranglements; puis y rentrer, puis en sortir encore, afin d'étrangler derechef avec la même assurance; et cela, sans cesser jamais d'être protégés par ce qu'on appellerait l'honneur héréditaire et national de la grande et vertueuse cité? Voilà ce que fait l'Angleterre pour favoriser, sur son territoire, les thugs politiques échappés à la vindicte de toutes les nations.

Les Anglais mêmes se demandent involontairement si les malfaiteurs qui désolent aujourd'hui leur métropole ne sont pas allés dans l'Inde pour se faire initier à la religion, aux secrets, à l'habileté des thugs, afin de rapporter dans la Grande-Bretagne la nouvelle et savante industrie du vol et de la strangulation?

Hâtons-nous de quitter un sujet d'où sortent de si tristes enseignements. Nous l'avons abordé en décrivant le temple de Bhawanie, sur les bords du Gange; redescendons le redoutable escalier de Bendachum. Si de là nous remontons le fleuve, après avoir parcouru la courte distance de six kilomètres, nous arriverons à Mirzapour, brillant foyer d'un riche commerce, au centre des voies nouvelles de communication qui rayonnent dans tout l'Hindoustan.

La ville de Mirzapour.

Cette ville importante comptait, en 1800, plus de cinquante mille habitants. Elle est bâtie sur la rive droite du Gange, à douze lieues au-dessus de Bénarès. Elle offrait un des grands marchés de l'intérieur pour les tissus de coton que produisaient les indigènes, quand leur industrie florissait. Avec le même filament on fabrique encore, dans les environs, de solides tapis très-estimés et très-demandés.

Aujourd'hui Mirzapour reçoit les cotons bruts des provinces agricoles, dans un rayon considérable, et les embarque pour Calcutta. Dans une direction contraire, la même ville est un entrepôt pour les soies gréges et pour les soieries qui, du Bengale, sont envoyées dans les provinces du nord-ouest et dans le centre de l'Hindoustan.

Voies de communication qui convergent sur Mirzapour.

Qui croirait que le transport des cotons en laine expédiés de Mirzapour, dans la saison des hautes eaux, ne coûte pas plus de 8 à 10 francs par mille kilogrammes pour parcourir sur le Gange une étendue de deux cents lieues et parvenir à la capitale de l'Inde? Mais, dans la saison des sécheresses, la navigation, qui devient plus lente et plus difficile, devient aussi plus coûteuse. C'est aussi la saison où les produits encombrants pourront être transportés avec avantage par d'autres voies plus dispendieuses, mais plus sûres et plus expéditives.

Tel sera le chemin de fer dit *oriental*, entre Mirzapour et Calcutta; il n'aura pas moins de 180 lieues, c'est-à-dire presque la distance de Paris à Marseille.

Pont sur la Soane, pour conduire à Mirzapour.

Aujourd'hui la grande route ordinaire, le *Grand-Tronc*, qui de Calcutta conduit à Delhi, est complétement empierrée depuis la première cité jusqu'à Mirzapour. Il est surprenant, mais il est vrai de dire qu'on n'a terminé que depuis assez peu de temps un immense pont en pierre sur lequel, grâce au ciel, les voyageurs, en traversant la Soane, peuvent passer autrement qu'en bateau; trop souvent le batelage présentait autant de retard que de danger.

Ce pont est le plus grand monument de son espèce que les Anglais aient construit dans l'Inde : ses piles sont composées de grands tubes métalliques graduellement enfoncés dans un lit de vase et de sable; avec les chaussées qui l'accompagnent des deux côtés, c'est une suite de constructions, de fonte, de pierre et de brique, ayant une longueur qui surpasse deux kilomètres : une demi-lieue.

Chemin de fer dirigé de Mirzapour vers le centre de l'Hindoustan.

Un nouvel élément de prospérité favorise la cité qui fixe notre attention. Le chemin de fer qui commence à Calcutta longe la rive droite du Gange à partir de Radjahmahal, passe par Mirzapour et se dirigera sur Delhi; plus tard, une autre voie ferrée prendra Mirzapour pour point de départ, et, traversant de l'est à l'ouest le centre très-fécond de l'Hindoustan, communiquera jusqu'à Bombay. Ainsi les plus riches produits agricoles, et du nord-ouest et de l'ouest, pourront se réunir dans la ville dont nous étudions les destinées; ils descendront de là, suivant les saisons et les concurrences, ou par le fleuve, ou par une voie plus expéditive, jusqu'à Calcutta.

Discussion importante sur deux voies de fer en concurrence.

Une vive controverse s'est élevée entre les ingénieurs. Les uns préféraient le chemin de fer qu'on a détourné pour desservir quatre grandes cités au-dessous de Mirzapour, en recevant tous les produits des riches pays situés sur la rive septentrionale du Gange, au-dessus du delta. Les autres, au nom d'intérêts plus généraux encore, préféraient la direction la plus courte entre Mirzapour et Calcutta; elle aurait économisé *quarante à cinquante lieues de parcours*. Le premier système a triomphé; cependant quelque jour, j'en suis certain, une nouvelle voie ferrée partira de Mirzapour et suivra la ligne la plus directe. Avec le temps, toutes les deux prospéreront; mais il faudra pour cela que bien d'autres progrès soient accomplis.

Collectorat ou district de Juanpour.

Franchissons le Gange; tout le territoire qui complète la province de Bénarès est situé sur la rive gauche, au nord de ce fleuve.

Le premier collectorat qui s'offre à nous est celui de Juanpour. Ce pays, dans l'origine, appartenait au royaume d'Oude. Son agriculture est très-soignée : ses habitants pleins d'énergie arrosent leurs champs avec une eau qu'ils tirent péniblement des entrailles de la terre. Une telle énergie donne des résultats aussi prodigieux qu'en Chine; les récoltes qu'elle a produites ont élevé par degrés le nombre des habitants à 2,843 par mille hectares : c'est presque deux fois la densité de la population dans la Lombardie et la Belgique, pays les plus populeux de notre continent.

J'aime toujours à contraster les deux populations des Hindous et des musulmans.

Occupations.	Hindous.	Musulmans.	Totaux.
Agricoles.....	821,163	43,348	864,511
Industrielles...	210,425	68,813	279,238
	1,031,588	112,161	1,143,749

Proportion pour mille individus de chaque croyance.

Occupations.	Hindous.	Musulmans.
Agricoles................	796	386
Industrielles.............	204	614
	1,000	1,000

Ce simple rapprochement confirme notre précédente observation, qu'autant la grande majorité des Hindous s'adonne à l'agriculture, autant la grande majorité des musulmans s'en éloigne avec dédain.

Ici, sur une terre moins noyée sous les eaux, un climat moins énervant, les hommes ont une plus haute stature; ils sont plus laborieux et manifestent une plus grande force d'âme que dans les basses plaines du Bengale. Nous n'allons plus trouver les habitudes de soumission servile qui caractérisent l'habitant de ce dernier pays: aussi les troubles intérieurs sont fréquents, et souvent ils semblent fondés sur les motifs les plus légers.

Juanpour, le chef-lieu du collectorat, est bâtie sur les bords de la Gomti, comme aussi Lucknow, la capitale du royaume d'Oude. Là s'élève un pont qui fut construit sous le grand règne d'Akbar, il y a deux cent quatre-vingts ans. Dans la saison pluvieuse, quand la chaleur fait fondre la glace et la neige des Himâlayas, la rivière éprouve des crues énormes. Alors ce pont est couvert en entier par les eaux; néanmoins, depuis près de trois siècles, sa solidité n'en est pas altérée.

District d'Azimghur

Dans ce vaste district, la population est presque aussi condensée que dans le district de Juanpour; elle n'est pas moins florissante pour les mêmes causes, qu'il est inutile de répéter.

Occupations.	Hindous.	Musulmans.	Totaux.
Agricoles.....	1,199,340	105,703	1,305,043
Industrielles ..	227,530	120,618	348,148
	1,426,870	226,321	1,653,191

Nous ne citons en particulier Azimghur que pour la filature et le tissage des cotons, deux industries considérables, surtout autrefois, dans ce pays.

Collectorat de Goruckpour.

Ce collectorat, le plus vaste de la province, en est aussi le plus peuplé; à lui seul, il compte plus de trois millions d'habitants. Il ne le cède en population, incroyablement condensée, qu'aux districts de Bénarès et de Juanpour; pour une même étendue de territoire, il présente deux fois plus d'habitants que l'Angleterre.

Le Goruckpour touche par le nord au royaume du Népaul et par l'occident au royaume d'Oude, dont il fut distrait en 1801. Les parties du territoire voisines de la chaîne inférieure de montagnes du Népaul abondent en forêts ainsi qu'en jongles malsains. Ce territoire limitrophe est le séjour que chérissent les éléphants sauvages, les rhinocéros, les ours, les tigres, les buffles, etc.

Dans le tableau qui va suivre, parmi les districts ou collectorats de cette province, on remarquera surtout ceux d'Allahabad, de Futtehpour et de Cawnpour. Tous trois sont compris dans le Doab, entre le Gange et la Jumna; tous trois éminemment populeux, surtout le premier et le dernier.

II. — *Province financière d'Allahabad.*

TERRITOIRE ET POPULATION.

COLLECTORATS.	TERRITOIRE.	POPULATION.	HABITANTS par MILLE HECTARES.
	hectares.	habitants.	habitants.
Allahabad	722,073	1,379,788	1,911
Bandah	779,558	743,872	954
Humirpour	589,654	546,605	930
Futtehpour	410,925	679,787	1,654
Cawnpour	608,107	1,174,456	1,931
TOTAUX	3,110,317	4,524,508	1,455

Collectorat d'Allahabad.

Ce pays, remarquable à tous égards, tire son nom d'une ville qui doit beaucoup à sa position importante à tous les points de vue, religieux, militaire et commercial.

Le collectorat d'Allahabad, quoique plus peuplé proportionnellement que l'Angleterre, l'est beaucoup moins que les trois districts qui précèdent; cela tient à des parties marécageuses comprises entre le Gange et la Jumna, parties qu'il faudrait assécher dans les bas-fonds pour mieux arroser dans les parties proéminentes.

La cité de Prag ou d'Allahabad.

Les deux beaux fleuves que nous venons de mentionner, le Gange à l'orient et la Jumna à l'occident, descendent l'un et l'autre des monts Himâlayas, se suivent longtemps d'un cours presque parallèle, jusqu'au point où la Jumna réunit ses eaux à celles du Gange.

Ce confluent, en langue sanscrite, appelé *Prayaga*, est pour les Hindous une position sacrée; dès la plus haute antiquité, sur la langue de terre baignée des deux côtés par les eaux confluentes, les sectateurs de Brahma avaient construit la ville qui, d'après sa position, avait reçu le nom de *Bhat Prayaga* et qu'on appelle encore assez souvent *Prag*.

Quoique la ville ait été construite avec d'excellents matériaux, elle présente au dehors, dans une étendue considérable, des débris de mortier, de pierres, de briques et d'anciennes poteries; les habitations actuelles n'offrent guère que d'humbles maisons construites en terre. Aussi, bien loin d'être appelée la cité splendide, comme Bénarès, elle a reçu le surnom vulgaire et nous dirions presque le sobriquet de *Fakirabad*, la résidence, la cité des mendiants, des *fakirs*. Les musulmans ont remplacé ce nom dérisoire par le plus sublime de tous.

Cette ville de boue comptait encore, il y a trente ans, quarante-quatre mille Hindous et vingt mille musulmans, dont les habitations sont dispersées dans les trois angles que présentent les deux fleuves, comme Lyon se partage entre la Saône et le Rhône. Les empereurs mogols avaient beaucoup sacrifié pour en faire une cité complétement mahométane et digne d'être appelée *la cité de Dieu*, Allahabad. Ce fut le célèbre Akbar qui lui consacra ce nom, et qui bâtit une mosquée magnifique auprès du confluent du Gange et de la Jumna.

Non loin de la Grande Mosquée, un des successeurs de ce conquérant construisit un vaste palais qui maintenant tombe en ruine; il érigea dans ses jardins trois grands mausolées destinés à conserver la mémoire de trois membres de sa famille.

La ville d'Allahabad, capitale définitive des provinces du Nord-Ouest.

Par de redoutables travaux, Akbar voulut assurer sa domination contre le ressentiment des Hindous, dont il offensait le sentiment religieux; au-dessus du confluent, il érigea l'une des plus puissantes forteresses de l'Asie sur un vaste rocher taillé dans beaucoup d'endroits comme un rempart, et la fit garder par des musulmans; elle commande par ses feux la navigation des deux fleuves et les endroits sacrés du confluent réservés aux bains religieux des Hindous. Cette forteresse, il est vrai, défendue par des Asiatiques, ne résisterait pas à l'attaque savante d'une armée européenne; mais entre les mains d'une puissance telle que l'Angleterre, suffisamment avertie, on peut regarder la place comme imprenable par des troupes asiatiques. Les Anglais en ont fait le principal dépôt militaire de leurs provinces du nord-ouest.

Si les révoltés de 1857 et 1858 avaient été conduits par des chefs doués d'un véritable génie militaire, ils auraient profité de la surprise et de l'incurie des Anglais pour s'emparer d'Allahabad à l'improviste. Les premiers moments passés, il était trop tard; le gouverneur, lord Canning, établissait son quartier général dans la forteresse un instant menacée, pour diriger de là tous les secours sur les points où le péril était le plus imminent.

Les faits que nous venons de rapporter justifient parfaitement la mesure toute récente qui choisit Allahabad pour être la capitale des provinces du nord-ouest. C'est le point le plus avancé pour communiquer par le Gange et par le chemin de fer avec Calcutta, centre du gouvernement général; c'est le point où se réunissent toutes les eaux des rivières navigables; c'est là que sont transportés tous les produits du nord-ouest destinés pour le Bengale et pour les pays d'outre-mer.

Le commerce et les foires d'Allahabad.

Le commerce d'Allahabad n'a pas cessé d'être considérable, quoiqu'il ait changé de nature. Ce ne sont plus les tissus de coton des provinces du centre et du nord-ouest qu'on accumule à profusion pour les exporter; ce sont, au contraire, les fils et les tissus des Anglais qui remontent les fleuves en refoulant devant eux les similaires indigènes. L'industrie britannique, de plus en plus triomphante, échange le produit de ses arts manufacturiers avec ceux de l'agriculture indigène, le riz et même le froment, le sucre, l'indigo, l'opium, le coton en laine, le tabac, etc.

Pour approvisionner le marché d'Allahabad, on apporte de toutes parts; et surtout des monts Himâlayas, une incroyable quantité de pelleteries; elles payaient autrefois sur ce marché des droits de douane intérieure utilement supprimés depuis l'année 1838.

Le règne minéral fournit du salpêtre pour les exportations.

Au temps de l'empereur Akbar, les mines de diamants qu'on trouve à Pannah, dans les montagnes, produisaient par année 2,500,000 francs. Ces diamants, remarquables pour leur pureté, sont devenus extrêmement rares, et le commerce dont ils étaient l'objet se trouve aujourd'hui presque éteint.

Chaque année, au mois de janvier, on tient sur la plage d'Allahabad une grande foire qui dure deux mois entiers. Elle est à la fois fréquentée par des marchands et par des pèlerins. De tous les points de l'Hindoustan, les indigènes arrivent en foule à ce rendez-vous commercial. Là sont apportés en profusion les diamants, les pierres précieuses, les perles, le corail, les châles, les tissus de laine et de coton, les fourrures, les porcelaines, etc. là sont offertes des idoles confectionnées pour les Hindous; là sont fabriqués des jouets pour l'enfance, et, pour l'âge mûr, des armes riches, variées : elles font honneur au bon goût, au travail délicat des indigènes. Mais, par degrés, ces armes perdent de leur prix; elles sont moins demandées à mesure qu'un plus grand nombre d'États indigènes sont annexés à l'empire britannique et que les grandes familles sont privées de leur pouvoir, de leurs priviléges, d'une partie de leurs revenus et de leur importance.

Aujourd'hui que les Anglais désarment systématiquement tous leurs sujets du nord-ouest et du centre, la fabrication des armes, même celle des plus communes, est une industrie qui tend rapidement à disparaître : il restera seulement la fabrication des objets futiles.

On fabrique dans Allahabad des joujoux d'argent émaillé qui représentent très-bien les animaux; d'autres sont en ivoire artistement sculpté. Pour les gens peu riches, les joujoux sont en étain, mais, du reste, bien imités.

Ici, je dois réparer une omission que j'ai commise en citant les industries de Calcutta : c'est l'art de percer les perles avec une rare délicatesse. Les Occidentaux mêmes rendent justice à cette habileté des Indiens.

Dans les arts de pur agrément, les lapidaires d'Allahabad sont célèbres pour leur imitation des pierres précieuses.

Les dames mahrattes ornent leurs cheveux avec des

colliers de beau corail; elles les achètent sur le grand marché d'Allahabad, qui fournit beaucoup d'autres objets de prix à leur parure.

Animés par le vrai génie du commerce, les marchands d'Allahabad, quelle que soit leur richesse, vivent sans luxe dans leurs maisons de terre, de paille et de bambou. Par un contraste avec ces demeures privées et misérables, les voyageurs sont agréablement surpris en voyant le caravansérail construit pour eux et le trouvent charmant.

Il est juste de mentionner aussi avec éloge les routes qui viennent aboutir à la ville : elles sont excellentes et bordées d'arbres magnifiques. La plantation de ces arbres, comme le percement des puits et des fontaines, prend place au rang des utiles créations qui doivent procurer aux bienfaiteurs un long séjour dans les célestes régions assignées par Brahma pour ses fidèles.

Allahabad au point de vue religieux.

Nous voici ramenés au point de vue religieux, ou plutôt superstitieux, qui doit fixer notre attention sur Allahabad.

De pieux radjahs ordonnent que leurs cendres soient jetées dans les eaux confluentes du Gange et de la Jumna, afin que leur âme soit reçue dans le ciel de Brahma.

Les Hindous semblent concevoir non pas l'éternité, mais seulement l'extrême durée des récompenses successivement accordées ou retirées après la mort. C'est ce qui donne un si grand prix à la croyance que le fidèle qui se baigne au confluent des trois fleuves, s'il coupe sa chevelure et l'abandonne au courant du fleuve, obtiendra par ce moyen le séjour du paradis, pour autant de milliers d'années que sa tête avait de cheveux!

On peut juger par là de quel intérêt doivent être, pour

les Hindous, les cérémonies de leur culte accomplies dans un lieu si favorisé par les dieux.

On trouve dans la forteresse d'Allahabad l'arbre immortel appelé le saint *Akhaï-bar;* il est au fond d'une salle mystérieuse, et les visiteurs ne le voient qu'avec les yeux de la foi.

Dans la cité d'Allahabad, on trouve, comme dans les lieux consacrés par le confluent d'autres rivières, une classe de brahmanes qui célèbrent les cérémonies religieuses qu'on nomme *Pragawals.* Ces pieux personnages, réunis au nombre de plusieurs milliers, vivent aux dépens de la crédulité des pèlerins. Le Gouvernement les emploie à percevoir un revenu qu'il tire des dévots voyageurs, à titre de souverain. Sa fiscalité fait payer aux Hindous la faculté de se baigner dans les eaux sacrées de leur terre natale. Il ne serait pas plus odieux de faire payer au même titre l'air que respirent les indigènes quand ils vont dans leurs temples adorer leurs divinités.

C'est sous la cité d'Allahabad que la rivière mystérieuse et souterraine appelée *Sereswasti* par les brahmanes est censée joindre son cours à celui du Gange et de la Jumna; de sorte que le pèlerin qui se plonge dans les eaux immédiatement au-dessous d'Allahabad acquiert aux yeux de Vishnou le même mérite que s'il se fût baigné tour à tour dans les trois fleuves révérés.

Il existe dans l'Hindoustan cinq confluents consacrés par le brahmanisme : le premier est celui du Gange et de la Jumna; les quatre autres sont situés dans la province de Gurwal, à la jonction de l'Alacananda avec différentes rivières : on les appelle Carnuprayaga, Devaprayaga, Nandaprayaga et Rudraprayaga.

J'ai sous les yeux le compte officiel des bains d'Allahabad pour une année, il y a maintenant un demi-siècle.

Nombre de pèlerins 218,792
Taxe à trois roupies ($7^{f}\,50^{c}$) par voyageur. . 1,640,940[f]

Il est juste de remarquer que, pour sa part, le Gouvernement anglais n'a pas perçu la totalité de ce riche tribut.

Les pèlerins dépensent des sommes beaucoup plus considérables en présents faits aux brahmanes, ainsi qu'en dons charitables.

Afin d'ajouter à la sainteté du pèlerinage, les Hindous les plus zélés visitent dans une même excursion Allahabad et plusieurs autres villes.

Nous avons rapporté sans commentaires les superstitions brahmaniques qui ne sont que déraisonnables et puériles; d'autres sont infâmes et méritent d'être flétries.

Pour obtenir des dieux la fécondité, des femmes font vœu d'abandonner sur les eaux sacrées du Gange le berceau de leur premier né, qui n'a pas toujours le bonheur de Moïse. Ce sacrifice barbare était fréquent autrefois près des murs d'Allahabad, mais n'a plus lieu que rarement. Si, par quelque hasard fortuné, la vie de l'enfant est sauvée, la mère ne peut plus l'avoir en sa puissance.

Depuis longtemps la plupart des édifices qui sont dus à la pieuse bienfaisance des Hindous tombent en ruines. Ne serait-ce pas un devoir aux Anglais de faire cesser une aussi déplorable décadence, et de rendre partout de telles donations à leur destination première?

Gaya.

Gaya, ville sainte des Hindous, est d'une architecture antique et bizarre.

Latitude. . . . . 24° 49′
Longitude . . . . 82° 40′

Dans les montagnes voisines de Gaya, l'on voit un grand nombre de souterrains que la main de l'homme a creusés dans d'énormes masses de granit; les surfaces intérieures ont été polies avec un grand art et ne portent pas d'hiéroglyphes. Mais à l'extérieur, où des rochers sont dénudés, sur les vastes surfaces qu'ils présentent, les Hindous ont sculpté leurs divinités.

Le culte des protestants établi dans la cité d'Allahabad.

En 1844, une église anglicane est ouverte dans la ville même d'Allahabad; auparavant, il n'en existait que dans le fort et dans la station militaire, éloignée de la cité. Cette église est munie de vastes éventails et de thermantidotes. Néanmoins, dès la fin de mai, la chaleur qui se fait sentir lors de la réunion des fidèles est insupportable; et madame Park, l'épouse du premier fonctionnaire civil, déclare dans son ouvrage qu'elle n'osera plus y retourner avant la fin de l'automne.

Au milieu du foyer le plus intense du fanatisme brahmanique, les protestants des trois royaumes, et surtout les méthodistes, se sont flattés d'opérer des conversions dans Allahabad. Moyennant 6 ou 8 roupies par mois, ils obtiennent qu'un homme du peuple abjurera ses dieux et fréquente le prêche; mais aussitôt que le donataire meurt, l'Hindou retourne à son culte. Veut-on alors lui faire quelques reproches? il répond avec un sang-froid imperturbable : Rendez-moi ma rétribution de 6 ou 8 roupies par mois, et je retournerai dans votre église. Voilà quelle est la réalité des conversions qui sont présentées avec tant de faste et d'espérance aux assemblées annuelles des sociétés protestantes, soit en Angleterre, soit aux États-Unis.

Sur la fertilité des terres du collectorat d'Allahabad.

Dans le tableau que présentait Walter Hamilton, il y a près de quarante ans, il portait le revenu de la récolte des meilleures terres du pays d'Allahabad, celles qui proviennent des Mahrattes, à 7 quarters de froment par acre, ou 50 hectolitres par hectare. Ce produit paraît énorme : de telles quantités me semblent plutôt attribuables aux récoltes de riz qu'à celles du froment.

La partie la moins productive était le terrain sableux et naturellement aride qu'on appelle le *Doab*, littéralement, *l'Entre-deux-eaux* : terre située entre le Gange et la Jumna. C'est pour la fertiliser que les musulmans avaient commencé et que les Anglais ont complété, sur une magnifique échelle, leurs canaux d'irrigation. Nous en décrirons le système.

Lorsque, par l'obsession et par les menaces du marquis Wellesley, les provinces du Doab furent arrachées aux princes indigènes, les collecteurs du revenu public établirent la proportion de ces revenus avec le produit des cultures. Poussés par une avidité naturelle au fisc, et par la crainte qu'après un établissement de dix années on immobilisât l'impôt, comme on avait fait au Bengale, ils s'efforcèrent, par tous les moyens, de l'accroître dès le principe. Ainsi, pour le peuple de cette contrée, le changement de domination, au lieu d'être un soulagement, devint une aggravation.

Dans la révision des revenus établis il y a plus de trente années, lord William Bentinck enjoignit aux collecteurs d'établir leurs bases cadastrales assez au-dessous de la rente réelle des terres pour que l'impôt pût être payé sans charge trop oppressive par les habitants.

Districts de Humirpour, de Futtehpour et de Bandah.

Les districts de Humirpour et de Bandah sont situés en dehors du Doab, à l'occident de la Jumna. Le dernier doit son nom à la ville de Bandah, dont les Anglais ont fait un centre de commerce pour tous les pays du Bandelcand. Malheureusement ce district ne jouit pas du bienfait des grands travaux d'irrigation qu'on a réalisés pour le pays du Doab. Voilà pourquoi sans doute, à territoire égal, cette partie de la province d'Allahabad ne nourrit pas même la moitié du nombre des habitants établis entre le Gange et la Jumna.

A partir du district d'Allahabad, l'Entre-deux des fleuves, le Doab, est occupé par le pays de Futtehpour, lequel est très-étroit et très-long. La ville de Futtehpour, qui lui donne son nom, est florissante et populeuse; on y trouve un ancien caravansérail appelé simplement le sérail, l'hôtellerie. Là peut s'abriter le voyageur; jadis, pour une rétribution très-légère, on fournissait le fourrage pour ses animaux, et pour lui-même le bois de chauffage, avec la poterie dont il pouvait avoir besoin. A l'établissement s'ajoutaient des bâtiments considérables où l'on pouvait loger de riches visiteurs. Nous citons ce bel exemple de fondations hospitalières dues à l'esprit charitable d'opulents indigènes qui les ont dotées avec leurs propres biens. Il ne paraît pas que l'autorité britannique ait fait aucun effort pour rendre à leur immuable destination les dotations primitives détournées en grand nombre de leur destination.

La ville de Futtehpour est environnée de nombreux tombeaux musulmans et de monuments en ruine; les plus beaux devraient être conservés comme objets d'art.

Collectorat de Cawnpour.

Situation du chef-lieu, Cawnpour : latitude, 26° 30′; longitude, 77° 53′, Est de Paris.

Cette ville, sans monuments et sans souvenirs historiques, jouira désormais d'une triste célébrité par la mort des victimes qu'ont sacrifiées les cipayes révoltés, en 1856. Elle est bâtie sur la rive droite du Gange, qui présente ici, dans les hautes eaux, plus de 1,500 mètres de largeur. Du côté du midi, l'on a placé le campement d'une brigade de l'armée britannique : c'est la position militaire la plus importante qu'on puisse occuper depuis Allahabad, à 40 lieues de rayon; elle justifie le choix qu'on en a fait, malgré beaucoup d'obstacles naturels.

Pendant l'été, le pays d'alentour est d'une extrême sécheresse; le moindre vent y soulève des nuées d'une insupportable poussière, et la chaleur au milieu des sables passe toute conception.

Les officiers anglais, consultant plus le confort de leurs habitations que la prudence militaire, ont construit d'élégants pavillons, isolés les uns des autres, entourés de jardins, ombragés par des bosquets, et disséminés sans ordre dans une longue étendue, à proximité du Gange.

Pour le service de la guerre, il fallait des magasins considérables; réunis au nord-ouest du campement, ils étaient entourés d'un retranchement très-peu défensif.

A la vue de ces dispositions, on dirait que les Anglais avaient tout fait pour disposer les hommes et les lieux de manière à faciliter le succès d'une grande et soudaine trahison, dès qu'il plairait aux cipayes de la faire éclater.

La ville de Cawnpour n'est séparée du royaume d'Oude que par la largeur du Gange; elle est située dans la position la plus favorable pour commercer avec la capitale de ce grand et riche pays.

On a formé le projet de rattacher par un chemin de fer Cawnpour à Lucknow, avec un prolongement sur Faïzabad. Si l'on joint à cette voie le principal chemin de fer communiquant de Cawnpour, au sud-est avec Allahabad et Calcutta, au nord-ouest avec Agra et Delhi; si l'on y joint aussi l'aboutissement d'un grand canal navigable, que nous décrirons bientôt, avec l'avantage naturel procuré par le Gange, Cawnpour, on le voit, réunira tous les éléments d'une grande prospérité. Elle deviendra l'une des cités les plus populeuses et les plus riches des provinces du nord-ouest.

Au foyer de la dernière et grande rébellion, il est d'un intérêt particulier de connaître la proportion des habitants hindous et musulmans.

	Cultivateurs.	Non-cultivateurs.	Totaux.
Hindous.....	678,016	407,016	1,085,032
Musulmans...	19,890	69,534	89,424
	697,906	476,550	1,174,456

Ainsi, dans la province d'Allahabad, dont la capitale avait été consacrée au Dieu de Mahomet, Allah, les musulmans ne représentent pas un treizième de la population; le reste appartient au peuple de Brahma.

Remarquons, en remontant le Gange, à 14 kilomètres et demi de Cawnpour, la forteresse et la ville de *Bittour*, où fut relégué l'ancien souverain des Mahrattes, Bajei-Rao. C'était le père adoptif de *Nana-Sahib*, de ce rebelle célèbre qui posséda quelques-unes des passions, et peut-être aussi l'ambition de Mithridate, mais qui n'en eut pas le génie.

A partir de 1820, la station civile des Anglais fut transportée de Bittour à Cawnpour. Dans cette dernière ville, on aurait dû construire un fort, gardé par un régiment *tout anglais*, avec une tête de pont au delà du Gange et faisant face à Lucknow.

III. — *Province financière d'Agra.*

Immédiatement au-dessus du collectorat de Cawnpour se déploie, du Gange à la Jumna, la province d'Agra, qui s'étend au delà, du côté du sud-ouest, jusqu'à la rive gauche de la rivière Chamboul.

TERRITOIRE ET POPULATION.

COLLECTORATS.	TERRITOIRE.	POPULATION.	HABITANTS par MILLE HECTARES.
	Hectares.	Habitants.	
Agra	483,015	1,001,961	2,074
Mathura	417,750	862,900	2,065
Ettawa	434,325	610,965	1,406
Mynpourie	523,159	832,714	1,591
Ferrukhabad	549,835	1,064,687	1,936
Totaux	2,408,084	4,373,227	1,816

La population de la province, prise dans son ensemble, est encore plus condensée que celle d'Allahabad.

Parallèle de la province d'Agra avec des pays très-populeux en Europe.

En comparant cette province avec les trois pays les

plus peuplés de l'Europe, nous ferons apprécier sa supériorité sous ce point de vue.

Population par mille hectares.

	Habitants.
Lombardie	1,268
État Vénitien	1,270
Belgique	1,481
Province d'Agra	1,816
Collectorat particulier d'Agra	2,074

C'est l'agriculture qui produit cette plus grande population du pays d'Agra. Nous voici dans le centre de l'empire musulman, tel que les descendants de Tamerlan le fondèrent au commencement du XVIe siècle.

Malgré tous les efforts des conquérants pour convertir les conquis au mahométisme, on est surpris du faible résultat d'un ardent prosélytisme poursuivi pendant plus de trois cents ans. C'est ce que démontre avec évidence le tableau qui suit :

Population hindoue et musulmane dans la province d'Agra, vers 1851.

	Cultivateurs.	Non-cultivateurs.	Totaux.
Hindous	2,794,997	1,189,986	3,984,983
Mahométans	125,994	262,250	388,244
	2,920,991	1,452,236	4,373,227

Ici les mahométans ne sont pas en tout le onzième de la population. Ils offrent une disproportion non moins remarquable lorsqu'on met leurs occupations en parallèle. Dans les travaux étrangers à l'agriculture et dans la pure oisiveté, on trouve un musulman contre quatre Hindous; mais pour féconder les champs, on ne trouve qu'un musulman contre vingt-sept Hindous, et probablement le musulman cultivateur n'est qu'un Hindou converti, plus ou moins par force, à la loi de Mahomet.

La province d'Agra est renommée pour la bonté de ses chevaux.

La forteresse de *Kalpie,* qui commande le cours de la Jumna, s'élève comme Agra sur la rive droite de cette rivière et fait partie du même collectorat. Elle a joué un rôle important lors de la grande rébellion.

La langue persane, jusqu'à ces dernières années, dans la province d'Agra, n'avait pas cessé d'être la langue des tribunaux; elle est encore la langue élégante employée dans la conversation des hautes classes musulmanes.

Le territoire entier présente les traces et les souvenirs de longues révolutions. Les cités d'Agra, de Bindraban, de Kanoje et de Mathura ont été les capitales d'empires fameux dès l'antiquité; les souvenirs de leur grandeur indigène, toujours alliée à la puissance brahmanique, ont conservé les mêmes lieux comme sujets de pèlerinage.

La ville d'Agra.

La ville d'Agra, qui reçut le nom d'*Akbarabad,* fut la cité que choisit pour capitale Akbar, le plus illustre entre tous les empereurs que l'univers appela, par excellence, *les Grands Mogols,* quoique leur armée conquérante appartînt au *Turkestan.* On leur donna ce nom sans doute en souvenir de leurs ancêtres Tamerlan et Gengis-khan, qui partirent de la Mogolie ou Mongolie.

Le Gouvernement britannique a repris les traditions d'Akbar. Dès le principe, ce monarque avait voulu qu'Agra fût le chef-lieu d'une province qui possède aujourd'hui plus de 4 millions d'habitants. Il y a plus; pendant la durée de son règne, il en avait fait la capitale de toutes les provinces situées au nord-ouest du Bengale.

La forteresse d'Agra, bâtie par Akbar dans la première moitié du XVIe siècle, existe toujours. Elle est remarquable par la hauteur de ses remparts et la profondeur de ses fossés; double disposition qui la rendait presque imprenable avant les progrès de l'art d'attaquer les places. Tout, dans son enceinte, rappelle la puissance du fondateur et la croyance de sa dynastie. Des mosquées splendides s'élèvent soit dans ses murs, soit hors de ses murs. Ici, comme dans Allahabad et à Bénarès, il en est plusieurs qui sont construites sur les fondements des temples brahmaniques.

Agra, si grande autrefois et si florissante, ne contient plus aujourd'hui que 60,000 habitants; faible nombre pour le chef-lieu d'une province où la population, comme nous l'avons fait remarquer, est très-condensée.

On trouve encore, dans une étendue de 10 kilomètres autour de la ville, les débris épars de maisons, de temples et de palais, depuis la nouvelle Agra jusqu'à Secundra, lieu remarquable où l'on a construit le mausolée d'Akbar. Ce grand monument s'élève au milieu de vastes ruines où ne règnent plus que les souvenirs de la mort; là pourtant avait été bâtie la ville qui porta le nom de ce conquérant, c'est-à-dire Akbarabad.

La moderne Agra, qui s'étend sur la rive droite de la Jumna, ne doit qu'au commerce intérieur et à la navigation de cette belle rivière ce qu'elle a reconquis de prospérité. Cette prospérité s'accroîtra lorsque la grande voie ferrée qui part de Calcutta pour aller à Lahore, en passant par Agra, viendra donner aux relations commerciales un nouvel et puissant essor.

Croira-t-on qu'un gouverneur général, ayant trouvé

dans la citadelle d'Agra le palais autrefois si splendide bâti par Jahânghire, successeur d'Akbar, n'ait pas rougi d'arracher les beaux marbres des bains qui décoraient le zénana impérial; ces bains construits jadis pour la sultane que l'admiration des hommes appelait *la Lumière du monde*, et qu'on pouvait nommer la Cléopâtre musulmane? Les marbres furent envoyés au voluptueux Georges IV, qui sans doute en décora son zénana de Brighton. Il est permis de supposer qu'un si beau présent facilita la création du marquisat de Hastings, pour récompenser un véritable acte de vandalisme commis par le gouverneur général comte de Moira.

Nous avons peu de choses à dire des arts industriels pratiqués par les habitants de la moderne Agra, déchue sous tant de rapports. Mais ses constructions sont dignes de fixer notre attention; elles nous donnent une mesure de la grandeur et de la perfection que les arts architectoniques avaient atteintes, il y a deux siècles, sous le sceptre des empereurs musulmans.

Nous nous contenterons de décrire, entre tous les monuments, celui qui paraît marquer l'époque où le goût des mahométans avait atteint son plus haut degré de magnificence et de délicatesse.

Le Tadj-Mahal, mausolée de la sultane Désirée, érigé par l'empereur Schah Jahân, surnommé le Justicier.

Schah Jahân était le cinquième des conquérants issus de Tamerlan, dignes par leur vaillance de cette origine héroïque et devenus maîtres de tout l'Hindoustan. Ils étaient si puissants, que le moindre d'entre eux, dès qu'il régnait sur le nouvel empire, était honoré par les nations les plus lointaines du titre, déjà cité, de *Grand*

Mogol. Un titre si majestueux, Schah Jahân[1] l'illustra par l'amour qu'il manifesta pour le peuple, pour les lois et pour les arts.

Écoutons le jugement prononcé sur ce monarque par James Mill, historien souvent sévère, mais toujours équitable : « Les innombrables sujets de Schah Jahân ont joui *d'un bonheur* que n'avait peut-être jamais connu cette portion de la terre. Dans les diverses provinces, les gouverneurs et les officiers d'un ordre inférieur étaient surveillés avec une incessante et sévère activité ; ils étaient contraints non-seulement d'obéir au prince, mais de remplir *tous leurs devoirs envers ses sujets.* Par là, son règne est devenu célèbre pour l'exécution des lois. La perception des revenus de l'État, dont l'influence est si grande sur la condition des administrés, déjà très-améliorée sous le sceptre d'Akbar, atteignit encore un plus haut degré de perfection et d'équité par la vigilante administration de Schah Jahân. » (James Mill, t. III, c. IV.)

Voilà pour le bienfait des lois et l'amour du peuple. Les revenus de l'État, recueillis avec autant d'équité que d'intelligence, donnaient au prince le moyen d'entreprendre des œuvres dignes de mémoire. En faveur des arts, il a décoré les grandes cités et les plus belles régions de son empire par l'érection de temples et de palais, par la construction d'aqueducs et de forteresses que, depuis deux siècles, la postérité n'a pas cessé d'admirer. Entre ces travaux si multipliés et si grandioses, ses propres sujets et les voyageurs étrangers ont placé parmi les merveilles de

[1] Les Européens ont fait une espèce de nom propre du titre de l'Empereur, qu'ils appellent, sans article, Schah Jahân, ce qui signifie *le Roi du monde.* A l'exemple des sultans de Constantinople, les empereurs de l'Inde musulmane prenaient le titre fastueux de Padischah, *le Roi des rois.*

l'Inde et du monde un monument dont je vais essayer de faire apprécier le caractère et la beauté.

Le dévouement d'un vizir et la tendresse ingénieuse de sa fille avaient fait monter le prince Jahân sur le trône impérial. La princesse, élevée par la reconnaissance au rang de sultane, et de sultane sans partage, voulut rester étrangère aux ambitions, aux soucis, aux intrigues des affaires gouvernementales. Peu sensible au faste de la souveraineté, elle éprouva le besoin de renfermer ses désirs et ses vœux dans la double félicité de la vie intérieure et de la maternité. Le plus illustre et non pas le meilleur de ses fils fut Aureng-zeb, le contemporain de Louis le Grand et presque son égal en somptuosité.

Schah Jahân perdit sa compagne incomparable lorsqu'elle lui donnait *pour la vingtième fois* le bonheur d'être père. En la destinant au trône, il l'avait appelée la sultane Désirée [1]; après sa mort, elle resta la souveraine à jamais regrettée. Au titre donné par le cœur il en avait joint un autre dicté par le langage hyperbolique de l'Asie, et l'avait surnommée *la plus parfaite* ou *l'élite de l'époque* [2]. L'empereur a compté de longues années de veuvage, sans que le temps ait pu jamais affaiblir ses regrets.

Il voulut ériger un monument digne d'éterniser la mémoire de tant de beauté, de tant de vertus et de sa douleur.

Plusieurs Européens ont imaginé que le mausolée dont nous allons donner la description était dédié à la célèbre *Nour-Jahân*, à celle qui, pour l'incomparable éclat de ses attraits, avait reçu ce nom déjà cité, *la lumière du monde.* Cette princesse avait épousé Jahânghire, le père de Schah

[1] Arzoumand banou.

[2] Momtaz-Zeman; on l'appelait aussi Momtaz-Mahal, *la plus éminente du palais.* Le nom même du mausolée, Tadj-Mahal, est dérivé de ce dernier nom.

Jahân, et ses cendres reposent à Lahore. Loin de chérir la modestie et la vie privée, elle fut aussi turbulente, aussi fastueuse, aussi superbe que l'autre sultane, celle du monument d'Agra, était modeste, douce et réservée.

Schah Jahân était digne, par son goût et son esprit, d'apprécier le génie d'un grand artiste; il avait choisi pour architecte de prédilection un Français, Augustin de Bordeux, digne contemporain de Jacques Debrosse. Chose étrange! quand celui-ci bâtissait dans Paris, pour une Médicis, le palais florentin du Luxembourg, de Bordeux bâtissait pour le Grand Mogol des mosquées, des palais et des mausolées, dans un style oriental si parfait et si pur, que ses œuvres sont restées, depuis deux siècles, l'orgueil de l'Inde musulmane.

L'empereur mogol donnait à l'architecte qu'il avait emprunté de l'Occident 10,000 roupies par mois, c'est-à-dire 300,000 francs par année. Comme s'il eût trouvé trop faible ce traitement régulier, lorsque chaque nouveau chef-d'œuvre était achevé, l'empereur y joignait, pour récompense spéciale, un présent extraordinaire. Dans les temps où Louis XIV entreprenait et terminait ses deux grandes créations, Versailles et les Invalides, il traitait Mansard avec moins de magnificence.

Augustin de Bordeux méritait l'extrême faveur dont il a joui. Quoiqu'il fût étranger, sa renommée était si grande au milieu des Orientaux, qu'ils l'appelaient, dans leur langage figuré mais expressif, « *Oustan Içaï Nadir ul Asr,* » Austin, Augustin le Chrétien, merveille de l'époque [1].

Il se surpassa dans la construction du mausolée de la sultane Désirée. Quoiqu'il pût se permettre une dépense presque sans bornes, il résolut de moins chercher le

[1] Col. Sleeman's Rambles of an Indian Official.

mérite et le succès dans les dimensions démesurées du monument que dans le génie de l'ensemble, l'harmonie savante des proportions, le goût exquis et calculé des ornements, la beauté des matériaux et la perfection du travail. D'autres édifices de l'Inde pouvaient, par leurs dimensions, être plus grands; aucun ne fut plus grandiose, aucun ne charma plus les yeux, aucun ne parla mieux à l'âme.

L'empereur avait choisi pour emplacement les bords de la Jumna, ce fleuve si majestueux lorsqu'il coule à pleins bords, apportant jusqu'au Gange les inépuisables tributs des Alpes asiatiques. Immédiatement au-dessus de la ligne marquée par les plus hautes eaux, l'architecte bâtit un premier rempart, pour défendre de ce côté les terrains au centre desquels devait être fondé le monument. Trois constructions ornent et couronnent ce rempart : à l'extrémité d'amont s'élève un oratoire musulman, pour honorer la religion de l'empereur et de la sultane Désirée; à l'extrémité d'aval s'élève un élégant édifice où l'hospitalité, qui plaît à l'Islam, reçoit les pieux visiteurs. Au centre domine un pavillon surmonté d'un dôme; il le faut traverser pour parvenir aux lieux qui renferment le mausolée. On pénètre sous une voûte élevée que ferment des portes d'airain; on croirait passer sous un arc de triomphe, si l'on ne songeait que cette entrée, pleine de majesté, conduit à la demeure dernière où s'ensevelit tout triomphe.

Lorsqu'on a franchi ce passage, et qu'on arrive au sommet d'un large escalier, on voit se développer un jardin presque comparable, pour l'harmonie et la régularité, à celui dont Le Nôtre a fait précéder notre palais des Tuileries. L'axe central est occupé par un long canal qui, sur les deux bords, reçoit les eaux que deux rangées de fontaines font jaillir avec abondance, afin de rafraîchir les airs. De chaque côté, parallèlement à la ligne des fontaines, s'étend une large avenue de cyprès qui sont aujourd'hui d'une hauteur gigantesque; enfin, sur les flancs de chaque avenue, on a disposé des bosquets et des parterres composés d'arbustes gracieux et de fleurs cultivées sous la vigilante inspection des conservateurs du mausolée. Cet ensemble, à la fois charmant et solennel, respire le goût musulman, qui se fait une loi d'embellir avec les simples présents de la nature le silence, la paix et l'espérance des tombeaux. Ce délicieux jardin, qui se prolonge à droite, à gauche, en arrière du monument, est enfermé par des murs dirigés suivant trois côtés d'un rectangle dont la terrasse d'entrée, que nous avons d'abord décrite, forme le quatrième ou plutôt le premier côté.

Quand on parvient à l'extrémité du canal entouré de fontaines jaillissantes, on se trouve au point de vue le plus avantageux pour contempler le mausolée.

Afin de lui donner un grand relief, on l'a bâti sur un tertre élevé de six mètres au-dessus du terre-plein des jardins. On franchit cette hauteur par un escalier caché sous trois arceaux. Le tertre même, de forme carrée, a 105 mètres de côté. Il est entouré d'un rempart construit en larges blocs de marbre blanc. Quatre-vingts arcades mauresques sont figurées, en relief très-prononcé, sur le revêtement de ce beau rempart; trois d'entre elles, percées à jour, sont celles que l'on franchit pour arriver sur le carré que présente le tertre central. Aux quatre angles de cette enceinte s'élèvent quatre minarets dont la hauteur égale à peu près l'élévation de la colonne d'Austerlitz, sur la place Vendôme, à Paris.

Au milieu de l'esplanade régulière et si richement encadrée que nous venons de signaler, on a construit le monument de la sultane Désirée.

Pour base de cet édifice il faut concevoir un dernier carré, lequel ait 60 mètres de côté, et dont les quatre angles offrent des pans réguliers, coupés de manière à figurer un octogone, suivant des proportions que nous aurons soin d'indiquer.

Au milieu de chaque face du carré s'élève un portail comparable à ceux qui décorent les belles mosquées du Caire et de Damas; sa forme est à la fois la plus simple et la plus imposante. Qu'on imagine une large ouverture terminée par un arc en ogive, tel qu'on en voit à l'entrée de nos églises gothiques; l'angle du sommet est seulement de moitié moins aigu que le tiers-point, ou, pour mieux parler, l'angle est obtus. Il nous suffira de dire que la clef de voûte du portail est plus élevée au-dessus du sol que ne l'est la clef de la porte principale de l'arc de Titus à Rome et de Trajan à Bénévent. Telle est l'entrée qui se répète, dans les mêmes proportions, au milieu des quatre grands côtés du mausolée. Avec le couronnement sans corniche et sans frise qui la surmonte, elle présente une élévation de 27 mètres; deux colonnes angulaires, dessinant avec fermeté l'arête des côtés extérieurs du portail et figurant des minarets, s'élancent d'un quart plus haut que le couronnement qui domine la porte d'entrée.

L'ouverture ogivale que nous venons de décrire offre une demi-rotonde intérieure profondément encaissée, de manière à recevoir, avec un grand effet, la projection des ombres portées par le profil de la voûte d'entrée. Ces ombres, si vives sous un soleil des tropiques, sont destinées à faire contraste avec l'éclat éblouissant de la façade du portail, laquelle est plane, sans corniche proéminente, et n'a pas d'autre ornement que des arabesques légères ciselées avec goût sur le blanc mat d'un beau marbre du poli le plus parfait.

L'intérieur du portail qui doit conduire au sanctuaire est décoré avec une incroyable richesse de sculptures délicates et fantastiques, encadrées par de larges plates-bandes dans lesquelles sont incrustés des caractères arabes. Ces caractères, figurés en marbre noir et sur un fond blanc, pour mieux frapper les regards, offrent à la méditation des musulmans de graves préceptes, tels que Mahomet les a dictés dans le Koran, après les avoir empruntés aux livres saints des Hébreux.

La demi-rotonde, ainsi rentrante, décorée avec tant d'art et de luxe, ne laisse d'ouverte à son centre qu'une porte basse, à dessein rétrécie : comme on peut l'exiger à la rigueur pour pénétrer dans un tombeau.

Sur la droite et sur la gauche de chacun des portails monumentaux, on voit un arrière-corps, caractérisé par un très-faible retrait; il présente l'une au-dessous de l'autre deux demi-rotondes rentrantes, cintrées en ogive obtus, ayant les mêmes formes et la même ornementation que nous venons d'expliquer pour les quatre portails, mais réduites au tiers en grandeur.

En supprimant chaque angle du grand carré que représentent les quatre façades principales, on s'est ménagé, par cette coupure oblique, une largeur égale à celle des arrière-corps qui flanquent chaque portail. Cette partie intermédiaire offre à son tour un double étage de demi-rotondes ogivales ayant la même grandeur et la même décoration que les portions de façade qui sont adjacentes à chacun des portails.

Lorsque le spectateur fait le tour du mausolée, il voit donc alternativement un portail à simple entrée, qui domine tout par sa hauteur, et trois larges côtés d'octogone égaux entre eux, dans lesquels l'architecte a pratiqué ses deux rangées, je ne dirai pas de fenêtres ni d'ouvertures, mais de demi-rotondes couronnées, à l'orientale, par deux arcs qui se joignent sous un angle obtus nettement dessiné. Cette combinaison, très-simple et très-régulière, produit néanmoins un grand mouvement à l'égard des formes, un contraste merveilleux d'ombres et de lumière, et la plus heureuse variété dans l'aspect général de l'édifice.

Chaque rotonde ogivale est circonscrite sur le mur extérieur par un cadre rectangulaire, avec un faible retrait; l'espace compris entre ce cadre et le contour de l'ogive est rempli par des arabesques finement sculptées. Dans la partie supérieure, d'autres arabesques moins ouvragées décorent une large frise au-dessous d'un couronnement très-simple, surmonté d'une balustrade.

L'architecte a désiré sauver la monotonie des angles trop peu prononcés du vaste octogone que présente le pourtour de l'édifice. A cet effet, suivant la ligne de jonction des côtés contigus, des pilastres angulaires et saillants s'élancent depuis le sol jusqu'au-dessus de la balustrade supérieure, qu'ils dépassent de beaucoup. La cime de ces pilastres présente, au lieu d'un chapiteau massif, des espèces de lanternes taillées dans le marbre, terminées en aiguilles, isolées dans les airs et d'une hardiesse incroyable.

Dans l'intérieur du grand monument octogonal dont l'extérieur est ainsi décoré, se trouve un moindre polygone, également de huit côtés, et celui-ci parfaitement régulier, c'est-à-dire ayant ses huit côtés égaux. Quoique ce polygone intérieur n'ait que le tiers des dimensions du polygone extérieur, il a cependant 21 mètres $\frac{6}{10}$ de diamètre, et sa superficie surpasse en étendue la grande salle dite des Maréchaux, dans le château des Tuileries. Voilà la salle intérieure, ou plutôt le sanctuaire du mausolée. Cette nef grandiose reproduit, aux mêmes hauteurs, les deux étages de demi-rotondes ogivales que nous avons signalées sur les faces de l'octogone extérieur. Au-dessus de la rangée la plus haute prend naissance la voûte intérieure d'une coupole dont la forme est hémisphérique. Nous reviendrons sous ce dôme, où l'architecte a concentré les plus grands effets de son art.

La voûte extérieure qui sert d'enveloppe à celle-ci présente une autre figure; elle se termine au sommet en forme conique, avec une flèche élancée que surmonte le croissant de Mahomet. Au-dessous du cône, la coupole prend une forme ovoïde allongée, sensiblement bombée au tiers de sa hauteur et resserrée à sa base, comme les dômes hardis des plus célèbres mosquées du Caire ou de Constantinople. Une telle combinaison, consacrée pour les monuments religieux de l'Orient, donne à la fois l'idée d'une audace et d'une légèreté qui n'excluent pas la solidité. La grande surface du dôme offre au dehors un appareillage en blocs de marbre, sans autre ornement que la pureté parfaite du raccordement des assises consécutives; ce marbre est d'un blanc parfait, poli comme un miroir et scintillant au soleil. Une espèce de frise, au-dessous du renflement ovoïde, est figurée par des moulures nettement dessinées, ayant peu de saillie, et rendues élégantes par leurs dessins arabesques.

Des appartements intérieurs, destinés aux moulvies, aux mollahs conservateurs et desservants du mausolée, occupent l'espace qui se trouve entre les deux octogones que nous avons indiqués; ils sont couverts par une terrasse invisible du dehors.

Sur cette terrasse, on a construit quatre coupoles isolées et très-légères, découpées par des arceaux que supportent des colonnes isolées; elles sont placées au milieu de chaque espace, entre les quatre grands portails. Par une gradation de hauteurs habilement ménagée, ces coupoles intermédiaires complètent l'heureuse alliance du dôme central, qui domine tout, avec la base principale.

On dirait jusqu'ici que l'architecte n'a songé qu'à la beauté des dehors, sans s'occuper de la partie capitale du mausolée; au contraire, il a tout préparé pour le résultat qu'il désirait obtenir.

Déjà nous avons indiqué l'octogone intérieur, et parfaitement régulier, où deux étages de demi-rotondes répètent les dimensions et la forme de celles que l'on admire au dehors. L'intérieur de ces demi-rotondes offre de grands compartiments rectangulaires dans lesquels sont encadrées des tables en marbre ciselées avec une extrême délicatesse. La voûte ou le dôme est également décoré de riches arabesques; tout est sculpté, et la peinture est bannie du système décoratif. Dans cette nef, où ne pénètre aucun rayon de lumière extérieure, des lustres d'or et de cristal suspendus à la voûte répandaient autrefois, la nuit et le jour, une clarté mystérieuse. Par cette disposition, pas un ornement ne cessait d'être visible et pas une inscription ne cessait d'être lisible. Les proportions de la rotonde et du dôme qui la surmonte semblaient agrandies par des demi-tons de lumière, les plus favorables de tous à la perspective aérienne. Ce spectacle produisait sur les imaginations, doucement émues, une impression également éloignée de l'horreur des ténèbres, presque absolues dans les sépulcres souterrains, et d'une clarté solaire blessante, prodiguée non-seulement pour éclairer sans mesure, mais, ne craignons pas de le dire, pour profaner en l'égayant le grave séjour de la tombe.

Tel était, si nous pouvons ainsi parler, le sanctuaire du mausolée, au centre duquel sont déposés les cénotaphes de la sultane et du sultan. Ce sanctuaire, je ne puis mieux le comparer pour sa figure, son élévation et sa magnificence, qu'à la chapelle si célèbre de Florence où devaient être réunis et disposés par étages tous les tombeaux des Médicis. On va, dit-on, terminer le mausolée grand-ducal par un sentiment qui paraît presque dérisoire, à présent qu'on a supprimé l'autonomie de cette Attique moderne que les Périclès italiens ont couverte de chefs-d'œuvre immortels : il renfermera les cénotaphes, les tombeaux vides des souverains d'une Toscane effacée maintenant de la liste des nations autonomes, et des nations d'élite dont le genre humain aime à composer ses plus beaux souvenirs, ses espérances et sa gloire.

Dans l'Inde, aussi, le monument funéraire n'appartient plus à des peuples possesseurs de l'indépendance. Mais, dans le mausolée asiatique, une lumière douce et dépouillée de rayons trop éclatants éclaire assez pour montrer les beautés de l'édifice; elle ne distrait pas, comme à Florence, le recueillement du visiteur qui vient adorer les souvenirs d'un empire et d'une puissance que les armes de l'Occident ont pour jamais balayés devant elles.

Ne désirons pas un dernier et triste rapprochement entre la destinée de ces deux chefs-d'œuvre d'architecture; formons au contraire des vœux pour que les pierres précieuses incrustées avec tout l'art florentin dans le mausolée d'Italie ne soient jamais pillées par des barbares, ainsi que l'ont été celles du mausolée musulman par les Hindous, Jauts ou Mahrattes.

Au centre de l'octogone intérieur, avec des dimensions réduites de moitié, une balustrade également octogone, en marbre aussi blanc que celui de Paros, s'élève plus haut que l'œil d'un spectateur, même de haute stature. Les huit faces de cette enceinte sont fouillées à jour et ciselées avec encore plus de recherche et de délicatesse qu'aucune autre partie du monument; de sorte qu'ici l'art du ciseleur, propre à l'Hindoustan, s'est lui-même surpassé. La porte élevée de ce réduit est décorée par un semblable réseau de marbre blanc; les encadrements des panneaux transparents, les colonnettes qui relient les encadrements contigus, la bordure supérieure et le couronnement de l'entrée sont enrichis d'incrustations en marbres de couleur, choisis parmi les espèces et les nuances les plus précieuses. Aucune expression ne peut rendre l'élégance, le fini d'exécution et l'admirable effet de cette dernière enceinte.

Au milieu de l'espace enfermé par les découpures, et nous dirions presque les dentelles de marbre, si richement encadrées, l'imagination, plus aisément que l'œil, entrevoit les deux cénotaphes de la sultane Désirée et de l'empereur Schah Jahân.

En obéissant aux préceptes de Mahomet, qui redoutait et proscrivait partout l'idolâtrie, on aurait cru profaner la croyance et la mémoire du sultan et de la sultane, si la sculpture avait reproduit l'image d'aucun être vivant. Mais le génie du lapidaire a réuni tout ce qu'il pouvait confier d'élégantes richesses au goût délicat des plus habiles mosaïstes. Dans la décoration des deux cénotaphes, qui ressemblent par leurs formes aux plus riches autels de nos églises, ils ont prodigué des pierres gemmes plus précieuses encore que celles de la balustrade; leur habile mise en œuvre ajoute à l'heureux dessin des arabesques, par cette splendeur et cette harmonie des couleurs qui sont un des secrets les plus charmants de l'art indien.

Une crypte, ménagée au-dessous des deux cénotaphes, renferme les sarcophages et les cendres de la princesse et du sultan.

Les arrière-petits-neveux de la génération qui vécut

heureuse sous un règne à la fois glorieux et bienfaisant, cette postérité s'empresse encore, après plus de deux cents ans, de s'agenouiller devant les deux tombes impériales; elle vient les joncher de fleurs, en y joignant ses bénédictions, ses regrets et ses justes éloges.

C'est le symbole touchant d'une reconnaissance à laquelle s'allie le regret religieux et national de la grande souveraineté musulmane détruite dans l'Inde par le bras de fer des Européens.

En ce pays, où la main-d'œuvre est cinq fois moins rétribuée qu'en Occident, où les gouverneurs des provinces offraient en pur don les marbres les plus précieux et les pierres gemmes les plus rares que pouvaient fournir leurs diverses provinces, le monument a coûté, prétend-on, *soixante et douze millions de francs.* J'ai peine à ne pas croire cette somme sensiblement exagérée; cependant le travail infini, non-seulement des constructions, mais des sculptures et des mosaïques, ce travail a demandé des milliers d'artisans, un grand nombre d'artistes d'un talent consommé et vingt années de travaux continus.

Par la description que nous venons de présenter, le lecteur peut voir qu'aux rives de la Jumna, et dans les beaux temps de la dynastie mogole, on a dignement mis en pratique la partie la plus sublime *de l'architecture,* cet art suprême de commander, d'inspirer, de diriger vers un grand but les autres arts. Ici le mausolée s'élève à la majesté d'un temple. Toute image de l'homme en est bannie; mais l'image de sa puissance et de son génie se révèle et respire dans l'effet merveilleux, dans l'harmonie générale et dans la majesté de l'ensemble. L'artiste a voulu que la perfection s'étendît à toutes les parties, en ne permettant pas qu'aucune d'elles éclipsât les autres; seulement, pour ajouter au langage idéal de l'architecture un langage plus aisément compris de tous les croyants, au milieu de l'ornementation la plus somptueuse, à la naissance des voûtes, de graves pensées religieuses sont sculptées en lettres monumentales : elles rappellent, en s'appuyant sur le silence et sur la paix des tombeaux, l'avenir de l'homme et la grandeur de l'Éternel.

Le mausolée n'est pas moins admiré par les Hindous que par les mahométans et par les chrétiens conquérants que par les peuples des deux croyances indigènes, peuples confondus aujourd'hui dans la commune servitude. La Compagnie des Indes, si marchande qu'elle fût, s'était laissé gagner par ce suffrage, et nous dirions presque par ce culte de l'admiration universelle. En succédant aux spoliateurs mahrattes, elle a consacré le quart d'un million de nos francs pour réparer les injures du temps et les outrages des barbares; en même temps, elle a rétabli, quoique suivant une faible mesure, la dotation affectée à l'entretien, et, si nous pouvons ainsi parler, au culte du monument. Grâce au bienfait d'un climat conservateur et par les soins d'une restauration intelligente, non-seulement les marbres polis et les fines ciselures, mais les fontaines, les jardins, les plantations et jusqu'aux fleurs passagères, incessamment renouvelées, toutes ces beautés brillent encore de leur éclat primitif et de leur plus vive fraîcheur.

Croira-t-on que l'outrecuidance et la légèreté des dames anglaises dont les maris constituent le service civil et la garnison d'Agra se donnent rendez-vous, dans leurs jours de réjouissance, devant le portail d'entrée du tombeau, pour folâtrer et danser au son d'une musique militaire! C'est une grande dame d'Angleterre qui, dans son bel ouvrage sur *le pèlerinage de l'Inde,* nous signale cet outrage fait aux musulmans; outrage dont elle est la première à s'indigner. Heureusement, des visiteurs plus respectueux et plus graves font expier par d'autres pensées et d'autres hommages cette impardonnable profanation.

Nous avons dit que les indigènes placent le tombeau de la sultane Désirée, le Tadj-Mahal, au rang des merveilles du monde; et parmi les étrangers qui l'ont visité, tous, à l'exception d'un seul, ont manifesté la même admiration pour ce chef-d'œuvre.

Il est intéressant de connaître le jugement de l'évêque anglican Réginald Héber sur le mausolée que nous venons de décrire. Écoutons le poëte à la fois lyrique et religieux, fait pour sentir le vrai mérite et la nature du sublime : « Il me suffira de dire qu'après avoir sans cesse entendu louer ce monument par les peuples de l'Inde et célébrer son incomparable beauté, quand je le vis, *il surpassa l'attente que j'en avais pu concevoir.* » Le prélat n'est pas, d'ailleurs, un admirateur aveugle. Dans l'examen des détails, il n'accorde ses éloges qu'avec réserve; suivant ses idées anglicanes et sa prédilection pour l'architecture anglo-normande, il n'aime ni les minarets élancés ni la figure ovoïde qu'affectent les dômes empruntés aux mosquées. « Mais, ajoute-t-il avec candeur, un froid critique aurait pour le dénigrement plus de triste passion que de bon goût et de sentiment, s'il attribuait le moindre poids à des imperfections qui n'influent que sur le détail, et s'il osait les mettre en balance avec les rares beautés du monument. »

Quelque temps après l'époque où Réginald Héber s'exprimait ainsi, survenait un juge dont il avait d'avance, et sans s'en douter, caractérisé la malheureuse absence de sentiment pour les œuvres d'architecture.

Le natnraliste Jacquemont, frivole et peu délicat au sujet des arts, visite en passant le mausolée de la sultane et de Schah Jahân. Son esprit chagrin multiplie les critiques les plus étroites sur ce chef-d'œuvre, dans lequel il s'efforce de ne voir que ce qu'il appelle *un colifichet.* Partisan déclaré du système utilitaire, il apprécie cependant le luxe et, selon lui, *la commodité* d'un tombeau qui lui semble *très-confortable!* Il affecte de croire que l'homme tout entier descend dans la tombe *pour y résider,* en conservant on ne sait quelle espèce de sentiment! Il cherche à rire avec la mort, et fait entendre ce concetti sarcastique : « Si l'on ferme les yeux à la profusion des ciselures, des reliefs et des mosaïques, pour se rappeler que des morts *reposent* dans ce monument, *ils semblent devoir y être si bien* que leur pensée n'inspire aucune mélancolie et n'évoque de l'avenir aucune image grandiose. »

Appliquez cette étrange poétique sur l'élysée des tombeaux à la grande basilique de la Rome chrétienne : les deux princes des apôtres, saint Pierre et saint Paul, sont ensevelis sous le maître autel le plus splendide, au centre d'un dôme qui, par sa majesté, fait l'admiration du monde. Quand vous voyez la peinture, la sculpture et la mosaïque entourant de leurs richesses la place où sont déposées deux immortelles reliques, oserez-vous dire que les deux princes des apôtres qui *reposent* sous un semblable monument *y semblent devoir être si bien,* que non-seulement leur pensée n'inspire aucune *mélancolie,* mais n'évoque de *l'avenir* aucune image grandiose?

La pensée fixe de Jacquemont est de dénier toute idée de grandeur au mausolée asiatique, à ce chef-d'œuvre qu'il ravale au-dessous de nos simples maisons. Un mot seulement sur le caractère contesté de ce beau monument.

Voulons-nous porter un jugement éclairé par comparaison avec nos plus grandes œuvres d'architecture :

supposons que le mausolée ainsi déprécié soit transporté dans le Carrousel, sur l'emplacement où se trouve aujourd'hui le gracieux arc de triomphe, œuvre de Fontaine et de Percier. Son seul diamètre approcherait du quart de la largeur de cette place; il occuperait un espace presque égal à la moitié du palais primitif, chef-d'œuvre de Philibert de Lorme, et la hauteur de sa flèche atteindrait le dôme du grand pavillon de l'Horloge. Croit-on qu'un pareil monument serait écrasé par le rectangle, si splendide pourtant, des deux palais et des deux galeries qui forment l'ensemble le plus majestueux dont l'Europe ait droit de s'enorgueillir? Non, certainement; il y tiendrait une place imposante. Disons plus : devant l'éclat de ses huit faces revêtues d'un marbre resplendissant, la pierre noirâtre des Tuileries, grisâtre du Louvre et jaunâtre des galeries latérales apparaîtrait avec un aspect qui ne serait pas celui de la supériorité.

L'étonnement et l'enthousiasme pour le mausolée de l'Orient redoubleraient quand nos concitoyens viendraient à se dire : « Voilà pourtant ce qu'*un architecte français* a construit, il y a deux cents ans, au fond de l'Asie, pour l'admiration de la postérité ! »

En parcourant pied à pied les nations dont je compare les forces et les talents, il m'arrive trop rarement, au gré de mon cœur, de trouver chez elles de grandes pensées, de belles actions et des ouvrages dignes de mémoire appartenant à des Français. Chaque fois que j'ai le bonheur de rencontrer ces traces du talent de nos concitoyens expatriés, je m'arrête à les signaler, à les décrire, en témoin fidèle qui choisit le public pour juge. Le travail me devient léger; et je reprends ensuite avec un nouveau courage la description impartiale des œuvres, matérielles ou morales, qui font honneur aux nations étrangères.

Ville et collectorat de Mathura.

Vers la fin du XVIIIe siècle, Mathura, possédée par la famille mahratte de Scindia, fut conférée comme Jaghire au général français Perron; en 1803, cette place passa sous l'autorité britannique et devint, vers le nord-ouest, le poste le plus avancé de l'empire anglais sur les bords de la Jumna. On remarque à juste titre les arcades et les galeries en marbre qui bordent les grands escaliers ou ghauts qui descendent à ce fleuve. La ville contient encore d'anciens monuments religieux remarquables pour l'élégance de leur architecture. Le voyageur contemple avec intérêt deux mosquées autrefois splendides; mais, depuis un certain nombre d'années, elles éprouvent les ravages du temps et ne sont pas réparées. Ce n'est pas le zèle religieux qui fait défaut; c'est l'opulence, qui déserte, avec le pouvoir, les grandes familles musulmanes.

Auprès de Mathura, les Anglais entretiennent un cantonnement militaire dont l'objet est surtout de tenir en respect les pays plus ou moins imparfaitement civilisés qui s'étendent à l'ouest de la Jumna.

Collectorat d'Ettawa.

En 1807, ce collectorat était signalé pour son peu de population. Il est encore aujourd'hui le moins populeux de toute la province d'Agra; cependant il ne présente pas moins de 1,406 habitants par mille hectares.

Collectorat de Mynpourie.

Proportion gardée avec le territoire, ce collectorat surpasse en population celui d'Ettawa; mais il est, à cet égard, inférieur d'un quart à ceux d'Agra, de Mathura et de Ferrukhabad.

Mynpourie, la capitale, située dans l'intérieur du Doab, est d'une assez grande étendue et environnée de remparts.

Collectorat de Ferrukhabad.

Ce collectorat, qui borde le Gange, a pour frontière à l'orient le royaume d'Oude.

Un tel voisinage donnait à la fois une importance militaire et commerciale à cette ville, avant l'annexion de cet État à l'Empire britannique.

Dans l'histoire moderne de l'Inde, Ferrukhabad est célèbre par la victoire que les Anglais y gagnèrent sur les Mahrattes en 1805; on évalue à plus de 60,000 âmes le nombre de ses habitants.

Dans la contrée circonvoisine, comme en beaucoup d'autres, le grand bienfait de la domination européenne est d'avoir fait une guerre implacable aux voleurs armés sur les grands chemins et d'avoir protégé la vie ainsi que les biens des conquis. A cette sécurité, favorisée surtout par la paix extérieure, il faut attribuer ce beau résultat que, dans les trois départements de Ferrukhabad, d'Agra et de Mathura, la population par mille hectares dépasse ou atteint presque deux mille habitants : densité dont n'approche aucune contrée d'Europe.

L'alliance des grandes familles britanniques aux grandes familles musulmanes de l'Hindoustan.

Je crois devoir présenter l'historique abrégé, et par malheur incomplet, d'un noble caractère britannique, du seul guerrier européen dont la vie se soit indissolublement unie aux grandes familles musulmanes, dans cette époque intermédiaire où l'Angleterre poursuivait à pas de géant l'extension de son empire, sans pourtant proscrire encore les trônes les plus importants du centre de l'Inde. Ce tableau jettera du jour sur le rapprochement possible et sur les différences ineffaçables que présentent les mœurs des Occidentaux et des Orientaux dans le grand pays de l'Hindoustan.

La noble famille des Gardner a produit dans la même génération deux militaires distingués : l'un est devenu contre-amiral et pair des Trois Royaumes, avec ces mots inscrits sous ses armes ornées de trois ancres, *Valet anchora virtus;* l'autre, qui dans l'armée de terre s'est élevé seulement au grade de colonel, a pris rang parmi les princes de l'Inde.

Ce dernier, William *Linnæus* Gardner, descendait, par les femmes, du grand naturaliste Linné. Né dans l'année 1770, il vint à Paris recevoir le dernier poli de son éducation; c'était vers la fin d'un régime qui devait bientôt disparaître, mais qui conservait encore le ton délicat, les grâces et l'art de plaire, apanage charmant des classes les plus élevées. Après avoir obtenu le rang de capitaine dans l'armée de son pays, il passa dans l'Inde, où bientôt le gouvernement de Calcutta le distingua pour son instruction, son esprit aussi décidé que pénétrant, et pour sa vive intelligence. Il fut introduit dans la carrière diplomatique, où des officiers d'un rare mérite firent éclater comme lui leurs talents précoces.

Sans qu'on s'arrêtât à son âge, on le chargea de ménager un traité d'alliance avec un de ces princes de Cambaye que la politique britannique voulait à tout prix rattacher à son pouvoir, afin de contre-balancer la puissance, alors considérable, des Mahrattes. Le jeune et brillant diplomate possédait tout ce qu'il faut pour imposer au sexe le plus fort et plaire au sexe le plus faible. Il était de haute stature et de noble maintien; il avait une physionomie à la fois douce et fière, et chez lui la superbe insulaire était tempérée par les grâces toutes françaises qu'il devait à son éducation. Le prince avec lequel il traitait, voulant obtenir les meilleures conditions, discutait beaucoup, et tenait avec le plénipotentiaire de longues et fréquentes conférences dans la salle que les Persans et les Turcs appelleraient leur divan.

Cependant, à ce qu'il paraît, la renommée du jeune et beau plénipotentiaire avait pénétré dans le zénana, ce cloître féminin qui n'est pas impénétrable à ces visiteurs immatériels qu'Homère appelle si souvent les paroles aux ailes légères, ἔπεα πτερόεντα. Le zénana, parmi ses trésors les plus cachés, renfermait alors une jeune princesse qui touchait à la fleur de son printemps, vers cette époque de la vie où la beauté la plus solitaire commence à rêver d'avenir. Un jour, tandis qu'en plein durbar le jeune diplomate anglais, fatigué de subir les mêmes redites, laissait errer ses regards distraits, il aperçoit le mouvement insensible d'une draperie qui séparait la salle d'assemblée des appartements intérieurs; le voile s'entr'ouvre, et les deux plus beaux yeux de l'Asie brillent comme deux éclairs lancés sur lui pour disparaître le moment d'après. « A l'instant, dit-il, j'oubliai tout; il me fut impossible cette fois de penser davantage au traité : un regard, un seul, mais profond, mais pénétrant, m'avait fait perdre la raison. » La séance levée, le divan quitté, Gardner s'informe avec discrétion au sujet des habitantes de l'impénétrable sérail qu'embellissait alors la fille unique du Nawab. Son imagination inquiète et flattée aime à savourer la pensée d'un danger affronté pour lui, si quelque assistant au durbar avait découvert l'infraction à ces règles inflexibles qui sont imposées aux princesses condamnées à l'invisibilité par les mœurs et par les lois musulmanes.

Lorsque l'envoyé britannique fut convoqué pour une nouvelle conférence, il s'y rendit avec un mélange inexprimable d'espoir, de crainte et d'anxiété. Quelle douleur il éprouverait si la ravissante apparition de la dernière séance n'avait été que l'accident d'une curiosité juvénile et sans avenir! Enfin, la même draperie s'entr'ouvre une nouvelle fois; les mêmes regards rencontrent ses yeux et lui disent tout son bonheur.

Gardner n'hésite point à demander au prince la main de la jeune princesse. Au premier abord, l'orgueil du souverain asiatique repousse avec indignation un pareil excès d'audace; mais le diplomate était puissant et persévérant : un refus prolongé pouvait ruiner bien des vues ambitieuses et compromettre l'alliance à la fois si profitable et si désirée avec le plus grand pouvoir qui, dès cette époque, existât dans l'Hindoustan. D'un autre côté, dans le zénana, la begum, la mère de la belle princesse, gagnée par la passion de sa fille, faisait peser tout son crédit sur l'esprit indécis du prince. En définitive, la demande fut acceptée.

Une fois l'épouse accordée, tout roman semble fini; mais aussitôt, ici, les tribulations commencent. Par mesure de prudence, l'amant inquiet, connaissant la supercherie musulmane, jure au souverain, son futur beau-père, que si l'on substitue toute autre personne à la princesse, il la répudiera sur l'heure. On ne supposait pas qu'il pût connaître de vue la fille de Sa Hautesse; et ce n'est pas lui qui l'eût compromise, en causant peut-être sa mort, s'il avait révélé l'infraction des inflexibles lois du zénana.

Enfin, le jour des épousailles, lorsqu'il put s'approcher de la princesse, et lorsqu'on eut soulevé le voile qui la dérobait à sa vue : « Je reconnus, dit-il, les yeux qui s'étaient emparés de ma raison; je souris, et la jeune fiancée, partageant mon souvenir, sourit comme moi. » Elle était fière autant qu'heureuse d'admirer de plus près le guerrier homme d'État, à l'aspect chevaleresque, entrevu dans le durbar.

Entre le père et le futur les conditions du mariage furent vivement discutées, comme l'avait été l'alliance politique. On finit par convenir que les filles à naître seraient musulmanes et que les fils seraient chrétiens. Suivant les mœurs des cours orientales, l'épouse restera jusqu'au dernier jour de sa vie confinée dans le zénana que l'Européen fera préparer pour elle. Au prix d'une liberté qu'elle aurait pu conquérir en adoptant les coutumes européennes, elle conservera sur sa terre natale son rang princier, sa considération et sa nationalité. Plus tard même, le roi de Delhi, le descendant de Tamerlan, la source de tous les honneurs, voulant témoigner à Gardner son affection et sa gratitude, élèvera l'épouse du gentilhomme d'Angleterre au rang de fille adoptive de la maison de Timour.

Le colonel, et nous serions plus près de la vérité si, dans le langage asiatique, nous l'appelions le radjah ou l'omrah Gardner, choisit pour sa résidence, à l'orient d'Agra, entre le Gange et la Jumna, un terrain vaste et fertile qu'il avait, je crois, reçu pour des services rendus aux souverains indigènes. C'est là qu'il construisit séparément son habitation personnelle et le zénana, qu'il entoura d'un beau parc réservé. C'est là que vécut heureuse, pendant près de quarante années, la princesse, qui put juger combien sa destinée, unie à celle d'un noble Européen, plein d'égards et de loyauté, était préférable au sort qu'elle aurait éprouvé sous la loi versatile et l'immuable tyrannie d'un musulman. Elle n'a point vu pénétrer dans le harem des rivales abhorrées, ni surgir des enfants ennemis à côté des siens. En paix au fond de sa retraite, elle se plaisait à diriger par ses conseils l'exploitation des terres du jaghire, à prodiguer ses bienfaits aux rajas cultivateurs; souvent aussi, sur des affaires délicates, elle éclairait son mari par la connaissance intime qu'elle avait des indigènes, de leurs sentiments cachés et de leurs préjugés héréditaires. Entre elle et lui régna, jusqu'au dernier moment, le partage immuable d'une confiance parfaite et d'une affection sans bornes.

Ici nous remarquons encore des singularités de mœurs que nous sommes tentés de croire impossibles. Gardner fut atteint d'une vieillesse prématurée, comme l'est tout Européen dont l'existence a subi sans relâche l'effet d'un climat humide et brûlant. Dès l'âge de soixante-quatre ans, il languissait épuisé par la maladie dont il mourut; il habitait un pavillon extérieur, dans lequel il fut soigné avec une tendresse filiale par sa compatriote, madame Park [1], qui nous a fourni tous les faits que nous rapportons et qui lui ferma les yeux; pendant ce temps, la princesse, enchaînée par une inflexible étiquette, restait confinée dans le zénana. Pour faire sentir le sacrifice qu'imposait à sa tendresse une pareille retenue, il nous suffira de citer une dernière circonstance : le 31 juillet 1835 le colonel expirait, et le 31 août suivant, la princesse, inconsolable de l'avoir perdu, le suivait au tombeau.

[1] Voici le récit de madame Park : « Un jour, le colonel Gardner était souffrant; il habitait le *jardin extérieur;* la begum me pria d'aller prendre soin de lui. Elle n'osait pas quitter le zénana, même pour soigner son mari; et pourtant celui-ci se trouvait si mal, que ses serviteurs avaient couru pour demander du secours, etc. »

Combien n'est-il pas à regretter que le colonel Gardner, qui savait exprimer ses pensées avec autant de délicatesse et d'énergie que de profondeur, ne nous ait pas laissé le récit de sa carrière militaire et de sa vie domestique, et qu'il n'ait pas peint le contraste de deux existences si rapprochées par la sympathie, et néanmoins si divisées par les croyances, par les mœurs, les idées et les préjugés!

Un seul événement que la presse indo-britannique avait étrangement travesti, et qu'il a raconté plus tard, peut nous donner une idée de l'intérêt qu'aurait eu pour nous cette autobiographie, en la supposant complète et sincère.

Quelque temps après son mariage, Gardner, peu satisfait qu'on ne récompensât pas à son gré les services qu'il avait rendus, quitta l'administration britannique et chercha fortune auprès des princes indigènes : il fut accueilli et dignement employé par Holcar, le célèbre Maharadjah de Gwalior. Lorsque ce souverain entrait en campagne, Gardner et les autres grands de son armée qui marchaient avec lui conduisaient sous leurs tentes leurs zénanas mobilisés avec tout le faste de l'Orient. Des difficultés graves étant survenues entre le Maharadjah et la Compagnie des Indes, Gardner fut envoyé près de lord Lake, général qui commandait l'armée anglaise campée dans le voisinage. Gardner partit seul et laissa sa famille sous la garde et l'honneur du prince indien; celui-ci, d'un naturel soupçonneux, avait fixé le moment du retour de son représentant. Déjà ce terme était dépassé de trois jours, et le Maharadjah présidait un conseil de guerre où l'on discutait sur le sort de l'envoyé retardataire, lorsque Gardner paraît. Il répond d'abord avec calme à des reproches qu'il était loin de mériter; le prince, plus réfuté que convaincu, s'écrie plein d'irritation : « Si tu n'étais pas revenu me joindre aujourd'hui

« même, mon cimeterre aurait jeté bas les tentes de ton « zénana. » A la seule pensée qu'on l'osât menacer d'un si grand outrage, Gardner tire son sabre; il se précipite pour immoler l'auteur de cet affront, et l'eût transpercé sans les assistants au durbar. Au milieu du tumulte que soulève une scène si violente, l'Anglais quitte la tente du Maharadjah, remonte sur le coursier qui l'avait amené, et bientôt se trouve hors d'atteinte des cavaliers lancés à sa poursuite. Il faut le dire à l'éloge d'Holcar, la princesse, accompagnée de ses enfants et noblement respectée, fut, par l'influence d'amis communs, restituée avec honneur à sa famille.

La loyauté même de Gardner ne lui permettait pas de conserver sa situation au milieu d'armées indigènes dont chacune finissait par entrer en lutte avec la grande puissance européenne qui, de proche en proche, envahissait tous les États. Suspect aux natifs, quoiqu'il les servît avec loyauté, il fut jeté dans une prison, et ne parvint à se sauver qu'en se précipitant du sommet d'une haute falaise dans un rapide torrent qu'il lui fallut traverser à la nage sous le feu de ses anciens amis. La Compagnie des Indes s'empressa de rappeler à son service cet intrépide guerrier, qui, dans un court laps de temps, sut organiser un régiment de cavaliers indigènes dont il fut nommé colonel.

La paix rétablie dans le nord-ouest de l'Inde, des temps plus heureux ont permis à Gardner de former un grand et bel établissement au milieu du Doab, entre les cités d'Agra et de Cawnpour. C'est dans cette heureuse résidence qu'il a longtemps vécu; toujours aimé, toujours considéré par les Anglais et les Indiens, entre lesquels il était souvent un précieux intermédiaire. C'est à cette époque que l'empereur de Delhi donna le titre de *fille adoptive* à la princesse de Cambaye, épouse de Gardner.

Ajoutons encore quelques faits sur l'union du noble anglais et de sa race avec celle des enfants de l'Islam.

Le colonel Gardner eut deux fils, dont l'un est devenu l'époux d'une nièce de l'empereur de Delhi, divorcée d'un premier mariage avec le fils de ce monarque.

Autre tableau de mœurs. Le second fils de l'avant-dernier empereur de Delhi avait une famille aussi nombreuse que celle du célèbre Danaüs, Asiatique comme lui; parmi les modernes Danaïdes, deux filles étaient surtout renommées pour leur beauté. L'une épousa le roi d'Oude Nassir-oud-din-Haïdar; l'autre épousa le second fils du colonel Gardner.

Conformément aux conditions du mariage, la seule fille qu'ait eue Gardner fut élevée dans la foi mahométane; mais, du consentement de la princesse, pour les filles de la seconde génération, cette règle ne fut pas invariablement observée, au moins pour celle qu'épousa le fils de l'amiral, son grand-oncle paternel. Malgré tous les vœux du colonel, qui ne rêvait qu'alliances européennes, sa seconde petite-fille a fini par épouser un neveu de l'empereur de Delhi; sur ce point, l'ambition tout indigène de l'aïeule, avec cette persistance immuable qui fait qu'à la longue la femme aimée, en paraissant céder sur tout, l'emporte sur les volontés de l'époux, l'ambition de la musulmane a fini par triompher.

La dernière alliance que je viens de signaler comptait à coup sûr au rang des plus illustres parmi celles qui se pouvaient contracter dans l'Inde entre les deux races qui successivement ont régné sur cette grande contrée. Un descendant de Tamerlan, neveu du monarque encore assis sur le trône et petit-fils du précédent empereur : tel est l'époux. La petite-fille de la princesse de Cambaye adoptée par le souverain musulman, en même temps fille d'un patricien britannique et nièce d'un pair des Trois-Royaumes : voilà l'épouse.

Cette situation rend d'autant plus remarquables des particularités qui me semblent dignes de fixer l'attention du lecteur.

Après la consécration de l'union conjugale, on lut à haute voix le contrat de mariage, et l'époux l'ayant attentivement écouté le signa. Plusieurs témoins anglais d'un rang élevé le signèrent aussi, pour le rendre plus authentique, et, s'il se pouvait, plus obligatoire. Le douaire était considérable; il imposait un grand sacrifice *en cas de divorce :* pour l'épousée, c'était la seule garantie que son mari ne la répudierait pas dès l'instant qu'il serait las de la posséder.

Aussi Gardner, le prudent aïeul de la fiancée, s'empresse-t-il de mettre la main sur le contrat de mariage en s'écriant avec force : *Je veux le garder en ma possession.* « Eh pourquoi? » lui demande en particulier la dame anglaise qui nous décrit toute la noce en témoin oculaire. « D'ordinaire, lui répond le sage Européen, le contrat reste entre les mains de l'épouse. Aussi longtemps qu'elle en est nantie, le mari la traite avec des égards infinis. Pendant quelques mois il redouble de tendresse, afin d'écarter les soupçons de la nouvelle mariée; il la comble de soins délicats et de prévenances raffinées dans l'espoir de gagner sa confiance, et de se faire enfin remettre un acte dont il se montre si digne d'être le fidèle gardien. D'autres fois, en secret, il épie partout et cherche à découvrir en quel lieu le contrat est caché, pour le dérober. A peine en sera-t-il possesseur, il jurera par le divin Allah que sa compagne l'a remis volontairement entre ses mains; et les conditions avantageuses qu'il renfermait deviendront sans valeur. » Telles sont, chez le musulman asiatique, l'immoralité, la bassesse et la mauvaise foi qui prévalent, même dans les premiers temps d'un engagement qui ne devrait inspirer des deux parts qu'un dévouement généreux et la fidélité pour les engagements civils, moraux et religieux.

Il n'est peut-être pas inutile de mentionner une particularité singulière sur la manière dont l'épouse, dans l'Inde, porte sa bague de mariage. Lors de la noce, les formalités accomplies, l'époux présente l'anneau consacré. Au lieu de le passer au doigt de sa future, à celui que nous appelons *le doigt annulaire,* il le suspend à la narine gauche de sa fiancée. Ce sera le signe ostensible, et non sans attrait, de l'état nouveau consacré par le mariage. Dans la noce élégante que nous décrivons, il s'agit d'un anneau d'or, grand et délicat, que décore un rubis entre deux perles.

DOAB SUPÉRIEUR ET PROVINCES ADJACENTES.

Nous allons étudier le Doab supérieur, qui comprend trois provinces, lesquelles s'offrent dans l'ordre suivant lorsqu'on s'avance de l'est à l'ouest : Rohilcondé, Mirat et Delhi. Nous commençons naturellement par la première.

IV. — *Province financière de Rohilconde.*

TERRITOIRE ET POPULATION.

COLLECTORATS.	TERRITOIRE.	POPULATION.	HABITANTS par MILLE HECTARES.
	hectares.	habitants.	
Schahjahânpour	597,746	986,089	1,650
Bareilly	807,788	1,369,268	1,693
Budaon	622,092	1,019,161	1,638
Moradabad	699,012	1,138,061	1,628
Bijnor	492,180	685,920	1,393
TOTAUX	3,218,818	5,198,499	1,615

Ce tableau remarquable fait voir que la grande province de Rohilconde contient par mille hectares 200 habitants de moins que celle d'Agra et 160 de plus que celle d'Allahabad; mais la population est répartie avec beaucoup moins d'inégalité dans les différents districts.

Cette contrée qui constitue le Rohilconde est située à l'est du Gange, en dehors du Doab. Dans toute la longueur du collectorat très-long et très-étroit de Schahjahânpour, elle borde au nord-ouest le royaume d'Oude. On conçoit, d'après cela, le vif intérêt qu'avait le souverain d'Oude à s'emparer de ce pays; spoliation qu'il obtint à beaux deniers comptants, par une infâme transaction, déshonorante à la fois pour lui-même et pour Warren Hastings, qui vendait des peuples sur lesquels il n'avait aucun droit légitime (voy. vol. précéd. p. 169).

Les empereurs musulmans ont fait prospérer cette province, où le nom même des contrées et des villes importantes rappelle leur domination : telles étaient les cités de Schahjahânabad, de Schahabad, de Moradabad, etc. Ils ont laissé dans ce beau pays de nombreux monuments de leur goût et de leur munificence. Ils avaient favorisé d'utiles travaux d'irrigation dont les vestiges subsistent encore; les Anglais ont commencé de restaurer ces ouvrages situés sur la rive gauche du Gange, mais leurs plus grands efforts se sont portés sur la rive droite. Nous ferons connaître au lecteur ces bienfaisantes entreprises.

Vers le commencement du XVIIIe siècle, une tribu d'Afghans vint du Caboul. Ces envahisseurs, connus aussi sous le nom de *Pathans*, firent la guerre aux Mahrattes, passèrent ensuite la Jumna, s'étendirent même au delà du Gange, et vinrent se fixer dans le beau pays du Rohilconde : c'étaient les *Rohillas*, dont nous avons déjà parlé. Ils étaient à coup sûr aussi braves, mais beaucoup moins civilisés que le biographe Macaulay ne l'a supposé pour rendre plus pittoresque son beau récit du lâche contrat de Hastings à leur détriment.

Dans l'heureuse contrée du Rohilconde, entre le vingt-huitième et le vingt-neuvième degré de latitude, à peu près celle de l'Égypte au-dessus du Caire, on trouve à la fois les meilleurs fruits des pays chauds et des pays tempérés : les dattes, les figues, les oranges et les citrons, les raisins, les poires, les pommes et les fraises. Les Anglais ont fait ensemencer dans ce pays le meilleur froment d'Europe.

De nombreux ruisseaux qui descendent des montagnes favorisent la végétation, et des bosquets d'arbres magnifiques embellissent les villages.

A partir du pied des monts, le pays, qui s'élève par degrés, offre un tout autre aspect. Là s'étend une immense forêt abondamment peuplée d'éléphants sauvages; par malheur, ils sont d'une espèce qui n'est ni la plus grande ni la plus estimée.

Les Rohillas ou Pathans (ils portent ces deux noms dans la contrée de Bareilly) sont de haute et belle taille, et, comparés à leurs voisins méridionaux, leur carnation paraît blanche : leur figure a de beaux traits.

Depuis que les Anglais sont devenus maîtres du Rohilconde, la population, décimée par le tyran d'Oude il y aura bientôt un siècle, est redevenue progressive; et le pays, animé par l'industrie, a de nouveau prospéré.

	Agriculteurs.	Non-agriculteurs.	Totaux.
Hindous.....	2,994,123	1,023,443	4,017,566
Musulmans...	504,245	676,688	1,180,933
	3,498,368	1,700,131	5,198,499

De ce rapprochement résulte la connaissance d'un fait important et qu'on ne soupçonnait pas : c'est que, malgré les grandes colonisations musulmanes et le prosélytisme des mahométans venus de l'Afghanistan, les individus qui suivent la loi de l'Islam ne représentent guère que la cinquième partie de la population du Rohilconde.

Tout en constatant la supériorité numérique des Hindous, on ne peut s'empêcher de remarquer le petit nombre de temples brahmaniques érigés dans le pays du Rohilconde; cela semble accuser chez les aborigènes peu de richesse ou peu de zèle religieux.

La ville de Bareilly et son industrie.

Bareilly, capitale du Rohilconde, s'élève au confluent des deux rivières Sunkoa et Jouah, à 16 ou 17 lieues du Gange; elle est le chef-lieu d'un district important.

Situation de la ville : latitude, 28° 23′; longitude Est de Paris, 76° 56′.

Il y a quarante ans, on estimait que Bareilly comptait plus de 60,000 habitants, savoir : Hindous, 40,205; musulmans, 25,585. Sa population doit avoir augmenté plutôt que diminué depuis cette époque.

Cette ville est du petit nombre de celles où les Anglais entretiennent un collége supérieur; il ne contenait pas moins de 228 élèves dans l'année 1859, et, grâce à la confirmation de la paix intérieure, ce nombre s'est accru. Ce collége a l'avantage de posséder un mathématicien distingué, M. Kempson; cet habile professeur a su mettre en relief l'aptitude singulière des jeunes natifs pour la plus difficile des sciences. Dans l'intérêt du progrès des arts utiles, il est d'une extrême importance de propager par toute l'Inde un enseignement si précieux. *Nous souhaitons que notre vœu soit entendu.*

A Bareilly, l'industrie la plus lucrative était la fabrication des armes offensives et défensives, portées sans cesse par les peuples guerriers des régions que nous parcourons. Aujourd'hui que le désarmement universel des provinces du nord-ouest est opéré, comme conséquence de la guerre civile étouffée, Bareilly doit souffrir beaucoup par l'énorme réduction qui s'ensuit dans la fabrication des armes.

Heureusement la même ville voit prospérer beaucoup d'autres industries : les unes appartenant aux aborigènes depuis un temps immémorial; les autres apportées par les conquérants venus de la Perse et du Caboul à la suite des invasions. Les habitants tissent de brillants tapis, imités de ceux qui sont si réputés dans la première de ces deux contrées. La broderie de Bareilly est estimée.

Dans la campagne, on fabrique une poterie bronzée dont les formes ne sont pas sans élégance. Les Bareilliens confectionnent des meubles vernis d'un beau noir, avec des reliefs colorés; ces reliefs ont à tel point l'aspect de l'or, qu'il faut une sérieuse attention pour reconnaître la différence de pareils ornements avec la véritable dorure.

Les mahométans possèdent le monopole des métiers qui s'exercent pour préparer et mettre en œuvre les peaux et les pelleteries : métiers que les Hindous, d'après leurs préceptes religieux, ne peuvent pas pratiquer. Les professions de tanneur, de corroyeur, de mégissier, de cordonnier, de sellier, trouvent d'autant plus à s'exercer dans Bareilly, que cette ville ayant été longtemps une capitale musulmane, les insolents dominateurs y tuaient à plaisir le bœuf et la vache, en insultant à la vénération des Hindous pour ces animaux chers à Brahma.

V. — *Province financière de Mirat.*

Cette province, immédiatement au nord de celle d'Allahabad et d'Agra, complète le territoire du Doab, entre le Gange et la Jumna. Voici l'énumération des cinq districts qui la composent, en avançant du sud au nord.

TERRITOIRE ET POPULATION.

DISTRICTS OU COLLECTORATS.	SUPERFICIE.	POPULATION.	HABITANTS par MILLE HECTARES.
	hectares.	habitants.	
Alligarh	557,604	1,134,565	2,035
Bolindschahur	472,397	778,342	1,648
Mirat	569,800	1,135,072	1,992
Mozaffernagur	426,295	672,861	1,578
Saharunpour	559,930	801,325	1,431
Totaux	2,586,026	4,522,165	1,748

Nous n'avons à donner que des indications de peu d'étendue sur les districts et les chefs-lieux de cette province.

Alligarh, place fortifiée, conquise en 1813, avec le reste de la province, sur la confédération des Mahrattes, était, comme l'indique la terminaison *garh*, un château fort. Il renfermait un dépôt important de munitions de guerre, et c'est encore le lieu d'une station militaire.

Bolindschahur, ville peu considérable, est bâtie non loin de la rivière Kalli, qui se jette dans le Gange auprès de Canouge.

District et ville de Mirat.

Mirat, ou, comme les Anglais l'écrivent, *Merut*, capitale de la province, a beaucoup plus d'étendue que de population ; elle est entourée d'un rempart peu redoutable. En dehors, à quelque distance, on trouve un cantonnement très-considérable établi pour l'armée britannique.

La ville est tout à la fois un centre d'autorité militaire, judiciaire et financière. Comme capitale, elle possède un collége hindou-britannique.

De toutes les provinces de l'Inde, celle de Mirat a présenté les produits les moins remarquables aux Expositions universelles. Cependant, en 1862, un grand comité préparatoire était chargé de les recueillir dans cette contrée et paraît n'avoir rien ou presque rien envoyé : ce seul fait atteste un état très-arriéré de l'industrie.

Mozaffernagur, ville assez peuplée, active et commerçante, prospère au milieu d'un pays bien cultivé.

District de Saharunpour.

Ce district, le plus septentrional de tous, termine les basses terres du Doab et s'étend du Gange à la Jumna; c'est à ses deux extrémités que se trouvent les importantes prises d'eau d'une canalisation que nous décrirons avec toute l'attention qu'elle mérite.

Situation de Saharunpour : latitude, 29° 57'; longitude Est de Paris, 75° 12'.

Quoique la ville soit située au milieu d'un pays de plaine, elle n'en est pas moins élevée à plus de 300 mètres au-dessus de l'Océan.

La forteresse, autrefois entretenue pour défendre le pays contre les Gourkhas et les Sikhs, ne sert plus aujourd'hui que de prison plus ou moins pénitentiaire.

Pas un édifice de cette ville et des deux précédentes n'est digne d'être remarqué. Mentionnons seulement *un jardin botanique*, où l'on essaye d'acclimater les végétaux des climats tempérés dont on voudrait introduire la culture dans les régions presque torrides du Doab.

Ce *jardin d'acclimatation* est sur les bords du canal dérivé de la Jumna qui sert pour arroser la rive gauche de ce fleuve, en descendant jusqu'à la hauteur de Delhi; son directeur est l'habile docteur Jameson, qui s'est distingué par son zèle à propager la culture du thé dans la partie des Himâlayas située à l'orient du Gange.

Les habitants de la province, considérés comme agriculteurs, sont laborieux, courageux, intelligents et dignes de tous les sacrifices qu'un gouvernement éclairé peut faire en leur faveur.

Nous terminerons par le tableau comparé suivant ce qui concerne la contrée dont Mirat est la capitale.

Population de la province par professions et par cultes.

	Agriculteurs.	Non-agriculteurs.	Totaux.
Hindous.....	1,771,574	1,806,845	3,578,419
Musulmans...	341,700	602,046	943,746
	2,113,274	2,408,891	4,522,165

Dans la partie septentrionale se trouvent confondus avec les mahométans un nombre de Sikhs assez considérable; on doit regretter qu'on ne les ait pas dénombrés séparément. Cela nous aurait expliqué peut-être une proportion qui nous semble trop forte, celle d'un cinquième attribuée aux musulmans.

VI. — *Province de Delhi.*

La province de Delhi avait autrefois une importance probablement perdue pour jamais. Elle possédait la capitale de l'Inde primitive, ville dont l'origine remontait à plus de trois mille ans. Après un grand nombre de siècles, lorsque les conquérants mogols, arabes ou persans venus du nord-est de l'Asie eurent atteint le haut Indus, ils tournèrent leur ambition vers le Gange supérieur. La première grande et puissante vallée qui s'offrait à leurs regards était celle de la Jumna, rivière auprès de laquelle s'élevait la ville, objet de leurs convoitises. Delhi, prise d'assaut et frappée d'un dernier coup funeste en 1857, n'est plus aujourd'hui que le chef-lieu financier d'une des six divisions qui composaient le sous-gouvernement du Nord-Ouest. Cette division elle-même a perdu les deux tiers de sa population, de son étendue et de son prestige. Réduite à ce point, nous la croyons digne encore d'une étude attentive, quoiqu'elle n'ait plus d'autres moyens de prospérité que les districts du nord-ouest qui l'avoisinent.

TERRITOIRE ET POPULATION DE LA PROVINCE DE DELHI (AVANT 1857).

DISTRICTS OU COLLECTORATS.	SUPERFICIE.	POPULATION.	HABITANTS par MILLE HECTARES.
	hectares.	habitants.	
Delhi	205,073	435,745	2,133
Gourgaon	502,170	662,486	1,319
Rhotuck	347,046	376,953	1,086
Hissar	853,308	330,852	388
Paniput	328,910	388,485	1,183
TOTAUX	2,236,507	2,194,521	981

Dans la province de Delhi, qui fut pendant beaucoup de siècles le siége d'un grand empire musulman, la proportion des sectateurs de cette religion dépasse de beaucoup celle que nous avons signalée dans les autres divisions du gouvernement du Nord-Ouest.

A ces musulmans il faut ajouter un certain nombre de Sikhs; exprimons de nouveau le regret que ces derniers n'aient pas été dénombrés en particulier.

Proportion des habitants hindo-brahmaniques avec les musulmans réunis aux sectes secondaires.

	Agriculteurs.	Non-agriculteurs.	Totaux.
Hindous.......	1,088,161	524,159	1,612,320
Mahométans, etc.	300,344	281,857	582,201
	1,388,505	806,016	2,194,521

En résumé, même dans la province de Delhi, le peuple hindo-brahmanique forme près des quatre cinquièmes de la population.

Division ou collectorat de Delhi.

Le territoire de ce collectorat, le moins étendu de la province, était réservé comme une espèce d'apanage au souverain nominal; lorsque le prince mogol qui portait encore le titre d'empereur fut arraché par les Anglais des mains des Mahrattes, il passa d'un servage honteux et barbare à l'état d'une servitude moins dégradante et plus dissimulée, mais non moins irrévocable.

Au moment où s'accomplit cette révolution, le territoire de Delhi formait une espèce de feude ou jaghire entre les mains d'un corps de troupes françaises commandé successivement par les généraux de Boignes et Perron. Mais l'empereur n'était qu'un prisonnier sous la garde d'officiers mahrattes qui le réduisaient à la misère. Pour donner une idée du sort qu'on faisait à sa maison, il nous suffira de dire que ses *cinquante-deux* enfants et petits-enfants, princes et princesses, ne recevaient pour tout traitement, par tête et par mois, que 37 fr. 50 cent. c'est-à-dire 1 fr. 25 cent. par jour.

Postérieurement à l'année 1803, la Compagnie des Indes était devenue maîtresse du pays; le revenu total de l'empereur et de sa maison fut porté à 3,175,000 francs par année : cela ne représentait pas *trois centimes* par sujet dont la Compagnie, en moins d'un siècle, avait dépouillé ce monarque. Les palais furent rendus à l'empereur; on lui permit d'y déployer les insignes illusoires de sa souveraineté désormais nominale; il put tenir des levers, *des durbars*, et simuler la royauté. Schah Alam, le premier des monarques ainsi dégradés, mourut en 1805, après un règne de quarante-cinq années, traversé par d'immenses infortunes; il avait vécu quatre-vingt-trois ans.

En dehors de ces calamités princières, la province de Delhi, dès qu'elle fut délivrée des déprédateurs mahrattes et qu'elle n'eut plus à redouter d'invasions sanguinaires, reprit en paix son travail et ses industries. Les terres acquirent une partie de la valeur qu'elles avaient eue dans les meilleurs temps, et les revenus, apanages de celui qu'on n'appelait plus que *le roi de Delhi* pour l'abaisser, furent par là sensiblement améliorés.

Même privé de son titre et de tout exercice de la souveraineté, l'empereur conservait un grand pouvoir idéal au sein des provinces qui avaient autrefois composé ses États; nulle part les monnaies frappées par les spoliateurs n'avaient cessé de porter le signe qui désignait sa personne et son règne aux yeux des peuples de la péninsule hindoustane : il était toujours *l'empereur de droit*, ou ce que nous nommerions, dans notre langage occidental, *l'empereur légitime*. Aussi, pendant beaucoup d'années, les chefs de nombreux gouvernements, quoique indépendants en réalité par le démembrement de l'empire, ont-ils fait de vives instances près du souverain de Delhi pour être élevés au rang de ses tributaires, parce qu'ils pensaient trouver dans cet acte de vasselage une légitimation de leur pouvoir. Ce fut seulement en 1818 que tous les États radjpoutes formèrent une confédération pour résister aux invasions, aux spoliations des Mahrattes, en substituant leur garantie mutuelle à toute espèce de patronage, même idéal, de la dynastie mogole.

L'empereur conservait le droit d'accorder des signes d'honneur et des titres aristocratiques sollicités avec empressement et reçus comme une haute faveur par les plus grands princes de l'Inde; quand ils montaient sur leurs trônes respectifs, ils sollicitaient une espèce d'investiture assez comparable à celle qu'au moyen âge certains princes recevaient de l'empereur d'Allemagne.

Nous avons vu qu'en 1819 un vizir d'Oude, Ghazy-ud-din, a répudié ces derniers débris de la dépendance féodale; il s'est proclamé roi lui-même, et cela sans aucun acte de reconnaissance sollicité ni reçu de la cour de Delhi. Cette innovation est parfaitement analogue à la transformation de l'électeur de Brandebourg en roi de Prusse, à la fin du XVIIe siècle.

Ici ne s'arrête pas la dégradation systématique de la famille souveraine issue de Tamerlan. La Compagnie des Indes, l'ancienne, ou pour mieux dire la très-récente vassale de la maison du Grand-Mogol, était désireuse, avant tout, de faire disparaître les derniers vestiges d'une souveraineté qu'elle regardait toujours comme un reproche et comme un danger.

Rien n'était plus misérable, plus dégradant, que la situation faite au dernier roi de Delhi, à celui qui vient de mourir obscurément, après cinq ans d'une impitoyable captivité, dans le pays des Birmans : à Rangoun.

«Il savait, dit avec indignation un éloquent écrivain anglais[1], il savait que les rares et misérables prérogatives qu'on daignait lui laisser encore, comme une dérision du pouvoir dont il représentait la dernière ombre, devaient être enlevées à ses successeurs; il savait que ceux-ci devaient être privés du droit d'habiter le palais de leurs pères, et qu'ils seraient exilés en quelque endroit loin des murs qui les avaient vus naître. Nous refusions aux princes, ses parents, d'entrer dans notre service public; nous les condamnions à traîner une existence dégradée, entre la dette et l'indigence, dans leur propre zénana; et nous osions les accuser de sensualité, de fainéantise et de bassesse! Nous leur fermions la porte de l'avancement militaire; nous leur interdisions les sentiers de toute carrière honorable; nous les privions de toute noble ambition : et nos journaux et nos salles de festin retentissaient d'invectives contre l'oisiveté, la lâcheté de ces princes efféminés. Notre politique, sans doute, n'était pas une excuse pour verser le sang innocent quand est venu le jour où ces princes ont pris les armes; mais leur prise d'armes, n'eût-elle pas été nécessitée par la révolte des cipayes, n'était-elle pas cent fois justifiée par cet abaissement systématique et cette mort politique infligée à leur maison?»

Ces explications étaient nécessaires pour montrer par quels degrés lents et presque insensibles s'est abaissée l'ombre de puissance des empereurs de Delhi jusqu'à l'époque de la grande rébellion, qui devait en faire disparaître le dernier vestige. Occupons-nous maintenant de la capitale, siége de cette puissance.

[1] M. W. Howard Russell, *My diary in India in the year 1858-59*. London, 1860; deux vol. in-8°.

La cité de Delhi.

Situation géographique : latitude, 28° 41'; longitude, 74° 44' 45", à l'est de Paris.

Delhi s'élève sur la rive occidentale de la Jumna, au milieu d'une vaste plaine sableuse. Dans un rayon de deux à trois lieues, le pays qui l'entoure présente au voyageur un incroyable spectacle de ruines : ce sont les vestiges successifs des nations et des dynasties qui tour à tour ont passé sur cette partie de la terre. La dernière de ces grandes péripéties date seulement de sept années.

Autrefois, prétendent les indigènes, Delhi renfermait dans son sein deux millions d'habitants. Il y a dix ans, cette ville, en y joignant un territoire de 204,600 hectares, quatre fois plus étendu que le département de la Seine, ne contenait que 435,745 habitants, dont près de la moitié cultivateurs et campagnards. On voit par là ce qu'il pouvait rester d'habitants pour la ville même.

En 1852, un des écrivains musulmans les plus distingués de notre époque, Saïyid Ahmad Khan, a publié la description fort étendue des monuments de cette capitale, où la guerre civile a depuis peu mutilé tant de monuments historiques. Le savant orientaliste M. Garcin de Tassy, membre de l'Institut, nous a rendu un important service en donnant la traduction de cet ouvrage[1].

Le descripteur oriental a pris un soin très-précieux pour la chronologie de l'Inde : il a recueilli l'indication précise des temps où furent construits les principaux édifices et le nom des princes qui les ont érigés. Il a profité pour cela des inscriptions qui sont invariablement gravées

[1] Elle est insérée dans le *Journal asiatique de France*, du n° 60, juin 1860, au n° 79, pour les mois de septembre et d'octobre 1862.

sur les façades; inscriptions dont un grand nombre n'existe plus, et dont plusieurs demandaient des soins érudits et des restitutions intelligentes, même à l'époque où l'auteur travaillait à les sauver de l'oubli.

Pour se former une juste idée du service rendu par ce travail archéologique, il suffira d'indiquer, d'après un témoin oculaire, quelques-uns des désastres éprouvés trois ans après la dernière dévastation.

Dans la dernière année de la rébellion qui faillit faire perdre l'Inde à l'Angleterre, le célèbre correspondant du *Times*, le plus fidèle des observateurs, et qui n'avait nul intérêt à peindre plus sombre qu'elle ne l'était une destruction qui le faisait rougir, M. W. H. Russel, a visité Delhi *dix mois* après la prise et le sac de cette cité. Il arrive par le grand pont de bateaux qui conduit du Doab à la ville; il franchit une porte monumentale. « Je me trouvai, dit-il, dans les rues d'une cité déserte (les habitants qu'on n'avait pas exterminés s'étaient enfuis et n'étaient pas revenus). Chaque maison portait les marques, soit du canon, soit de la mousqueterie et les traces de la main des spoliateurs (*the spoilers*). Malgré moi, je me rappelai la grande rue de Sébastopol, comme elle s'offrit à mes regards après l'enlèvement de Malakoff: on ne voyait pas un être vivant, si ce n'est quelque paria mourant de faim. Nous n'apercevions que des façades en ruines, leurs portes enfoncées et leurs fenêtres démolies. Enfin, nous arrivâmes dans une rue plus large que toutes les autres, mais dans le même état de dévastation; il s'y trouvait seulement des soldats anglais oisifs, accroupis et fumant du côté de l'ombre. A quelques-unes des maisons, eux sans doute avaient ajusté des nattes de paille pour fermer les entrées et de grossières jalousies pour boucher les fenêtres. Çà et là, quelques rares natifs de la basse classe se sauvaient en traversant la large rue; on ne voyait pas de boutiques; et sans les hauts minarets qui dominaient les maisons, sans les trouées qu'avaient faites partout les boulets et les bombes, muets témoins de la lutte terrible qui s'était livrée, j'aurais à peine cru possible que ce fût là cette cité décrite par un ancien voyageur comme étant aussi grande qu'Amsterdam, Paris et Londres prises ensemble : cité, disait-il, d'une population et d'une richesse incomparables. »

Rien n'est plus remarquable, après la haute antiquité de Delhi, que le grand nombre de forts, de palais et de villes érigés sur un territoire de deux à trois lieues de rayon; au centre s'élève la cité qu'a rendue si célèbre la splendeur du trône de ces empereurs qui, dans une telle capitale, étaient véritablement les grands Mogols. Citons seulement :

Indrapat, la ville primitive, qui remonte à l'an 1450 avant l'ère chrétienne;

L'ancien Delhi, fondé dans le voisinage en 328 avant J.-C., c'est-à-dire dans le siècle d'Alexandre;

Le vieux fort royal d'Atakpal Tannur, érigé dans l'année 676 de l'ère chrétienne.

Nous franchissons ensuite un long intervalle pour arriver au règne du roi Pithaura, qui donna de nouveau l'exemple de construire en dehors de la capitale une place forte, afin d'y transporter sa cour et aussi de pouvoir s'y défendre.

Quand le sultan Jalâh Uddin Féroze Kilji monta sur le trône, en 1289, comme il se méfiait des chefs de la capitale, il vint habiter dans le voisinage le château de Kela Garhi, qu'il agrandit et qu'il embellit. Bientôt un nouveau Delhi prit naissance autour de la résidence impériale, et la ville primitive, qui déclina par degrés, ne fut plus connue que sous le nom de *vieux Delhi.*

Nous devons ensuite mentionner la ville et le château bâtis par Taglic Schah, en 1322, sous le nom de *Taglicabad* : la résidence de Taglic.

Il faut citer, comme ayant une importance incomparablement plus grande, la ville et le château créés par Féroze Schah sur les bords de la Jumna en 1354. Cette ville, qu'il appela *Férozabad*, comprenait une partie considérable des forts et des palais que nous avons énumérés.

Le sultan Féroze n'était pas seulement ambitieux d'ériger une grande cité qui portât son nom, il concevait l'immense utilité des travaux d'art qui font arriver les eaux dans les plaines afin de les fertiliser. On ne saurait citer avec trop d'éloges une grande et belle retenue d'eau qu'il produisit par une digue monumentale entre deux montagnes assez rapprochées l'une de l'autre.

Autour du grand réservoir ainsi préparé, le prince et les grands bâtirent des châteaux et des maisons de plaisance; leur ensemble formait presque une ville.

A quelque distance des lieux que nous décrivons, une autre cité fut fondée en 1418 par Khizr-Khan. Ce roi guerrier portait un beau surnom : les peuples l'appelaient *le Prince aux étendards élevés*. Son œuvre n'existe plus; mais on voit encore à Delhi la porte de Khizr, qui conduisait à la cité de Khizr-Khan.

Près d'un siècle et demi plus tard, prend naissance la ville que Schir Schah fit construire en 1541 auprès de la primitive Indrapat; elle contenait le *palais des mille colonnes*, où le sultan Taglic, après de grandes victoires, avait reçu le magnifique tribut de trois cents éléphants et de vingt mille chevaux, avec une immense quantité de joyaux, de perles et d'or. On appela cette ville *Delhi de Schir Schah;* il n'en reste plus qu'une porte, appelée *porte de Caboul*.

Enfin nous arrivons à la grande époque de Schah Jahân, le Louis XIV de l'Inde. Cet empereur avait d'abord établi sa résidence dans Agra; mais, en 1638, il restitua le siége de l'empire à l'antique ville de Delhi. Il commença par construire, sur le bord oriental de la Jumna, une citadelle assez vaste pour contenir tous les palais dont il fut le créateur.

Ensuite il enferma par des murailles flanquées de tours et de bastions le nouveau Delhi, tel que l'avait conçu son prédécesseur Féroze. C'est le Delhi d'aujourd'hui; ses remparts crénelés, très-élevés et d'une parfaite construction, sont d'un aspect qui saisit le voyageur.

Suivant l'usage des souverains musulmans, il aurait voulu qu'on appelât la nouvelle capitale *Schahjahânabad;* mais le nom de Delhi, à la fois plus court et plus facile à prononcer, recommandé déjà par vingt siècles d'usage et de vénération, Delhi resta le nom populaire et consacré chez tous les peuples de l'Inde : il est le seul qu'ont appris les autres nations.

Les monuments de Delhi.

Peu de cités ont été plus souvent prises et ravagées par des conquérants sans pitié. Contentons-nous de citer Mahmoud le Gaznevide en 1100, Tamerlan en 1398, Baber en 1525, Nadir Schah en 1735, plus tard les Mahrattes, ensuite les Anglais aux ordres du général Lake, en 1803, et finalement la prise de cette ville en 1857 par les forces britanniques.

L'enceinte fortifiée de la ville a huit kilomètres d'étendue. Elle est percée de quatorze portes : sept réservées pour les éléphants et les principaux véhicules; sept pour les cavaliers et les gens de pied.

Je n'entreprendrai pas de décrire les palais, les jardins et les mosquées que Schah Jahân construisit à Delhi, en y déployant sa magnificence accoutumée. Je citerai seulement, au centre de la citadelle, le pavillon principal qui contenait la salle du trône : salle assez vaste pour suffire aux réceptions solennelles de la cour et du fastueux gouvernement impérial.

Sur la muraille qui s'élève en arrière du trône, d'habiles mosaïstes, appelés d'Italie au XVIIe siècle, avaient reproduit la peinture que Raphaël a composée pour représenter Orphée, lorsque le poëte inspiré captive les animaux les plus féroces par les charmes de son chant et les accords de sa lyre. A l'époque où de semblables travaux s'exécutaient au fond de l'Asie orientale, trente ans à peine s'étaient écoulés depuis la mort du grand artiste européen ; l'enthousiasme éprouvé par ses contemporains reproduisait déjà ses œuvres au bout du monde.

On admirait autrefois le trône même qui s'élevait en avant de cette mosaïque murale. Les Anglais s'en sont emparés lors de la prise de la ville ; deux ans après, en 1860, ils l'ont fait passer en Angleterre pour l'offrir à S. M. la reine Victoria : c'est le célèbre trône que l'empereur Schah Jahân considérait comme le plus rare et le plus splendide ornement de son palais.

Plus d'un demi-siècle avant cette époque, les Mahrattes, quand ils ravagèrent et dépouillèrent la capitale de l'empire du grand Mogol, avaient tourné leur vandalisme contre ce trône merveilleux, dont ils étaient incapables d'apprécier la valeur. Ils l'avaient dépouillé de ses ornements, et même ils avaient tenté de le détruire par le feu ; heureusement ils n'avaient réussi qu'à l'endommager à la surface. La base du trône était formée d'un bloc unique de cristal de roche, et ce bloc n'avait pas moins de six décimètres d'épaisseur et le double de largeur. Des coussins moelleux étaient posés sur ce prisme quadrangulaire et figuraient un divan ou sopha asiatique.

De même qu'aux Tuileries, par-delà la cour intérieure, un arc de triomphe est placé sur l'axe du pavillon principal, de même en avant du pavillon que nous venons de décrire, et au delà d'une place spacieuse, une porte monumentale communique avec la cité.

Tant qu'a duré le règne des Mogols à Delhi, personne, s'il n'était prince, ne pouvait se dispenser, lorsqu'il arrivait à cheval, de mettre pied à terre pour pénétrer dans le palais par la porte sacrée que nous venons de signaler : on se croyait à l'entrée du sérail de Constantinople, et près d'y pénétrer par *la Sublime-Porte*. Autrefois deux statues d'éléphants étaient posées en avant de cette porte, comme on voyait des sphinx alignés en avant de certains temples ou palais de l'Égypte des Pharaons. Le peuple appelait l'entrée que ces colosses annonçaient *la Porte des Éléphants*.

Dans la cité même, l'axe de la porte principale qui conduit à la forteresse est aussi celui d'une large place qui n'a pas moins de 600 mètres de longueur. L'empereur Schah Jahân avait embelli cette voie majestueuse en y construisant une suite de bassins remplis d'eau vive; et l'eau qu'ils déversaient s'écoulait par un canal à ciel ouvert. Des deux côtés s'élevaient les magasins dont l'ensemble compose le grand bazar.

Du côté du nord-ouest est un autre bazar important, auquel on a donné le nom militaire de *marché du Camp*, *Ourdou-bazar;* il se trouve à proximité de la porte dite *de Lahore*, percée dans l'enceinte de la citadelle et suivant la direction qui conduit à cette capitale du haut Indus.

Signalons aussi le bazar de l'Abondance, *Faïz-bazar;* il compte plus d'un kilomètre de longueur sur une largeur comparable à celle des rues de la Paix et de Castiglione. Voilà des proportions dignes d'une grande capitale.

Dans ce bazar, en 1650, la fille chérie de Schah Jahân fit construire un palais auquel elle donna le nom d'Agra : aussi beaucoup d'écrivains désignent-ils sous le nom de *bazar d'Agra* celui qui contient ce palais.

Les eaux amenées dans Delhi par le Faïz-Nahr, le canal de l'Abondance.

Dès l'année 1291 de notre ère, le célèbre sultan Féroze fit le premier creuser un canal pour dériver les eaux de la Jumna; il les avait conduites dans sa maison de plaisance. Trois siècles plus tard, en 1561, sous le règne d'Akbar, le vizir de Delhi (le soubahdar Ahmad Khan), restaura le premier canal et le prolongea jusqu'à son domaine féodal, son jaghire; ce nouveau canal fut plus tard négligé comme le premier. Mais, en 1648, l'empereur Schah Jahân ordonna qu'il fût restauré et prolongé jusqu'à la forteresse de Delhi pour l'usage de ses palais et, chose nouvelle, pour l'usage des marchés de la capitale. Après la mort du bienfaisant empereur, ce canal, malgré sa grande utilité, n'étant pas entretenu, finit par être obstrué. Ce fut seulement en 1820 que les Anglais le restaurèrent comme un des filons de ce riche réseau d'irrigations du Doab dont nous expliquerons le système.

Sous le règne de Schah Jahân, l'on avait construit de grands égouts qui recevaient les eaux salies et les immondices de tous les bazars et qui les conduisaient à la Jumna.

Dans les règnes suivants, la négligence native fit place à la vigilance exceptionnelle et merveilleuse qu'avait déployée l'administration de cet empereur, et les conduits publics finirent par être obstrués ou détruits.

Pendant un demi-siècle d'occupation, l'autorité britannique a laissé l'édilité de la capitale dans un état si déplorable. Mais, en 1852, le magistrat anglais chargé du collectorat de Delhi, M. Austin, commença par faire nettoyer et restaurer les anciens égouts; il en construisit de nouveaux afin d'assainir les principaux bazars; il fit diriger sous les magasins des conduits en brique dans lesquels s'écoulent aujourd'hui vers la Jumna les eaux salies par l'usage des habitants. Il voulut aussi qu'on posât des bancs de pierre en avant des façades. Dans toute la ville, il fit éclairer les grands bazars avec des lanternes, comme l'étaient les cités européennes avant l'application si récente du gaz. Voilà des soins qui font honneur à l'intervention des Occidentaux.

Des édifices religieux : une grande mosquée.

En 1143, dans les lieux où s'élève le Delhi moderne, le roi Pithaura, que nous avons cité plus haut, avait construit avec une grande magnificence le principal temple réservé pour le culte des Hindous. Un demi-siècle plus tard, en 1193, les musulmans ont détruit les statues des dieux réunies en nombre prodigieux dans ce panthéon brahmanique. De cette pagode ils ont fait une grande mosquée qu'on admire encore. Le vainqueur confisqua les revenus de vingt-six autres pagodes pour en doter le nouveau temple mahométan.

Il serait bien à désirer que des architectes intelligents fissent de ce monument une étude qui répandrait de vives lumières sur l'état des arts, il y a déjà sept siècles, chez les peuples de l'Inde. En même temps, il faudrait qu'on décrivît les mosquées moins antiques entièrement construites par les musulmans et sur d'autres bases que les fondements des temples brahmaniques.

La mosquée métropolitaine.

Voici le plus vaste et le plus bel édifice religieux que l'empereur Schah Jahân ait fait bâtir dans Delhi. On a revêtu d'un beau marbre blanc ses dômes et ses minarets; les murs latéraux sont en grès rougeâtre, entremêlé systématiquement avec des assises de marbre noir. Pendant six ans, cinq mille ouvriers ont été nécessaires pour ériger cet édifice, surmonté de trois dômes élevés chacun de 90 mètres au-dessus du sol, et leur diamètre est égal au tiers de cette hauteur. Le plan du monument est un carré dont les côtés n'ont pas moins de 136 mètres. Aux quatre angles de la mosquée s'élèvent quatre grandes tours qui donnent à l'ensemble l'aspect de la force et de la majesté.

L'observateur que nous avons vu frappé de la ruine et de la désolation des rues de Delhi est surpris à la vue de la mosquée impériale, Jumma Musjid : « C'est, dit-il, un des plus vastes monuments qu'ait jamais élevés la main des hommes. Dans toutes ses parties, on admire une chaste richesse, une élégance de proportions, une grandeur de dessin qu'il est pénible de comparer avec la mesquine architecture de nos églises; » il veut certainement parler de celles que ses concitoyens ont bâties dans l'Inde, car il ajoute aussitôt : « A coup sûr, si notre puissance dans l'Inde devait être jugée d'après les édifices qu'elle a commandés, elle prendrait le dernier rang dans l'ordre des gouvernements de la contrée, et de cette condamnation même le canal du Gange, le collége de Rourkie et les institutions de Calcutta pourraient à peine nous racheter. »

Le croira-t-on? Des officiers de l'armée qui prit Delhi d'assaut il y a sept ans ont ardemment insisté pour qu'on détruisît la grande mosquée : on les eût dits ambitieux d'imiter les Romains rendus maîtres du temple de Jérusalem. La proposition était due à l'excitation d'une rage aveugle née de la rébellion ; mais longtemps avant la révolte il s'était trouvé dans l'Inde un gouverneur général doué d'un génie tristement utilitaire. Celui-ci n'avait pas rougi de proposer la démolition du Tadj-Mahal d'Agra, la merveille des merveilles, afin d'en tirer un parti lucratif *par la vente des marbres.*

Revenons à la mosquée métropolitaine, telle qu'elle était avec ses alentours avant 1857.

Pour faire les ablutions consacrées par les rites, les musulmans ont construit au centre de cette mosquée un bassin revêtu de marbre, *avec un jet d'eau* qu'on fait jouer lors des cérémonies les plus solennelles. Schah Jahân, ce grand ami des eaux vives et salubres, voulait en gratifier tous les monuments dus à sa magnificence.

De grandes portes isolées, semblables à celles de nos arcs de triomphe, sont construites en avant et sur la direction de chaque portail principal. Tout est bizarre en Orient : la terrasse ménagée, comme une place publique, au-dessus de ces grands portails est un bazar aérien dans lequel sont établis de petits merciers, des pâtissiers, des rôtisseurs et des marchands d'oiseaux vivants. Le soir de chaque jour de fête, une jeunesse joyeuse et pétulante prend plaisir à lancer du haut de ces terrasses une incroyable quantité de feux d'artifice. Ajoutons qu'un vrai bazar, et très-spacieux, entoure la grande mosquée.

Au milieu des innombrables temples de Delhi, il ne faut pas oublier une église anglicane construite de l'année 1826 à l'année 1836, suivant les plans d'une architecture assez élégante. Dans cette église on a placé le tombeau de W. Fraser, un résident très-humain qui fut assassiné par un misérable indigène; c'était son prédécesseur qui méritait un pareil sort par son insolence envers les natifs, si rien pouvait jamais justifier un crime. Quand ce dernier exerçait dans Delhi son autorité, s'il n'obtenait pas des indigènes qu'il rencontrait des saluts assez serviles, il s'oubliait jusqu'à les frapper de sa cravache et les accablait d'injures, quels que fussent l'importance et le rang des Hindous et des musulmans, objets de son mépris.

Outre les fondations que nous avons mentionnées, l'empereur Jahân avait construit un collége spécial pour l'instruction supérieure des mahométans, ainsi qu'un dispensaire où l'on distribuait aux pauvres des médicaments. Plus tard, des habitations de princes et de courtisans avaient envahi ces utiles fondations. Cependant, il y a peu d'années, on a restauré le collége supérieur et rendu ses antiques cellules habitables, afin d'y loger des élèves choisis parmi les sujets les plus intelligents.

Un minaret monumental.

Parmi les constructions les plus hardies, on cite un célèbre minaret. Sa base carrée n'a que treize mètres de côté; néanmoins, après les mutilations de la partie supérieure, il présente encore une hauteur de soixante et dix-huit mètres et demi, c'est-à-dire, à cinq mètres près, la hauteur de la flèche des Invalides au-dessus du pavé du beau temple qu'elle domine. C'était une tour bâtie par Pithaura, le roi qui construisit la pagode, transformée plus tard en mosquée cathédrale. La foudre avait démoli la coupole et la partie supérieure de cette tour; l'empereur Féroze Schah répara le minaret en le faisant couronner par un septième étage. Cet étage, moins solide apparemment que l'œuvre primitive, fut renversé par un tremblement de terre en 1782. Cinquante ans plus tard, M. Smith, qui commandait la place de Delhi, s'occupa d'une restauration nouvelle. Dans ce travail, des ouvriers ignorants et mal dirigés ont cru reproduire les inscriptions plus ou moins mutilées. « En plusieurs endroits, « suivant la Description des monuments de Delhi faite par « un érudit musulman, ils avaient tenté d'imiter la forme « des mots. Au lieu d'en représenter avec fidélité les carac- « tères, ils avaient tracé des dessins qui fourmillent de « fautes; en quelques endroits ils avaient sculpté les lettres « de telle façon qu'elles n'ont plus aucun rapport avec le « sens des inscriptions. » Ce vandalisme augmente le prix des travaux du savant descripteur, qui s'était efforcé de conserver toutes les inscriptions telles qu'on les voyait encore en 1854. Ses soins étaient allés plus loin; il les avait rendues à leur pureté primitive et conservées dans son livre, pour l'instruction de la postérité, quelque temps avant la destruction d'un grand nombre d'entre elles.

Les observatoires.

Au commencement du XVIIe siècle, Savaï Jaï Singh[1], prince de Jaïpour, ou Jeypour, comme l'écrivent les Anglais, ayant reçu l'ordre de l'empereur Mohammed Schah, construisit quatre observatoires à Jeypour, à Mathura, à Bénarès, à Oudjein. Aujourd'hui les instruments sont délabrés et les édifices dans un état déplorable.

Le sultan Mohammed Schah, qui présidait à ces travaux scientifiques, voulut qu'à partir du premier jour de

[1] Singh, titre d'honneur, équivaut à celui de *bahadour*, un brave; il signifie, à proprement parler, *un lion*. Savaï est un titre égal à celui de sultan; Jaï, nom qui veut dire victoire, est le nom propre de ce prince. *Jaïpour*, ville de Jaï; les Anglais écrivent *Jeypour*.

son règne, le premier du mois de *rabi ussani*, datât une ère nouvelle; les années du calendrier qu'il fit adopter sont lunaires, comme ont commencé par l'être celles de la plupart des nations.

En 1828, sir Thomas Théophile Metcalfe, le même qui, huit ans plus tard, introduisit dans Calcutta la liberté de la presse, a dirigé la construction d'un *nouvel observatoire* en dehors de la porte de Cachemire; cet administrateur éminent présidait alors à la province de Delhi.

Monuments extérieurs : la tour de Kotoub.

A quelques kilomètres de Delhi s'élève un monument célèbre : c'est le minaret de Kotoub. Qu'on imagine une tour gigantesque, de forme ronde, entourée d'une foule de constructions, les unes hindoues et les autres musulmanes, bizarres à la fois de forme et d'exposition, mais d'une incroyable richesse de décoration : l'ensemble de ces édifices est entouré par un vaste rempart de figure carrée. La tour monumentale n'a pas moins de soixante et seize mètres de hauteur, dix mètres de plus que les tours de Notre-Dame de Paris. Pour le diamètre de sa base, elle peut se comparer avec la tour de Babel, retrouvée par un Français dans la Mésopotamie; mais au lieu d'être humblement construite, comme l'était le monument biblique, c'est de matériaux précieux qu'elle est complétement revêtue. Dans sa grande élévation, tout son périmètre extérieur est couvert de sculptures, d'arabesques et d'inscriptions religieuses, aussi purement ciselées que les hiéroglyphes des temples d'Égypte, mais d'un dessin plus habile. Des visiteurs anglais, en 1858, qui trouvaient la solitude aux environs comme au centre de Delhi, voulurent monter dans la tour de Kotoub. Mais un vieillard qui sortit d'un temple voisin les prévint qu'un léopard s'était emparé du monument déserté par les hommes; la veille, il avait fait sa proie d'un Indien assez imprudent pour pénétrer dans l'intérieur de l'édifice abandonné.

Les tombeaux.

Delhi renferme des tombes impériales qui sont ou qui du moins, il y a peu d'années, étaient encore un ornement de cette cité.

Un mot seulement sur le tombeau du sultan Ala-Uddin Khiljy, mort en 1315. Auprès de ce tombeau l'on avait construit une mosquée et, ce qui doit beaucoup plus nous intéresser, un collége (*madrissa*) qui servait à l'instruction des jeunes musulmans. Il ne reste plus que des ruines du collége et l'on a fait du mausolée un *four à chaux.*

Parlons aussi du tombeau de Taglic Schah[1], quoiqu'il ne soit pas situé dans la ville même. Le fils de cet empereur fut un tyran, superstitieux à la manière de Louis XI. Au milieu de ce monument, l'héritier de Taglic avait fait déposer le sarcophage d'un ancien moulvie révéré des musulmans dans toute l'étendue de l'Inde. Pour tirer parti du crédit qu'il attribuait à ce personnage sur la clémence d'Allah, le despote, à la fois cruel, avare et superstitieux, prit l'habitude, quand il faisait périr injustement ses sujets les plus riches ou les plus puissants, d'arracher sur-le-champ des *certificats de pardon* aux parents de ses victimes. Ces déclarations, témoignages écrits de sa tyrannie, il les déposait dans un coffret précieux qu'il cachait au fond du tombeau de son père, tout près du saint musulman, comme des pièces à valoir auprès du dieu de Mahomet.

[1] Mort en 1354.

Dans un autre tombeau, qui rappelle aussi les mœurs de l'Asie, se trouve la châsse du pieux Nizam-Uddin Auliya, mort en 1324. Trois siècles plus tard, l'empereur Schah Jahân fit entourer ce monument de constructions utiles qui le rendaient encore plus vénérable. En 1808, un des derniers rois de Delhi l'orna de colonnes en marbres précieux; il y joignit des incrustations en émail enrichies d'or et de lapis lazuli.

Auprès de ce tombeau s'élève la *Tour de marbre*, surmontée d'un pinacle doré. Tous les ans, au pied de la tour, on célèbre à la fois la fête du printemps et celle du saint personnage que nous venons de mentionner.

N'oublions pas le tombeau de Féroze Schah, qui mourut en 1388. C'est l'empereur, à juste titre célèbre, qui construisit tant de monuments dans la cité qu'il avait décorée de son nom; cité qui fut ensuite comprise dans l'enceinte du moderne Delhi, fortifié, embelli par Schah Jahân.

Le mausolée de l'empereur Houmayoun et l'assassinat des princes issus de Tamerlan.

À dix kilomètres, deux lieues et demie, de Delhi, le voyageur admire encore le tombeau du célèbre empereur Houmayoun. Par ses grandes proportions et sa solidité qui résiste aux siècles, par la richesse de ses sculptures et le fini de ses décorations, ce mausolée mérite l'éloge que les peuples de l'Inde font du sentiment architectural des souverains descendus de Tamerlan. « Pour ajouter l'élégance à la force et la somptuosité, la délicatesse des ornements à la grandeur monumentale, les mêmes souverains qui fondaient et construisaient *avec des bras de géant* achevaient et décoraient *avec des mains de joaillier.* »

De lugubres événements ont rendu plus mémorables que jamais les souvenirs de ce monument funéraire.

En 1857, lorsque les Anglais prirent la ville de Delhi, l'empereur déchu, Mohammed Bahadour Schah, accompagné de la sultane et de son plus jeune fils, s'était d'abord retiré dans la forteresse appelée *le Minaret* ou *la tour de Kotoub*, que nous venons de décrire. Il pouvait s'y défendre au milieu de nombreux sujets fidèles à son malheur. Afin de le séparer des Indiens qui l'entouraient, un homme que nous allons voir se rendre coupable des plus noirs forfaits, un misérable capitaine Hodson, agissant au nom du général en chef, accorde à ce prince une promesse solennelle de sûreté personnelle et la garantie contre tout traitement indigne du rang suprême. Sous cette condition, l'empereur quitte sa forteresse et va chercher un dernier asile au fond du tombeau de son illustre ancêtre.

« Les ordres que j'avais reçus, dit Hodson dans sa correspondance, ces ordres étaient de telle nature que *je n'osai pas suivre la direction de mon propre jugement jusqu'à priver ce prince de la vie, après qu'il s'était rendu;* mais s'il avait essayé de fuir ou de se laisser enlever, je l'aurais *tué comme un chien* (like a dog). » Hélas! pour ce vieillard âgé de quatre-vingt-dix ans, la fuite n'était pas même supposable! Hodson demande au roi ses armes, et comme le nonagénaire hésitait, le soudard répète emphatiquement son mot favori : « Si l'on fait pour le délivrer la moindre tentative, il (le roi malheureux) sera tué d'un coup de feu, *comme un chien.* »

N'oublions pas que ce monarque, entraîné par la force des événements même au milieu de la guerre, s'était, ainsi que la reine, montré contraire aux cruautés des cipayes contre les Anglais.

Sans aucun égard pour un tel souvenir, Hodson, dépassant ainsi les bornes de son mandat, violait la bonne foi. *It was,* dit l'honnête historien Montgomery Martin, *it was a breach of faith.* La conduite entière de l'outrageux émissaire était contraire à ses instructions, de garantir le roi contre tout outrage personnel. Il va plus loin; il considère le monarque, attiré par un guet-apens, comme s'il l'avait fait prisonnier au milieu d'un assaut; il réclame pour lui capteur ou plutôt captateur, et pour ses satellites, le privilége du pillage et du butin! Il déclare, en termes exprès, que sa troupe a droit de garder tout ce qu'elle a saisi *sur la personne du monarque et des princes.*

Chose encore plus étonnante, au lieu d'ordonner qu'on restitue des dépouilles qui n'étaient pas le prix d'un combat, mais d'une déception, le général en chef se borne simplement à réclamer une partie de ces dépouilles: afin de grossir la masse de butin que doit partager l'armée entière!

Après avoir fait subir à d'augustes infortunés ces spoliations sauvages, le spoliateur conduisit à Delhi l'empereur, la sultane et l'un de leurs fils, à peine âgé de quinze ans. Enorgueilli de tels succès, il osait dire que des services de si haute importance lui donnaient droit à toutes les récompenses que pouvait conférer le pouvoir suprême en Angleterre... Il voulait enoore acquérir de plus grands titres de faveur.

Quelques jours plus tard, trois princes du sang de Timour, Mirza Mogol, un de ses frères et son fils Abou-Bekr, s'étaient aussi réfugiés dans le tombeau de leur ancêtre Houmayoun, espérant y sauver leur vie. Mirza Mogol, le principal d'entre eux, était si digne de la protection ou tout au moins de la clémence des triomphateurs, que les révoltés, quand ils s'étaient trouvés tout-puissants à Delhi, l'avaient traduit devant un conseil de guerre comme ennemi de la rébellion; Hodson demande à grands cris l'autorisation de mettre la main sur ces princes. Le général en chef, hésitant et faible, lui dit en cédant : « Mais au moins ne me causez aucun embarras avec de tels personnages... »

La soif de sang qui caractérisait Hodson est plus heureuse avec les princes qu'avec le monarque, la sultane et le plus jeune de leurs fils. Ce monstre, suivi de cent cavaliers sikhs, moins féroces que lui, accourt à la tombe d'Houmayoun. Il a promis la vie à l'un des cousins des trois princes si, par son moyen, on peut les amener *à se rendre sans conditions*. Certes, les infortunés pouvaient se défendre : ils comptaient autour d'eux trois mille de leurs fidèles réfugiés dans l'enceinte du monument, tandis qu'en plus grand nombre leurs compagnons se tenaient réunis dans les édifices adjacents, et tous étaient armés. Les princes, aveuglés par une folle confiance, quittent leurs défenseurs et suivent la troupe sikhe. Aussitôt on les fait monter dans un chariot couvert, semblable à ceux que les femmes de l'Inde emploient dans leurs voyages ; puis, en toute hâte, le véhicule s'éloigne du minaret fortifié.

A peine les princes sont-ils entraînés vers Delhi, le ténébreux Hodson emploie de nouveaux artifices pour déterminer les musulmans qui voulaient suivre leurs chefs à lui rendre leurs armes : il y parvient. Rassuré de ce côté, il se précipite avec ses cavaliers ; il court à bride abattue sur les infortunés captifs, qu'il atteint en vue des portes de la ville. Il leur commande aussitôt de mettre pied à terre ; il s'empare de leurs armes, et les force à se dépouiller eux-mêmes de tous leurs riches vêtements ; il les fait remonter, complétement nus, dans l'intérieur du char, et là, de sang-froid, *les égorge tous trois de sa propre main.* Sans hésiter, il s'approprie leurs opulentes dépouilles, *qu'il avait prudemment préservées de toute tache de sang.*

Ces soins sordides accomplis, il introduit lui-même les trois cadavres dans Delhi pour les exposer *à la porte de l'hôtel central de la police*, sa propre habitation. « Ici, dit-il aux Sikhs, complices ou du moins spectateurs de son attentat, ici, votre général Bahadour fut pareillement exposé par l'ordre d'un empereur mahométan, il y a deux cents ans! » Le fanatisme des Sikhs savourait ce simulacre de vengeance qui répondait par trois crimes présents au crime des siècles passés.

Le commandant des forces britanniques ne mit pas en jugement l'assassin de trois princes désarmés et ne le fit pas fusiller! Fidèle à sa jurisprudence en matière de prises, la seule punition qu'il imagina, comme châtiment du voleur, fut de réclamer la dépouille des trois illustres victimes; il se fit rendre leurs beaux vêtements d'or et de soie, afin de les joindre au butin général accumulé pour son corps d'armée.

Croira-t-on qu'un administrateur civil des plus éminents ait écrit, avec l'empressement de l'enthousiasme, à l'auteur du plus effroyable forfait : « Cher Hodson, *honneur complet à vous*, ainsi qu'à vos cavaliers, pour avoir capturé le roi et *tué ses fils!* J'espère que vous en expédierez bien d'autres encore. A la hâte; pour toujours à vous, R. Montgomery. » Il ne faut pas confondre l'auteur d'une telle missive avec le généreux historien Montgomery Martin, dont je ne suis ici que le traducteur fidèle.

Produits de l'industrie de la ville et du district de Delhi.

D'après l'état de ruine et d'abandon où Delhi se trouvait encore en 1858, il doit sembler incroyable qu'en 1861 le sous-comité chargé de réunir les produits d'industrie de cette ville, qu'on devait croire anéantie, ait pu envoyer à l'Exposition de Londres la collection brillante dont nous allons donner l'idée.

Un manufacturier de Delhi exposait une intéressante collection de joaillerie et d'orfévrerie; mais il ne reçoit pas de récompense.

Parmi les envois de Delhi nous devons signaler des peintures sur ivoire. Les unes représentaient de célèbres monuments : par exemple, la principale mosquée de Delhi, le Tadj-Mahal d'Agra, le temple sikh d'Amritsir, la villa de la Martinière auprès de Lucknow. Il y avait une peinture qui rappelait le siége somptueux appelé *le trône du paon,* enlevé par Nadir Schah dans le palais des empereurs; enfin, de nombreuses miniatures donnaient les portraits des souverains et des princesses de Delhi.

Mais ce qui doit surtout frapper notre attention, c'est une intéressante collection de tissus fabriqués dans un genre qui rappelle ceux de Cachemire et d'Amritsir; la collection était exposée par Manick Chand, fabricant à Delhi. Elle renfermait des châles et des écharpes uniquement tissés avec le duvet des chèvres du Tibet; d'autres présentaient le duvet ou la soie tissés et brodés en or. Il y avait encore des châles différents : quelques-uns étaient en dentelle de soie et d'autres en blonde; il y avait des mantilles en mérinos, avec une grande diversité d'objets de parure. Cette énumération suffit pour montrer que Delhi, malgré ses malheurs, recommençait à cultiver avec succès des industries variées et brillantes.

Voici comment le Jury international justifie la médaille qu'il accorde à Manick Chand : « Médaille décernée pour des tissus du genre cachemire, pour des châles noirs et verts brodés en or, et pour un nombreux assortiment de tissus *d'une grande beauté.* »

Ne soyons pas étonnés de cette renaissance des arts,

en quatre années, dans l'antique Delhi, qui fut longtemps si florissante et dont la destruction, en 1857, pouvait presque se comparer à celle de Carthage au dernier jour de la troisième guerre punique. Vers la fin du siècle dernier, les peuples ont eu le spectacle d'une renaissance non moins faite pour les surprendre; il leur fut présenté par une ville française qui, depuis deux siècles, n'avait plus d'égale dans l'univers pour la perfection des tissus somptueux : perfection cherchée de nouveau, nous venons de l'indiquer, par la cité de l'Hindoustan, qui recommence à travailler au milieu des ruines de ses maisons, de ses bazars et de ses ateliers. De même, dans notre Europe, après le siége de Lyon par la Terreur, en 1793, après que le bombardement, l'incendie et la démolition systématique eurent achevé l'œuvre de la dévastation, et que les ouvriers les plus ingénieux se furent dispersés chez l'étranger pour ne pas mourir de faim, il a suffi de quatre ans au génie réparateur du travail et de l'industrie pour qu'on vît briller de leur premier éclat ces tissus lyonnais qui donnent tant de prix à la soie, à l'argent, à l'or; ils reparurent dès 1797, lorsque la France offrit le premier modèle de ses grandes Expositions nationales aux peuples qui croyaient nos belles fabrications pour toujours disparues des ateliers *d'une France pauvre à jamais.*

Puisse Delhi découvrir le secret de notre cité, l'orgueil de l'Occident, et, dans l'énergie qui peut la faire sortir de son infortune, puiser assez de force pour se placer à la tête des cités industrieuses de l'Orient!

Districts secondaires de la province de Delhi.

Ces districts, ainsi que nous l'avons indiqué dans le tableau général du territoire et de la population (p. 492), sont au nombre de cinq. Un seul, celui de Hissar, n'offre pas un nombre d'habitants en proportion avec son étendue, 388 par mille hectares. Cette infériorité tient à l'aridité du territoire, incomplétement arrosé.

Le district de Paniput, le plus avancé vers le nord, s'étend en partie sur la rive occidentale de la Jumna. Il est traversé par les canaux qui, des deux côtés de ce cours d'eau, servent aux irrigations; celui de la rive orientale aboutit à Delhi: nous en avons dit quelques mots p. 504.

Pays du Koumaon et du Gourwal.

Le pays du Koumaon, qui termine le haut bassin du Gange, s'étend jusqu'à la crête des Himâlayas, laquelle sépare le Tibet et l'Inde britannique; le Gourwal suit immédiatement à l'ouest, dans la même région montagneuse.

Territoire et population des deux pays réunis.

Superficie	1,800,300 hectares.
Population	600,910 habitants.
Habitants par mille hectares	336

Ce pays, dont la population est fort clair-semée, n'est pas soumis aux lois communes; il est compris dans les *non-regulations districts*.

Les forêts de cette contrée fournissent des bois nécessaires aux constructions; elles faciliteront la création d'usines importantes destinées à produire un fer de qualité excellente. Déjà s'est formée la *compagnie des forges du Koumaon*, qui fournit des rails aux chemins de fer de l'Inde.

Nous parlerons plus bas des cultures entreprises avec le secours des végétaux européens.

Stations sanitaires du Koumaon et du Gourwal: Almorah et Simla.

Des hauts pays dont nous parlons ici, les habitants des plaines de l'Inde ne connaissent guère que les deux stations sanitaires d'*Almorah* et de *Simla*[1]. La première est en Koumaon, dans la partie des Himâlayas dont les eaux descendent au Gange; la seconde est dans la partie du Gourwal dont les eaux se partagent entre la Jumna et le Sutledge.

Sans arrêter le lecteur en lui présentant une longue description topographique, nous préférons appeler de nouveau son attention sur le sujet de la santé même des Européens attirés dans ces hautes régions.

[1] Voici ce que Victor Jacquemont mandait à Paris, le 21 juin 1830 :

«(Simla.) Ce lieu est, comme le Mont-Dor ou Bagnères, le rendez-vous des plus riches, des désœuvrés et des malades. L'officier chargé du service militaire, politique, judiciaire et financier de cette extrémité de l'empire anglais, acquise seulement depuis quinze ans, imagina, il y a neuf ans, de déserter son palais de la plaine pendant les chaleurs d'un été terrible et de venir camper avec ses tentes sous les ombrages des cèdres. Il était seul dans un désert; des amis vinrent l'y visiter. Le site, le climat, tout leur parut admirable. On appela quelques centaines de montagnards qui abattirent les arbres d'alentour, les équarrirent grossièrement, et qui, assistés d'ouvriers venus des plaines, construisirent en un mois une maison spacieuse. Chacun des invités en voulut avoir une pareille; il y en a maintenant plus de soixante, dispersées sur les cimes des montagnes ou sur leurs pentes. Un village considérable s'est élevé, comme par enchantement, au centre de l'espace qu'elles occupent; des routes superbes ont été taillées dans le roc : à sept cents lieues de Calcutta, à deux mille mètres au-dessus du niveau de la mer, le luxe de la capitale de l'Inde s'est établi et la mode règne en tyran.»

«22 juin. — C'était hier le solstice, et les pluies périodiques que cette époque amène envahissent toutes les pentes méridionales de l'Himâlaya, malgré leur éloignement du tropique. Il y a plusieurs jours déjà que ce fâcheux changement de temps s'est déclaré; à peine vois-je clair pour écrire, tant les nuages humides où nous sommes perdus sont épais. Cependant il me faudra marcher quinze jours avant d'atteindre les vallées tibétaines, *où il ne pleut jamais*. Ce sera le plus pénible de mon voyage.»

Almorah.

La ville d'Almorah s'élève sur le sommet d'une montagne, à la hauteur de seize cent trente mètres au-dessus du niveau de l'Océan. Elle est d'un aspect imposant et pittoresque; ses maisons, construites en pierre et couvertes en ardoise, sont généralement à deux étages.

Lorsqu'en 1815 les Anglais ont conquis le Koumaon sur les Gourkhas, ils ont construit le fort Moira pour protéger cette ville, chef-lieu de leur conquête.

Lord William Bentinck est, je crois, le premier gouverneur général qui conçut la pensée d'habiter pendant les mois les plus chauds de l'année un lieu tel qu'Almorah, pour apporter un remède salutaire au séjour énervant des plaines du Bengale. A lui revient le projet de créer pour les militaires malades des stations d'été dans les positions élevées des Himâlayas.

Considérations générales sur la santé des Européens dans l'Inde et leur colonisation au milieu des Himâlayas.

La partie la plus occidentale et la plus haute des provinces du nord-ouest nous a conduit dans le pays de Kou-maon et de Gourwal, où les Anglais ont formé les établissements qu'on vient d'indiquer, pour rétablir la santé des Européens, altérée par le séjour des plaines de l'Inde.

C'est ici le lieu de rassembler des faits précieux et d'importantes observations consignés dans la grande enquête sur la colonisation de l'Inde. Nous avons surtout distingué les dépositions très-étendues et très-judicieuses dues à M. le général Tremenheire. Cet éminent observateur a résidé pendant beaucoup d'années dans l'Inde et dirigé les constructions militaires les plus importantes. Nous ne pouvions trouver un meilleur guide pour le tableau que nous allons présenter.

Santé des troupes européennes employées dans l'Inde.

En valeur moyenne, de 1839 à 1851, les Anglais comptaient dans l'Inde 38,146 soldats européens. Ils perdaient chaque année *onze* hommes *sur cent;* moitié par décès, moitié par dépérissement graduel de la santé des militaires ou par la simple *invalidation.*

A l'époque dont nous parlons, le Gouvernement ne permettait pas à plus du dixième des soldats anglais de se marier; quand ils se mariaient, résultat déplorable du climat méconnu par des soins inintelligents, *un seul enfant sur cinq* échappait à la mort dans les premières années.

Le climat des plaines de l'Inde, si funeste aux travailleurs européens, ainsi qu'à la santé, à la vie des militaires, l'est également à leur postérité; et, pourtant, quelles précautions ne prend-on pas en faveur des militaires et de leurs familles! Pendant une grande partie des jours d'été, les soldats cantonnés dans les plaines de l'est sont préservés du soleil dans leurs logements et même privés de lumière. Là, toutes les ouvertures sont closes par des nattes légères et toujours mouillées, afin que l'eau, vaporisée par l'air extérieur, rafraîchisse incessamment l'air intérieur.

Dans la partie méridionale de l'Inde, partie située sous la zone torride, et même au nord dans les plaines, le soleil darde des rayons si brûlants qu'il faut renoncer à l'emploi d'agriculteurs tirés des climats tempérés.

Aussitôt qu'on s'élève vers la région des montagnes, l'air devient moins embrasé, la végétation change de caractère, et quand on arrive à 1,200 mètres d'altitude, on trouve la douceur et le climat des plaines de l'Europe. Malheureusement, dans leurs chaînes successives, les Himâlayas n'offrent pas de larges plateaux, *table lands*, du côté méridional, qui fait partie de l'Hindoustan. De ce côté, les pentes sont roides et longues, les vallées abruptes et profondes. La culture s'opère sur des banquettes étroites et rapprochées, établies de niveau sur le flanc des montagnes.

Dans les lieux élevés où les Anglais ont placé leurs établissements sanitaires, l'air est vif, il est pur, il ranime les forces; son meilleur effet est d'arrêter les maux chroniques et l'énervement qu'occasionne le séjour des plaines de l'Hindoustan. C'est un effet comparable à celui qu'on éprouve quand on fuit l'air étouffant de nos villes du plat pays méridional pour aller respirer pendant l'été sur les moyennes hauteurs des Alpes et des Pyrénées.

A coup sûr, dans la région tempérée que nous venons de signaler, les Européens pourraient cultiver la terre; mais des pluies incroyables et prolongées pendant la majeure partie des grandes chaleurs présenteraient un grand obstacle. Voilà pourquoi, dans ces parties élevées, un Anglais ne saurait longtemps travailler le sol avec opiniâtreté, sans que sa santé en soit affectée et que ses forces diminuent par degrés.

Par conséquent, on ne doit pas compter sur les Himâlayas pour établir de grandes colonies d'Européens qui soient eux-mêmes le peuple laboureur. Heureusement il est facile de multiplier à très-bas prix le travail des indigènes dans les localités les plus favorables qu'offrent ces montagnes. Sur de pareilles hauteurs, comme dans la plaine, le meilleur colonisateur qu'on puisse employer, c'est le stimulant actif et la direction puissante du capital britannique; on doit tout faire pour que les possesseurs et les directeurs de ce capital deviennent moins rares. Une sévère expérience a montré, quand éclata la grande insurrection, qu'ils n'étaient pas assez nombreux.

Lorsque les musulmans se sont établis dans l'Inde, ils avaient sur les Occidentaux beaucoup d'avantages; leurs armées arrivaient conduisant avec elles de grandes masses de peuple, lesquelles provenaient de climats peu différents des climats du pays subjugué. Par orgueil, par fainéantise et par nature mogole ou tartare, les conquérants, jadis pasteurs, dédaignaient le rude labeur de la terre; dans les cités, ils pratiquaient à l'ombre les arts les plus doux et les moins accablants. En définitive, la grande industrie des conquérants c'étaient l'armée, les combats, le commandement et l'administration. Comme ils se gardaient de toute mésalliance avec la partie la plus dégénérée des vaincus, leur race a conservé son type primitif, et sa carnation, et sa belle stature, même dans les plaines. Ayant converti par force beaucoup d'indigènes restés laboureurs, ayant, d'un autre côté, multiplié les alliances avec les castes supérieures parmi les Hindous, leur race s'est par degrés rapprochée de la sommité des nations qu'ils ont conquises. Par ce moyen, plusieurs sentiments communs se sont développés entre les chefs de ces deux origines.

L'Anglais suit une marche directement opposée. Les officiers vivent entre eux et se marient de moins en moins avec les filles indigènes; le soldat vit relégué dans ses cantonnements ou parqué dans les camps, séparé des natifs et n'ayant avec eux rien de commun. Il imite en cela ses orgueilleux compatriotes de l'ordre civil.

Le général Tremenheire et bien d'autres avec lui disent que les Européens ne comprennent rien au caractère de l'Indien, à la nature, à la filiation, à l'ordre de ses pensées, au mobile secret de ses actions. On ne trouve ce savoir et cette expérience que chez les hommes d'origine occidentale, mais qui sont nés dans l'Hindoustan : tels qu'ont été les Forster, les Skinner et les Van Cortland, militaires éminents, élevés et nourris au milieu des indigènes. De pareils hommes, lorsqu'ils unissent leur force intellectuelle à cette connaissance intime, exercent sur les Indiens une action vraiment puissante.

Enfants des soldats à faire élever dans les montagnes.

Il faudrait élever les enfants des soldats sur les montagnes sanitaires, ou, comme disent les Anglais, *sanataires*. Pour multiplier cette jeunesse, on a proposé de porter jusqu'à 12 et même jusqu'à 20 pour cent le nombre des militaires mariés; mais on ferait d'une pareille éducation la condition du permis de mariage. On objecterait en vain le chagrin du père et de la mère; le soldat n'éprouverait que le sort de ses officiers et des employés civils, qui tous se séparent de leurs enfants et les font passer en Angleterre. Les rejetons des soldats seraient envoyés dans les montagnes aux frais du Gouvernement.

Tremenheire cite comme un bel exemple l'*asile Lawrence*, établi non loin de Simla. On pourrait en établir de pareils à Murrie, à Dalhousie, ainsi qu'à Dhurmsalla dans le Pendjâb; il en faudrait un à Darjieling pour les troupes en résidence au Bengale, un ou deux dans les monts Almorah pour les provinces du nord-ouest. Ces enfants n'éprouveraient pas même la mortalité moyenne des enfants élevés dans la Grande-Bretagne; ils croîtraient en force comme en santé. Bien nourris et bien instruits, ils recruteraient avec avantage la classe inférieure des agents du Gouvernement et des employés nécessaires aux entreprises privées : employés dont le besoin est si grand dans l'Inde. Ce serait un des présents les plus précieux qu'on pût faire aux progrès de cette contrée. Des élèves ainsi préparés, rendus familiers avec les habitudes, le langage et les idées des indigènes, seraient accoutumés au climat et façonnés à la température qu'il exige; ils conserveraient l'énergie du caractère et cette supériorité d'influence qui sont le propre des Européens.

Les compagnies des chemins de fer seraient trop heureuses de trouver sous leur main de pareils serviteurs; l'armée les admettrait avec beaucoup plus d'avantage que des recrues européennes inaccoutumées au climat de l'Inde.

L'autorité que nous citons repousse les alliances entre les soldats anglais et les femmes indiennes. D'après ses observations, il ne peut naître de telles unions que des enfants qui, par accident, participent des qualités et de l'énergie de leur père; la décadence provient en partie de la première éducation. En définitive, ces rejetons de sang mêlé ne peuvent être comparés avec les enfants issus de père et de mère européens, sous aucun point de vue ni pour aucun objet utile.

En émettant ces opinions, le général voudrait qu'on permît aux soldats métropolitains de se marier avant de quitter les Trois-Royaumes, non-seulement dans la proportion actuelle de dix pour cent, mais dans celle de vingt et même de vingt-cinq pour cent. « J'ai, dit-il, obtenu du gouverneur général l'autorisation de construire *des casernes séparées pour les soldats mariés;* il en est résulté les plus grands avantages. Le logement de chaque ménage consiste en deux petites chambres; un tel isolement a changé les habitudes de ces militaires. Au lieu d'être entassés au nombre de cinquante dans une même chambrée, sans autre séparation que des couvertures ou des draps suspendus comme un rideau de lit, aujourd'hui chaque ménage possède un logis distinct, suffisant et respectable. Le soldat marié préfère cent fois ce paisible séjour à la dissipation et trop souvent au désordre de la cantine.»

Les casernes qu'on a bâties l'ont été sur de si larges proportions qu'on pourrait, sans nouvelles constructions, étendre les logements propres aux soldats mariés de douze à vingt et même à trente pour cent de l'effectif militaire.

Dans l'Inde, aujourd'hui, le soldat ne pourvoit pas à l'éducation de ses enfants et n'économise rien pour eux. Sa famille est nourrie, entretenue par l'allocation régimentaire qu'on accorde à raison de chaque femme et de chaque enfant; de plus, l'école régimentaire pourvoit à l'instruction de la jeune famille militaire. Toutes ces dépenses seraient naturellement et fructueusement transportées aux écoles de la montagne.

La mère d'un enfant de troupe ne serait pas plus démoralisée quand on le lui retirerait à l'âge de quatre ans, pour l'envoyer dans ces écoles, que ne l'est la femme de l'officier militaire ou civil quand sa jeune famille est envoyée en Europe.

De la génération européenne élevée dans les hautes régions il sortirait une milice de pur sang européen; elle contribuerait, *avec autant d'efficacité que d'économie*, au recrutement de l'armée indo-britannique. Pour démontrer cette économie, le général Tremenheire rapporte cette assertion, que l'envoi d'un soldat de la Grande-Bretagne dans l'Inde ne coûte pas moins de 3,250 francs!

Anciens soldats à transporter dans les montagnes.

Il ne faudrait pas qu'on distribuât aveuglément, même dans la montagne, des terrains aux vétérans; ils finiraient par échouer comme simples laboureurs. Le travail de l'Indien est à trop bas prix pour que l'Européen soutienne la concurrence. Cependant, s'il s'agissait d'une culture plus voisine du jardinage que du labour, telle, par exemple, que la culture du thé, on pourrait donner à d'anciens soldats d'élite, et robustes encore, quelques terrains bien choisis sur les montagnes secondaires.

Les établissements qu'on a formés dans le bas pays, par exemple sur les bords du Gange entre Bénarès et Patna, pour les invalides militaires sont un triste réceptacle d'ivrognerie et d'immoralité : résultat trop ordinaire d'une vie de soldat rendue tout à coup absolument oisive. En général, sous le ciel brûlant du Bengale, les vétérans pensionnés ne désirent pas même cultiver le moindre petit jardin ; ce travail aimable et doux leur plaît moins que le *rien faire*, le divin *far niente* des pays chauds !

Travaux caractéristiques de la science européenne dans le gouvernement des provinces du nord-ouest.

Trois ordres de travaux vraiment dignes de la science européenne ont honoré depuis quelques années les provinces du nord-ouest : ce sont les trois derniers bienfaits de cette célèbre *Compagnie des Indes* qui vers le milieu du siècle présent était arrivée au comble de la grandeur ; qui, non contente de régir cent trente millions de sujets et d'être la suzeraine de cinquante autres millions d'hommes, acceptait avec imprévoyance l'annexion progressive de nouveaux royaumes à jamais rayés de la liste des États indépendants, et qui s'abandonnait aux séductions d'une ambition sans limites. Elle croyait travailler ainsi pour sa puissance éternelle, jusqu'au moment où le ministère métropolitain l'annexait elle-même à sa domination ; et non-seulement il la privait de l'empire, mais lui retirait une administration dont il faut signaler les plus beaux actes.

L'exposé que nous allons présenter ne sera qu'un juste hommage à cette association, qui restera dans l'histoire comme le plus grand monument qu'aient jamais érigé de simples citoyens unis par des liens commerciaux.

I. — *Travaux agricoles entrepris dans les Himâlayas pour y naturaliser la culture du thé.*

La Compagnie des Indes a créé dans la partie la plus septentrionale des provinces Nord-Ouest et sur le versant méridional des Himâlayas *des jardins modèles* qui servent à la culture du thé; elle était ici guidée par le même esprit qui la dirigeait dans le pays d'Assam, à cinq cents lieues de distance. L'Europe a vu les résultats de ces créations hardies, intelligentes et dignes de tous les éloges.

On a cultivé d'abord le thé dans les parties élevées du Koumaon et du Gourwal. A l'Exposition universelle de 1862 figuraient les thés récoltés dans les pépinières du Gouvernement et dans la plantation dite *Hawalbagh*, en Koumaon; on y remarquait encore les produits de l'association formée sous le nom de *Kousamire*.

Dans la partie inférieure qui compose le district de Dehra-Doun, pays fertile et bien arrosé, on cultive aussi le thé. Au milieu de cette localité s'est établie la *Compagnie des thés du Nord-Ouest*, honorablement mentionnée à l'Exposition universelle que nous venons de citer.

Le nouveau gouvernement métropolitain continue de porter aux progrès de la culture du thé le même intérêt éclairé que l'ancienne Compagnie des Indes; il mérite, à cet égard, la même reconnaissance.

Pour donner une idée de l'énergie avec laquelle l'Administration britannique sait poursuivre les entreprises agricoles dont elle se promet un grand avenir, il nous suffira de citer un fait. De 1859 à 1860, pour imprimer une impulsion puissante à la culture du thé dans les provinces du Koumaon, du Gourwal et du Pendjâb, elle a fait distribuer par les plantations gouvernementales aux entreprises privées 100,000 kilogrammes de graines de thé et 2,500,000 jeunes plants tirés des pépinières. Avant qu'un long temps se soit écoulé, les collines d'une hauteur intermédiaire entre la chaîne des Himâlayas et les plaines, soit du Gange soit de l'Indus, peuvent être couvertes de plantations qui disputeront aux thés de la Chine le commerce de l'univers.

II. — *Travaux astronomiques et géodésiques entrepris pour dresser la carte de l'Inde et mesurer un arc du méridien depuis le voisinage du cap Comorin*[1] *jusqu'aux monts Himâlayas, dans le Koumaon.*

Les gouvernements éclairés demandent à la géographie, dirigée par l'astronomie, la situation précise des endroits les plus remarquables de leurs territoires; celle du sommet des montagnes; le tracé du cours des rivières et des fleuves et celui des côtes maritimes; enfin la délimitation des lignes capitales qui séparent le versant des eaux entraînées par leurs pentes naturelles dans les différents bassins dont se compose la surface de chaque pays.

Des observations faites par une science perfectionnée donnent, pour les points importants, la position géographique, en latitude ainsi qu'en longitude; depuis quelques années, on y joint ce qu'on appelle l'*altitude*, c'est-à-dire la

[1] An account of the measurement of two sections of the meridional arc of India, bounded by the parallels 18° — 3′ — 15″, 24° — 7′ — 11″ and 29° — 30′ — 48″, by lieut. col. Everest, gr. in-4°. — London, 1847.

hauteur du lieu qu'on observe, en la mesurant à partir du niveau de la mer.

Quand nous avons indiqué les principaux établissements scientifiques de Calcutta, nous avons eu soin de mentionner le bureau central où l'on dessine, où l'on grave la carte de l'Inde. Cette opération donnera la représentation mathématique d'un territoire dont la superficie est d'environ 380 millions d'hectares, la trente-quatrième partie des terres du globe, et dont la population s'élève à la septième partie du genre humain.

Pour servir de régulateur mathématique à cette opération, il a fallu mesurer le plus grand arc du méridien que l'on pût convenablement déterminer dans l'Inde. On a choisi le 78e degré de longitude, à partir du méridien anglais, qui passe à Greenwich; c'est, à quinze secondes près, le 75° 40′ à partir du méridien français, qui passe à l'Observatoire de Paris.

La première étude entreprise à cet égard remonte à l'an 1799, et la mesure de la première base fut accomplie en 1802. Les travaux s'opéraient dans le midi de la péninsule hindoustane; ils étaient confiés à M. Lambton, major d'un régiment d'infanterie. Je cite ce fait parce qu'il caractérise l'esprit de la Compagnie, qui cherchait dans tous les rangs les hommes les plus capables de satisfaire aux besoins si divers et si multipliés de son empire.

M. Lambton, qui se familiarisa promptement avec les théories géodésiques dirigées par une analyse transcendante, devint un des membres les plus honorés de la Société royale de Londres; plus tard, dans l'Institut de France, il devint Correspondant de l'Académie des sciences.

A l'époque dont nous parlons, les travaux des savants français pour déterminer l'étendue d'un arc du méridien qui traversait toute la France entre Dunkerque et Perpignan; la déduction qu'en avait faite une habile géométrie pour arriver à fixer la longueur d'un méridien complet de la terre; la fixation d'une mesure, *le mètre,* dont le nom même ne rappelait aucun idiome moderne, dont la longueur représentait une fraction décimale et simple, empruntée à la circonférence de la terre, mesure qui par là n'appartenait à nul pays en particulier, le mètre qui doit, à ce titre, être accepté des nations les plus ombrageuses et les plus opposées à toute origine étrangère... ces admirables travaux, utiles au monde entier, retentissaient dans toutes les parties du globe où les sciences modernes avaient déjà propagé leurs lumières.

Aussi, lorsque le major, depuis colonel Lambton, eut achevé la mesure de son premier arc, très-voisin de l'équateur et qui donnait presque rigoureusement la plus courte étendue d'un degré du méridien, il s'empressa de la comparer avec l'arc français, qui donnait le degré moyen, et l'arc suédois, qui donnait un degré d'autant plus allongé qu'il se rapprochait davantage du pôle.

De cet ensemble de mesures il conclut, à son tour, la longueur d'un arc complet du méridien entre le pôle et l'équateur. La dix-millionième partie de cet arc ne différa pas avec le mètre français d'une fraction qui fût appréciable, même pour les opérations artistiques ou scientifiques les plus délicates. L'Angleterre ici s'unissait à la France.

Le mémoire qui contenait ce beau travail fut publié par la Société royale de Londres en 1808 : c'était précisément lorsque la guerre étendait plus que jamais ses fureurs en Europe et les propageait dans les deux mondes. A côté, disons mieux, au-dessus des haines politiques et des torrents de sang qu'elles faisaient répandre, les sciences, toujours calmes, toujours amies, sanctionnaient leurs traités de paix et de concorde, sans être empoisonnées par ces passions implacables; et leur confraternité généreuse ne cessait pas de régner dans les deux mondes.

La mesure de l'arc méridien, si bien commencée dans le midi de l'Hindoustan, s'est poursuivie avec une lenteur résultant des faibles moyens pécuniaires mis à la disposition du savant anglais.

En 1830, la triangulation nécessaire pour le calcul de l'arc observé n'était encore parvenue qu'à cent milles, à quarante lieues de Calcutta.

Base nouvelle. — A cette époque, on résolut de mesurer une base nouvelle qui partirait de la capitale; elle fut établie sur la grande voie publique, et presque dirigée du nord au midi, depuis le palais du gouverneur général jusqu'à sa maison de plaisance, auprès de Barrackpour.

M. Everest. — Lorsque la santé délabrée du colonel Lambton ne lui permit plus d'exécuter lui-même les opérations géodésiques, il reçut pour adjoint, puis pour successeur, le lieutenant-colonel Everest, que la Compagnie des Indes alla chercher dans l'artillerie du Bengale. C'est à lui qu'on doit la mesure de la partie septentrionale de l'arc du méridien, depuis les environs de Calcutta jusqu'au pied des monts Himâlayas.

Afin d'opérer vers le nord, on s'est placé sur le beau plateau d'où descend par deux pentes contraires la vallée de Dehra, près de la ville qui porte ce nom. M. Everest a pris tous les soins pour déterminer avec précision une base dirigée de l'est à l'ouest et longue de douze kilomètres. Suivant la règle indispensable, il a deux fois mesuré cette base, en partant de l'une et de l'autre extrémité; la différence des deux opérations n'a présenté qu'une erreur possible extrêmement peu considérable.

L'arc du méridien que nous venons de définir peut être prolongé vers le midi jusqu'à l'extrémité sud de l'île de

Ceylan, près d'un cap qui se trouve à 6 degrés seulement de l'équateur, tandis que la base de Dehra-Doun est à 29° 30′ 48″ de latitude boréale. Ce même arc peut, vers le nord, être prolongé par-delà le 32e degré, à l'extrémité des possessions de l'Angleterre dans le haut bassin de l'Indus. Par ces deux additions on obtiendra la mesure d'un arc du méridien qui représente en longueur 26 ½ degrés, équivalents à peu près à 700 lieues de 4 kilomètres, sans jamais quitter le territoire britannique.

Extension remarquable proposée par le colonel Everest.

Le colonel Everest porte bien plus loin son ambition : il voudrait qu'on traversât toute l'Asie centrale. On cheminerait en restant toujours sur le même degré de longitude; on s'avancerait jusqu'à la Nouvelle-Zemble, sur les bords de l'Océan glacial arctique. La direction qui vient d'être indiquée donnerait, sans solution de continuité, la mesure de soixante-quatre degrés d'un même arc du méridien, c'est-à-dire les deux tiers de la distance comprise entre l'équateur et le pôle boréal.

Aujourd'hui les grands gouvernements de l'Angleterre, de la Russie et de la Chine, rapprochés par des idées moins opposées vers les mêmes voies de la civilisation, peuvent aplanir tous les obstacles; cette magnifique entreprise devrait être réalisée sur leurs territoires respectifs. Nous en exprimons le vœu.

Si la Russie était jalouse d'accomplir seule un si vaste travail, depuis la chaîne des Himâlayas jusqu'à la mer du Nord, elle n'aurait qu'à suivre les leçons présentées par la mesure qu'elle a faite, avec un succès admirable, dans la partie occidentale de ses provinces. Lorsque nous parlerons de la Russie européenne, nous aurons soin de signaler au lecteur le mérite scientifique de cette dernière et grande opération.

Ne quittons pas ce beau sujet sans dire que le colonel Everest a réuni les deux positions éminentes de directeur général pour la mesure de l'arc méridien et pour la carte de l'Inde : carte dont tous les éléments se ramifient, comme sur un tronc commun, à partir de cet arc normal. Avec les moyens pécuniaires mis à sa disposition, afin de lever, de calculer et de dresser la carte, il a pu faire face aux dépenses qu'exigeait la mesure de la méridienne, commander les instruments les plus parfaits exécutés par les premiers artistes de l'Angleterre, et marcher avec activité vers la fin de cette savante entreprise.

Afin de compléter la grande triangulation britannique, il faudrait mesurer l'*arc parallèle* le plus étendu, depuis Karrachie, le port de l'Indus le plus avancé vers l'occident, jusqu'au delà du pays de Silhet, vers l'orient, dans une longueur d'environ 24 degrés en longitude. Le parallèle ainsi déterminé n'aurait pas moins de 2,666 $\frac{6}{9}$ kilomètres, 666 $\frac{6}{9}$ lieues.

III. — *Beau système d'irrigation des provinces du nord-ouest.*

Nous ne quitterons pas les provinces du nord-ouest sans faire apprécier la grandeur et le bienfait du système d'irrigations par lequel on donne une fertilité nouvelle à la partie centrale de ces magnifiques provinces.

Naissance et cours des eaux naturelles du Gange et de la Jumna.

Depuis la ligne de faîte des Himâlayas, ligne incomparablement plus élevée que celle de nos Pyrénées et de nos Alpes, s'écoulent les eaux provenant de deux origines très-distinctes. Des massifs de neiges et de glaces, éternellement renouvelés, produisent, par une fonte insensible et permanente, des eaux naturellement plus abondantes pendant l'été. Dans cette saison, aussitôt qu'on approche du solstice, les vents alisés font remonter vers le nord d'incroyables quantités de vapeurs aqueuses; elles se précipitent sur la terre jusqu'aux dernières montagnes qui séparent les deux grands bassins de l'Asie indo-tartare. Aussi voit-on que le versant méridional des Himâlayas, c'est-à-dire le côté de l'Inde, est inondé par des pluies d'une extrême abondance; tandis que le versant septentrional, c'est-à-dire le côté du Tibet, n'en reçoit que des quantités comparativement insignifiantes.

Examinons le cours des eaux méridionales accumulées dans le Koumaon et le Gourwal, dont nous avons parlé précédemment; ces deux pays, pris ensemble, ont presque la même étendue que les parties montagneuses de la Suisse. Mais tandis que les Alpes helvétiques dispersent leurs eaux suivant les directions les plus opposées, vers l'Océan par le Rhin, vers la Méditerranée par le Rhône et vers l'Adriatique par le Tessin et l'Adda, les Alpes himâlayennes du Koumaon et du Gourwal font converger la presque totalité des leurs vers une seule et même direction.

Ces eaux descendent d'abord dans la *vallée*, le *Doun* du Dehra, que les Anglais, pour abréger, appellent souvent *la vallée du Doun;* ce qui signifie innocemment *la vallée de la vallée*. Elle s'étend de l'est à l'ouest, en inclinant vers le nord.

Entre cette plaine et les provinces les plus importantes du gouvernement du Nord-Ouest, s'élève la *chaîne des monts Sewaliques;* la longueur de cette chaîne est d'environ douze lieues, et sa direction est celle même de la vallée du Dehra, qu'elle borne au midi.

Description de l'espace compris entre les monts Sewaliques, le Gange et la Jumna : Doab.

Aux deux extrémités de la chaîne Sewalique, les eaux descendues dans la vallée du Dehra trouvent deux issues naturelles : du côté de l'orient, elles vont tomber dans le Gange ; du côté de l'occident, elles tombent dans la Jumna.

Alimentés de la sorte, les deux fleuves s'avancent directement du nord au midi. Chacun décrit une vaste courbe en déviant peu à peu vers l'orient; celle de la Jumna subit d'abord une moindre déviation que celle du Gange. Il en résulte que leur distance augmente par degrés : elle était de douze lieues immédiatement au-dessous des monts Sewaliques, elle est de vingt lieues à la hauteur d'Agra. En continuant à descendre, la Jumna dévie, à son tour, beaucoup plus rapidement vers l'orient; par ce moyen elle se rapproche du Gange, et finit par l'atteindre au pied des murs d'Allahabad.

L'Inde présente un nombre considérable de rivières qui se réunissent de la même manière, après un cours prolongé plus ou moins parallèle. Les Hindous ont une expression sanscrite pour désigner le territoire anguleux et très-allongé qui se trouve compris entre deux grands cours d'eau : avec une concision remarquable, ils l'appellent le *Do-ab*, deux syllabes qui signifient distinctement *deux eaux* ou *double-eau*.

Le *Doab proprement dit* est le plus vaste, le plus riche et le plus peuplé des territoires ainsi désignés; c'est celui dont nous allons expliquer l'hydrographie et les travaux d'irrigation. Afin que le lecteur prenne d'avance une idée de l'importance de la contrée sur laquelle se sont étendus de pareils travaux, nous le prions d'arrêter son attention sur le tableau suivant :

Mesure approximative du territoire et de la population du Doab proprement dit.

Superficie	4,270,000	hectares.
Population	6,558,000	habitants.
Habitants par mille hectares	1,536	

Nous croyons utile de comparer le Doab avec les dix départements français qui sont compris dans la Bretagne et la Normandie : l'entre-deux-eaux du Gange et de la Jumna, d'un quart seulement *moins étendu* que cette importante partie de la France, est d'un dixième plus peuplé. Voilà, certes, un magnifique territoire, et qui fait vivre une population très-multipliée.

Pour commencer notre description, il est nécessaire de jeter un coup d'œil d'ensemble sur la canalisation des provinces supérieures du nord-ouest, provinces dont le Doab est une des parties les plus considérables.

Avant la domination britannique, les meilleurs souverains de l'Inde avaient déjà tenté d'ajouter par des travaux d'irrigation à la fertilité des territoires qui s'étendent depuis les pays riverains du Gange jusqu'aux pays riverains de la Jumna.

Coup d'œil général sur la canalisation des provinces supérieures du nord-ouest. Premier groupe, dérivé de la Jumna.

On doit diviser en deux groupes les travaux d'irrigation des provinces du nord-ouest.

Le premier groupe comprend les canaux dirigés parallèlement à la Jumna, des deux côtés de ce fleuve ; ils prennent naissance un peu au nord du 30e degré de latitude et descendent, par des pentes bien ménagées, jusqu'à la hauteur de Delhi, dans une étendue de cinquante lieues mesurées du nord au midi.

Nous avons déjà mentionné ces canaux, qu'il faut rapporter aux règnes bienfaisants des empereurs Féroze et Schah Jahân; nous avons fait remarquer l'état d'abandon dans lequel ils étaient tombés sous leurs successeurs.

Moyens d'exécution. — Les ingénieurs anglais, en exécutant les travaux d'art et les canaux dans l'Inde, ont plus d'une fois adopté des moyens imaginés primitivement par les indigènes et les ont perfectionnés.

Tel est le hardi système de fondation et de maçonnerie des puits. Les Indiens préparent comme base un châssis circulaire en bois, qu'ils posent à plat dans un commencement d'excavation. Sur ce châssis, comme sur une premième assise, ils commencent à bâtir leur revêtement circulaire; à mesure que la construction s'élève, ils font descendre le châssis en draguant la terre à l'intérieur, et s'il le faut en épuisant l'eau qui surgit par voie de filtration.

On doit à l'ingénieur anglais colonel Colvin, qui a dirigé la restauration et l'extension des travaux parallèles à la Jumna, un progrès remarquable du système dont nous venons d'offrir l'idée. Il s'en est servi pour bâtir et fonder, par puits, des culées de pont d'une étendue considérable. Il descend à la fois les fondations des culées et celles des murs en aile, au moyen d'un châssis unique. Il a trouvé ce travail combiné plus facile que celui des puits isolés; il suffit que les espaces laissés vides entre les parties maçonnées ne surpassent pas un mètre.

Complément projeté de la canalisation. — Il y a peu d'années, un habile ingénieur, le major Baker, chargé des travaux du premier groupe, a fait des études pleines d'intérêt pour étendre les canaux utiles à l'agriculture depuis la Jumna, vers l'occident, jusqu'au bassin des Cinq Rivières, c'est-à-dire jusqu'au Pendjâb.

Si l'on avait exécuté ses plans, il aurait couvert d'eaux fécondantes une vaste contrée où la terre, par le seul fait de l'irrigation, acquiert une fertilité incomparable; on aurait ainsi donné la plus vive impulsion au peuplement de cette partie de l'Inde; il serait d'une extrême importance qu'un tel projet fût complétement exécuté. Par les derniers comptes rendus officiels de 1861 à 1862, je vois que 20 millions seront consacrés à produire ce bienfait.

Second groupe, dérivé du Gange : première partie, à l'orient de ce fleuve, dans le pays de Rohilconde.

Depuis un temps immémorial, le pays de Rohilconde a joui d'irrigations très-étendues, et, dans les meilleures époques, elles produisaient d'excellents résultats. Plus tard, des calamités politiques avaient détruit l'harmonie de l'ensemble; cependant on voyait toujours les vestiges des barrages et ceux des rigoles de dérivation.

Longtemps après que la contrée eut été réduite en province britannique, le colonel Colvin, surintendant général des canaux, fit de ces vestiges l'objet d'une étude spéciale, et, d'après ses plans, on commença la restauration des ouvrages; cette entreprise mérita la création d'un surintendant particulier pour les chaussées ou barrages du Rohilconde. Les intentions étaient excellentes, et le talent ne manquait pas aux ingénieurs; mais l'argent manquait au trésor. C'est l'obstacle qui d'ordinaire paralyse, dans l'Inde anglaise, les améliorations les plus désirables.

En 1836, le colonel Colvin quitta sa haute position pour retourner en Europe; ce qui ralentit de ce côté les travaux utiles. Plus tard encore, on opéra des dérivations de rivières afin d'arroser la plaine du Dehra, dont nous avons indiqué la position, au nord des monts Sewaliques. A cela près, le Gouvernement a fait peu d'efforts pour favoriser les cultures et le peuplement de cette partie encore très-arriérée de ses possessions : excepté cependant les exemples et les directions qui concernent la culture du thé, et nous avons grand soin de les signaler.

Seconde partie du second groupe; travaux entrepris à l'occident du Gange pour fertiliser le Doab.

Longtemps avant l'époque qui vient d'être citée, de très-faibles essais avaient été tentés sur les bords d'une des rivières secondaires qui coulent dans le Doab; ce mince ouvrage fut ensuite abandonné.

On voit à présent quel était l'état des travaux hydrauliques dans le nord de l'Hindoustan, lorsqu'on a conçu le projet de transporter le Gange presque entier dans l'intérieur du Doab. Les Anglais ont réalisé cette entreprise avec non moins d'utilité que de grandeur.

Nous nous faisons un devoir autant qu'un plaisir de citer un ouvrage technique très-considérable publié par le colonel sir Proby T. Cautley, ingénieur en chef, auteur et directeur des travaux exécutés pour canaliser le Gange[1]. C'est le recueil des résultats fournis par une longue et judicieuse expérience, avec la description et les dessins de tous les ouvrages d'art accomplis pour mener à terme l'entreprise; nous ne pouvions puiser à des sources plus sûres

[1] *Rapports sur les travaux du canal du Gange depuis l'origine jusqu'à l'ouverture du canal, en 1854*, par le colonel sir Proby T. Cautley, directeur de ces travaux; deux volumes in-8° de narrations; un volume in-4° de résultats numériques. Ces volumes sont accompagnés d'un grand atlas. Londres, 1860.

les faits et les dates nécessaires à notre narration. Un habile et savant ingénieur français, M. de la Gournerie, a donné l'idée de ces travaux dans un mémoire succinct, mais substantiel et plein d'intérêt[1].

Événement auquel il faut attribuer la grande canalisation du Gange dans le Doab.

Pour apprécier le projet qu'on a réalisé de canaliser le Gange, il ne faut pas en faire honneur à la seule idée civilisatrice d'un gouvernement qui marche en avant du besoin des peuples; ce gouvernement n'a fait que céder à la voix irrésistible d'une grande et fatale expérience.

Le bienfait des moussons, régulier en général, présente pourtant, à de rares époques, de funestes exceptions. En 1837, une sécheresse extraordinaire produisit une extrême disette dans les provinces privées d'irrigations. Si le Doab avait été canalisé, l'humanité n'aurait pas déploré la perte d'un nombre effrayant de personnes qui sont mortes de faim et de misère. En même temps, le Trésor public n'aurait pas subi des pertes énormes par l'impossibilité de percevoir l'impôt sur une terre si généralement privée de ses produits accoutumés : on évalue le déficit d'une seule année à vingt-cinq millions de francs. Cette double calamité devint une leçon frappante; elle servit de stimulant pour entreprendre des travaux qui pouvaient empêcher le retour de pareilles infortunes et publiques et privées.

Dans les plaines de l'Inde, presque toujours on est certain d'avoir une bonne récolte d'été, grâce à l'abondance des eaux pluviales que les moussons amènent quand vient

[1] *Annales du Conservatoire impérial des Arts et Métiers*, n° 1, avril 1861. Notice sur le canal du Gange.

le solstice. La récolte d'hiver est beaucoup plus incertaine, et l'on est presque sans espoir de l'amener à bien si l'on n'est pas assuré d'avoir des moyens d'arrosage. C'est donc la première récolte dont on s'assure, lorsqu'on crée par le secours de l'art un grand système d'irrigations, qui sert aussi pour accroître la seconde. Tel est le bienfait qu'on a produit lorsqu'on a construit le canal du Gange.

Avant la fin de l'année qui suivit la famine de 1837, on aborda sérieusement la pensée d'employer à de telles irrigations les eaux du Gange supérieur; on poursuivit sans relâche les études préparatoires.

Dès le 1er septembre 1841, la Cour des Directeurs de la Compagnie des Indes prescrivit l'exécution de l'entreprise. En conséquence, le 1er février de l'année suivante, le gouverneur des provinces du nord-ouest ordonna l'ouverture des travaux.

Système adopté.

Un simple capitaine du génie bengalais, l'auteur de l'ouvrage descriptif signalé plus haut, avait été chargé des études préparatoires, établies d'abord sur une base assez restreinte. Ses plans ont grandi comme sa fortune; et lorsque l'œuvre approchait de son terme, l'auteur, justement récompensé, était devenu sir T. Proby Cautley, colonel du génie et baronnet d'Angleterre.

Dès le principe, il s'agissait, en prenant toutes les eaux qu'on pourrait emprunter au Gange, de les amener par un premier canal de dérivation, suivant une pente très-modérée, au sommet des terres du Doab, entre les deux bassins du Gange et de la Jumna; ensuite de faire descendre, *comme un fleuve artificiel*, les eaux ainsi dérivées. On les dirigerait en suivant *la ligne des faîtes*, comme auparavant elles suivaient d'elles-mêmes la ligne des points les plus bas [1] de la vallée principale.

L'entreprise était si considérable que le canal principal dut offrir : 1° suivant une direction unique et primordiale, un grand tronc dont la longueur est presque égale à 300 kilomètres ou 75 lieues; 2° deux branches inférieures qui partent de ce tronc pour aboutir : celle d'occident, à 191 kilomètres plus bas, à côté de la ville d'Ettawa, bâtie près de la Jumna; celle d'orient, à 113 kilomètres plus bas, en débouchant au milieu de la ville de Cawnpour, bâtie près du Gange. L'étendue totale de l'immense Y formé par le fleuve artificiel, est de 604 kilomètres ou 151 lieues : magnifique longueur, qui surpasse en développement celle du Rhône depuis Genève jusqu'à la Méditerranée et celle de la Loire depuis sa source jusqu'à l'Océan.

Outre la ligne principale dont nous venons de montrer l'étendue, on rencontrait des vallons très-allongés au sein desquels descendaient les rivières intérieures de ce grand pays du Doab, dont la superficie surpasse quatre millions d'hectares. Ces rivières font des angles très-aigus, vers l'occident avec la Jumna, vers l'orient avec le Gange, et chacune d'elles forme un bassin secondaire. Sur les hauteurs séparatrices de ces rivières, on a conduit des embranchements du vaste canal; ils viennent aboutir, le plus grand nombre au Gange et le moindre nombre à la Jumna.

La longueur totale des canaux ou primordiaux ou dérivés, qui composent ce grand ensemble surpasse 1,100 kilomètres, c'est-à-dire 275 lieues.

On conçoit maintenant qu'avec les lignes des faîtes ainsi pourvues d'une eau qui se renouvelle toujours, on peut,

[1] C'est la ligne que les Allemands et les ingénieurs des ponts et chaussées appellent *la ligne du thalweg*.

du côté de chaque versant, former des prises d'eau latérales ayant pour objet d'arroser les terrains inférieurs. Le calcul difficile à faire, et qu'on a fait, c'était la dépense des eaux nécessaires à l'arrosement des terres subordonnées des deux côtés à chaque ligne des faîtes; dépense qui représente en sens inverse le volume et la quantité des eaux amenées depuis la prise primitive. De sorte qu'ici le fleuve artificiel suit dans son cours une progression décroissante exigée par les irrigations; tandis que le fleuve naturel suit en descendant une progression croissante par la réunion successive de toutes les eaux confluentes.

Tel est l'ensemble des travaux et des parcours, expliqué dans toute sa grandeur et dans sa simplicité.

Étude considérable faite sur la salubrité des travaux de canalisation et d'irrigation dans le Doab.

Avant d'expliquer le système des travaux d'art et le mérite de leur exécution, montrons une étude capitale, tardivement abordée par l'Administration, mais en définitive abordée très-sérieusement, sur les moyens de canaliser un grand fleuve sans nuire à la salubrité des pays arrosés. On va voir à quel point cette étude était nécessaire.

Quand le voyageur passe du Bengale dans les provinces du nord-ouest, il est extrêmement frappé de ne plus trouver au-dessus d'Allahabad la belle verdure qui charmait ses yeux dans les plaines inférieures. Il est contristé par l'aspect d'un territoire sombre et brunâtre; à l'exception des terrains arrosés, on n'aperçoit plus en été que des espèces de landes complétement privées de verdure.

Ce qui peut consoler d'un si triste spectacle, c'est qu'en quittant le pays des eaux trop souvent stagnantes ou d'un cours trop lent, on quitte le séjour des fièvres pernicieuses; on cesse de respirer l'atmosphère énervante du Bengale inférieur; en même temps l'espèce humaine se présente et plus grande, et plus forte, et plus courageuse. Voilà, certes, de précieuses compensations.

La canalisation, selon qu'elle sera bien ou mal réglée, va nous présenter des différences analogues de salubrité et d'insalubrité.

Malheureuse insalubrité dans le bassin de la Jumna.

Sur les bords du canal occidental de la Jumna, à Kurnaul, ainsi que dans les autres cités près desquelles étaient établis des cantonnements militaires, il s'est produit des maladies sérieuses attribuées à la canalisation. Nous regrettons qu'on n'ait pas examiné l'état hygiénique des mêmes lieux avant qu'on exécutât les voies hydrauliques artificielles; on ne s'est pas informé si la *mal'aria* ne provenait pas d'eaux par degrés rendues stagnantes, si elle ne régnait pas surtout au voisinage des rizières, etc.

Par exemple, au voisinage de Kurnaul, il existe des marais remplis de joncs occupant un grand espace et suffisants pour expliquer le mauvais air et son méphitisme; jusqu'à quel point ces marais sont-ils le produit du canal?

Une branche du canal Ouest-Jumna va directement à la ville de Hansi; c'est là surtout qu'est né le détestable renom du voisinage des canaux.

Malheureusement l'absence des ressources pécuniaires n'a pas permis au Gouvernement de faire des travaux d'assainissement avantageux à la fois pour la destination de ces voies artificielles et pour la santé des riverains.

Conditions de salubrité des territoires à canaliser, posées par une Commission officielle.

Postérieurement à 1843, par ordre de lord Hardinge [1],

[1] La mesure qu'il a prise est citée dans la belle apologie de l'administra-

on fit choix d'une Commission composée de personnes capables et savantes, afin de bien étudier les dangers sanitaires que pouvait enfanter la canalisation du Gange. Elle répandit sur cet important sujet beaucoup de lumières, et posa des principes vraiment conservateurs de la santé publique. Elle montra jusqu'à quel point l'insalubrité dépendait : 1° de la nature du sol et de l'absence des moyens d'en assécher la surface; 2° de la disposition des travaux de canalisation, quand ils occasionnaient la stagnation des eaux. La Commission fut d'avis que si l'on suivait le système des canaux dérivés du Gange, toujours maintenus sur les lignes de faîtes, on pouvait éviter en grande partie l'insalubrité qui s'est manifestée sur les deux bords de la Jumna. Comme conséquence de ces études, l'Administration a posé les conditions qu'on va lire pour l'exécution du canal du Gange[1] :

1° Que le canal, autant que possible, ne soit pas en relief au-dessus du sol; 2° que pour faire les chaussées on ne prenne jamais des terres exhaussées sur les bords, à moins que les excavations elles-mêmes puissent être asséchées; 3° que le canal et ses embranchements soient autant que possible parallèles aux cours d'eau naturels, et disposés de manière à ne pas nuire au drainage : sinon, il faut trouver des moyens spéciaux de drainer en même temps qu'on multiplie les moyens d'irrigation; 4° que les dégorgeurs, égouts en maçonnerie, soient construits *sous les Rajbuhas,* lignes principales d'irrigation dérivées du grand canal, lorsqu'elles croisent le drainage actuel du pays; 5° qu'aucune rigole privée ne soit permise, et que l'irrigation régulière soit exclusivement tirée des Rajbuhas ou principaux cours d'eau destinés à l'arrosement immédiat; 6° que l'irrigation soit interdite à huit kilomètres de distance de toute station militaire et à trois kilomètres des grandes villes; 7° qu'en nettoyant le lit et les bords des canaux, on ne laisse pas prendre

tion de ce gouverneur général, par sir Henry Lawrence. (*Military and political Essays; lord Hardinge's Indian administration,* p. 330 et 331.)

[1] La Commission qui posait ces conditions, créée en 1846, faisait ses études et rédigeait son rapport en 1847.

racine aux herbes, aux joncs, etc. et qu'on les brûle aussitôt après les avoir coupés; 8° qu'on interdise absolument l'irrigation dans les localités qui semblent naturellement sujettes à la *mal'aria.* Ces indications sont devenues des règles prescrites par le Gouvernement.

Parcours du canal gangétique.

Au débouché des monts Sewaliques, le Gange perd son caractère jusque-là torrentueux pour couler avec calme et majesté. Bientôt le fleuve se divise en plusieurs bras. Il en est un plus remarquable que les autres, par son abord à la fois facile et sûr; c'est celui qu'ont choisi les Hindous afin d'y prendre leurs bains et d'y pratiquer leurs pieuses ablutions. La sainteté du Gange en cet endroit attire, à des époques fixées, d'innombrables pèlerins, qui s'ajoutent aux habitants de la contrée circonvoisine; ce bras important est appelé le *Pyri-Ghaut.*

Le même bras, protégé par une île que ne peuvent pas couvrir les plus hautes eaux, prend naissance à quatre kilomètres au-dessus de la ville de *Hardwar,* renommée pour ses temples et pour l'immense escalier (ghaut) qui conduit les baigneurs au sein d'une eau toujours pure et tranquille. Le principal cours du Gange, après avoir baigné les murs d'une autre ville populeuse appelée *Kunkall*, reçoit les eaux que nous venons de décrire.

En établissant la prise d'eau du canal au-dessous des lieux sacrés que nous avons indiqués, l'ingénieur européen s'est fait une loi non-seulement de conserver, pour les deux villes et pour le littoral qui les sépare, tous les établissements déjà destinés aux dévotions des pèlerins venus des pays éloignés et des contrées d'alentour, mais d'ajouter à l'étendue, à la commodité, à la sécurité des rivages consacrés au culte fluvial. Par de tels égards, les conquérants font pardonner leur puissance et se concilient, sinon l'amour, au moins la résignation et nous dirions presque le pardon des peuples conquis.

Ouvrage régulateur pour l'entrée des eaux dans le canal.

L'endroit appelé *Myapour* offre un bel ensemble de constructions destinées à régler l'admission des eaux dans le canal. C'est d'abord une forte digue, en grandes pierres de taille, longue de 156 mètres, érigée à l'extrémité du bras nommé le Pyri-Ghaut; c'est ensuite un pont régulateur, qui n'a pas moins de dix arches éclusées, pour modérer à volonté l'admission des eaux. D'un côté règne un empierrement qui défend les culées du pont contre le ravage des eaux; de l'autre côté s'élève une longue succession d'escaliers construits en larges pierres de taille. Ces escaliers procureront un accroissement de facilités pour que les Hindous, même aux époques de leur grande affluence, puissent en sûreté se baigner dans le canal.

Entre le pont régulateur de Myapour et le haut plateau qu'il faut atteindre comme point culminant, on est obligé de parcourir un terrain qui présentait de formidables obstacles dont nous allons donner l'idée en peu de mots. Ce vaste terrain, de figure triangulaire, est limité : du côté du nord, par les monts Sewaliques; du côté de l'est, par le Gange; du côté de l'ouest, par la ligne de faîtes que nous avons définie dans le Doab. Telle est la basse région, appelée génériquement *Khadir,* qu'il faut contourner.

Lorsqu'on descend des montagnes, en se dirigeant vers le nord, la pente est rapide; elle est plus douce, au contraire, dans la direction de l'est à l'ouest, c'est-à-dire en avançant du haut Gange vers le centre du Doab. La prise d'eau gangétique suit cette dernière direction; tandis que la masse des eaux pluviales, qui descend des monts, suit des lignes perpendiculaires au canal.

On doit attribuer à ces directions si différentes les obstacles éprouvés pour conduire en sûreté la canalisation en dominant le bas pays ou *Khadir;* l'écoulement transversal des eaux qui se précipitent des monts Sewaliques a certainement présenté, pour s'en rendre maître, de graves difficultés. Elles ont été surmontées avec habileté.

Pente normale. Il fallait déterminer avec précision la pente qu'on devait donner au canal, afin d'assurer à ses eaux une marche constante; pente assez rapide pour qu'elles s'opposent à la croissance des plantes aquatiques et qu'elles débarrassent le chenal de toute espèce d'obstacles, sans pourtant, par leur trop grande vitesse, dégrader le fond et les bords. On a pris pour pente invariable la descente de 237 millimètres par kilomètre courant.

Dans les endroits où l'on allongerait par trop le canal si son lit suivait sans interruption cette pente très-douce, on a recours à des cascades rachetées par des séries d'écluses dont nous expliquerons plus tard le système.

La prise d'eau régulière et sa marche permanente une fois assurées, il a fallu déterminer une direction du canal qui, suivant sa pente modérée et définie, contournât le pied des monts Sewaliques et vînt gagner le point culminant sur la partie la plus élevée du Doab. Cet endroit, appelé *Rourkie*, est devenu le centre d'établissements qui vont bientôt attirer notre attention. Mais, avant de conduire jusque-là le canal, il a fallu vaincre les nombreux obstacles que nous avons fait pressentir; le principal est une vallée profonde au fond de laquelle coule la forte rivière torrentueuse qu'on appelle *la Solanie.*

Sur cette rivière, on a jeté le pont-aqueduc auquel elle donne son nom : *the Solany earthern aqueduct.* En y comprenant les terrassements en remblai qui l'accompagnent, la longueur de la levée transversale n'est pas moindre de *cinq quarts de lieue.* Cette partie du canal, protégée par des revêtements en maçonnerie, offre de spacieux escaliers ou ghauts, ayant pour objet de satisfaire aux plaisirs ainsi qu'aux sentiments religieux du peuple.

Le pont-aqueduc de la Solanie est l'œuvre d'art la plus considérable de toute l'entreprise; au delà, les eaux qu'il conduit coulent sur une très-courte chaussée, aboutissant au point le plus élevé du Doab, à *Rourkie.* Le pont a quinze arches et n'a pas coûté moins de 1,500,000 francs, dans un pays où la journée du manouvrier est seulement de 40 à 50 centimes. Les piles, construites en pierres de taille, ont six mètres de longueur et sont fondées à six mètres au-dessous du lit de la rivière; en amont et sur les flancs, de puissants pilotis garantissent le pied de ces piles contre les affouillements que pourrait produire un courant impétueux.

On a construit hardiment les fondations du pont avec des masses creuses graduellement enfoncées dans le sol, au fur et à mesure de leur bâtisse. La première idée de ce moyen atteste le génie des Indiens; mais l'éminent ingénieur en chef, sir T. Proby Cautley, a perfectionné l'idée primitive pour l'appliquer au pont de la Solanie[1].

Quand on arrive au débouché de l'aqueduc, on a franchi la partie difficile et dangereuse du parcours; on n'a plus

[1] M. de la Gournerie, dans son mémoire déjà cité, décrit ce travail avec une précision mathématique; la description est trop hérissée de chiffres pour que nous puissions l'offrir à nos lecteurs. Ces procédés, ajoute l'auteur du mémoire, sont bien loin des belles fondations à air comprimé des ponts de Rochester, Saltash, Lyon, Szegedin, Kehl et Bordeaux; mais ils présentent cependant beaucoup d'intérêt. On peut les employer avec grand avantage en des cas où l'on ne pourrait pas faire les dépenses que nécessitent les systèmes où doit intervenir une pression pneumatique.

qu'à diriger les eaux en obéissant à la pente générale du Doab, corrigée par les cascades maçonnées que peuvent exiger, de distance en distance, les inégalités de la descente longitudinale.

Du drainage transversal qui croise à angle droit la ligne du canal.

Entre les mois de juillet et de septembre, quelquefois entre juin et octobre, d'abondantes pluies tombent sur les monts Sewaliques et deviennent plus copieuses à mesure que l'on descend vers la plaine. Les torrents produits par ces eaux présentent parfois un volume excessif; et, dans les travaux d'art établis pour en faciliter l'écoulement, il faut toujours calculer sur la plus grande quantité que l'expérience ait fait connaître.

Dans le Khadir du Gange, qui reçoit les eaux d'une ligne de longues montagnes, sans compter les simples ruisseaux, on doit signaler quatre vallons principaux, où coulent autant de rivières.

Le premier vallon, le plus près du Gange et le plus méridional, est celui du *Ranipour;* le second est celui du *Puthri;* le troisième est celui du *Ruthmon*, et le quatrième est celui de *la Solanie,* dont nous venons de parler. Ces vallons, à peu près parallèles, sont séparés par *des lignes de faîtes* qui dessinent la sommité des terrains élevés.

Quand la pluie tombe et que les eaux descendent suivant une direction perpendiculaire au canal, elles peuvent le traverser soit en dessus soit en dessous, ou pénétrer dans le canal même; les trois partis se sont présentés, et l'on en a fait un usage judicieux. Ainsi les eaux d'assèchement des bassins du Ranipour et du Puthri sont transportées *par-dessus le canal*, au moyen d'ouvrages d'art appelés passages supérieurs, *upper passages.* Il faut employer pour cela *des ponts-aqueducs transversaux*, par lesquels s'écoulent les eaux pluviales; ils sont larges, profonds, et massivement construits, afin de résister à l'effort des torrents dont ils sont les dégorgeoirs, torrents qui, tout à coup acquérant un très-grand volume, se précipitent avec impétuosité suivant des pentes fort rapides.

D'après un autre système, expliqué déjà, les eaux de la rivière Solanie passent *sous le canal.*

Les eaux d'asséchement du torrent appelé *le Ruthmon* opèrent leur traversée en se mêlant pour peu de temps aux eaux mêmes du canal : à cet effet, on a construit d'abord, du côté d'amont, *un barrage d'entrée;* puis, du côté d'aval, *un barrage de sortie.*

Enfin, les moindres cours d'eau, entre Hardwar, Kunkall, Jowelapour, etc. offrent un exemple de l'eau des ruisseaux reçue dans le lit du canal, pour en suivre transitoirement la direction descendante, puis pour trouver, quelque peu plus bas, une issue ménagée à l'endroit le plus convenable.

La diversité de ces moyens était nécessaire pour triompher, suivant les localités, du grand obstacle présenté par l'énorme volume des eaux qui descendent des montagnes.

Règlement des eaux à maintenir dans le canal.

Pour régler la quantité des eaux dans le lit du canal, chaque barrage est muni d'un pont régulateur avec des vannes de décharge; ces vannes ont un mécanisme au moyen duquel on peut les fermer et les ouvrir à volonté. Il existe deux de ces ponts régulateurs entre Hurdwar, le point de départ, et Rourkie, le point culminant sur le territoire du Doab.

Difficultés qu'offrent la direction et l'exécution des travaux dans l'Inde.

Afin de faire comprendre quel mérite il fallait posséder pour accomplir la canalisation du Gange, incomparablement plus considérable que tous les travaux du même genre exécutés en Asie depuis le grand canal de la Chine, il est nécessaire de présenter quelques observations.

On commettrait une grave erreur si l'on supposait qu'il fût possible de trouver parmi les indigènes des entrepreneurs chargés d'exécuter aucune grande opération, aucune combinaison industrielle : soit pour aller au loin chercher des bois, des fers ou des pierres; soit pour acheter des arbres dans les forêts, les exploiter, les transporter et finalement les mettre en œuvre; soit pour fabriquer en grand le fer, l'acier et le cuivre, encore moins pour travailler ces matériaux suivant les besoins de l'industrie; soit plus simplement pour fabriquer, pour apporter la chaux ou la brique, et s'en servir dans les ouvrages de maçonnerie.

Afin d'accomplir ces divers travaux, il fallait que l'ingénieur en chef, les ingénieurs en sous-ordre et les conducteurs d'ateliers, tous Européens, surveillassent dans les moindres détails d'exécution l'ouvrier indien, réduit à son action personnelle.

Tribus de terrassiers nomades.

Il y avait cependant un genre de labeur pour lequel il était possible de trouver des entrepreneurs indigènes : nous voulons parler des terrassements. Il existe dans l'Hindoustan des tribus voyageuses dont la principale occupation consiste à creuser les conduites d'eau et les grands réservoirs, les *tanks*, les *étangs* nécessaires à la vie des habitants ainsi qu'à leur agriculture. Ces tribus ont exécuté la majeure partie des travaux de semblable nature pour creuser le lit du canal et de ses dérivations. Il a suffi qu'on subdivisât les entreprises en fractions assez peu considérables, afin de les mettre à la portée des indigènes, toujours surveillés et dirigés par des conducteurs européens.

Établissements centraux d'industrie près de la ville de Rourkie.
Arsenal civil.

Afin de simplifier par la centralisation la partie des travaux les plus délicats, on a conçu le projet de former au point le plus élevé du parcours une vaste usine ayant pour objet de fabriquer tous les objets d'art, toutes les pièces en bois, en fer, en cuivre, nécessaires à la construction du canal du Gange.

C'est en 1843 qu'on a créé ce bel établissement, à quatre cents lieues de Calcutta, presque au pied de la dernière et plus basse ligne des Himâlayas. Dans cet immense intervalle il n'existe pas une ville, même Bénarès et Mirzapour, où les natifs aient formé le moindre établissement du même genre.

On a fait venir d'Angleterre les machines motrices à vapeur et les grands outils-machines indispensables pour planer, tourner et percer, pour scier, soit de long, soit par mouvement circulaire, le bois, le fer et le cuivre; on a bâti des fourneaux pour couler la fonte et le bronze.

Dans les ateliers de Rourkie, on a confectionné tous les objets de forge et de charpente nécessaires à la pose ainsi qu'à la manœuvre des écluses, des retenues, des déversoirs, des ponts et des aqueducs. C'est dans les mêmes ateliers qu'on a construit les véhicules de toute nature qu'exigeait l'entreprise de la canalisation : 1° les waggons pour transporter les terres des déblais et des remblais; 2° les bateaux, soit en fer, soit en bois, nécessaires à d'autres transports opérés sur les parties déjà construites du canal, afin de conduire aux moindres frais, à pied d'œuvre, les matériaux tout fabriqués et demandés pour l'exécution des parties encore inachevées.

Voilà, certainement, un grand ensemble de moyens de production, concentré dans un véritable arsenal civil. Quelque vaste que soit cet établissement, il est loin d'embrasser tous les genres d'industrie que pourraient réclamer les peuples du Doab; mais il offre un premier et précieux modèle.

Ville de Roarkie. — Elle n'existait pas avant qu'on eût entrepris le canal du Gange; elle s'est formée naturellement avec le personnel des ateliers et des écoles, avec les ingénieurs, les administrateurs, et les familles indigènes attirées par les besoins de ce noyau de population.

Rourkie pourrait acquérir un nouveau moyen de prospérité en construisant des moulins à farine perfectionnés suivant nos meilleures méthodes; avec la ressource des eaux disponibles, on établirait seize paires de meules suffisantes pour moudre cinq cents hectolitres de grain par jour.

A six lieues de la ville naissante, dans les monts Sewaliques, on trouve une excellente argile propre à confectionner les poteries les plus parfaites et les plus délicates. Dix lieues plus loin, dans les Himâlayas, on trouve le minerai de fer, et des forêts à proximité qui fournissent le combustible : aussi voyons-nous qu'il existe une forge-fonderie, sous la raison de *Compagnie des forges du Koumaon*. Quelques-uns de ses produits figuraient à l'Exposition universelle de 1862.

École des arts et métiers de Rourkie.

A la grande usine de Rourkie sont joints des ateliers où l'on confectionne des instruments de géométrie, de géodésie et d'arpentage; les compas, niveaux, équerres, graphomètres et règles graduées en bois, en fer; les instruments de pesage, les poids, les balances, etc. On forme de jeunes indigènes dans ces *ateliers de précision*. Leurs ouvrages figuraient à la dernière Exposition universelle.

Pour des constructions particulières, les indigènes, même à de grandes distances, sont trop heureux de pouvoir demander à Rourkie des produits fabriqués, des machines et des instruments, les uns qu'on ne sait pas exécuter, les autres confectionnés sans exactitude en des villes de l'Inde qui semblent cependant fort avancées.

La grande usine centrale a besoin d'un nombre assez considérable de mécaniciens et d'ouvriers d'art; il serait trop dispendieux, et parfois impossible, de les tirer tous d'Angleterre. Ceux qu'on fait venir, trop souvent livrés à l'intempérance et presque toujours négligeant les conseils de la prudence, deviennent aisément victimes du climat; s'ils survivent, quand ils se voient si loin de leur pays natal, en des lieux si retirés, au milieu d'un peuple dont le langage leur est étranger et dont ils repoussent les mœurs, ils éprouvent *le mal de la nostalgie*. Tous ces motifs démontraient la nécessité de former des élèves indigènes; et ce n'était pas seulement un bienfait pour l'entreprise du canal. Lorsque ces élèves sont devenus de véritables artisans, après avoir payé leur apprentissage par l'emploi d'un temps voulu de leur service, ils vont s'établir dans les villes du Doab; ils y transportent les industries les plus précieuses et les plus nécessaires aux constructions civiles.

Collége Thomason.

Pour former, par la théorie, des contre-maîtres, des conducteurs, des chefs de toute nature et des *ingénieurs civils*, on a fondé dans Rourkie le *collége Thomason*. Ce collége est ainsi nommé parce qu'à l'époque de sa création l'homme d'État qui s'est fait connaître avec honneur sous ce nom était l'administrateur en chef des provinces du nord-ouest. Il prenait l'intérêt le plus éclairé, le plus persévérant, à l'entreprise du canal, et les ingénieurs, mus par un sentiment de juste reconnaissance, ont rattaché sa mémoire à leur plus précieuse institution.

Les ateliers destinés à fabriquer les instruments de précision que nous venons de mentionner sont considérés comme une annexe du collége Thomason.

Voilà des écoles importantes pour les enfants des soldats et des employés anglais; elles le sont bien plus encore pour les indigènes. C'est une ressource indispensable si l'on veut élever l'industrie de l'Inde au niveau des régions d'Occident les plus avancées dans les arts. Il faudrait fonder de pareils établissements à Calcutta, à Madras, à Bombay, à Karrachie, à Lahore, à Bénarès, etc.

Pour comprendre l'heureux avenir qu'il est juste d'espérer de semblables créations, il suffit de réfléchir sur la patience extraordinaire qui caractérise l'ouvrier indien; il suffit de songer à la précision. au tact exquis des mouvements qu'il peut opérer avec ses mains si délicates, et diriger avec ses yeux si bons juges de l'harmonie des formes et des couleurs. Alors on aura l'idée du grand nombre d'arts, et d'arts perfectionnés ou perfectibles, auxquels on peut appliquer, avec un succès complet, la jeunesse des Indes. Pour opérer ce grand bienfait, vouloir suffit!

Question capitale relative à la navigation.

En prélevant les sept huitièmes des eaux du Gange supérieur, on pouvait craindre de compromettre les transports qui, précédemment, pouvaient s'effectuer pendant la saison des basses eaux. Lorsqu'on rend service à l'agriculture, il aurait été fâcheux qu'on eût porté une atteinte si grave à la navigation du plus grand fleuve de l'Inde.

Heureusement on s'est rassuré par l'exemple que présente la Jumna, qui limite à l'ouest le Doab. Chaque année, pendant les deux mois de janvier et de février, temps où sont réduites *à leur minimum* les rivières qui viennent des Himâlayas, presque toutes les eaux de la haute Jumna sont absorbées par les canalisations latérales de sa rive gauche et de sa rive droite. Mais les eaux souterraines, abondant résidu des irrigations et de la pluie, ne cessent pas de couler par infiltration; elles traversent inaperçues de vastes couches de graviers, puis elles sont restituées à la Jumna. Certaines rivières, la Sereswasti par exemple, absorbées par les sables, disparaissent au bout d'un certain parcours. Cependant leurs eaux ne cessent pas d'exister; elles continuent à descendre, en convergeant vers le fleuve principal auquel elles apportent à la fin leur tribut invisible.

Il faut ajouter encore d'autres tributs qu'offre l'assèchement souterrain, le *drainage* de la contrée intermédiaire. Les alimentations diverses que nous signalons, quoique la plupart invisibles, sont en réalité si considérables, qu'elles présentent un volume suffisant pour que la Jumna, presque mise à sec par les canaux au débouché des monts Sewaliques, se remplisse insensiblement avec tant d'efficacité, qu'elle devient en tous temps navigable à partir d'Agra, ville qui se trouve à quatre-vingt-dix lieues au-dessous de la prise d'eau pour la canalisation.

En conséquence, sir Proby Cautley a jugé qu'en faisant la même opération pour le Gange, presque à la même hauteur que pour la Jumna, on pouvait détourner du premier fleuve dix-neuf cent dix hectolitres d'eau, sur deux mille deux cent soixante-cinq par seconde, *minimum* de l'eau débitée au point où commence la canalisation latérale, et qu'alors la navigation serait pareillement praticable, en tous temps, à partir de la ville de Cawnpour sur le Gange, situation comparable à celle d'Agra sur la Jumna.

Ajoutons que, au lieu d'une navigation fluviale si difficile quand les eaux sont basses, sujette à des échouements, à des naufrages et tout au moins à de grandes lenteurs, il est infiniment préférable d'obtenir une navigation artificielle, constante et régulière, sur un canal dont les eaux sont calculées pour présenter partout la même profondeur et la même vitesse.

Combinaison des cascades et des écluses.

Comme nous l'avons indiqué déjà, dans les parties du canal navigable où la pente, toujours très-faible, est inférieure à celle du terrain, il faut établir, à des distances plus ou moins éloignées, des déversoirs successifs qui permettent à l'eau de faire tout à coup une ou plusieurs chutes : c'est ce qu'on appelle des cascades.

Au lieu d'adopter le système des Chinois, véritable enfance de l'art, où les bateaux montent et descendent sur des plans inclinés avec des cordes et des cabestans, on construit un *canal latéral éclusé*, de peu d'étendue, par lequel a lieu la descente et la remonte des bateaux.

Aboutissements du canal navigable. — A Cawnpour sur

le Gange, à Ettawa sur la Jumna, les deux branches du canal navigable débouchent dans ces deux fleuves par *une double série d'écluses;* ce doublement a pour objet de suffire en tout temps à l'activité de la navigation, plus grande sur ces deux points que partout ailleurs.

Inauguration du canal du Gange.

Lorsqu'on eut achevé les travaux les plus importants, tels que les ouvrages régulateurs nécessaires pour assurer et maintenir constante la prise des eaux à l'origine du canal, lorsqu'on eut creusé le tronc principal et les deux grandes artères de la canalisation, avec leurs cascades et leurs écluses, leurs déversoirs et leurs *rajbuhas*, c'est-à-dire les rigoles dérivatives nécessaires pour fournir aux campagnes les moyens d'irrigation qui devaient changer la face d'un pays immense, lorsqu'on eut atteint ce degré d'avancement, on jugea qu'il était temps d'introduire dans le lit du fleuve artificiel le tribut du fleuve naturel détourné presque tout entier.

On voulut frapper vivement l'imagination du peuple auquel on procurait un si grand bienfait, au prix d'environ 40 millions. On commença par rédiger un Compte rendu, populaire par sa simplicité, par sa clarté, et qui respirait l'intérêt le plus touchant pour le bien-être des indigènes. Cet exposé rappelait les malheurs, encore si récents, dont les peuples du nord-ouest avaient été les victimes; il énumérait les appauvrissements et les ruines occasionnés par les extrêmes sécheresses, par les disettes, les famines, les épidémies subséquentes, et la mortalité qu'avaient produite toutes ces causes : de tels fléaux, éprouvés il y avait si peu d'années, allaient être rendus impossibles. On expliquait les moyens combinés pour étendre partout le bienfait des irrigations, qui doublent presque les récoltes des temps ordinaires, et qui ne permettent plus au caprice de la nature de supprimer les moissons lorsqu'elle suspend le bienfait des eaux pluviales; on signalait les précautions prises pour éviter l'insalubrité des filtrations marécageuses, pour combattre les maladies occasionnées par un air corrompu, une mal'aria qu'on s'était proposé dans certains lieux de faire disparaître et de prévenir dans tous les autres. Sans s'arrêter aux seuls intérêts matériels, on voulait aussi parler au sentiment religieux des Hindous; on énumérait les constructions monumentales exécutées pour faciliter aux disciples de Brahma le pieux culte du Gange, le plus sacré de tous les fleuves, et pour suffire aux plus grandes réunions des pèlerins accourus de toutes les parties de l'Inde, aux jours solennels fixés par la science et la religion des brahmanes.

On ne s'adressa pas seulement à des lecteurs éloignés, distraits, inattentifs; on voulut aussi agir sur une immense assemblée d'indigènes, que frapperait le spectacle des eaux savamment détournées pour les diriger dans les voies nouvelles dont les bienfaits allaient être expliqués dans un langage naturel, puissant par sa vérité. On réunit les fonctionnaires les plus éminents de ce beau pays du nord-ouest qui contient aujourd'hui trente millions d'habitants : les ingénieurs dont le canal était la gloire, les commandants des stations militaires, enfin le premier magistrat de cette partie de l'Inde qui compte plus de sujets que les trois royaumes de la nation conquérante; ce gouverneur arrivait pour donner le dernier coup de marteau qui, livrant passage *au Gange de l'art,* transporterait la navigation des bas-fonds de la vallée sur les faîtes du Doab et, suivant les lignes de ces faîtes, ouvrirait une alimentation perpétuelle à l'irrigation d'un pays immense.

Certes, l'Europe signalait alors sa prééminence sur l'Asie, en terminant la plus vaste entreprise que, dans tout l'Orient, la main des hommes eût accomplie depuis les premiers temps de la civilisation. La puissance et les progrès étaient attestés par les moyens de tracé, d'exécution et de combinaison des mécanismes, si supérieurs à ceux du grand canal de la Chine : l'œuvre qui, depuis trois mille ans, n'avait été nulle part égalée dans l'Asie.

Certainement l'enthousiasme devait être sincère chez les spectateurs, indigènes ou non, à la vue de la première entreprise vraiment importante, accomplie par la grande Compagnie des Indes, pour améliorer ce bassin du Gange qui fait vivre soixante et dix millions d'hommes.

Cependant deux ans étaient à peine écoulés depuis la cérémonie qui semblait devoir imprimer dans le cœur des habitants de si durables souvenirs, et dans ce même bassin, comme un incendie allumé par la foudre, et propagé nous dirions presque avec la vitesse de l'électricité, des deux côtés du grand fleuve ainsi transformé pour le bonheur des indigènes, une insurrection sanglante préludait par des attentats barbares, où le cipaye sous les armes disputait à la lie du peuple les raffinements d'une cruauté dirigée contre les Européens. Les dominateurs, surpris par l'explosion d'une haine si subite et par des excès si détestables, affectaient d'y voir des effets sans causes, et même des effets contraires aux causes; ils se plaisaient à le penser pour sauver leur orgueil, et peut-être aussi pour apaiser les secrets reproches de leur conscience.

Un gouvernement européen, en abattant le pouvoir mahométan, a pris pour lui la propriété de la terre. Par la conquête britannique, le peuple indigène, en changeant de maître, n'a pas changé de spoliation et de servage. Il est resté le même fermier, le simple fermier du vainqueur, le fermier autrefois possesseur héréditaire. Une eau d'irrigation, qu'il ne tirera plus à la sueur de son front, sous un soleil de zone torride, sera certes un grand bienfait; cependant il n'aura pas cette eau gratis. Il la payera, non plus en nature mais en argent, proportion gardée avec la quantité reçue; et le payement ultérieur remboursera la largesse ou, pour mieux dire, la simple avance du canal. Ce n'est pas tout. Quand les moissons finiront par rendre plus que n'aura coûté l'eau fécondante, aussitôt le génie fiscal aura le secret de prendre sa revanche. D'époque en époque, les collecteurs anglais font la révision cadastrale des revenus afin d'augmenter en proportion le fermage du maître, c'est-à-dire de l'État, et de laisser aux paysans asiatiques un sort que nos paysans d'Europe appelleraient la pauvreté. Voilà pour l'avenir des cultivateurs hindous. Quant à la race des brahmanes, elle songe toujours aux siècles éloignés où son commentaire intéressé des Vedas procurait aux castes privilégiées une double puissance politique et religieuse : puissance que les mahométans leur ont fait perdre, et que les chrétiens ne leur ont pas restituée.

Les musulmans, dont la redoutable minorité se compte encore par dizaines de millions dans l'Inde, éprouvent eux-mêmes une perte aussi grande, mais plus récente, et, si je puis ainsi parler, plus profondément saignante. Avant l'arrivée des Anglais, presque tous les trônes leur appartenaient et les Hindous étaient à genoux devant eux; l'armée, l'administration, alimentaient leur aristocratie par les fiefs militaires et par les revenus publics. Aujourd'hui, grandeurs, honneurs, pouvoir, richesse, ils ont tout perdu. Les puissants d'autrefois se distinguent à peine du commun peuple; et, pour dernier affront, la couleur même de leur peau les ravale au-dessous de l'Européen, infatué de sa blancheur, ou rougeâtre ou rosée. *C'est la plus irritante et la plus impardonnable des infériorités*, *parce qu'elle est à la fois sans raison et sans remède.*

Le troupier anglais a trouvé le secret d'imaginer un outrage qui soulevait la même exécration chez les sectateurs de deux cultes opposés sur tout le reste. En fait, il poussait les uns à perdre leur caste, les autres à violer un précepte de Mahomet, en les souillant tous par le contact d'un résidu de l'animal le plus immonde à leurs yeux. Telle était l'abomination suscitée par l'usage des cartouches enduites *de graisse de porc;* cartouches que les cipayes étaient contraints de porter à leur bouche afin d'amorcer.

Espérons qu'à l'avenir on aura plus de prévoyance et plus de ménagements au sujet des persuasions religieuses invétérées chez les natifs; qu'elles soient ou ne soient pas des préjugés, la sagesse et l'humanité commandent de ne pas les profaner. A ce prix, on évitera peut-être, pour l'avenir, de sanglantes et funestes rébellions.

SOUS-GOUVERNEMENT DU PENDJÂB OU DES CINQ-RIVIÈRES.

Première partie : faits historiques.

Nous devons maintenant faire connaître la topographie et les ressources de la grande contrée qui s'étend à l'ouest du bassin du Gange, et qui se prolonge au delà de l'Indus jusqu'aux confins occidentaux du territoire indo-britannique : triangle immense, dont la base est l'Himâlaya et dont le sommet est à l'entrée du golfe Persique.

Afin que le lecteur acquière une juste idée de la situation respective des nations qui peuplent ce pays, il est nécessaire de lui parler d'une population qui, jusqu'à présent, ne s'est pas encore offerte à ses regards. Cette population commença par n'être qu'une secte imperceptible et comme perdue entre les Hindous et les musulmans; et voici qu'après un progrès silencieux de seize générations, elle a fini par décider des destinées d'un pays dont la grandeur historique commence pour nous aux combats de Porus et d'Alexandre.

En Orient, comme en Occident, rien de ce qui touche à l'ordre social ne peut jeter de racines profondes, si quelque idée religieuse ne vient pas apposer sur les œuvres politiques le cachet de la durée.

Il y a déjà quatre siècles, les princes mogols issus de Tamerlan, convertis à l'islamisme en conquérant la Boukharie, l'Afghanistan, la Perse et le nord de l'Arabie, imposaient aux Hindous leur nouveau culte. Ils le propageaient par la terreur et par la force bien plus que par la persuasion; ils bâtissaient leurs mosquées sur les ruines des pagodes, en outrageant les divinités sans nombre des peuples du Gange et de l'Indus. Ils se vantaient de l'unité du Dieu qu'ils adoraient, en le décorant de vertus qu'ils se gardaient de pratiquer; ce qui suffisait à discréditer leur prosélytisme. Malgré la persécution, les vaincus conservaient en nombre immense leur croyance héréditaire; ils repoussaient avec une invincible aversion le culte tyrannique de ces conquérants qui les opprimaient, et qui pis est les méprisaient.

Le culte des Sikhs institué dans le Pendjâb.

Au milieu de ces discords et de ces mépris mutuels, un pieux Hindou, né dans une caste supérieure, le sage Nanak, entreprit de réformer et de réunir en un seul culte le brahmanisme et l'islamisme. Il avait fixé sa demeure au centre du Pendjâb, le beau pays des Cinq-Rivières; c'est là surtout que sa croyance a prospéré.

Des divinités multipliées par la folle imagination de ses ancêtres, Nanak ne conservait que Vischnou, le Dieu suprême; c'était l'Allah de l'Islam, moins ce nom consacré dans la péninsule arabique. Aux Vedas il empruntait de grandes idées philosophiques, mais sans accepter les impostures politiques des commentateurs brahmanes et sans conserver l'inégalité des castes entre des hommes qui sont tous, au même titre, l'œuvre d'un même Créateur. D'autre part, il accueillait, en l'épurant, la morale du mahométisme, mais sans accepter Mahomet, ni pour prophète supposé divin ni pour législateur des sociétés humaines.

Des innovations si vastes étaient enseignées en secret, dans le cercle étroit, dévoué, fervent et modeste de quelques adhérents intimes. Le novateur avait pris le nom le plus simple qui convînt au maître d'une école où l'on forme de petits élèves, *discipuli :* il était le *Gourou,* l'instituteur, l'*instructeur* de la nouvelle croyance; et ses catéchumènes, quand leur enseignement était complet, s'appelaient, en langue sanscrite, *les Sikhs :* mot qui veut dire *les instruits.*

De proche en proche, de nouveaux *instruits,* de nouveaux Sikhs devenaient les disciples des disciples. Les maîtres n'avaient pas d'autres moyens que la persuasion, d'autre pouvoir que les bienfaits. C'était la règle, au milieu d'eux, que les riches fournissaient aux indigents les moyens de subsister, en même temps qu'ils étaient tenus de regarder les obligés comme les égaux et les frères des bienfaiteurs.

Par ce moyen, sans bruit et sans collision, sans agression ostensible à l'égard des grands cultes établis et dominateurs, les néophytes se multipliaient de plus en plus.

Lorsque mourut le premier maître, le premier Gourou, il avait déjà désigné le disciple bien-aimé qui devait lui succéder comme instituteur des instituteurs, et qui lui succéda comme pontife suprême. Le troisième Gourou bâtit un temple de Vischnou dans une île de peu d'étendue, au milieu d'un lac de médiocre grandeur; c'est le temple dont nous parlerons quand nous décrirons Amritsir.

La même progression, modeste, lente et fortunée, continua de la sorte pendant cinq générations.

Il doit paraître surprenant qu'une religion nouvelle qui sapait le brahmanisme, et civil et religieux, aussi profondément que l'avait jamais pu faire le culte de Bouddha, n'ait pas éprouvé la mortelle hostilité qui fit prendre les armes aux exploitants des Vedas : armes que ceux-ci ne quittèrent pas avant d'avoir exterminé ou chassé par-delà les Himâlayas les prêtres et les adeptes du bouddhisme. Mais, à l'époque où Bouddha propageait ses doctrines dans la péninsule de l'Inde, les deux castes supérieures des Prêtres et des Guerriers tenaient en main les deux pouvoirs du ciel et de la terre; elles avaient réuni leurs armes et remporté la victoire sous le drapeau de leur double intolérance.

Depuis longtemps, au XVe siècle, une race étrangère avait propagé ses conquêtes dans les pays arrosés par l'Indus et par le Gange; sa religion, l'islamisme, était prépondérante, et réservait pour elle seule l'alternative odieuse de faire à son gré des proscrits ou des prosélytes.

D'après les derniers états de population, sur dix millions d'habitants que comprend le Pendjâb, étendu de la rive droite du Sutledge jusqu'à la rive gauche de l'Indus, trois millions et demi sont hindous, près de six millions sont mahométans, et le reste est sikh. Par conséquent, les musulmans avaient de leur côté l'empire, le nombre et leur génie persécuteur.

Aussi longtemps que les réformés, recrutés en dehors des centres de l'autorité, chez les pauvres et chez les humbles, se propageaient à petit bruit, l'islamisme daignait à peine supposer qu'ils existaient : ils avaient la paix accordée par le dédain.

Comment est née la persécution des Sikhs, et quelle en fut la conséquence.

Après quatre longues générations, le cinquième Gourou, nouveau Moïse, avait réuni dans un nouveau Pentateuque les enseignements religieux des Sikhs. Ce livre, moitié Veda, moitié Koran, il l'offrit hardiment à l'adoration publique, dans le temple central d'Amritsir : temple où les réformés accouraient de toutes parts. Irrité d'un tel éclat, le gouverneur musulman de la contrée jeta le pontife dans une prison, où l'infortuné mourut; un autre Gourou, qui se tint éloigné des persécuteurs, remplaça le premier martyr de la foi sikhe.

Cette violence, odieuse autant qu'inutile, et dont le plus grand résultat fut de multiplier les prosélytes, eut une conséquence immédiate : elle rendit irréconciliables les persécuteurs et le peuple dont le grand-prêtre était proscrit. Une religion qui jusqu'alors n'avait eu rien d'agressif à l'égard des autres croyances devint tout à coup, comme celle des Juifs opprimés par les Pharaons, implacable dans sa haine contre tous les autres cultes.

Ces sentiments, que la peur faisait cacher au fond des cœurs, y couvèrent, sans éclater par aucun trouble public, jusqu'au *dixième Gourou*, qui fut le célèbre *Godvind*. Ce dernier fit passer dans l'enseignement sacré et dans la vie extérieure le double sentiment de la vengeance et de l'ambition, qui depuis longtemps agitait les âmes. Jusqu'alors aucun signe ostensible n'avait distingué les familles sikhes. Il voulut que les vêtements fussent tous de couleur bleue; il exigea que les hommes renonçassent à couper jamais leur barbe et leur chevelure, distinctions innocentes; mais dans la pensée d'un conflit prochain, voulant que sans cesse les fidèles fussent prêts pour la défense, en attendant le jour de l'attaque, il commanda que chacun portât toujours sur soi, visible ou caché, un acier tranchant. A l'exemple des chefs guerriers du peuple radjpoute, il prit pour lui et pour sa race le nom sanscrit du plus belliqueux des animaux, le nom de *Singh;* il voulut être *Godvind-Singh*, *Godvind-le-Lion*, et non plus l'innocent et paisible Gourou.

Par ces seuls changements, les Sikhs devinrent un État distinct dans l'État, une nation dans la nation. Le peuple entier revêtit un caractère agressif, irritable et prompt à la vengeance; caractère qu'il poussa jusqu'à la férocité.

Godvind-Singh est mort, non sur un champ de bataille, mais obscurément assassiné. Son œuvre a vécu pour lui; et l'exaltation du fanatisme militaire, son ouvrage, loin de diminuer, n'a fait que s'accroître.

Exagération des préjugés et de la barbarie chez les Sikhs : les Akhalis.

Jusqu'à nos jours s'est perpétué parmi les tribus des Sikhs un corps nombreux de fanatiques exaltés, dangereux surtout dans les combats corps à corps. Ils s'appellent eux-mêmes les Akhalis, *les immortels;* ils se prétendent les conservateurs par excellence des doctrines primitives, et n'ont conservé sans affaiblissement qu'un mélange excessif d'avidité, d'orgueil et de cruauté.

Depuis longtemps une prophétie annonçait aux Sikhs qu'ils ne devaient avoir que dix pontifes souverains. Ils ont vérifié cette prédiction par leur simple volonté de la réaliser.

Fin des Gourous pontifes absolus : première organisation militaire de la secte religieuse et conquêtes subséquentes.

Godvind mort, les Sikhs élisent une espèce de Saül, un chef militaire distinct du premier ministre de leur culte. A cette époque, l'empereur Aureng-Zeb était mort en s'efforçant, les armes à la main, de conserver l'intégrité de son pouvoir; mais déjà l'empire des Grands Mogols est ébranlé de toutes parts. Les Sikhs prennent l'offensive; ils passent le Sutledge, attaquent l'armée impériale en bataille rangée, et poussent la dévastation, compagne de leur victoire, presque sous les murs de Delhi.

Après une guerre prolongée, en 1716, le général des Sikhs est fait prisonnier; conduit en triomphe dans cette cité, les musulmans le mettent à mort. Alors, une persécution plus implacable que jamais s'appesantit sur le peuple vaincu. Les vallons les moins accessibles des Himâlayas et les forts bâtis sur la cime des rochers deviennent leur meilleur asile; les grandes chaînes de montagnes, comme il est arrivé tant de fois aux Alpes, aux Pyrénées, à l'Atlas, sauvent les libertés d'une nation faible par le nombre, mais puissante par le courage. Trente années s'écoulent avant que l'Inde entende parler de ce peuple, dont le soulèvement et les victoires avaient retenti dans toute la péninsule.

Pendant tout le XVIe et le XVIIe siècle, les empereurs musulmans n'avaient pas cessé de conserver la domination sur le pays des Cinq-Rivières. Lahore, non moins que Delhi, avait été le lieu où les empereurs mogols se faisaient, les uns couronner, les autres ensevelir; leurs palais et leurs jardins, leurs temples et leurs tombeaux y sont encore un objet d'admiration.

A peine, en 1734, Nadir-Schah, satisfait d'avoir conquis et ravagé Delhi, a-t-il repassé l'Indus afin de retourner en Perse, les Sikhs profitent du moment où tout l'empire des Mogols est sur le point de s'écrouler. Ils descendent de leurs montagnes et se fortifient dans le voisinage de leur premier temple : celui d'Amritsir. Ils voient bientôt accourir sous leurs enseignes de nouveaux et cruels prosélytes; tout ambitieux désespéré qui compte pour peu sa vie et pour rien la pitié se fait membre de leur secte, et par conséquent soldat de leur armée.

En 1751, le sultan Ahmed-Schah, qui régnait à Caboul, s'empare du pays des Cinq-Rivières. Il règne à la fois sur Lahore et sur Moultan; mais sa domination est disputée entre ses troupes et les Sikhs par des luttes incessantes, avec des ravages qui plongent dans la misère un nombre infini d'Hindous et de mahométans. Honnêtes ou non, les habitants inoffensifs, dépouillés de tout par les deux partis, se faisaient Sikhs : c'était le moyen d'être adoptés, nourris, armés par des sectaires qui de la commisération accordée à la pauvreté faisaient un acte de leur foi.

Tour à tour vainqueurs et vaincus, les Sikhs, tantôt répandus dans la plaine, tantôt refoulés vers les monts, sachant souffrir des revers effroyables sans être jamais abattus ni domptés, luttent ainsi jusqu'à la mort du sultan de Caboul; mais, à partir de ce moment, ils deviennent maîtres incontestés du pays des Cinq-Rivières.

Les sirdars ou chefs féodaux du peuple sikh.

En séjournant de longues années dans les Himâlayas, les peuplades sikhes avaient pris les mœurs des montagnards; elles avaient formé des espèces de clans ou tribus. Accoutumées par l'habitation de vallons isolés à marcher sous des chefs isolés aussi, ces tribus les avaient conservés sous le nom de *sirdars* lorsqu'elles étaient descendues dans les plaines et qu'elles avaient pris possession de territoires plus étendus. On comptait ainsi douze districts, appelés *mosuls*, dirigés par autant de sirdars principaux, qui formaient une espèce de confédération. Ils délibéraient en commun sur les intérêts publics, mais rarement avec harmonie. L'égoïsme, la méfiance, empêchaient la concorde, et les tribus se tenaient en garde les unes contre les autres; on avait entouré de remparts chaque ville et chaque bourgade. Ce n'était plus seulement contre les mécréants et les persécuteurs qu'on s'accoutumait à porter les armes; la guerre entre Sikhs, entre sirdars, était aussi fréquente que l'histoire nous la dépeint entre chrétiens, entre chevaliers, entre barons, aux époques les plus troublées de la féodalité européenne.

Rundjit-Singh s'élève et devient le sirdar des sirdars.

Un des moindres districts, dirigé longtemps par un chef habile et vaillant, s'était agrandi par degrés; le successeur de ce sirdar hérita de l'ambition, du savoir-faire et du bonheur de son père; la tradition se perpétua chez le rejeton de leur famille, et cet héritier surpassa ses ancêtres. Tel apparut Rundjit-*Singh*, qui, plus qu'aucun autre Sikh, justifia ce redoutable surnom. Bientôt dans l'Inde entière il ne fut plus appelé que *le Lion du Pendjâb*.

Dans ces temps modernes, au milieu de la vaste péninsule, maintenant peuplée de deux cents millions d'âmes, Rundjit-Singh est le seul indigène qui, les armes à la main, chef d'un modeste clan de montagnards, grandissant toujours, parce que toujours il était victorieux, soit mort dans la plénitude de sa puissance et de sa gloire, proclamé Maharadjah, Grand Radjah, et soit devenu souverain de deux royaumes, Lahore et Cachemire. Tel fut son pouvoir exercé pendant près de cinquante années, mais glorieux surtout de 1799 à 1839.

Ce n'est pas en vain que de graves événements ont passé sous les yeux du créateur d'une si grande fortune. A la naissance du XIXe siècle, Rundjit-Singh voyait s'écrouler l'empire musulman fondé dans Mysore par le conquérant Hyder-Ali; il voyait le fils de ce sultan, Tippou-Sahib, le Superbe, croyant tout possible à sa puissance, croiser le fer contre les Anglais et succomber privé du trône avec toute sa race. Il voyait les Mahrattes, ce peuple militaire par instinct, comme l'était aussi le peuple sikh, réussissant partout contre les États indigènes, et pourtant incapable de résister à cette reine invisible et mystérieuse appelée modestement *l'honorable Compagnie des Indes;* car elle n'avait pas même le titre de *Très-honorable*, que la Grande-Bretagne accorde au dernier conseiller privé de la couronne.

En présence de tels faits, Rundjit eut le génie, le bon sens du moins, d'apercevoir de bonne heure que le secret de sa fortune allait être de ne jamais combattre la puissance dont l'élite militaire, tirée de l'Europe, était irrésistible; il reconnut surtout chez cette puissance la supériorité de caractère, la plus redoutable entre toutes, manifestée par la constance dans les vues et la suite dans les projets.

Pendant la même année 1799, l'an VIII de la France républicaine, lorsque le Lion du Pendjâb se rendait maître de Lahore, un autre conquérant se rendait maître de Paris. Arbitre d'une grande nation, conquérant doué d'un bien plus puissant génie, fils aussi de ses œuvres, conduisant à la victoire une tout autre race que celle des Sikhs et soixante fois plus nombreuse, le Lion de la France a cru pouvoir lutter sans relâche contre la puissance implacable que celui du Pendjâb a sans cesse ménagée. L'un a fini paisiblement ses jours, ayant régné quarante années, tranquille possesseur de toutes ses conquêtes; l'autre, après seize ans de prodiges, est mort détrôné, captif, au milieu des mers, enchaîné sur un rocher par la peur qu'il inspirait, entre deux mondes dont il avait ébranlé les destins! Nous n'avons pas ici la présomption d'approfondir ce contraste; nous l'indiquons, et nous passons outre.

Lorsque les Anglais, en faisant la guerre aux Mahrattes après la chute de Tippou-Sahib, les poursuivaient jusque sur le terrain qu'arrosent les cinq rivières, Rundjit-Singh comptait déjà sous ses ordres huit mille hommes de cheval. Mettre sur pied et maintenir cette force exigeait le concours d'un assez grand nombre de chefs qu'il avait eu l'art de soumettre et de concilier à son autorité. Peu de temps après, par la seule continuité de sa politique, et par ses succès alternatifs contre les mahométans et les Hindous, il était devenu le prince des Sikhs, le sirdar prédominant de tout le Pendjâb, entre les Himâlayas au nord, l'Indus au couchant et le Sutledge au levant.

Il souhaitait avec ardeur pousser ses conquêtes dans le riche pays qui s'étendait à l'orient de ses États, en s'avançant vers la Jumna : désir d'autant plus naturel que ce pays était habité par un assez grand nombre de peuplades sikhes.

Un Anglais, sir G. H. Barlow, gouverneur transitoire des Indes britanniques, grandi dans les emplois marchands et civils de la Compagnie, avait annoncé très-haut que le Dieu Terme de l'Empire anglais dans l'Inde devait, du côté du nord-ouest, poser ses dernières bornes près de la rive occidentale de la Jumna. De cette déclaration, Rundjit-Singh avait conclu qu'il pouvait impunément s'avancer sur un terrain qu'on semblait s'interdire et pousser sa frontière par-delà le Sutledge, la plus orientale des cinq rivières. Mais, lorsqu'il eut commencé cette entreprise, un nouveau gouverneur général, plus belliqueux et plus ambitieux qu'un plumitif de la Compagnie mercantile, lord Minto, fit comprendre à l'envahisseur indigène que les envahisseurs européens n'accepteraient pas tranquillement cette absorption d'un grand territoire qu'aucune défense naturelle, ni de cours d'eau, ni de montagnes, ne séparait d'Agra et de Delhi : les deux boulevards du bassin du Gange, en regardant vers l'occident.

Le guerrier sikh, déçu dans sa plus vive espérance, préféra borner de ce côté son ambition, pour ne pas perdre l'amitié de la puissance britannique : Massinissa n'eût pas mieux courbé la tête devant la moindre volonté de Scipion l'Africain. Il conclut avec le grand empire européen un traité d'alliance auquel il demeura fidèle jusqu'à sa mort; traité qui lui permit de s'étendre avec sécurité de tous les côtés où n'approchait pas l'Angleterre, c'est-à-dire au couchant, au sud, au nord, de son royaume primitif.

Depuis sept ans il était maître de Lahore; ses premiers efforts s'étaient dirigés contre l'importante forteresse de Moultan, de laquelle dépendait la partie inférieure du pays des Cinq-Rivières. Il en devint promptement le suzerain nominal; mais dix années de plus furent nécessaires avant de la réduire, avec la province environnante, au rang des fiefs militaires complétement assujettis à son pouvoir royal.

Pour résumer ce qui concerne le génie du roi de Lahore, nous dirons : Rundjit-Singh avait reçu de la nature une vive intelligence, le sentiment de l'organisation militaire et de la domination civile. Il joignait à l'art de commander l'attachement, en exigeant l'obéissance, une indomptable énergie, une perspicacité politique supérieure à celle de tous les princes qui régnaient alors dans l'Hindoustan. Faisons connaître son plus grand succès.

Appel de Rundjit-Singh dans la quintuple alliance imaginée par l'Angleterre pour la défense de l'Inde.

Ce parvenu, dont ni Caboul, ni Candahar, ni Delhi n'avaient sanctionné le rang et les titres, et qui n'était jusque-là qu'un soldat heureux, dès 1808 les Anglais l'honoraient comme un des principaux princes de l'Asie. Ils recherchaient son alliance en même temps que celle des souverains de la Perse, de l'Afghanistan et du bas Indus; ils étaient mus par la pensée d'organiser une confédération assez forte pour résister aux projets d'invasion de l'empereur Napoléon Ier, alors au faîte de sa puissance[1].

Une chose remarquable, et qui montre à quel point les Anglais entendaient laisser peu de prise au hasard, à l'inconnu, c'est de les voir étudier sans interruption la pensée secrète et les projets présumables du général victorieux, du Consul et de l'Empereur des Français. Ils essayaient tout, afin de porter remède à des dangers, chimériques en apparence, et pourtant préparés avec une infatigable activité par le plus fécond génie des temps modernes.

En 1807, à la veille de prendre Dantzick et d'inaugurer ainsi la bataille de Friedland, d'où bientôt allait naître la paix de Tilsit, Napoléon touche à l'apogée de sa grandeur et prépare sa plus grande victoire, à l'occident de la Pologne; c'est le moment qu'il choisit pour jeter un

[1] Les envoyés près de ces quatre puissances étaient sir John Malcolm Elphinstone, Hankey, sir Charles Metcalfe et Smith.

coup d'œil d'aigle sur les grands intérêts de l'Orient. Alors il rédige les instructions les plus secrètes du général Gardane, qu'il fait partir pour la Perse. Écoutons ses propres paroles : « Le général Gardane ne doit pas perdre de vue que *notre objet important* est d'établir une triple alliance entre la France, la Porte et la Perse, *et de nous frayer un chemin aux Indes*. La France enverra des canons, des fusils et des baïonnettes, avec un nombre d'officiers et de sous-officiers suffisant pour former le cadre de 12,000 hommes, qui seront levés par la Perse. Dans le cas d'une expédition de 20,000 Français aux Indes, il conviendra de savoir quel nombre d'auxiliaires la Perse voudra joindre à cette armée, les lieux de débarquement, les routes à tenir, les vivres et l'eau nécessaires à l'expédition, la saison favorable pour le passage par terre, etc. »

Mais hâtons-nous de revenir au modeste parvenu de l'Orient, porté sur le pavois, chose étrange, par les projets supposés du grand parvenu de l'Occident.

Emprunts faits par Rundjit-Singh à l'organisation, à l'armement des forces napoléoniennes.

On semble croire à l'extrême facilité de constituer en Asie de nouveaux empires. Mais lorsqu'on examine de plus près les choses, on reconnaît que ces créations sont, sans exception, dues à des hommes que la nature a doués de facultés extraordinaires, surtout lorsque le novateur doit tout ou presque tout à lui-même : tel était le Lion du Pendjâb.

Il fallait que Rundjit-Singh eût une grande force d'âme pour avoir pu dominer sans cesse les chefs les plus turbulents de l'indomptable peuple sikh, de ce peuple à la fois anarchique et militaire. Il fallait qu'il eût autant de raison que de modestie, pour concevoir la possibilité d'employer, à la guerre, d'autres moyens que ceux auxquels il avait dû vingt ans de succès et de conquêtes.

Il apprécia l'avantage de donner à ses troupes de nouveaux moyens de vaincre, en leur procurant l'instruction, la tactique et la discipline des troupes européennes. Il pouvait déjà, comme un roi d'Asie corrompu par la fortune, s'endormir sur son trône, lorsque arriva la paix générale de 1814, interrompue seulement par cent jours de 1815. Sur les bords de l'Indus, il mit autant d'intelligence que Méhémet-Ali sur les bords du Nil à emprunter le secours d'anciens officiers de notre Grande-Armée, de vétérans qui s'étaient formés à l'école d'un maître que nul n'a surpassé ni peut-être égalé. L'Angleterre, qui alors défendait à tous les souverains de l'Inde l'emploi des militaires d'Occident, ferma les yeux sur ceux que Rundjit-Singh accueillait sous ses drapeaux. Allard et Avitabile, Court et Ventura, formèrent à l'envi son infanterie, sa cavalerie et son artillerie aux manœuvres de l'armée française. Ils allèrent jusqu'à donner aux troupes sikhes *les aigles et les drapeaux* qui, pour eux, représentaient le génie de la victoire : Rundjit croyait que ces symboles glorieux le désignaient aux peuples de l'Asie comme un autre Napoléon! Le roi mit à la disposition des officiers empruntés à la France les fonds nécessaires pour fondre, monter, équiper jusqu'à cinq cents bouches à feu, soit de siége soit de campagne, d'un calibre redoutable et parfaitement servies.

Chose caractéristique, de ces quatre instructeurs qui, sur le champ de bataille, auraient été d'un si puissant secours, pas un ne reçut contre les ennemis du dehors un commandement d'armée; la même politique ombrageuse du roi de Lahore fut suivie à leur égard après sa mort.

Ce n'était point par préjugé religieux qu'il procédait

ainsi quand il s'agissait des officiers chrétiens, lui qui ne balançait pas à placer des Hindous dans les emplois les plus élevés de son administration.

Le gouvernement de Rundjit-Singh était sans contre-poids, comme ils le sont tous en Asie; son prestige était le fruit d'une soumission qui, toujours imposée, tenait lieu de fidélité. Les petits se croyaient affranchis de la servitude tant que l'impôt n'outre-passait point la limite accoutumée. Les grands auraient voulu nommer liberté la faculté, sinon le droit, de ne rien payer au trésor; mais comme, au premier exemple d'une telle prétention, le roi leur envoyait à titre de sommation dix régiments exercés à l'européenne, aussi prompts à la marche qu'intrépides à l'assaut, il suffisait de leur approche pour changer les refus des plus obstinés en consentement gracieux.

Ceci, dira-t-on, ressemble aux usages du vieil Alger et de Maroc ou des États du Grand Seigneur; il se peut. Mais voici le beau côté, qui certes n'y ressemble pas. Sur un immense continent, plus peuplé que tous les autres ensemble, dans cette partie du monde où l'on compte pour rien la vie de chaque homme, un seul souverain, Rundjit-Singh, s'était fait une loi de ne prononcer jamais, à titre de punition, la peine de mort. Cela ne signifie pas que les autres peines étaient indulgentes; mais, du moins, le dernier supplice n'était jamais appliqué par le jugement du prince et de ses représentants : *c'était la sauvegarde de la vie qui tenait lieu du bill des droits*. Une semblable modération n'était pas le résultat d'une sagesse érudite ou philosophique. Le gouvernement de dix millions d'intelligences était personnifié dans le Pendjâb par un monarque et des ministres qui ne savaient ni lire ni écrire; ils comptaient les lâkhs de roupies, *les quarts de millions*, avec des coches taillées sur des règles de bois, dont le rapprochement contradictoire tenait lieu de Cour des comptes. Dépourvu de ressources du côté des sciences et des lettres, le chef de l'État puisait ses enseignements dans un talent singulier d'observation, qui lui donnait la prudence et souvent la lumière. Un culte, une secte, une armée, qui n'étaient qu'un, formaient son aristocratie et lui répondaient de tout le peuple. Malgré cela, chose remarquable, le roi prenait son vizir et ses ministres principaux dans une croyance étrangère à celle des dominateurs; un pareil choix garantissait à toutes les religions la tolérance officielle. Chose encore plus remarquable, l'aristocratie sous les armes, le *khalsa*, sans être aveuglée par sa puissance, sans être affolée par ses victoires, s'était soumise aux règles savantes de la discipline européenne. Elle s'imaginait qu'en ajoutant de la sorte l'art à la vaillance, elle devenait la Grande-Armée de l'Orient, qui rappelait cette Grande-Armée de l'Occident dont elle avait accepté les aigles, les drapeaux, et qu'elle égalait du moins par le mépris de la mort.

Si nous considérons le commun peuple, ce qui lui faisait tolérer les avantages accordés aux privilégiés sous les armes, c'est que, pour y prendre part, il n'était besoin de faire partie d'aucune caste héréditaire, comme celle des brahmanes ou celle des *kschatrias* chez les Hindous. Le moindre sujet, de la classe la plus humble, n'avait à dire que ces mots : « Je veux être un sikh, *un instruit.* » A l'instant même il prenait part à tous les droits, sans distinction de privilégiés anciens ou nouveaux. Pour faire ses preuves aristocratiques, nul n'avait à montrer comment et quand étaient nés ses ancêtres. La mort, bravée à tout instant, tenait lieu de haute naissance; il suffisait de faire voir qu'on était prêt à périr les armes à la main, au moindre signe du monarque. Cette égalité par les armes comptait déjà trois cents ans de culte religieux et quarante ans de victoires.

Splendeur et bon goût de la cour militaire de Rundjit-Singh.

Le conquérant du Pendjâb et de ses dépendances ne s'est pas emparé d'un si grand nombre d'États sans avoir eu pour premier soin d'en confisquer tous les trésors; il n'avait pas même rougi de s'approprier les joyaux précieux et l'or des rois amis réfugiés dans ses États. C'est ainsi qu'il avait pris à son allié Schah Schouja, chassé du Caboul par Dost-Mohammed, le diamant, unique en Asie, que l'admiration des Orientaux avait surnommé le *Koh i nour*, la montagne de lumière. C'était le joyau qu'à Londres, en 1851, les Anglais estimaient tant de millions, et qu'ils exposaient comme un trophée soustrait avec aussi peu de remords par les tuteurs britanniques au roi mineur à Lahore. Rundjit-Singh, au faîte de sa grandeur et de son opulence, attachait avec ce joyau l'aigrette de son turban, lorsqu'il voulait passer la revue de son armée.

On peut penser que les grands officiers et les principaux chefs des troupes sikhes, donnant à leur probité la mesure large et facile adoptée par le souverain, ne se refusaient, pour décorer leur personne et leur suite, aucun des ornements que peuvent procurer et la victoire et l'alliance exploitées avec aussi peu de scrupule.

La cour du prince avait une splendeur où la richesse des costumes le disputait à l'éclat des armes, à la force des éléphants, à la beauté des chevaux, et même à l'équipement des chameaux attachés à l'artillerie des montagnes et du désert, suivant l'exemple offert en Syrie, en Égypte, par l'armée française, modèle de l'armée sikhe.

Un témoignage presque oculaire est présenté sur ce point. L'éclat de la cour de Lahore est attesté par M. W. H. Russell, le fidèle et brillant envoyé du *Times* dans l'Inde. « J'ai, dit-il, reconnu la vérité de ce qu'on m'a rapporté, que les sirdars, les seigneurs sikhs, étaient doués d'un goût exquis dans leurs vêtements, *et que la cour de leur roi Rundjit-Singh était la plus resplendissante et la plus magnifique de la terre.* Elle ne brillait pas seulement par la rareté des joyaux et l'opulence des parures, mais par l'effet charmant des costumes et l'harmonie des couleurs : effet qu'autour de Rundjit-Singh les seigneurs, c'est-à-dire l'état-major, excellaient à produire. J'ai trouvé merveilleuse l'impression qu'a faite sur moi la cour du simple radjah de Pattialah, d'un petit État sikh qui n'atteignait pas à la vingtième partie du royaume de Lahore; c'en était assez pour me révéler quelle devait être la magnificence dont s'environnait le radjah des radjahs sikhs. »

Lorsque Rundjit-Singh voulut faire un présent d'adieu au naturaliste français, qu'il avait reçu comme *un grand médecin d'Europe*, il fit revêtir le soi-disant hakhim avec un *khelat*, une tunique d'honneur d'un si beau tissu qu'elle avait l'éclat et représentait la valeur de quatre des plus beaux châles fabriqués dans le pays des châles merveilleux[1]. Ce présent suffit pour nous donner l'idée des vêtements qui paraient la cour de Rundjit-Singh.

Apparence et caractère de Rundjit-Singh, d'après le jugement de Jacquemont.

Rundjit-Singh, le magnifique, était beau de sa personne; sa figure intelligente ne respirait rien de sauvage. Son esprit naturel, nous l'avons déjà dit, privé sous beau-

[1] Peut-être Jacquemont, exalté par une vanité trop naturelle, évalue-t-il un peu trop haut la valeur de son khelat, qu'il porte à 5,000 roupies : douze mille cinq cents francs.

coup de rapports d'une culture étendue, devait tout au talent d'observer, à l'art de s'enquérir des notions indispensables pour quiconque veut connaître les hommes afin de les bien commander.

Le témoignage que nous fournit à ce sujet le judicieux Jacquemont est d'un vif intérêt. Pour compléter son étude des plantes himâlayennes, le hardi savant se proposait de parcourir le pays d'où descendent les cinq rivières, le haut Pendjâb, et surtout les montagnes de Cachemire. Afin de visiter en sûreté ces contrées non moins redoutables par la rapacité des habitants que par l'âpreté du territoire et du climat, il avait besoin d'un tout autre secours qu'un simple permis de circuler. Il lui fallait une protection puissante vis-à-vis de nombreux chefs montagnards qu'on aurait flattés en les comparant à ceux de la haute Écosse, quand ces derniers étaient l'effroi des basses-terres, il y a quatre ou cinq cents ans.

Jacquemont pria lord William Bentinck, le bienveillant gouverneur général de cent vingt millions d'âmes, de le faire recommander auprès du roi de Lahore et de Cachemire. Le jeune Français écrivant à son père, à ses amis, leur rend compte jour par jour des effets d'une recommandation comparable à celle qu'auraient pu donner Artaxerce ou Darius pour l'un de leurs plus grands satrapes ou des rois leurs tributaires.

Élégante hospitalité du roi de Lahore.

Quand le roi de Lahore voulait accueillir dans ses États un personnage éminent, pour le recevoir avec grandeur il envoyait un officier de sa maison sous le titre de *mehmandar,* mot persan qui signifie le *gardien de l'hospitalité;* ce titre seul, emprunté de la langue parlée à Téhéran dans la plus polie des cours de l'Asie, nous révèle déjà l'élégance des mœurs par la délicatesse du langage. Le mehmandar faisait dresser sur la frontière une tente d'honneur, afin de recevoir le visiteur attendu; à l'arrivée de celui-ci se trouvait en bataille un escadron de la garde, qui lui présentait les armes. Le gentilhomme de Lahore qui personnifiait l'hospitalité de son souverain la pratiquait en déployant la plus exquise courtoisie. A titre de premier présent, il priait le noble étranger de recevoir une bourse remplie d'argent, pour suffire à des dépenses qu'il n'était pas possible de prévoir. En même temps, ses serviteurs apparaissaient en bon ordre et déposaient à l'entrée de la tente des fruits, du laitage, des sucreries et des provisions de toute nature.

Lorsque le visiteur, ayant pris assez de repos, désirait partir pour la capitale, voici quel était l'ordre de la marche: chaque jour, le voyageur, monté sur un éléphant du roi, se mettait en route, à son heure, accompagné de sa suite et des guides choisis pour diriger sa marche. Le mehmandar, averti, se montrait non moins discret, non moins respectueux que le charmant et poétique de Lascy chevauchant à longue distance de la future connétable de Chester, la plus révérée des châtelaines; il se tenait toujours à portée d'accourir au premier signal, et toujours assez loin pour laisser au seigneur étranger la pleine liberté de tous ses mouvements. C'était seulement chaque soir, lors de la halte finale, que le gardien de l'hospitalité se permettait de solliciter, par un message, l'honneur de paraître devant le personnage éminent qu'attendait le roi son maître. Son nouvel hommage était signalé par une bourse nouvelle, également remplie d'argent, et par la même abondance de provisions que nous avons indiquée pour la réception du premier jour.

Presqu'à la porte de Lahore, on logeait le voyageur dans un palais élégant dont il devenait alors le seul maître : palais qui s'élevait au milieu d'un jardin délicieux décoré par des bosquets et des fleurs, par des pièces d'eau et des fontaines jaillissantes; ces eaux toujours fraîches, sous un ciel si voisin de la zone torride, rappelaient les jardins de Schah Jahân. Le palais hospitalier, merveilleusement desservi dans la journée, et le soir éclairé, comme disent les Italiens, *a giorno*, rehaussait l'éclat des festins, qui rappelaient la table d'un roi. On se croyait à Bagdad, au temps d'Haroun-al-Reschid et de ces mille et une nuits dont la magie séduit notre imagination.

L'écrivain français qui fait connaître ces charmants détails, d'après sa propre réception, énumère ensuite les attentions qui signalent son séjour à Lahore, sa présentation à la cour et les dons incessants dont il est comblé. Une excusable vanité se manifeste un peu dans son récit; mais il peint néanmoins les mœurs avec vérité. C'est une chose curieuse de voir comment Victor Jacquemont, si splendidement accueilli, juge les Sikhs et leur pays.

« Le Pendjâb et ses habitants *me plaisent beaucoup*. Peut-être, direz-vous, est-ce parce que je les vois *au travers d'une pluie d'or;* mais les Sikhs *non sophistiqués* de ce pays ont une simplicité et une honnêteté de manières qu'un Européen savoure surtout après deux ans de séjour dans l'Inde; leur fanatisme est éteint, etc. etc. »

Comment Rundjit-Singh savait juger les étrangers.

Rundjit-Singh avait un tact merveilleux pour juger les Européens de toute espèce qui venaient souvent lui faire offre de leurs services et qu'il pressait de questions sur tout ce que l'Occident pouvait lui présenter d'intéressant.

Il passa des heures entières à s'enquérir, en conversant avec Jacquemont, des choses et des hommes et des événements; il voulut le voir encore après son voyage dans les Himâlayas cachemiriens et tibétains. Enfin, quand il eut reconnu tout ce que l'esprit du voyageur français renfermait de pénétrant, de fin, de vigoureux et de propre à bien conduire les hommes, il lui proposa, comme la chose la plus simple, d'être vice-roi, et de gouverner le pays entier de Cachemire : gouvernement qui rapportait 500,000 francs par année. Le savant français refusa cette fortune pour rester fidèle à la botanique; l'offre et le refus honorent également le prince et le voyageur.

La fin et les funérailles du maharadjah; auto-da-fé de ses veuves et de ses esclaves.

Nous avons montré dans toute sa splendeur et sous ses plus beaux côtés le règne de Rundjit-Singh. Bientôt on va voir que cet imposant édifice, qui méritait à quelques égards l'admiration des hommes, n'était pourtant qu'un fragile échafaudage. Tout y dépendait de la vie d'un homme, supérieur à coup sûr; cependant son génie ne fut pas assez grand pour enfanter des institutions qui perpétuassent la sagesse et l'esprit d'une administration glorieusement, mais fatalement personnelle.

Au moment où fut ouverte sa grande succession, nul n'osa concevoir la coupable pensée de contester à sa postérité l'héritage du royaume dont il était le créateur. Par malheur, il n'avait pas eu la prévoyance d'élever ses héritiers dans l'art difficile de gouverner une aristocratie guerrière et de perpétuer sans affaissement une monarchie conquérante. Sa propre famille devient en peu de temps la cause de toute ruine, et pour elle-même et pour l'État, qui tombe avec elle.

Le roi mourut le 30 juin 1839, laissant la paix au dedans comme au dehors, respecté par ses voisins et chéri par tous ses sujets, sans distinction entre les Sikhs, les Hindous et les mahométans.

A la mort de Rundjit-Singh, le peuple et l'armée se réunirent afin de rendre à ses restes les honneurs décernés aux plus grands monarques de l'Asie. On suivit la coutume des Hindous, qui brûlent le cadavre de leurs morts; on la suivit aussi dans le cruel sacrifice des suttis. Nous allons citer ce que rapporte sur ces funérailles un musulman, témoin oculaire; c'est un tableau de mœurs, à nos yeux plein d'intérêt.

« Lorsque les femmes du maharadjah, résolues à ne pas lui survivre, se rendirent au bûcher, elles sortirent du palais conduites avec respect par les grands officiers. Elles marchaient d'un pas grave mais assuré, au son d'une musique imposante, au bruit des décharges d'artillerie qui saluaient encore une fois le souverain, dans la personne de ses compagnes dévouées. Au milieu d'une vaste place de Lahore, devant les portes du palais principal, on avait déposé le corps du monarque sur un catafalque, entre deux énormes piles de bois de sandal. Dès que les flammes commencèrent à s'élever, les victimes volontaires s'avancèrent pour mourir. Parmi ces royales épouses, deux des plus belles avaient à peine atteint leur seizième année; elles regardaient autour d'elles avec un suprême orgueil. Loin de rougir d'être contemplées par tout un peuple, elles aspiraient non pas à laisser voir l'être fragile que pourraient souiller des regards corrompus et de bas étage, mais à faire admirer l'être vivant animé du mépris de la mort et présentant avec calme un spectacle surhumain. Elles commencèrent par se dépouiller de leurs joyaux, qu'elles distribuèrent entre leurs amies et leurs parents. Elles demandèrent des miroirs, et, les tenant à la main, elles firent d'un pas solennel le tour du bûcher; de temps à autre, elles regardaient leur visage et demandaient avec fierté si leurs traits décelaient l'ombre d'une crainte? Ensuite elles se précipitèrent au milieu du feu : en peu de secondes elles furent asphyxiées. Les flammes nous cachaient le secret de leur agonie.

« Après les épouses héroïques, sept femmes esclaves subirent le même sort. Elles se montrèrent moins résignées, et quand elles approchèrent du bûcher, l'horreur se peignit sur leurs figures; mais sachant que la fuite était impossible, elles s'abandonnèrent au supplice sans essayer une vaine résistance. » (Relation de Mirza Abbas, témoin oculaire.)

En quoi donc consistait la réforme si célébrée du peuple sikh, réforme soutenue avec tant d'opiniâtreté depuis trois siècles? Ce peuple conservait les coutumes barbares qui révoltent les nations civilisées; il n'avait pas aboli le supplice, par le feu, des veuves légitimes, ni celui des femmes esclaves; il n'avait pas aboli l'infanticide des filles sacrifiées, dès le berceau, par l'avarice et par l'orgueil : *il restait hindou par tous ces crimes.* D'un autre côté, le même peuple n'avait pas su s'approprier la plus prudente mesure que Mahomet ait consacrée dans les pays voisins de la zone torride : loin de repousser les liqueurs enivrantes, l'usage que les sectaires en faisaient outre-passait toutes les bornes. Cette habitude, à la fois honteuse et dégradante, s'alliait à toutes les sortes d'excès.

Nous allons voir les vices et les crimes du peuple sikh arracher de ses mains la domination, la fortune, la renommée, et finalement l'indépendance.

Le royaume de Lahore après la mort de Rundjit-Singh.

C'est toujours un objet d'étonnement de voir les souverains de l'Asie, qui peuvent, sans aucun obstacle des lois politiques ou religieuses, multiplier le nombre de leurs épouses, laisser cependant, pour la plupart, un si petit nombre de fils légitimes! Voici quelle était la postérité de Rundjit-Singh au moment de sa mort :

C'était d'abord *un seul fils légitime*, Kurrak-Singh, ayant lui-même *un seul fils*, Nonchal-Singh; et celui-ci mourut *sans postérité.*

Venait ensuite Schere-Singh, qui, sans être en réalité reconnu comme issu du roi, était regardé comme tel par le grand corps de l'armée, le khalsa; *il n'eut qu'un fils.*

Cachemira-Singh et Peschawra-Singh étaient deux jeunes sirdars adoptés par le maharadjah; il les avait décorés de ces beaux noms en souvenir de la conquête des deux États de Cachemire et de Peschawer.

On a fini par compter, comme un appendice à la famille royale, le fils que possédait une danseuse lorsqu'elle devint la concubine de Rundjit-Singh. Un jour cette femme, d'une rare beauté, de mœurs dissolues et d'un infernal génie, finira par être régente; et son fils en bas âge, *Dhulip-Singh*, deviendra le dernier des souverains de Lahore. Le bâtard d'une bayadère et d'un père inconnu sera l'Augustule du Pendjâb.

Rundjit-Singh portait quelque intérêt à cet enfant, dont le nom fut le dernier qu'il fit entendre à son lit de mort; cela seul devint plus tard, aux yeux de l'armée, une suffisante légitimation.

En dehors de cette singulière généalogie, il fallait compter d'abord deux familles de princes du sang, séparées déjà par quatre générations de la ligne directe; elles n'en figuraient pas moins aux premiers rangs parmi les grands du royaume. Il fallait compter ensuite le sirdar Attarienwallah, dont la fille avait épousé le petit-fils de Rundjit-Singh; malgré la stérilité de ce mariage, les fils de ce sirdar furent des hommes puissants et devinrent chefs dans l'armée.

A côté, disons mieux, au-dessus des personnages qui viennent d'être énumérés, et qui tous étaient sikhs, arrêtons-nous à trois frères hindous et d'origine radjpoute; tous trois ont servi pendant longtemps sous Rundjit-Singh, qui les a portés par degrés jusqu'aux sommités du pouvoir. Dès l'année 1818, il leur avait conféré le rang et le titre de radjah. Du premier, Dhyân-Singh, le plus versé dans les affaires de l'État, il avait fait son principal ministre, *son vizir;* du second, Scheit-Singh, il avait fait un général de sa cavalerie; du troisième, Golâb-Singh, le plus circonspect et doué des plus longues vues politiques, il avait fait son conseiller intime. Golâb, investi féodalement de la forteresse de Jummow qu'avait possédée sa famille, la remplissait de richesses, qui pour la plupart provenaient du trésor de Lahore : ces richesses lui serviront à devenir un jour roi de Cachemire.

Un gouvernement du Bas-Empire.

Voyons à l'œuvre tous ces chefs. Le fils imprudent de Rundjit-Singh aurait pu régner avec gloire et sécurité s'il avait gardé les hommes éminents si bien choisis par son père; mais, au lieu de ménager ces hommes habiles et puissants, il croit pouvoir se passer d'eux. Pour les mieux braver, il destitue le vizir Dhyân-Singh et le remplace par un favori de mœurs infâmes. A cette nouvelle, Dhyân-

Singh court au palais; il poignarde son indigne successeur sous les yeux mêmes de son maître. Comme un enfant dépité qu'on a privé de son jouet, ce pitoyable roi refuse de prendre part à son propre gouvernement; il se retire au fond de son palais, où bientôt un breuvage le prive de sa raison. Il meurt.

Nonchal, petit-fils de Rundjit-Singh, est appelé sur le trône par le droit non contesté de sa naissance. On célèbre de royales funérailles qui rappellent la perte de Rundjit-Singh, perte qu'on sent irréparable. Le jeune monarque, en revenant des obsèques de son père, était porté sur un même éléphant avec un neveu du vizir : une pierre énorme, détachée du sommet de la porte du palais, les écrase tous deux, sans qu'on s'efforce de savoir si l'événement est le résultat d'un malheur ou d'un crime.

La ligne directe et légitime éteinte, les deux fils d'adoption Cachemira et Peschawra ne sont pas même proposés, et dans les luttes effroyables dont nous avons peine à donner l'idée, tous deux vont disparaître assassinés.

Le vizir Dhyân-Singh, aidé par ses deux frères, après un carnage effroyable, fait asseoir sur le trône Schere-Singh, qui n'était ni fils reconnu ni même fils adoptif de Rundjit-Singh, mais que favorisait l'armée, le *khalsa*, c'est-à-dire le peuple sikh sous les armes.

Les possesseurs légitimes ayant cessé de vivre et les fils adoptifs tenus dans l'ombre, rien n'empêchait le nouveau maharadjah de gouverner avec sécurité; mais il avilit sa couronne en poussant jusqu'à l'excès le vice favori de sa nation, l'ivrognerie. Ingrat envers celui qui l'a fait roi, il ose à son tour s'affranchir du viziriat de Dhyân-Singh. Une conjuration se forme; le nouveau monarque et son fils sont assassinés à la même heure. Cependant une chose paraît d'abord inexplicable : au milieu des conjurés figurent des acteurs inconnus qui tuent le premier ministre au moment de son triomphe.

En cet instant une femme apparaît, qui n'était pas même une épouse de Rundjit-Singh, mais qui, du rang avili de bayadère, s'était élevée jusqu'à dominer l'esprit du vieillard. Ainsi que déjà nous l'avons indiqué, animée d'une ambition sans mesure, elle était prête à prodiguer toutes ses faveurs pour élever son fils au trône. A titre de prétendant, elle a l'audace d'offrir Dhulip-Singh, l'enfant qu'elle avait rendu l'élève de l'armée, grâce à la faveur de Rundjit-Singh.

Après l'assassinat du vizir, son fils Hira-Singh s'était réfugié dans la maison du général Avitabile, l'un des Européens instructeurs de l'armée; Hira, qui compte pour lui ce chef important et Ventura, l'organisateur de la cavalerie, est soutenu par ses oncles et leurs créatures. Tous réunis, ils assaillent Lahore et font tomber leur vengeance sur les meurtriers de Dhyân-Singh; ils trouvent montant sur le trône l'enfant gardé par sa mère, qui va devenir tutrice suprême et presque régente.

Je n'ai pas encore épuisé la liste des forfaits. Hira-Singh, avant de saisir le viziriat, avait assassiné Cachemira, l'un des deux fils adoptifs de Rundjit-Singh; le second, Peschawra, avait péri par la main vulgaire d'un ancien muletier, oncle du bâtard Dhulip-Singh. Chose étrange, cet enfant sans titre et dont la naissance ne rappelait que de la honte, le parti dominant l'acceptait pour souverain, et les partis futurs l'accepteront tous, dans l'espoir de gouverner pendant sa longue minorité.

Après l'immolation de la plupart des prétendants à l'autorité, l'on devait croire que le fils de l'habile et puissant vizir de l'ancien roi de Lahore, qui possédait une partie des talents de son père, devenu premier ministre de l'enfant qu'il avait fait maharadjah, allait gouverner en pleine paix. L'infatuation d'une fortune inespérée l'enivre à son tour; imprévoyant radjpoute, il se donne pour conseiller un Pandit hindou, un prétendu savant brahmane, versé seulement dans les crimes des cours. Le nouveau vizir égaré, perverti, finit par assassiner Scheit-Singh, son oncle paternel et le frère du redoutable Golâb-Singh, qui s'était retiré dans sa forteresse de Jummow; l'ingrat Hira paye ce crime de sa vie.

Alors se déploie, avec un éclat insolent, la domination qu'exerce la mère du maharadjah mineur. Un vil favori de cette bayadère devient vizir à son tour. Le parvenu ne craint pas de laisser entrevoir ses dédains envers les chefs de l'armée; ceux-ci le massacrent sous les yeux de la régente, sa licencieuse maîtresse, comme les seigneurs écossais avaient massacré l'amant de Marie Stuart, sans la priver de la vie ni du trône. L'armée, ainsi qu'on a pu le voir, chérissait le fils de la concubine, par la seule affection qu'avait eue pour cet enfant le maharadjah conquérant.

C'est à présent qu'il faut parler de Golâb-Singh, dernier survivant de la famille puissante qu'avaient élevée le talent, le courage et la profonde politique. De bonne heure, cette famille avait eu pour maxime de se partager les rôles, et, si je puis ainsi parler, les factions, afin d'avoir toujours dans le parti triomphant un des siens pour sauvegarder les intérêts de tous les autres. Ils avaient par là grandi quand tout chancelait en s'abaissant, jusqu'au moment où la fureur universelle, renversant tous les calculs, n'avait laissé debout que le plus âgé, le conseiller et l'âme de la famille, celui dont l'avis définitif avait fait loi pour eux dans tous les temps. Favorisé par les deux viziriats de son frère et de son neveu, Golâb avait accumulé d'immenses richesses dans la forteresse de Jummow, qui s'élève auprès des monts Himâlayas; il s'y réfugiait pendant les jours d'orage, et s'y maintenait pour y garder ses trésors, en attendant des jours meilleurs. Dans tous les temps, à l'exemple de Rundjit-Singh, son ancien maître et son modèle, il évitait la moindre dissidence avec la puissance britannique. Au dernier moment des révolutions dont nous montrons les sombres phases, nous le verrons employer ses richesses à l'acquisition du royaume de Cachemire. Au nom de la Compagnie des Indes, on adjugera ce royaume au plus offrant, dans Lahore, comme jadis on adjugeait pour elle les châles du même pays, dans les comptoirs de sa maison marchande, à Londres.

En voyant se dérouler tant de forfaits accumulés depuis que la main de fer du redoutable monarque ne maintenait plus le peuple sikh dans l'ordre et la discipline, on a pu remarquer que la foule des ambitieux, sans patriotisme et sans vertu, n'avait pas même pour excuse de grandes batailles livrées ni les emportements prolongés des guerres civiles partagés par tout un peuple. C'était en pleine paix intérieure, dans le sang-froid de la cité, dans les mystères du divan et les licences du sérail que les crimes se commettaient. Tels étaient les princes et les conducteurs de ce peuple sikh dont la croyance avait été fondée, prétendait-on, sur l'épuration et l'alliance des deux plus grands cultes de l'Asie orientale!

Au milieu de tant d'actes de folie et de férocité, la conduite du divan, devenu conseil de régence, à l'égard des puissances étrangères, et surtout de l'Angleterre, était restée sans altération malgré la mort de Rundjit-Singh; les malheurs de l'armée anglaise après la conquête du Caboul n'avaient pas changé la politique demi-séculaire de Lahore. Schere-Singh, le troisième successeur du Lion du Pendjâb, ne s'était en rien écarté de l'alliance avec la

Compagnie. Il avait fait plus; il avait envoyé spontanément une division sikhe au secours de l'armée anglaise, défaite dans le Caboul, et qui cherchait à se sauver en rétrogradant vers Peschawer.

Esprit d'anarchie développé dans l'armée sikhe.

L'armée sikhe, en cela semblable à l'armée prussienne sous les premiers Frédérics, était encore plus disproportionnée avec la population. Son entretien dispendieux ne pouvait être justifié que sous un régime organisé pour la conquête incessante. Il aurait fallu, pour la dominer, la conduire avec succès à des conquêtes nouvelles; mais un gouvernement dévoré par les factions ne pouvait plus lui présenter de tels projets. En même temps, aucun successeur de Rundjit-Singh n'était assez fort pour la commander et la maintenir soumise aux lois.

Chaque fois qu'un chef de l'État périssait par l'assassinat, celui qui le remplaçait faisait tout pour gagner l'armée; elle se trouvait engagée, sinon à délibérer sur des révolutions de palais accomplies dans l'ombre, du moins à ne pas renverser le nouvel occupant, et payée pour laisser chaque forfait impuni. On lui révélait ainsi qu'elle avait dans ses mains le destin final de l'État. Elle était en réalité la nation sikhe sous les armes; et cette nation comptait pour rien la partie, sans défense et sans voix, qui composait la population brahmanique ou musulmane.

Chambre des députés de l'armée. Dès le règne de Schere-Singh, en des circonstances délicates et difficiles, le vizir avait fait appeler *deux députés* par compagnie, *deux* par escadron et *deux* par bouche à feu montée. On les convoquait comme représentant le corps de l'armée, le khalsa, pour délibérer avec le Gouvernement. Ces envoyés temporaires devinrent bientôt permanents; ils étaient choisis par le suffrage des soldats, *sans consulter leurs officiers*, dont l'autorité, par cela même, fut promptement anéantie. Voilà donc l'institution d'une *Chambre des députés militaires*, qui comptait *deux mille membres!* Plus tard, un comité spécial, que les Français appelleraient *le Comité de Salut public*, fut choisi pour agir au nom de cette assemblée tumultueuse, qui ne pouvait avoir ni suite dans ses idées ni plan de conduite. Quand arriva le règne d'un mineur, l'armée devint ainsi le gouvernement même, en présence d'une quasi-reine mère qui, plongée dans les voluptés et les intrigues de son sexe, était incapable de faire tête à semblable puissance.

La guerre des Sikhs avec la Compagnie des Indes.

Les députés de l'armée, pour accroître leur importance, imaginèrent d'assaillir l'empire indo-britannique; trop orgueilleux et trop imprévoyants pour calculer à quel colosse ils s'attaquaient, les mandataires des soldats rêvaient déjà de piller les trésors de Delhi, d'Agra, de Bénarès et de tout l'Hindoustan. Ce ne fut pas l'idée d'un moment, car maintes fois ils avaient annoncé les mêmes desseins agressifs; enfin ces imprudents forcèrent la main du pouvoir civil. Ils n'avaient nul prétexte à faire valoir, et, sans provocation aucune, ils franchirent le Sutledge : c'était le Rubicon de l'empire indo-britannique, lorsqu'on voulait y faire invasion par les provinces du nord-ouest.

L'armée sikhe, nombreuse, intrépide, expérimentée, se croyait invincible; elle pensait arriver sans obstacle à Delhi, lorsqu'elle traversa la plus orientale des cinq rivières; on était au 10 décembre 1845.

Dès le mois de juillet 1844, un nouveau gouverneur

général, un des lieutenants les plus estimés du duc de Wellington, le général sir Henry Hardinge, était arrivé dans l'Inde pour y ramener la victoire. Afin de mettre à profit ses premiers moments, il avait, par des marches bien calculées et secrètes, accru la force de l'armée du côté des frontières qui font face à l'Indus. Sans qu'on s'en doutât, il avait augmenté le nombre des régiments et l'artillerie de campagne non loin des bords de la Jumna, dans les stations importantes d'Umballah, de Loudianah et de Férozepour, sur le chemin de Lahore et du Caboul.

Grâce à ces préparatifs, inspirés par une heureuse prudence, neuf jours seulement après une agression qu'il était impossible de prévoir plus de six semaines à l'avance, le gouverneur général Hardinge a pu présenter sur le champ de bataille de Férozeschah une armée d'élite réunissant 17,500 combattants réguliers. Elle ne contenait pas moins de *sept régiments anglais*, empruntés à l'armée royale; les autres corps étaient des cipayes, qui doublaient de vaillance quand ils luttaient à côté des soldats européens. Chaque semaine et presque chaque jour allait ajouter à cette force.

Pour triompher de l'armée sikhe, il fallut livrer en deux mois quatre batailles rangées[1], où la discipline, la constance et la valeur expérimentée furent égales des deux parts. Un fanatisme indomptable, la haine pour les musulmans et le mépris pour les Hindous animaient l'armée que Rundjit-Singh avait accoutumée à la victoire. De l'autre côté, chrétiens, mahométans et brahmanes combattaient chacun pour l'honneur de sa croyance et pour l'orgueil de son origine, contre des sectaires détestés qui s'étaient recrutés dans les basses castes des uns, dans la

[1] A Mondki, à Férozeschah, à Allival, à Sobraon.

moindre classe des autres. Jamais plus de passions, et de passions plus diverses, n'avaient enflammé les cœurs sous le ciel brûlant de l'Inde.

Sans doute, dans chaque combat, les soldats sikhs étaient plus nombreux que les soldats indo-bretons; mais tandis qu'ils n'avaient pour les commander en chef que des généraux indigènes qui jamais n'avaient livré de batailles rangées, les Anglais étaient commandés par deux vétérans des plus grandes guerres. Les Sikhs n'eurent jamais dans leurs rangs que *quatre officiers* européens, aides de camp[1], chefs de bataillon ou capitaines au temps du premier empire français; les Indo-Bretons, pour les combattre, avaient à leur tête l'élite de l'état-major général *d'une armée de trois cent mille hommes* et comptaient dans les rangs *plus de huit cents officiers* tirés des trois royaumes britanniques.

Afin de montrer avec combien d'acharnement furent disputées les victoires que remportèrent les Anglais sur un ennemi digne de leur courage, il me suffira de rappeler la célèbre bataille de Férozeschah[2], dans laquelle le gouverneur général voulut combattre en personne à la tête du centre et de la droite, parties les plus exposées; il laissa la gauche et la direction d'ensemble à l'intrépide vétéran lord Gough, *commandeur en chef des forces de l'Inde entière.* Lord Hardinge avançait contre l'ennemi, que protégeait une batterie de cent canons, marchant à trente pas en avant de son infanterie, avec le même sang-froid que Macdonald à Wagram. Sur douze aides de camp qu'il avait

[1] Le général Allard, le principal officier européen, était en 1815 chef de bataillon, aide de camp de l'illustre et malheureux maréchal Brune; il mourut en 1839, avant Rundjit-Singh. Allard était doué d'un vrai mérite et d'un noble cœur; voyez ses lettres à Jacquemont.

[2] Voyez le magnifique discours prononcé dans la Chambre des communes par sir Robert Peel, en proposant de voter des actions de grâces pour les victoires remportées dans l'Inde sous le gouvernement de lord Hardinge.

autour de lui, cinq blessés, cinq tués tombent frappés par la mitraille; et, par un bonheur infini, ses deux jeunes fils, à cheval auprès du héros, sont seuls épargnés. On eût dit que la Providence avait voulu payer d'un si noble prix à la tendresse du père la magnanimité du général!

Tels étaient les dangers qu'il fallait braver pour triompher du peuple sikh.

Rapprochements qui donnent la mesure de la valeur de l'armée sikhe.

Afin de pouvoir offrir au lecteur une juste idée de la supériorité militaire acquise par les Sikhs sur les autres peuples de l'Inde, j'ai relevé dans l'ouvrage de M. Montgomery Martin[1] les différents résultats présentés par les douze batailles les plus célèbres que ces peuples ont livrées aux forces de l'Angleterre, pour les comparer aux six batailles livrées par les Sikhs dans leurs deux grandes luttes avec la même puissance. Voici le tableau résumé, digne de méditation, qui ressort de ce parallèle :

Effectifs totaux des armées mises en bataille.

		Combattants respectifs.
En douze batailles.	Les Anglais	89,122
	Les divers peuples de l'Inde	346,500
En six batailles	Les Anglais	103,290
	Les Sikhs	220,600

Faisons d'abord admirer, en faveur des Sikhs, la faiblesse numérique de ce petit peuple que les Anglais, d'après Alexandre Burnes, n'évaluent pas même à 500,000 âmes, y compris les vieillards, les femmes et les enfants;

[1] *Indian Empire*, t. I, p. 460 et 461.

les voilà qui, dans leurs six batailles, ont mis en ligne un nombre moyen de 37,000 hommes, et qui n'ont pas présenté moins de 60,000 soldats dans chacune des deux dernières actions. C'est un nombre que n'ont jamais dépassé les combattants des plus grands peuples de l'Inde quand ils ont voulu, sur un même champ de bataille, lutter avec les Anglais. Offrons maintenant un résultat qui montre l'efficacité comparée de ces diverses troupes.

Nombre total des combattants tués à l'armée britannique.

En douze batailles contre les divers peuples de l'Inde..	1,647
En six batailles contre les Sikhs..........................	2,247

Pertes de l'armée britannique en combattant cent mille ennemis.

Dans les douze batailles des divers peuples de l'Inde. ..	475
Dans les six batailles des Sikhs..........................	1,018

Ainsi, l'armée sikhe, dans les six batailles qu'elle a livrées, a fait éprouver à l'armée britannique une perte plus que double de celle qu'ont produite les autres peuples de l'Inde dans leurs douze batailles les plus célèbres: le nombre des tués du côté des Anglais étant évalué pour cent mille soldats ennemis.

Si l'on voulait soumettre aux mêmes calculs les pertes que subit Alexandre le Grand lorsqu'il eut à combattre Porus et les autres rois du Pendjâb, on verrait que la résistance des Indiens, à cette époque, était incomparablement moins grande que celle des Sikhs contre les Anglais.

On n'a pas encore présenté jusqu'ici les rapprochements que je viens d'offrir. Ils font ressortir le plus bel éloge qui puisse être offert de l'énergie militaire du moderne peuple sikh et du profit qu'il a tiré des leçons guerrières de la France. Ils nous montrent l'armée de ce peuple telle que l'ont développée et disciplinée les quarante ans de conquête et d'organisation qui recommandent le règne toujours victorieux de Rundjit-Singh, ce simple *sirdar* qui sut tout créer par lui-même, et son royaume et sa force progressive.

Nous avons parcouru déjà la moitié du globe. Dans les immenses contrées de l'Amérique, nous avons vu pendant un demi-siècle une foule d'États nouveaux se former des débris du grand empire espagnol; eh bien! parmi tant de généraux, de présidents et même d'empereurs transatlantiques, élevés tour à tour par la fortune et l'anarchie pour tomber le moment après, pas un chef n'a su donner à ses concitoyens une organisation civile et militaire qui les rendît capables de résister pendant une simple vie d'homme aux révolutions, à la conquête, ainsi que l'a fait Rundjit-Singh.

Passons en Asie. Depuis les rives du Volga jusqu'au détroit de Behring et depuis le golfe Persique jusqu'aux mers du Japon, si nous voulons trouver un souverain, enfant de ses œuvres, qui, prenant ses peuples dans la demi-barbarie, les transforme au point qu'ils puissent résister au choc des nations savamment guerrières de l'Europe occidentale, il faut remonter à Pierre le Grand.

Malheureusement, après son roi conquérant, le Pendjâb n'a pas eu de roi pacifique, moral et religieux. Dans ce pays, il ne s'est pas trouvé de Numa qui succédât à Romulus, et la discorde civile a détruit l'édifice du souverain militaire : j'ai dit comment.

Les Anglais invités à prendre le protectorat du roi mineur.

A Lahore, le gouvernement d'une femme sans mœurs

et sans génie, aidée d'un conseil insuffisant, tyrannique et privé de courage, tremblait, d'un côté, devant la révolte future des sujets trop opprimés, de l'autre, à la seule pensée de retomber sous le joug de l'armée sikhe, organisée en Convention délibérante avec ses comités révolutionnaires. La régence demanda que les Anglais victorieux laissassent dans le Pendjâb une armée d'occupation qui fût à la fois surveillante et protectrice.

Lord Hardinge, gouverneur général, y consentit, sous les conditions accoutumées dans l'Hindoustan, mais d'après des principes plus amis des indigènes que ceux qu'avait posés le marquis Wellesley dès l'origine du siècle.

A l'intérieur, on stipula que, pendant la minorité du maharadjah, les affaires continueraient d'être conduites par un Conseil composé des principaux chefs et des sirdars; on exigea de plus que la nomination des membres de ce Conseil serait constamment soumise à l'approbation du Gouvernement britannique, et que les actes officiels seraient toujours placés sous le contrôle et la direction d'un officier britannique en résidence à Lahore. Comme esprit nouveau qui devait diriger l'Administration, il fut déclaré que les sentiments du peuple seraient scrupuleusement consultés, que les institutions et les coutumes nationales seraient conservées, et les droits de chaque classe maintenus. Pour la convenable exécution de cette convention, il fut réglé que non-seulement la capitale, mais tout poste militaire sur le territoire de Lahore, seraient occupés par une force britannique telle que le gouverneur général pourrait la juger convenable. Les dépenses de l'occupation seraient en partie défrayées par une solde annuelle de 5,500,000 francs que payerait le trésor sikh. A l'expiration de la minorité du jeune maharadjah, et même plus tôt si la mesure semblait désirable aux deux parties intéressées, toutes ces mesures cesseraient; *alors le Pendjâb devait être remis, dans son intégrité, entre les mains du Roi.*

A défaut d'autorité plus régulière, susceptible d'être invoquée dans un État désorganisé, lord Hardinge eut recours aux précédents que pouvaient offrir les coutumes du royaume. Il voulut qu'une assemblée des sirdars exprimât librement ses vœux et ses intentions.

Ici nous trouvons une preuve effrayante des ravages occasionnés par les discordes intestines. Quand on appela les *soixante-six* chefs principaux qui s'étaient réunis pour honorer les funérailles de Rundjit-Singh, et sept années seulement s'étaient écoulées depuis cette époque, on trouva qu'il n'existait plus que *onze de ces chefs*. Le croira-t-on? *trente-six* avaient succombé par l'assassinat ou le poison, *douze* avaient héroïquement terminé leur carrière en combattant les Anglais, et *sept seulement* d'entre eux avaient péri, par exception, d'une mort naturelle.

Des onze survivants, sept apposèrent leurs sceaux au traité de tutelle; les autres, avec beaucoup d'officiers et de notables habitants, témoignèrent leur adhésion par leur présence, à côté de leur jeune souverain, dans le jour solennel où le traité fut accepté des deux parts. On était alors au printemps de 1846.

Pendant deux ans, le nouvel ordre de choses, conduit avec modération, ramena la paix intérieure et tous les bienfaits qu'elle attire avec elle.

Mais après l'arrivée de l'ambitieux et violent lord Dalhousie, funeste remplaçant du gouverneur général Hardinge, si modéré, si probe et si sage, le traité qui réglait la régence du Pendjâb cessa d'être exécuté dans l'esprit qui l'avait dicté. La protection britannique devint hautaine, exigeante, et ne recula pas devant des mesures extrêmes : nous n'en offrirons qu'un exemple.

Insurrection de Moultan; renaissance et destruction finale de l'armée sikhe.

Le gouvernement de Moultan était presque regardé comme héréditaire; il était resté dans les mêmes mains depuis la conquête opérée par Rundjit-Singh. La modération, la sagesse et l'intérêt bien entendu conseillaient de respecter un droit qui semblait acquis par la force des choses et la sanction du temps. Sous la direction supérieure de lord Hardinge, le résident britannique à Lahore s'était soigneusement gardé de rien innover de ce côté.

Lord Hardinge écrivait à la Cour des directeurs à Londres, en termes exprès : « Le durbar, le Conseil de régence, a profité de notre avis et de notre médiation pour concilier ses différends avec l'administrateur Moulraï, le dewan de Moultan. » Cependant, lorsque lord Dalhousie règle tout dans l'Inde, ce n'est plus la conciliation, c'est le plus extrême des partis, c'est la destitution qu'on emploie pour renverser Moulraï.

En 1831, lorsque Rundjit-Singh n'obtenait pas de ce puissant comptable un payement assez ponctuel, nous apprenons d'un voyageur français, témoin oculaire, que le Lion du Pendjâb mettait dix mille hommes et trente canons à la disposition d'un de ses généraux européens: tout s'arrangeait au seul aspect de ce moyen comminatoire.

Du temps de lord Dalhousie, on envoyait un capitaine anglais accompagné d'un officier bourgeois, d'un civilien; et l'on croyait que ces deux subalternes suffisaient pour que le formidable gouverneur, ainsi dégradé, rendît complaisamment ses trésors et sa forteresse!

Une querelle s'éleva entre la faible escorte des deux

envoyés et la cavalerie de Moulraï; les deux Européens périrent dans le conflit. Après un pareil événement, il ne restait plus au gouverneur de Moultan qu'à s'abandonner à des résolutions désespérées. Il leva fièrement contre le protectorat anglais l'étendard de la révolte; il appela toute la nation sikhe à recouvrer ses droits et ses libertés; il sut persuader aux principaux sirdars que sa déchéance était le sort qui les attendait tous; il s'empressa de compléter ses moyens de défense et ses approvisionnements. L'armée d'occupation vint l'assiéger; il résista pendant près de neuf mois à toute la valeur, à toute la science des Européens. Et enfin, lorsque la brèche est ouverte et qu'aucun effort ne peut plus sauver les défenseurs, Moulraï, seul, se rend de sa personne au milieu de l'armée ennemie, présente les clefs de la place au général anglais, jette à terre l'épée dont il venait de faire un usage héroïque et se constitue prisonnier. Personne, depuis cet instant, n'a su comment ont fini les jours de cet homme supérieur, ou, si par impossible il existe encore, au fond de quels cachots sa valeur est ensevelie...

Pendant le temps que l'intrépide Moulraï avait donné ce grand exemple de résistance contre les envahisseurs du Pendjâb, la presque universalité des Sikhs s'était soulevée, et leur effort passait toute croyance. Dans leur première lutte avec l'Angleterre, ils n'avaient pas présenté sur un même champ de bataille plus de 37,000 combattants pour prendre l'offensive. Mais onze jours seulement après la reddition de Moultan, le 13 janvier 1849, quand il faut soutenir une lutte défensive et désespérée, ils mettent en ligne soixante mille combattants. Pour n'être pas accablés par cette levée en masse, il faut que les Anglais réunissent une armée de moitié plus forte que celle qui remporta les quatre victoires de 1846; il faut qu'ils livrent coup sur coup deux grandes batailles rangées[1], avant d'écraser les derniers défenseurs de la nationalité sikhe.

Après cet immense succès, le résident britannique, gouvernant au nom de l'enfant couronné, devait continuer et continua sans troubles possibles; et les six années qui restaient encore à courir avant d'arriver à la majorité du roi ne pouvaient plus présenter de difficultés sérieuses.

Si le chevaleresque et magnanime lord Hardinge n'avait pas cessé d'être gouverneur général, telle aurait été la fin paisible, loyale et glorieuse du protectorat anglais.

Mais, depuis treize mois, lord Dalhousie, avide d'envahissements, à quelque prix qu'on les obtînt, avait en main le pouvoir absolu dans l'Inde. Un nouvel esprit de rigueur et de convoitise, d'annexion et de spoliation remplaçait la modération, la prudence et l'équité de son prédécesseur; la guerre civile s'en était suivie dans le Pendjâb.

Forfait odieux à constater! Ce n'est pas aux criminels que lord Dalhousie fit un crime de leur prise d'armes; devant l'arbitraire de son tribunal, l'innocent paya pour les coupables. Ce royaume qu'il était tenu, lui tuteur, de défendre et de garder en dépôt, il le confisqua, purement et simplement, comme sa proie légitime.....

Il ne faut pas croire que même au sein de la métropole, à cinq mille lieues du théâtre d'un si monstrueux attentat, aucune voix n'ait osé s'élever pour en flétrir l'iniquité; l'historien Montgomery Martin l'a fait avec énergie[2].

Laissons parler un docteur en droit britannique, M. John Malcolm Ludlow, *barrister at law*, sur le caractère illégal de ce grand événement. Son jugement, motivé sous forme juridique, sera bien plus concluant que si nous osions le formuler nous même.

[1] A Chillianwallah et à Guzzurat.

[2] *Indian Empire*, 2 vol. London, 1860.

Usurpation des États d'un roi mineur jugée par un légiste d'Angleterre.

« Dhulip-Singh, le roi du Pendjâb, était un enfant. Sa minorité ne devait finir qu'en 1854, et nous nous étions proclamés ses protecteurs. Lors de notre dernière invasion dans ses États, nous avions déclaré que nous venions pour châtier les insurgés et renverser toute opposition contre l'autorité constituée. Cet engagement, nous le prenions le 18 novembre 1848; et nous l'avons rempli en annexant à notre empire la contrée tout entière! Le 24 mars 1849, lord Dalhousie proclama *la suppression du royaume.* L'enfant royal, notre protégé, fut inscrit *sur le livre de nos pensionnaires;* toutes les propriétés de l'État furent confisquées au profit de la Compagnie; le célèbre diamant qui deux ans après fit si grande figure à l'Exposition universelle de 1851 fut pareillement confisqué pour être offert à S. M. la reine Victoria. En d'autres termes, *nous avons protégé notre pupille en lui ravissant tout son héritage.*

« S'il eût été juste d'annexer le Pendjâb, nous aurions dû le faire après la première guerre contre les Sikhs. Alors ils étaient les agresseurs; nous n'avions nul engagement avec leur jeune souverain, et, comme conquérants, nous étions maîtres des conditions. L'œil perçant de sir Charles Napier avait aperçu cette faute et fut amer en nous la reprochant. Mais, ayant reconnu comme roi Dhulip-Singh, et l'ayant pris sous notre protection, il était dérisoire que nous le punissions pour les fautes de ses sujets. Nous n'avions fait qu'accomplir un strict devoir en réprimant l'insurrection dernière, et la rébellion d'une partie de ses troupes ne pouvait nous donner aucun titre contre sa couronne.

. . . .

« Imaginez une veuve ayant sa maison remplie de serviteurs désobéissants, lesquels ne craignent pas d'attaquer la police. La police, pour les mettre en déroute, pénètre dans la maison, et bénévolement s'engage à protéger la maîtresse du logis contre la violence des valets. Ceux-ci se révoltent de nouveau, et les bâtons des constables font encore leur office. L'inspecteur alors informe poliment Milady que sa maison et le domaine au centre duquel la demeure de Sa Seigneurie s'élève sont confisqués par la police, à titre de frais de justice (*fee*). Il daigne ajouter qu'en chassant cette dame, on lui réserve une rente viagère, qui peut valoir *les deux centièmes de son propre revenu*, et qu'en outre elle doit déposer dans la main du commissaire *le plus superbe diamant* de sa parure. Est-ce une version exagérée de notre conduite envers l'innocent enfant Dhulip-Singh, qui grandit obscurément aujourd'hui, métamorphosé par nos missionnaires *en gentleman anglican?*

« Telles étaient les notions de monseigneur Dalhousie sur la justice britannique en matière d'annexion, vues que depuis lors ont mûrement sanctionnées le Gouvernement britannique, le Parlement britannique et la couronne britannique[1]. »

Il faut expliquer maintenant la marche suivie par les Anglais en administrant le Pendjâb.

Esprit du Gouvernement britannique à partir de l'annexion du Pendjâb. Administration de sir Henry Lawrence.

Deux frères d'un rare mérite et de caractères extrêmement différents ont été chargés, l'un après l'autre, d'administrer le Pendjâb. Le premier était un colonel bientôt nommé général, sir Henry Lawrence, esprit étendu et

[1] Malcolm, *Lord Dalhousie : Annexation of Pendjab*, t. II, p. 166 et 167.

supérieur, qui, pour avoir recours à de justes sévérités, épuisait d'abord tous les moyens que pouvaient suggérer la douceur, la bienveillance et l'humanité; c'était le noble choix de lord Hardinge. Chaque moment de ses journées et partie de ses nuits étaient au service de ses administrés. Il exigeait de tous les administrateurs qu'ils eussent pour les habitants le même zèle et la même bonté. Aussi le peuple les chérissait autant que lui; non-seulement les indigènes, mais les Anglais, pour faire leur plus bel éloge, les appelaient, comme une race distincte, supérieure et plus parfaite, « les hommes de Henry Lawrence, » *the Henry Lawrence men.* Il exigeait d'eux qu'à son exemple ils fussent accessibles tous les jours, à toutes les heures, et qu'ils prissent le parti du faible dès que le faible avait quelque droit de son côté. Il redoublait d'égards pour les natifs déchus de leur rang et victimes de la fortune; il prodiguait ses soins aux malheureux, et sa pitié s'étendait jusqu'aux criminels. Il visitait souvent les prisonniers, Il surveillait les condamnés, dont il adoucissait le sort par tous les moyens en son pouvoir; il s'occupait de leur instruction et cherchait surtout à les moraliser.

Colonel ou général, sir Henry veillait avec un soin extrême sur le bien-être des soldats et sur le parfait état de leurs hôpitaux. Afin d'élever leurs enfants, il a fondé près de Simla l'admirable asile qui porte son nom; pour cette fondation, et quoiqu'il ne possédât pas d'autre fortune que le traitement de sa place, il dépensait chaque année *vingt-cinq mille francs*, pris sur ce traitement!

Après avoir répandu tant de bienfaits dans le Pendjâb, cet administrateur modèle avait été nommé commissaire en chef du pays d'Oude quelque temps après la confiscation de ce royaume. Malgré ses efforts, son esprit conciliant et sa prudence, il n'avait pas pu prévenir le soulèvement des soldats indigènes et de la population, conséquence forcée d'un pareil attentat. Avec le petit nombre d'Anglais qui portaient les armes près de Lucknow, avec tous les employés européens et leurs familles menacées de mort, il s'était enfermé dans le palais de la résidence, et sa valeur en faisait une forteresse. C'est là qu'il a soutenu pendant plusieurs mois un siége héroïque, en luttant contre un peuple, contre une armée et contre la faim : tout cela supporté pour sauver des femmes et des enfants et maintenir l'honneur de son pays. Peu de temps avant l'arrivée d'une force libératrice, il a péri frappé par un coup de feu. Voilà l'homme auquel l'Angleterre et l'Inde devraient élever la mieux méritée de toutes les statues; *ils n'y songent pas!*

Administration de sir John Lawrence.

Ce fut une tâche difficile que celle imposée à sir John Lawrence de succéder dans le Pendjâb à l'homme accompli dont nous venons de rappeler tous les genres de mérite.

Sir John faisait partie des civiliens covenantés; c'était un des caractères les plus énergiques et les plus capables qu'on pût trouver dans cette catégorie. Son régime était rude, mais d'une profonde habileté. S'il n'attirait pas à lui les administrés, il contraignait du moins la partie du peuple la plus indocile à subir le bienfait de l'ordre; il affrontait les chefs les plus insubordonnés, qu'il atteignait jusqu'au fond de leurs repaires, leur arrachait le pouvoir et les réduisait à l'obscurité qui précède la misère.

A l'exemple de sir Henry son frère, sir John aussi formait école. Il s'entourait d'officiers militaires et de civiliens intelligents, qui s'imprégnaient à la fois de ses qualités et de ses défauts, l'activité, l'énergie, l'audace, en y joignant par malheur, et trop souvent, l'âpreté des formes; les plus mauvais d'entre eux allaient jusqu'à la cruauté. Peu délicats sur les moyens, le but était tout à leurs yeux. On les appelait collectivement « les hommes de John Lawrence, » *the John Lawrence men;* ils étaient redoutés autant qu'étaient aimés « les hommes de Henry. ».

Tour à tour par affection et par appréhension, une obéissance illimitée chez l'habitant et chez le soldat était résultée de ces deux moyens si divers de gouvernement; leur emploi successif conduisait au moment où la conquête du Pendjâb, lorsqu'elle comptait à peine huit ans d'existence, devait contribuer puissamment à sauver dans l'Inde le sceptre menacé de l'empire britannique.

Tout semblait conspirer la perte des conquérants. Pour suffire aux exigences de deux guerres lointaines soutenues tour à tour dans la Crimée et dans le fond du golfe Persique, la force des troupes européennes avait été diminuée dans l'Inde au-dessous d'une juste proportion avec les troupes indigènes.

Le royaume d'Oude était profondément agité; le schah de Perse invitait à la guerre la cour musulmane de Delhi, cour impuissante en elle-même, mais qui pouvait prêter à la révolte une immense force politique. En peu de mois, la rébellion s'était propagée depuis les portes de Calcutta jusqu'à la partie supérieure du Gange et de la Jumna; Lucknow, Cawnpour, Mirat, Bareilly, Delhi, levaient l'étendard de l'indépendance. Dans les principaux cantonnements, les cipayes, trouvant les Anglais endormis par une incroyable sécurité, massacraient leurs officiers européens et les administrateurs civils; ils en poursuivaient les femmes et les enfants pour les immoler sans pitié.

Le télégraphe des provinces du nord-ouest transmet

dans Lahore au gouvernement central la nouvelle, plutôt exagérée qu'atténuée, de cette insurrection; il annonce que Mirat et Delhi sont entre les mains des rebelles, et que dans tout le Doab les cipayes assassinent les Anglais.

Le commissaire en chef, sir John Lawrence, se trouvait alors à plus de soixante lieues de sa capitale; il était à Rawul-Pindie, point où convergent les communications du haut Pendjâb avec Cachemire, avec Caboul et Peschawer. Ce sont les informations de cette ville qui transmettent aux Anglais les nouvelles politiques de ces contrées turbulentes, que le gouvernement du Pendjâb observe toujours d'un œil attentif. Ainsi les regards de sir John Lawrence étaient tournés vers l'occident, lorsqu'un péril immense et soudain se révélait à l'orient.

Heureusement ses lieutenants, formés à son école résolue, firent sur-le-champ ce que lui-même aurait fait dans une conjoncture aussi critique. Avec cinq cent soixante et un soldats anglais, seule force d'artillerie et d'infanterie qu'ils avaient sous la main pour tenir en respect une cité de cent vingt mille âmes, ils résolurent de désarmer quatre mille vingt cipayes qui composaient la garnison de cette ville, et qui pouvaient, au premier moment, entraînés par la contagion de l'exemple, assassiner leurs chefs et détruire une poignée d'Européens n'ayant pour eux que leur courage. Cette appréhension n'était pas vaine: en effet, le jour même où l'on recevait par le télégraphe la nouvelle, qu'on croyait encore gardée dans le secret le plus profond, un sous-officier sikh, appartenant au corps de la police, découvrait que les troupes cantonnées à la grande station militaire de *Mian-Mir*, auprès de Lahore, conspiraient pour s'emparer de la forteresse et pour assassiner tous les Européens, soit du cantonnement, soit de la station civile. On a su plus tard que le même complot s'étendait aux stations d'Amritsir, de Jallender, de Phillour et de Férozepour.

On joignit l'audace à l'intrépidité. Les soldats natifs ayant été mis, sans éveiller leurs soupçons, en présence de bouches à feu chargées à mitraille et démasquées tout à coup, ils obéirent à l'injonction de mettre bas les armes, et dans le cantonnement et dans la citadelle.

Les Anglais reconnurent avec bonheur que les Sikhs, formés en régiments, et *les jauts*, laboureurs, repoussaient toute alliance avec les cipayes. Le moment des représailles contre leurs anciens oppresseurs musulmans se présentait avec bonheur à leur pensée. Ils se rappelaient la prophétie, chère à leur amour de la vengeance, qu'un jour, unis *avec les porteurs de chapeaux*, ainsi désignent-ils les Européens venus d'outre-mer, ils exposeraient la tête du fils de l'empereur de Delhi sur la place même où les bourreaux de l'Islam avaient exposé la tête de leur grand-prêtre, il y avait déjà cent quatre-vingts années : supplice accompli par ordre d'Aureng-Zeb, leur mortel ennemi. Un Anglais, nous l'avons vu, se chargera d'assouvir cette vengeance, au delà de leur espérance, *en triplant l'immolation.*

Sir John Lawrence, promptement averti, prit en main le désarmement que ses principaux subordonnés avaient commencé avec tant d'intelligence et de résolution dans Lahore.

C'était surtout au sujet de Peschawer, province frontière, qu'il importait d'aviser. Dans cette province, l'Angleterre avait quatorze mille hommes sous les armes, dont plus des deux tiers n'étaient pas européens.

Dès le 13 mai, à Peschawer, un conseil politique et militaire décidait de concentrer à Jhelum toutes les troupes dispersées sur la frontière des montagnes. On pouvait de là les porter, comme d'un centre, sur tout point où la rébellion tenterait d'éclater. Dans Peschawer, les Anglais avaient en dépôt 2,500,000 francs destinés à solder les services de Dost-Mohammed, le prince de Caboul; on les envoya sur-le-champ dans le fort d'Attock, fort qui commande le passage de l'Indus et dont répondait une garnison britannique.

En définitive, dans tout le Pendjâb, un seul corps de cipayes resta parfaitement fidèle à l'Angleterre et conserva ses drapeaux; les autres furent désarmés avec autant d'intelligence que de promptitude et d'intrépidité.

Après tant d'habiles efforts, la province, ne redoutant plus rien pour elle-même, put envoyer des troupes sikhes afin de concourir à la reprise de Delhi.

Le 29 mai, l'armée britannique arrive au voisinage de cette cité. Dans la guerre qu'elle poursuit, des Gourkhas tirés du Koumaon et du Gourwal, comme plus tard ceux du Népaul, se montrent dévoués; ils combattent avec un extrême acharnement contre les Hindous.

Le 9 juin seulement, arrivent à l'armée de siége les premiers renforts sikhs, envoyés du Pendjâb par sir John Lawrence; *ils avaient parcouru deux cent trente lieues en vingt-deux jours, sous le poids d'une chaleur presque tropicale.* Le célèbre bataillon de l'île d'Elbe, animé, entraîné par Napoléon, n'avait pas mis moins de temps à parcourir un aussi grand espace, quand le recouvrement d'un vaste empire allait tant devoir à la vitesse de la marche!

Les efforts de l'administrateur infatigable dont nous signalons les services ne se ralentirent pas un seul moment. Il demanda des secours à tous les radjahs, indépendants ou tributaires, qui régnaient sur des populations sikhes; il eut l'habileté de les déterminer à prêter sur sa garantie plusieurs millions, indispensables aux approvisionnements, aux armements qu'il envoyait vers le foyer de la révolte avec une activité prodigieuse. Il fut certainement, entre tous les civiliens, celui qui contribua le plus à sauver l'empire des Anglais dans l'Inde.

Deuxième partie. — Gouvernement actuel du Pendjâb.

Pour donner au lecteur une juste idée de la situation actuelle du gouvernement du Pendjâb, il faut jeter un coup d'œil sur les parties principales de son administration : la force publique, les finances et la justice. Nous sommes heureux de pouvoir le faire avec certitude, en n'offrant au lecteur que des résultats authentiques ; nous les puisons dans le *Compte moral et matériel* présenté pour l'exercice très-récent de 1859 à 1860.

Force publique du Pendjâb.

La rébellion de 1857 et de 1858 étouffée partout, il est d'un grand intérêt de connaître la force que le Gouvernement britannique entretient dans le Pendjâb, au milieu d'un pays, paisible il est vrai, mais usurpé depuis si peu d'années.

Effectif de l'armée du Pendjâb, de 1859 à 1860.

Européens	19,754
Indigènes	31,533
Police militaire	15,419
TOTAL	66,706

Les 31,533 hommes de troupes indigènes ne contiennent qu'un nombre très-limité de troupes sikhes ; d'autres régiments sikhs servent dans les provinces du nord-ouest pour y surveiller les Hindous et surtout les musulmans; tandis que les cipayes, réorganisés et commandés par des officiers anglais, surveillent dans le Pendjâb la population sikhe, leur ennemie naturelle.

Faisons remarquer que dans cette contrée, qui ne contient pas *le douzième* des sujets de l'empire, la force des troupes européennes s'élève presque *à la moitié* de l'armée royale entretenue dans toutes les autres parties de l'Inde. Cette disproportion a paru nécessaire pour assurer la domination britannique dans une contrée si belliqueuse, et qu'on a maintenue jusqu'à ce jour à l'abri de toute insurrection par une force imposante.

Total des troupes entretenues par million d'habitants.

Dans le Pendjâb	4,447
Dans tout le reste de l'Inde	1,700

Insistons sur ce point : quoique les soldats sikhs du Pendjâb eussent efficacement servi pour exterminer les révoltés dans le Doab et le royaume d'Oude, les Anglais n'en maintenaient pas moins dans le pays des Cinq-Rivières une force *presque triple* de celle qu'ils conservaient dans le reste de l'Hindoustan; ils le faisaient pour rester sûrs de leur usurpation impardonnable du Pendjâb.

Il est juste de dire que depuis 1859 la force armée dans cette province est sensiblement diminuée. Peut-être ne s'élève-t-elle plus aujourd'hui qu'à 30 ou 35 garnisaires par dix mille habitants : c'est encore le double de la proportion jugée suffisante pour le reste de l'Inde.

La partie européenne de cette force est répartie dans seize stations militaires. Au delà de l'Indus, elle garde une frontière de deux cents lieues d'étendue. Soit des plaines de Peschawer, soit des vallons élevés des Himâlayas, ses postes avancés surveillent l'Asie centrale, le Tibet, la Tartarie, la Boukharie, le Caboul, la Perse, le Kaferistan, et la Russie dans le lointain : partout on croit la voir agir!

Les familles sikhes les plus considérables, celles qui fournissaient aux commandements généraux ainsi qu'aux grades supérieurs du khalsa, n'ont plus aujourd'hui d'emploi possible. Le petit nombre de corps armés qu'on tient sur pied ne possède pas un seul officier indigène ayant un rang supérieur à celui de capitaine. Si cet abaissement continue pendant quelques années, l'émulation qui vivifiait les qualités militaires s'éteindra de proche en proche au milieu d'un peuple si belliqueux; les Anglais alors auront atteint le but de leur politique.

Les finances du Pendjâb.

Depuis que le pays des Cinq-Rivières est une simple province de l'empire indo-britannique, les impôts ont été fort augmentés. En voici la preuve pour les revenus fonciers :

Contributions foncières du Pendjâb.

Exercice de 1847	33,295,218f 25c
Exercices de 1859 à 1860	46,532,290 00

Tous les autres genres de contributions, pris ensemble, accroissent d'un peu plus de moitié les ressources du trésor, telles que nous venons de les indiquer.

Avant l'introduction du système financier britannique un grand nombre d'impôts se percevaient en nature; perception toujours plus commode et plus facile dans les pays où le commerce n'est pas très-avancé. Par conséquent, les indigènes ont doublement souffert : d'un côté, par les impôts perçus en argent; de l'autre, par leur rapide accroissement. L'augmentation, cependant, laisse encore beaucoup à désirer aux vainqueurs.

C'est sans doute en réfléchissant sur l'effet des charges financières qui grèvent le peuple entier, sur l'abaissement rapide et sur la ruine des classes supérieures, que sir Henry Lawrence, le plus bienfaisant administrateur de l'Inde britannique, exprimait cette conviction, lorsqu'il écrivait à l'un de ses plus éminents collaborateurs : *Tout considéré, je reste persuadé que les indigènes étaient plus heureux quand ils se gouvernaient eux-mêmes.*

Malgré l'aggravation des impôts, les moyens financiers du Pendjâb, mis en parallèle avec ceux du reste de l'Inde, sont d'une extrême insuffisance.

Pour éviter les longs discours, et afin de faire bien comprendre cette pauvreté qu'éprouve le gouvernement européen du Pendjâb, nous allons comparer ses revenus publics avec ceux de l'Angleterre.

Revenus comparés du Pendjâb et de la métropole britannique.

	Totalité des impôts.	Par hectare.	Par habitant.
Pendjâb.......	70,933,425f	3f 03c	4f 70c
Trois-Royaumes.	1,750,000,000	60 00	58 33

Il est juste de remarquer que, dans l'Inde, l'argent doit être considéré comme ayant quatre fois plus de valeur qu'en Angleterre, et peut-être davantage à l'égard de la main-d'œuvre. Mais, en quadruplant l'impôt du Pendjâb, on ne trouverait pas encore 19 francs par habitant; l'Anglais paye *plus du triple* avec facilité.

Il faut conclure de là que le pays du Pendjâb, son peuple et son gouvernement sont, en réalité, trois fois moins opulents que ne l'est la Grande-Bretagne. Une pareille infériorité nous fait comprendre l'extrême difficulté de subvenir à tous les besoins publics, routes, ponts, chemins de fer, écoles, édifices communaux, etc.

A coup sûr, le grand bienfait matériel à répandre dans une telle contrée, c'est d'y donner une vive impulsion à l'agriculture, à l'industrie, au commerce tant intérieur qu'extérieur; c'est de faire hardiment des sacrifices ayant pour objet un grand ensemble de progrès, progrès qui certes payeront avec usure des avances risquées à propos et sagement calculées.

En présence d'un budget très-faible, quoiqu'on l'ait *tiercé* depuis peu d'années, l'entretien toujours dispendieux de l'armée et de la police militaire, joint au casernement, aux travaux défensifs, impose une charge énorme et qui ne peut pas être supprimée; elle rend d'une extrême insuffisance le peu de revenu national qui reste disponible pour satisfaire à tous les besoins du service civil.

Intérêts moraux et justice. Crimes poursuivis dans le Pendjâb.

Infanticide des filles. — Il faut citer avec éloge l'activité que déploie l'administration du Pendjâb non-seulement afin de punir, mais afin de prévenir des crimes que nous avons eu déjà ou que nous aurons plus tard à signaler en d'autres parties de l'Inde.

Des parents dénaturés regardaient comme intolérables la dépense et les peines que doit un jour leur occasionner l'établissement de leurs filles. Pour s'en affranchir, ils trouvaient tout simple de faire périr leurs enfants du sexe féminin aussitôt après la naissance; rien ne transpirait au dehors du zénana dans lequel étaient commis de pareils crimes, et l'autorité se trouvait sans moyens répressifs. On a conçu la pensée salutaire d'exiger la déclaration de toutes les naissances; en même temps, on a puni d'une forte amende la non-déclaration lorsqu'elle concernait les filles. Il en résulte qu'aujourd'hui les parents sont beaucoup plus attentifs à déclarer la naissance pour celles-ci que pour les garçons. Avec ce moyen de constatation, l'examen général de l'état civil fait voir que le nombre des victimes du sexe féminin est devenu presque imperceptible; applaudissons à ce succès.

Assassinat : le thughisme. — L'autorité s'applique avec zèle à découvrir les assassinats mystérieux produits par les thugs; ces crimes diminuent par degrés sensibles. Lorsque nous décrirons Lahore, nous ferons connaître la prison et l'école d'industrie qu'on a créées pour aider à les réprimer.

Empoisonnement. — Un autre crime trop fréquent encore au Pendjâb est l'empoisonnement avec le *datura*, plante vénéneuse qui croît en diverses parties de cette contrée. D'ordinaire, le jus qu'on en tire est introduit dans les sucreries et les pâtes servies, au milieu d'un dîner de famille, par l'empoisonneur, qui se déguise soit en fakir, soit en brahmane. Quelquefois on fait prendre ce poison à des bayadères, afin de voler leurs joyaux et leurs vêtements somptueux; quelquefois encore, c'est un charretier qu'on empoisonne pour s'emparer de ses bœufs.

Aujourd'hui l'Administration discute afin de savoir si l'on ne fera pas un délit de la possession et de la vente du *datura*, comme chez nous au sujet de l'arsenic.

Enseignement public.

Au Pendjâb et dans beaucoup d'autres parties de l'Inde, la principale cause de l'ignorance populaire est l'ignorance excessive des maîtres d'école. Afin de remédier à cette plaie publique, on a conçu la pensée de multiplier les *écoles normales*, destinées à former des instituteurs qui ne soient pas de la plus déplorable incapacité. On a soin de leur apprendre la langue anglaise.

Écoles rétribuées.	Élèves.
1° Écoles supérieures, dites de *zillah*.......	723
2° Écoles inférieures plus ou moins rétribuées	39,041
3° Écoles non rétribuées.................	63,090
TOTAL.............	102,854

D'après un état officiel, sur 1,000 enfants qui suivent les écoles du Pendjâb, on compte :

Hindous, 536; musulmans, 372; autres cultes, 92.

Parallèle des enfants élevés dans les écoles, par million d'habitants : dans le Pendjâb, 6,855; en France, 120,000.

Ce dernier rapprochement suffit pour montrer combien il faudra d'efforts si l'on veut que l'instruction populaire soit étendue dans le Pendjâb autant qu'en France, où pourtant elle n'est pas encore universelle.

L'Administration ne dépense pas 500,000 francs pour subvenir à l'enseignement de quinze millions d'hommes! Jusqu'à présent elle ne paraît pas avoir pu faire davantage; c'est vers ce côté qu'elle devra diriger les premières ressources disponibles.

Enseignement supérieur. — Lorsqu'en 1859 le gouverneur général a visité Lahore, les indigènes ont exprimé le vœu qu'un collége y fût institué pour un enseignement supérieur. Dans cette ville et dans le voisinage sont établies les principales familles de l'ancien État sikh, familles jalouses de soutenir leurs prétentions aristocratiques et de procurer à leurs enfants une instruction privilégiée. Afin de satisfaire ce désir, le collége admet deux classes d'élèves : dans la première on reçoit seulement les jeunes gens dont les parents ont leur entrée au *durbar*, au *lever* du gouverneur général; la seconde admet sans distinction les élèves de toute origine et de tout rang. Dès 1860, la première classe comptait soixante élèves, et la seconde, seulement cent quarante. Ce dernier chiffre, mis en parallèle avec le premier, fait voir combien, dans le Pendjâb, la classe moyenne est peu nombreuse en elle-même, et surtout lorsqu'on la compare avec la classe supérieure.

Afin de donner au lecteur une idée de l'état arriéré dans lequel se trouvait naguère un pays qui, même aujourd'hui, laisse tant à désirer, nous citerons ici textuellement les expressions du compte moral de 1859 à 1860, rédigé pour le ministère de la métropole et pour les chambres du Parlement.

« Le changement qu'on peut espérer de produire dans l'aristocratie des Sikhs, du côté de l'instruction, peut être apprécié d'après ce fait que Rundjit-Singh, souverain du Pendjâb il y a trente ans, avait pour habitude de tenir ses comptes royaux en faisant des entailles ou coches sur des règles de bois. » Il imitait en cela les boulangers de Paris, qui marquent encore aujourd'hui le pain qu'ils fournissent à leurs pratiques sur deux tiges de bois, l'une appartenant au fournisseur et l'autre au consommateur; tiges qui, rapprochées, doivent se vérifier l'une par l'autre. Ce raccordement tenait lieu de contrôle des finances.

Des travaux publics.

Routes. — On a fait les plus grands efforts pour avancer la route commerciale, politique et militaire qui doit réunir Calcutta et Delhi, Delhi et Lahore, Lahore et Peschawer. Cette dernière ville, ne l'oublions jamais, est l'avant-poste d'où l'Angleterre surveille, du côté du nord-ouest, Caboul, Khiva, Hérat, la Perse et la Russie.

Si l'on ajoute à la ligne principale l'embranchement

qui va de Férozepour à Loudianah, on trouve que l'étendue de la voie royale dont il faut achever l'empierrement n'est pas moindre de cent trente-six lieues.

Signalons un fait important et qui prouve beaucoup en faveur des propriétaires indigènes. Sur les fonds qu'ils ont donnés volontairement, les officiers de district ont ouvert en terrassement *trois cent trente lieues de chemins* et *huit lieues en routes empierrées*. Avec de semblables dispositions, habilement encouragées, on peut développer rapidement les améliorations les plus précieuses.

Canaux d'irrigation et de navigation. — Il faut citer le canal *Barie*, qui passe à Lahore; il aura cent quinze lieues d'étendue, dont quarante-cinq seulement sont ouvertes. Cette canalisation a déjà coûté vingt millions de francs.

On plante des arbres sur les bords des canaux, et l'on y pourvoit avec les pépinières du Gouvernement.

Dans l'année 1859-1860, la dépense totale des canaux, soit pour la navigation, soit pour l'irrigation, ne dépasse pas 2,350,000 francs. Il reste infiniment à faire en ce qui concerne la meilleure direction qu'on puisse donner à ces voies hydrauliques; il faut opérer de manière à ne pas occasionner des filtrations, dont le moindre défaut est de perdre une eau précieuse, en même temps qu'elles produisent des marécages mortels pour les habitants.

Chemins de fer et télégraphes.

En 1860, on poussait avec activité le chemin de fer qui va mettre en communication les deux grandes cités de Lahore et d'Amritsir. Les travaux ont été poursuivis avec constance, et l'ensemble doit être terminé de Lahore à Moultan. Quand nous décrirons la province du bas Indus, nous signalerons les efforts ayant pour but de rejoindre le même chemin en remontant depuis l'embouchure de l'Indus, à l'entrée du golfe Persique.

Citons un fait qui démontre combien le Gouvernement croit avoir besoin d'une perpétuelle vigilance pour ne pas être victime de soulèvements imprévus. Aujourd'hui la station du chemin de fer de Lahore, comme on le voit sans doute aussi dans les autres stations du Pendjâb, *est entourée de fortifications*, pour parer au cas d'attaques insurrectionnelles.

Je suis persuadé qu'un jour les Anglais prolongeront leur voie ferrée vers le nord jusqu'à Peschawer, comme ils la prolongent vers le midi jusqu'au port de Karrachie, ville qu'on peut appeler l'Alexandrie de l'Indus.

On a déjà complété jusqu'à ce port les travaux télégraphiques de l'Inde; l'ambition va plus loin. On a négocié avec la Perse et la Turquie pour communiquer de Karrachie avec l'Angleterre. On longe la côte septentrionale du golfe Persique; on remonte l'Euphrate; puis, en traversant l'Asie Mineure, on rejoindra les lignes électriques de la Méditerranée. Lorsque les Anglais auront complété ces moyens de communication accélérée, Londres, en moins de vingt-quatre heures, pourra recevoir les nouvelles les plus pressantes de Peschawer ou de Delhi, de Lahore ou de Bombay, de Madras ou de Calcutta, et transmettre ses ordres avec une égale rapidité. Alors qui pourra craindre les surprises?

Travaux militaires.

On y bâtit des casernes, qu'on cherche à rendre plus salubres en leur donnant de grandes dimensions; elles sont comparables à celles qu'a fait construire le général Tremenheire et dont nous avons parlé, p. 526.

Pour assurer la durée de ces constructions si dispendieuses, et qui sont si peu durables sous un climat dévorant, on leur donne une charpente en fer à Férozepour, à Moultan, à Mian-mir, le cantonnement de Lahore.

Année moyenne, le total des travaux publics militaires et civils ne coûte pas moins de dix millions de francs; mais de cette somme il ne reste pas, à beaucoup près, la moitié pour les travaux que réclament la paix et le commerce.

Navigation de l'Indus en 1860. — Nombre des voyages de bateaux employés : 3,806. Cette navigation, déjà considérable, prendra de très-grands accroissements lorsqu'on aura perfectionné les travaux publics jugés nécessaires aux nombreux affluents du fleuve ainsi qu'aux canaux intermédiaires.

TABLE DES MATIÈRES.

Pages.

SOUS-GOUVERNEMENT DU PENDJÂB OU DES CINQ-RIVIÈRES.

www.ingramcontent.com/pod-product-compliance
Ingram Content Group UK Ltd.
Pitfield, Milton Keynes, MK11 3LW, UK
UKHW011959240726
13965UKWH00001B/46